HIGH-TECH MOTOREN VON VOLKSWAGEN

G-LADER, DIREKTEINSPRITZER, VR- UND W-MOTOREN

Mit Beiträgen von
Jörg Ahrens
Volkmar Fleischer
Manfred Friese
Eberhard Kittler
Henrik Meyer
Thomas Müller
Hermann Oetting
Winfried Oppermann
Otto Schäfer
Herbert Schäpertöns
Wolfgang Schnorbus
Dieter Voigt
Michael Willmann
u.a.

Herausgegeben von Michael Willmann und Eberhard Kittler

Motor buch Verlag

Einbandgestaltung: Luis dos Santos

Bildnachweis: Die zur Illustration dieses Buches verwendeten Aufnahmen stammen – wenn nicht anderes vermerkt ist – aus der Sammlung der Stiftung AutoMuseum Volkswagen oder von den Mit-Autoren.

ISBN: 978-3-613-04428-9

Ein Unternehmen der Paul Pietsch Verlage GmbH & Co. KG

1. Auflage 2021

Sie finden uns im Internet unter www.motorbuch-verlag.de

Lektorat: Joachim Köster
Innengestaltung: tebitron gmbh, Gerlingen
Druck und Bindung: PBtisk a.s. Pribram
Printed in Czech Republic

Inhalt

Statt eines Vorworts

Im Jahr 2019 legten die Herausgeber Michael Willmann und Eberhard Kittler ein erstes Buch zur Motoren-Historie von Volkswagen vor. Anlass war die Sonderausstellung »Generationswechsel. Der Quantensprung zu den neuen Wassergekühlten« im AutoMuseum Volkswagen. Der Motorbuch Verlag in Stuttgart verlegte dieses Werk, das unter dem Titel »Vom Käfer zum Golf« erschienen ist. Darin ging es um die Ablösung der luftgekühlten Boxer von Käfer & Co durch die neuen Vierzylinder-Reihenmotoren, die in Wolfsburg und Ingolstadt entwickelt worden sind. Einige davon sind im Motoren-Kabinett des AutoMuseums ausgestellt.

An ein Buch, das die Ottomotoren-Historie in die Neuzeit weiterführt, hat sich bislang noch niemand gewagt. Aus gutem Grund – begann doch mit der Einführung der neuen Motorengeneration bei der Marke ab 1973 ein über lange Jahre währender Entwicklungsmarathon, oft im Wettbewerb mit Konzerntochter Audi. Die eingesetzten EA 827- und EA 801-Motoren erfuhren ein Feuerwerk an Innovationen, die bis in die Neuzeit reichen. Um nur einige zu nennen: Mehrventiligkeit und weiterentwickelte Ventilsteuerung, Aufladung, Leichtbau, Zylinderabschaltung und Schichtladung, Einspritzung (Saugrohr- und Direkteinspritzung), Hybridisierung, Verdieselung sowie kompakte Alternativen in Form von VR-Motoren. Angesichts dieser Fülle soll sich das vorliegende Werk auf Hightech- und Hochleistungs-Ottomotoren beschränken.

Wichtige Motoren-Innovationen
(Ersteinsatz Serienfahrzeuge)

1976 Golf I GTI	Saugrohreinspritzung
1976 Golf I	Dieselmotor (Wirbelkammer)
1982 Golf I GTD	aufgeladener Dieselmotor (Wirbelkammer)
1982 Passat I	Startstopp/Formel E
1983 Transporter T3	wassergekühlter Boxer
1986 Golf II GTI	4-Ventiler
1985 Polo II	G40-Lader
1988 Corrado	G60-Lader
1989 Öko Polo II	DI-Dieselmotor
1991 Passat III	VR6
1992 Golf III Ecomatic	Schwungnutz-Automatic (Startstopp/Segeln)
1993 Golf III	TDI
1996 Passat V 1.8	5-Ventiler, optional Turboaufladung
1997 Passat V	VR5
1999 Lupo 3Liter	TDI-Spartechnik (Dreizylinder)
2001 Passat V	W8
2000 Lupo	FSI (Direkteinspritzung Otto)
2001 Phaeton	W12
2003 Golf V GT	TFSI (kombinierte Aufladung plus DI)

Der Eindimensionalität der Käfer-Ära war ab 1973 eine ausufernde Modellpalette gefolgt, bestehend zunächst aus drei Pkw-Familien mit diversen Ablegern. Es begann mit dem Triumvirat Passat, Golf/Scirocco und Polo. Daraus abgeleitet wurden zahlreiche weitere Derivate (Golf Cabrio, Jetta, Santana) und ab den 1990er/2000er Jahren neue Baureihen von Lupo, Sharan, Touran, Eos, CC, Phaeton und XL1 bis Touareg, Tiguan, T-Roc und T-Cross. Dazu kamen die Nutzfahrzeugbaureihen T3 bis aktuell T7, Amarok und Caddy. Alle diese Weiterentwicklungen abzuhandeln, würde den Rahmen eines »gängigen« Buches sprengen.

Unsere Art der Technik-Geschichtsbetrachtung bezieht immer die handelnden Personen und die Entscheider mit ein. Ihnen allen eigen ist die Empathie für die Marke und ihr Credo, »Hightech im Volumen« bereitzustellen. Was unter den Vorstandsvorsitzenden Schmücker und Hahn auf den Weg gebracht worden war, mündete unter Piëch und Winterkorn in ein schier unglaubliches Produkt- und Technologie-Feuerwerk. Selbst Fachleuten fällt es schwer, den Überblick zu behalten.

Grundlage dieses Buches sind zum einen die unzähligen Veröffentlichungen in Fachzeitschriften und während einschlägiger Fachkongresse sowie Produkt- und Presseinformationen, zum anderen Gespräche mit einer Vielzahl von Zeitzeugen vor allem aus der Motorenentwicklung. Die Techniker und Ingenieure vom Mittellandkanal haben die Automobiltechnik ein sehr großes Stück vorangetrieben – zugunsten von Qualität, Langlebigkeit, Sicherheit und Umweltverträglichkeit.

Zeitgenossen, die darauf hinweisen, dass all die hier dargelegten Details im Internet nachzulesen sind, sei gesagt: Viel Spaß beim Suchen und Finden! Im Ernst: Eine solche Historie mit seriösem Technikhintergrund gibt es bislang nicht, von einer wertenden Betrachtung einmal ganz abgesehen. Was die Herausgeber des vorliegenden Buchs natürlich bedauern. Und darum selbst wieder ans Werk gingen – allerdings im guten alten Format eines hoffentlich die Zeiten überdauernden Druckwerks.

Zumal noch viele Zeitzeugen bereitstanden, die aber nahezu alle bereits im Rentenalter sind – wann, wenn nicht heute, sollten ihre Erfahrungen niedergeschrieben und geteilt werden? Dass sie Zeit und Kraft geopfert haben, kann gar nicht hoch genug gewürdigt werden. Seien Sie herzlich bedankt! Ausdrücklicher Dank gilt natürlich dem Verlag, der sich wiederum von dieser Buch-Idee überzeugen ließ – keine Selbstverständlichkeit in heutigen Zeiten.

Dank auch den geduldigen Mitarbeitern der Archive von Audi und Volkswagen sowie den Teams des AutoMuseums Volkswagen einschließlich des überaus rührigen Freundeskreises, des Zeithauses der Autostadt und des Teams von Volkswagen Classic.

Die Entscheider bei Volkswagen

Vorstände

1948–1968	Heinrich Nordhoff
1968–1971	Kurt Lotz
1971–1975	Rudolf Leiding
1975–1982	Toni Schmücker
1982–1992	Carl Hahn
1993–2002	Ferdinand Piëch
2002–2006	Bernd Pischetsrieder
2007–2015	Martin Winterkorn
2015–2016	Matthias Müller
seit 2017	Herbert Diess

Aggregate-Chefs

1962–1967	Josef Kales
1968–1972	Gerhard Chonè
1972–1978	Ferdinand Piëch
1978–1987	Peter Hofbauer
1987–1995	Hermann Oetting
1995–2001	Karl-Heinz Neumann
2001–2005	Helmut Endres
2005–2007	Rudolf Krebs
2007–2011	Jens Hadler
2011–2013	Heinz-Jakob Neußer
2013–2016	Friedrich Eichler
2016–2018	Wolfgang Demmelbauer-Ebner (komm.)
2018–2019	Kurt Blumenröder
2019–2021	Carsten Helbing / seit 2021 Karsten Bennewitz

Forschungschefs

1970–1972	Ernst Fiala
1972–1979	Wolfgang Lincke
1979–1987	Ulrich Seiffert
1987–1990	Peter Walzer
1990–1993	Heiko Barske
1993–1996	Gunnar Larson
1996–1999	Friedrich Quissek
2000–2003	Ulrich Eichhorn
2003–2006	Matthias Rabe
2006–2016	Jürgen Leohold
2016–2020	Axel Heinrich
seit 2021	Nikolai Ardey

Entwicklungschefs

1949–1961	Josef Kales
1962–1969	Helmut Orlich
1970–1972	Werner Holste
1973–1988	Ernst Fiala
1988–1996	Ulrich Seiffert
1996–2006	Martin Winterkorn
2007–2013	Ulrich Hackenberg
2013–2015	Heinz-Jakob Neusser
2015–2020	Frank Welsch
seit 2021	Thomas Ulbrich

Das 240-Seiten-Werk beschränkt sich auf die epochalen, größtenteils heute (wieder) hochaktuellen Themen Aufladung (via G-Lader) und Benzin-Direkteinspritzung, VR- und W-Motoren im Pkw, nur am Rande werden dazu Nutzfahrzeug-Entwicklungen aufgenommen. Ganz klar: Derart aufwändige Weiterentwicklungen konnten nur von einem Giganten wie Volkswagen so gestemmt werden, dass sie sich dank großer Stückzahlen zu zivilen Preisen an den Kunden weiterreichen ließen.

Ein dritter Band zu Motorenentwicklungen, die hier ausgespart bleiben mussten, ist nicht ausgeschlossen – sofern denn die Leserschaft danach ruft. Die Herausgeber – Michael Willmann als langjährige Führungskraft in der Motorenentwicklung – und Eberhard Kittler – Motorjournalist und bis Ende 2020 Chef der Stiftung AutoMuseum Volkswagen – scharren jedenfalls schon in den Startlöchern. Vorerst aber:
Viel Freude mit dieser Lektüre!

Eberhard Kittler

Michael Willmann

Teil 1

Die Volkswagen »G«schichte

Von Michael Willmann

Dieses Kapitel aus der Geschichte der Volkswagen-Motorenforschung und Entwicklung begann Ende der 1970er-Jahre in einem kleinen Team in der Forschung. Ich habe den Anfang nur aus den Augenwinkeln verfolgt, nichtahnend, dass ich später Teil der Geschichte werden sollte.

Während der Laufzeit einer Motorenbaureihe wurde dem Kundenwunsch nach mehr Leistung meistens dadurch Rechnung getragen, dass der Hubraum vergrößert wurde. Wenn diese Maßnahme ausgereizt war, musste entweder eine neue Motorenreihe, verbunden mit hohen Investitionskosten, aufgelegt werden oder die Leistung musste durch Erhöhung des Drucks im Saugrohr generiert werden. Dazu wurde ein Luftverdichter vor den Motor geschaltet. Für die sogenannte Aufladung eignen sich Verdrängermaschinen, sogenannte Kompressoren, und Strömungsmaschinen, meistens als Abgas-Turbolader.

Die folgenden Kapitel beschreiben den langen Weg eines neuartigen Ladegeräts von ersten Prototypen bis in die Serie in verschiedenen Fahrzeugen.

1.1 Vorgeschichte

1.1.1 Was ist Aufladung?

Die effektive Leistung eines Motors hängt vom Hubvolumen $\mathbf{V_H}$, der spezifischen Arbeit $\mathbf{p_{me}}$, auch Mitteldruck genannt, und der Drehzahl $\mathbf{n}$ ab:

Für Ingenieure: $P_e \propto V_H \times p_{me} \times n$

Wenn die Leistung eines vorhandenen Motors gesteigert werden soll, kann entweder der effektive Mitteldruck und/oder die Drehzahl erhöht werden. Welchen Weg man wählt, hängt vom Ziel ab.

In den Anfangsjahren der Motorenentwicklung ging es um Erhöhung der Leistungsdichte (maximale Leistung bezogen auf das Hubvolumen). In den 1970er-Jahren trat die Senkung des Kraftstoffverbrauchs in den Vordergrund. Durch Verringerung des Hubraums konnten Reibungsverluste abgebaut werden. Um die Leistung zu erhalten, muss der Mitteldruck erhöht werden. Dieser wiederum ist von der Luftdichte im Zylinder abhängig:

$$p_{me} \propto \rho_L$$

Der Verdichter vor dem Motor erhöht die Luftdichte im Saugrohr. Zum Antrieb des Verdichters ist eine Antriebsleistung erforderlich, die vom Motor aufzubringen und von der Bruttoleistung abzuziehen ist.

Beim Abgas-Turbolader geschieht das durch die »Enthalpiedifferenz« (Wärmeinhalt des Gases) vor und hinter der Turbine. Dadurch steigt der Abgasgegendruck vor der Turbine, gegen den der Kolben ausschieben muss. Der Abgasgegendruck ist bei kleinen Motoren bei niedrigen Lasten höher als der Saugrohrdruck (negative Ladungswechselschleife).

Mechanische Lader werden meist durch einen Riementrieb von der Kurbelwelle angetrieben. Ein Teil der Antriebsleistung kommt über die positive Ladungswechselschleife zurück. Hierbei ist der Ladedruck höher als der Abgasgegendruck. Im Teillastbereich, wo kein Ladedruck benötigt wird, ist Aufladung wegen der Verdichter-Antriebsleistung schädlich.

1.1.2 Kurze Historie

Gottlieb Daimler wollte Fahrzeuge zu Land und zu Wasser mit Verbrennungs-Motoren antreiben. Dazu mussten die schweren Ottomotoren leichter werden und genügend Leistung abgeben, d. h. die Leistungsdichte musste erhöht werden. Daimlers genialer Konstrukteur Wilhelm Maybach benutzte die Kolben-Unterseite in Verbindung mit dem abgedichteten Kurbelgehäuse zur Luftverdichtung vor dem Überströmen in den Zylinder durch ein Ventil im Kolbenboden. Dieses Prinzip, allerdings ohne das störanfällige Ventil im Kolben, wird immer noch bei Zweitaktmotoren angewendet.

Ab 1910 wurde die Leistung bei Flugmotoren durch Mechanische Lader gesteigert. Im Jahr 1911 entstand der erste Motor mit mechanisch angetriebenem Lader von Arnold Zoller. Zwischen den Weltkriegen war der von Zoller entwickelte Exzenter-Drehkolben-Verdichter (Flügelzellen-Lader) an Rennmotoren, z. B. an Schorsch Meiers BMW, zu finden.

In den 1930er-Jahren erlebten die Kompressormotoren einen Höhepunkt. Häufig wurde eine außenachsige Drehkolbenmaschine nach dem Roots-Prinzip verwendet.

Nach dem Zweiten Weltkrieg endete die Ära der aufgeladenen Motoren. Im Rennsport wurden Kompressoren verboten, um den Aufwand in Grenzen zu halten. Bei zivilen Automobilen begann die Motorisierung wieder bescheiden, wie nach dem Ersten Weltkrieg, mit Saugmotoren. Michael Graf Wolff Metternich hat die Geschichte der Mechanischen Verdichter in seinem Buch »Der Kompressor« beschrieben.

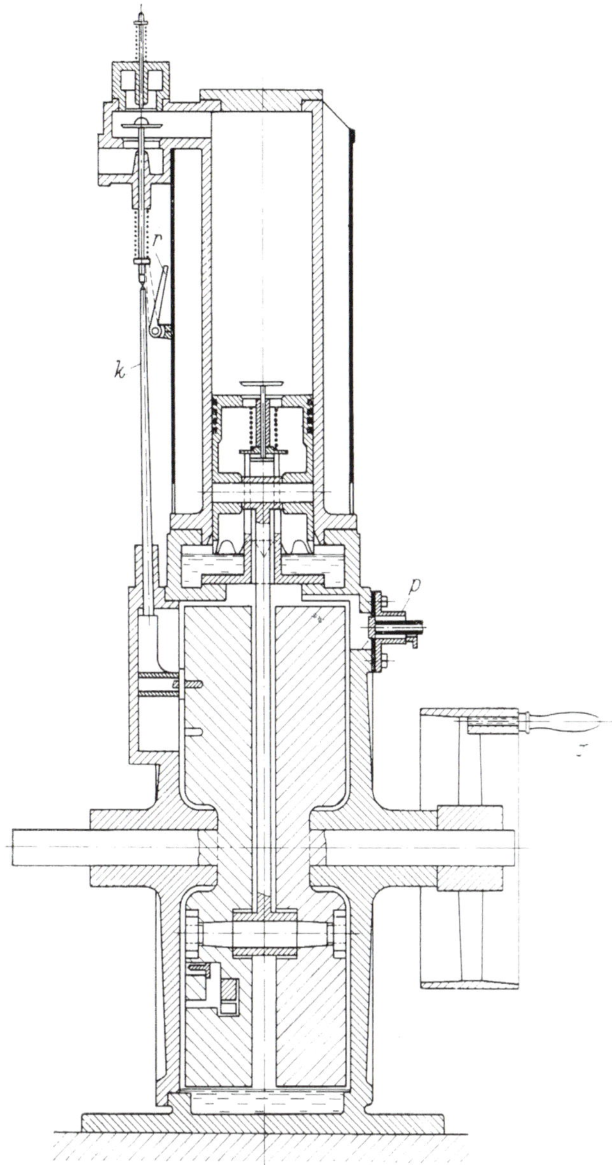

Daimler meldete 1885 auf seinen Namen Maybachs Konstruktion zum Patent an. *(Zeichnung Daimler/Wilhelm Maybach)*

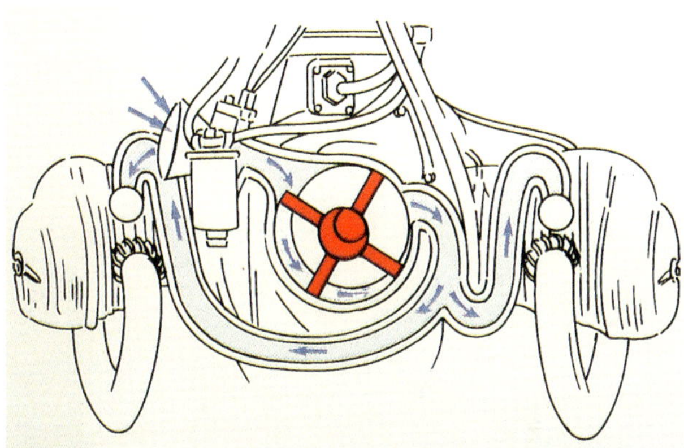

Bei den BMW-Motorrad-Rennmotoren saß der Flügelzellenlader direkt auf dem vorderen Kurbelwellenzapfen. Er saugte über den Vergaser Kraftstoff-Luft-Gemisch an, verdichtete es und schob es in die Zylinder. *(Zeichnung: BMW)*

Der berühmte Bentley Blower mit dem Roots-Lader vor dem Kühler (für „Werner“-Leser: Nobelschröders Auto). *(Foto: Bentley)*

Die Renaissance der Mechanischen Aufladung

Im Frühjahr 1980 überraschte Fiat-Tochter Abarth die Fachwelt mit der Vorstellung dreier Prototypen mit durch Roots-Verdichter aufgeladenen Motoren.

Mit einem aufgeladenen 1,3-Liter-Motor wurde die gleiche Leistung wie mit dem 2-Liter-Saugmotor erreicht. Für eine 2-Liter-Rennversion wurden 211 kW/287 PS (143,5 PS/L) genannt. 1981 begann die Kleinserienfertigung im Fiat 131 Supermirafiori Volumetrico Abarth. Um klopfende Verbrennung zu vermeiden, wurde die Verdichtung von 9 auf 7,6 gesenkt. Es folgten weitere Serieneinsätze.

Nachrüstsatz für den Käfer

Bereits der Volkswagen Käfer konnte durch ein Tunig-Kit von JUDSON, USA, mechanisch aufgeladen werden, was jedoch der Lebensdauer des luftgekühlten Vierzylinder-Boxermotors nicht gerade zuträglich gewesen sein dürfte.

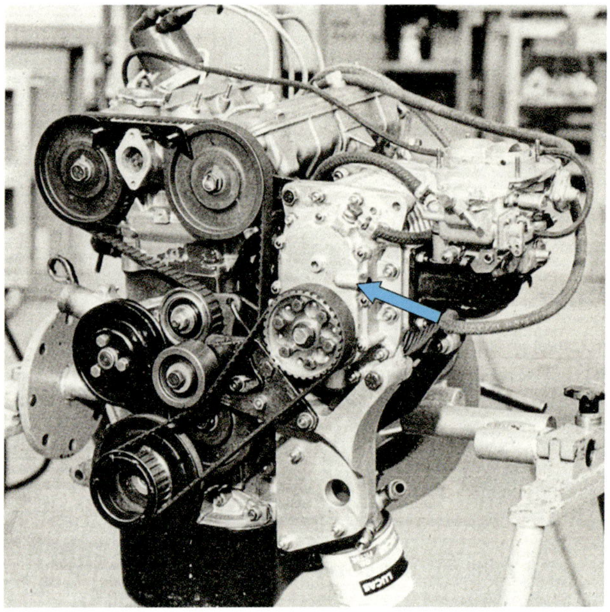

Der Fiat-Abarth Doppelnocken-2-Liter-Motor mit Zahnriementrieben für die Nockenwellen und den Lader (Pfeil). Die Leistung wurde von 85 kW/115 PS (57,5 PS/L) des Saugmotors auf 103 kW/140 PS (70 PS/L) des Lader-Motors gesteigert (um 22 %). *(Foto: mot)*

Mechanischer Lader von JUDSON (Pfeil) am Motor des VW Käfers. *(Foto: Claus Missing)*

1.1.3 Aufladung bei Volkswagen

In der Volkswagen-Forschung untersuchte ein Team unter Leitung von Dr. K.-D. Emmenthal 1973 eine Abgas-Turboaufladung am Käfer-Motor. »Wir wollten einfach mal das Feeling bekommen, wie so ein Ding geht. Wir sind zunächst voll auf Turbo abgefahren, waren vom Grundprinzip begeistert, Leistung kam ja genug.«

Abgas-Turbolader

Die Forscher haben damals 66 kW/90 PS aus dem 1,6-Liter-Käfer-Motor geholt, der in der Serie bis 37 kW/50 PS leistete. Dr. Emmenthal: »... Der Motor hielt nur hundert Kilometer, dann war er im Eimer ... Ich glaube, wir haben in einem halben Jahr vier Motoren getötet, nur um zu gucken, wie das System arbeitet.«

Probleme bereiteten die hohen Temperaturen und das »Turboloch« bei niedrigen Drehzahlen. Daher fingen sie an, mit Kompressoren zu experimentieren, die schon bei niedrigen Drehzahlen relativ hohen Ladedruck liefern.

Aufladung an den Vierzylinder-Reihenmotoren

Ende 1973/Anfang 1974, nach Einführung des EA 827-Ottomotors, wurde auch in der Volkswagen-Forschung 2 an der Aufladung gearbeitet. Dipl.-Ing. Bernd Wiedemann hat an einem 1,6-Liter-Benzinmotor Turbolader von Holset und KKK untersucht. Im Gegensatz zu Dr. Emmenthal verwendete er einen Druckvergaser nach dem Verdichter. Dazu musste dieser gegen den Ladedruck abgedichtet werden.

Eine adaptive Klopfregelung stand damals noch nicht zur Verfügung. Dennoch war der minimale spezifische Kraftstoffverbrauch trotz der zurückgenommenen Verdichtung mit 272 g/kWh nicht extrem hoch. Später wurde die Leistung auf 125 kW/170 PS gesteigert.

Dr.-Ing. Klaus-Dieter Emmenthal, geb. 1936, kam 1970 zu Volkswagen. Leitete ab 1973 die Abteilung Gemischbildung in der Forschung Antriebstechnik und beschäftigte sich mit der Aufladung von Verbrennungsmotoren. Hauptabteilungsleiter war Dr. Hucho, Forschungsleiter war Dr. Lincke, Prof. Fiala leitete die Forschung und Entwicklung.

Klaus-Dieter Emmenthal *(Foto: Klaus Gottschick/AutoMuseum Volkswagen)*

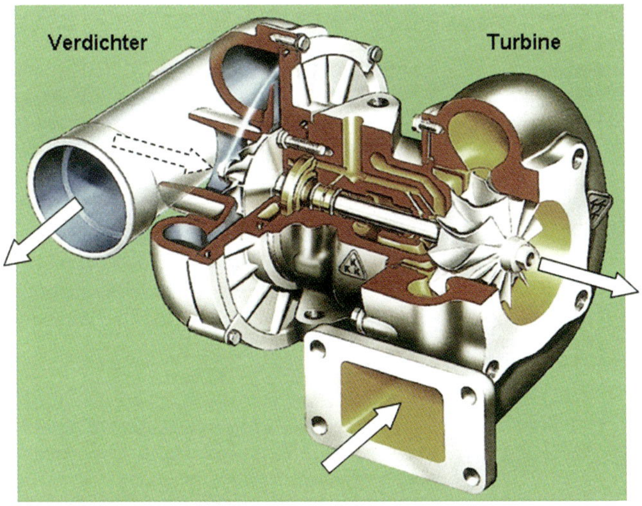

Beim Abgas-Turbolader sitzen die Schaufelräder des Verdichters und der Turbine auf einer Welle, die sich im Lagergehäuse reibungsarm dreht. Die Antriebsenergie (Abgasenthalpie, entspricht dem Wärmeinhalt des Gases) wird dem Abgasstrom entnommen. Die Turbine wirkt als Drossel und erhöht den Abgasgegendruck. *(Zeichnung: KKK)*

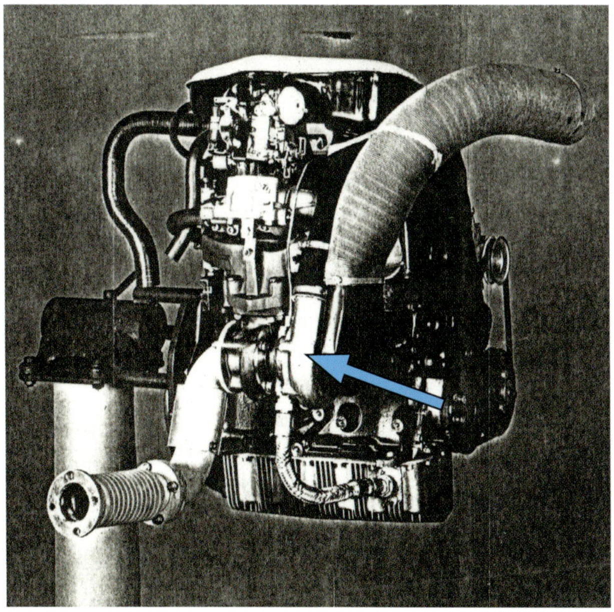

Der 1,6-Liter-Prototypmotor auf der Basis des EA 827 mit Abgas-Turboaufladung der Forschung 2. Mit Anpassungen, wie Verdichtungsabsenkung auf 7,0:1, Natrium-Auslassventilen und größerem Vergaser, wurden 96 kW/130 PS (82 PS/L) bei einem Ladedruckverhältnis von 1,95 erreicht. Der Pfeil zeigt auf den Turbolader. Damit schaffte der Scirocco I eine Spitzengeschwindigkeit von 200 km/h. *(Foto: Volkswagen/Sammlg. AutoMuseum)*

Ich habe seinerzeit einige Konstruktionsarbeiten am Aufladesystem durchgeführt, u. a. das Druckregelventil und den Ölfilterhalter mit Anschlüssen für die Ölkühlung. Der Motor wurde in verschiedenen Fahrzeugen, u. a. in einem knallgelben Scirocco und einem grünen Passat, erprobt. Es wurde eine Kleinstserie von ca. 20 Scirocco gebaut, die nie in den Verkauf kam.

Bei einem Test der Start- und Beschleunigungsfähigkeit des grünen Passat im FE-Gelände hielt ich die Drehzahl im Stand hoch, wegen des »Turbolochs«, und ließ die Kupplung schnalzen. Die Vorderräder drehten durch und zogen einen 30 Meter langen schwarzen Strich auf den Asphalt. Unser Hauptabteilungsleiter Prof. Heitland befand sich gerade auf dem Zebrastreifen, um die Straße zu überqueren. Mit einem großen Sprung brachte er sich in Sicherheit.

Im Motor-Versuch 1 arbeitete Dipl.-Ing. Wolfgang Fleischer, ein ehemaliger Formel V-Fahrer, 1974/75 ebenfalls an einem 1,6-Liter-Motor mit Abgas-Turboaufladung.

Auch an Dieselmotoren wurden unterschiedliche Aufladesysteme untersucht. Der erste aufgeladene Pkw-Dieselmotor ging 1978 bei Mercedes-Benz in Serie. Dipl.-Ing. Wilfried Rhode hatte 1982 in der VW-Forschung einen Dreizylinder-Wirbelkammermotor mit Comprex-Druckwellenlader auf dem Prüfstand, und Dipl.-Ing. P. Manz untersuchte 1984 dort einen Abgas-Turbolader mit verstellbarem Turbinen-Leitapparat am Fünfzylinder-Wirbelkammer-Dieselmotor.

Der Comprex-Druckwellen-Lader

Bei diesem Ladesystem werden die Druckwellen im Ansaug- und Auspufftrakt durch ein Zellenrad zur Druckerzeugung gesteuert. Die Funktion ist detailliert in der Literatur beschrieben. Drosselungen auf der Niederdruckseite, sowohl auf der Luftseite wie auch auf der Abgasseite, bringen den Druckwellen-Prozess aus dem Tritt. Ottomotoren haben wegen der Quantitätsregelung eine Drosselklappe im Vergaser. Daher wurde der Comprex-Lader nur am Dieselmotor untersucht. Dort fand er für kurze Zeit Anwendung in Kleinserien.

Welcher Lader ist geeignet?

Zurück zu den Benzinmotoren. Unbefriedigendes Instationärverhalten beim seinerzeitigen Entwicklungsstand der Turbolader (»Turboloch«) ließen die VW-Forscher um Dr. Klaus-Dieter Emmenthal und Paul Rottenkolber nach Alternativen für Otto- und Dieselmotoren suchen. Das Ziel war, Kraftstoffeinsparung durch Downsizing zu erreichen, indem Betriebspunkte im Kennfeld zu höheren Mitteldrücken mit niedrigen spezifischen Verbräuchen verlagert werden. Die Volkswagen-Ingenieure suchten nach einem geeigneten mechanischen Verdichter, der eine günstige Fördercharakteristik hat und geräuscharm, leicht, klein und kostengünstig herstellbar ist.

Das Team um Dr. Emmenthal checkte 15 unterschiedliche mechanische Verdichter. Optimal wäre ein Lader gewesen, der die Robustheit des Roots-Laders mit der guten Fördercharakteristik des Flügelzellenladers verbindet.

Beim Otto-Motor diente der Drehmomentenverlauf eines 1,6-Liter-Saugmotors mit 9,8 Verdichtung als Maßstab. Gleiche Werte sollten bei niedrigerem Kraftstoffverbrauch mit einem auf 1,5 bar aufgeladenen 1,3-Liter-Motor erreicht werden. Dazu brauchte man einen Durchsatzbereich von 0,015 bis 0,075 m^3/s. Aber Lader in dieser Größe waren nicht verfügbar. Also griff man auf das zurück, was die Hersteller anboten:

- Abgasturbolader von KKK, GARRETT, HITACHI
- Roots-Lader von der Aerzener Maschinenfabrik
- Druckwellen-Lader Comprex von BBC nur für Diesel

Roots-Lader werden von verschiedenen Herstellern und vielfach zur Spülung und Aufladung von Zweitakt-Dieselmotoren verwendet. Ihr (theoretischer) Vorteil liegt in der geringen Reibleistung, es werden nur Spalte zur Gasdichtung benutzt. Die Spaltdichtungen können ein Rückströmen vom Druck- zum Saugstutzen nur bedingt verhindern, was sich besonders bei niedrigen Drehzahlen im Liefergradverlust ausdrückt.

Der Roots-Lader

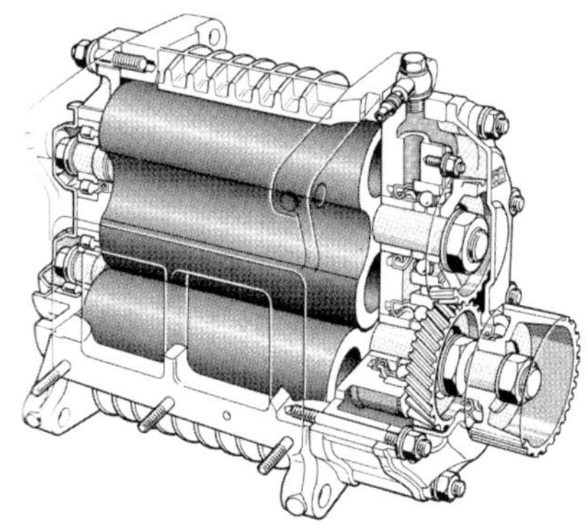

Der Roots-Lader ist eine außenachsige Drehkolbenmaschine mit Schlupfeingriff. Die beiden rotierenden Verdränger sind im Verhältnis 1:1 übersetzt. Eine innere Verdichtung ist mit diesem Prinzip nicht möglich. Die Verdichtung der angesaugten und zur Druckseite geförderten Luft erfolgt bei sich öffnendem Auslass durch Rückströmen der verdichteten Luft aus dem Druckstutzen in die Arbeitsräume des Laders. Das verursacht das markante und besonders bei hohen Drehzahlen laute Geräusch (»Kompressorkreischen«). *(Quelle: G. Hack: Turbo-Autos, Motorbuch 1988)*

Versuchsergebnisse

Untersuchungen auf dem Verdichterprüfstand zeigten die Schwäche des Abgas-Turboladers im Ladedruck bei niedrigen Durchsätzen auf. Die Pumpgrenze setzt hier das Limit. Das gleiche Verhalten zeigte sich auch auf dem Motorprüfstand.

Die Kennlinien des Roots-Laders im Diagramm Massendurchsatz über der Motordrehzahl lassen das Rückströmen infolge nicht vorhandener Dichtung (Dichtspalte) erkennen. Durch Beschichten der Verdränger sollten die Rückströmverluste minimiert werden. Die Beschichtung war wohl auch der Grund für die hohe Antriebsleistung von 8 kW/11 PS. Dauerhafte Beschichtungen waren seinerzeit nicht verfügbar.

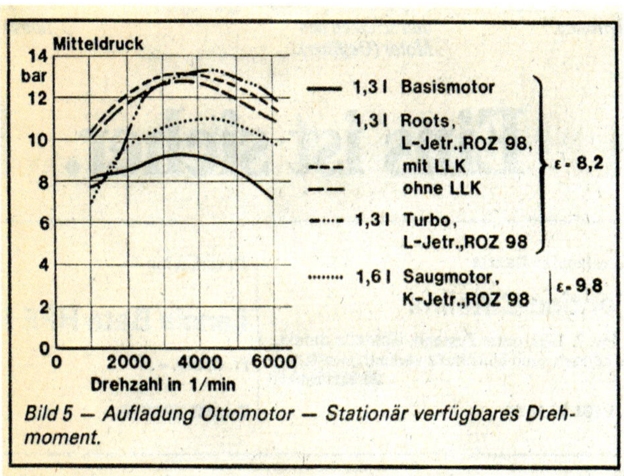

Bei den stationären Messungen auf dem Motorprüfstand von Dipl.-Ing. Istvan Geiger zeigte sich beim Abgas-Turbolader eine deutliche Drehmomentschwäche im unteren Drehzahlbereich. *(Zeichnung: Geiger)*

Während beim Dieselmotor für den Abgasturbolader und den Comprex-Druckwellenlader entschieden wurde, gab man beim Ottomotor wegen der größeren Drehzahlspanne der mechanischen Aufladung den Vorzug. Ein großer Drehzahlbereich verstärkte das Turboloch bei der Abgasturbo-Aufladung.

Mit dem Roots-Lader, Ladeluftkühlung und stufenlos variablem Antrieb konnte das Drehmoment des 1,6-Liter-Saugmotors im unteren Drehzahlbereich überboten, allerdings ab 4.000 U/min nicht ganz erreicht werden. Im Teillastgebiet wurde der Lader über eine Magnetkupplung abgeschaltet. Dadurch läuft er als Saugmotor mit geringerer Reibleistung und zeigt niedrigere Kraftstoffverbräuche als der 1,6-Liter-Motor. Aus den Kennfeldern hochgerechnet ergab sich für den aufgeladenen Motor eine Verbrauchseinsparung von ca. 13 % im Drittelmix und von ca. 20 % im Stadtverkehr.

1.1.4 Motor-Downsizing für das Auto 2000

Mit den Erkenntnissen dieser Voruntersuchungen wurden die Motoren für das VW Forschungs-Auto 2000 konzipiert.

Der Vierzylinder-Motor mit Saugrohreinspritzung wurde von einem Roots-Lader (Pfeil) mit stufenlos variablem Antrieb aufgeladen. Eine kennfeldgesteuerte Transistorzündung mit Klopfregelung ermöglichte die verbrauchsgünstige relativ hohe Verdichtung. Bei den Versuchen zeigte sich, dass die Roots-Gebläse nur bei Beschichtung der Drehkolben und damit Verringerung der schädlichen Spalte eine brauchbare Liefercharakteristik hatten; eine derartige Beschichtungstechnik war für einen serienmäßigen Einsatz in großen Stückzahlen jedoch nicht geeignet. *(Foto: Volkswagen/Sammlg. AutoMuseum)*

Technische Daten
Otto-Vierzylinder-Reihenmotor (Basis EA 801)

Hubraum	1,051 Liter
Verdichtung	8,3 statt 9,8 beim Saugmotor
Max. Ladedruck	1,5 bar
Max. Leistung	55 kW/75 PS bei 5.800 U/min
spez. Leistung	71,4 PS/L
Max. Drehmoment	106 Nm bei 4.000 U/min
Max. Mitteldruck	12,7 bar

Bei der Fahrerprobung wurde das spontane Ansprechen des Motors beim Beschleunigen aus niedrigen Drehzahlen geschätzt. Allerdings beeinträchtigten laute Strömungsgeräusche durch den Lader den Komfort.

Das Forschungsauto entstand im Zeitraum 1979 bis 1981 mit Förderung des Bundesministeriums für Forschung und Technologie. Ein Mittelklasse-Pkw sollte von je einem relativ kleinvolumigen, aufgeladenen Otto- und Diesel-Motor angetrieben werden, um den Kraftstoffverbrauch gegenüber dem Stand der Technik (Saugmotoren) zu senken. Die Voruntersuchungen zur Aufladung flossen in das Projekt ein. Neben einem Dreizylinder-Direkteinspritz-Dieselmotor mit Comprex-Lader wurde ein 1,05-Liter-Ottomotor mit Roots-Lader in ein zweites Fahrzeug eingebaut.

Besonders niedriger Kraftstoffverbrauch wurde durch Leichtbau mit vielen Kunststoffteilen, wie z. B. der Hinterachse, sowie einem cW-Wert von 0,25 und kleinvolumigen, aufgeladenen Motoren erreicht. Das Leergewicht betrug 780 kg. Die zweitürige Schrägheckkarosserie zeigt deutliche Anklänge an die Form des VW Passat B3 von 1988, besonders der Bug. Das Auto 2000 besaß auch eine Geräuschkapsel. Die Bugschürze ohne Kühlergrill behinderte den Schallaustritt nach vorn. Der Kraftstoffverbrauch im Drittelmix betrug 5,9 l/100 km. *(Foto: AutoMuseum Volkswagen)*

Quellen

F. Sass: Geschichte des Deutschen Verbrennungsmotorenbaus, Springer-Verlag 1962

Michael Graf Wolff Metternich: Der Kompressor, Verlag Max Schmidt & Söhne, München

K. Ludvigsen: Mercedes-Benz – Renn- und Sportwagen, Bleicher Verlag, 1993

Olaf v. Fersen: Auferstehung des Kompressors? Konkurrenz für den Turbo, mot 14/1980

G. Hack: Turbo Autos – Turbo Motoren, Motorbuch Verlag 1988

Heinrich Blume: Die Idee mit dem G, Auto Bild Klassik 2/2014

E. Kittler / M. Willmann: Generationswechsel – von den luftgekühlten Boxermotoren zu den wassergekühlten Reihenmotoren, Motorbuch Verlag, Stuttgart 2019

Interview mit Prof. Bernd Wiedemann, 21.10.2020 im AutoMuseum Volkswagen

M. Berchtold: Zur Entwicklung der instationären Gasdynamik, Schweizerische Bauzeitung Heft 28, 1960

J. Gygax / G. Schneider: Betriebserfahrungen mit dem Druckwellenlader Comprex im Opel Senator, MTZ 9/1988

P. Walzer / K.-D- Emmenthal / P. Rottenkolber: Aufladesysteme für Pkw-Antriebe, Automobil-Industrie 4/1982

P. Walzer / I. Geiger: Ottomotor-Antriebskonzept für hohe Leistungen und niedrigen Verbrauch, Automobil Revue 50/1982

1.2 Der G-Lader entstand in der Forschung

Von Otto Schäfer

1.2.1 Wie Volkswagen auf den G-Lader kam

Bei Ottomotoren ging die Vergaserära wegen schärferer Abgasgesetze langsam zu Ende. Die aufwändigen Komponenten moderner Einspritzsysteme (Einspritzdüsen, Steuergerät, Sensoren u.a.) erhöhten die Kosten enorm. Deshalb wurde in der VW-Forschung 1978 eine kostengünstigere Alternative einer Gemischaufbereitung untersucht. Konstrukteur Claus Müller erzählt: »Das System AFI (Air assisted Fuel Injection) war Fialas Idee.« Der Verfasser ergänzt: »Prof. Fiala forderte eine Kraftstoffeinspritzung zum Preis eines Vergasers«.

Die Benzineinspritzung AFI

Der Grundgedanke dieses Air-Fuel-Systems ist, dass der für den jeweiligen Lastfall des Motors zugemessene Kraftstoff zusammen mit einem Stützluftstrom, ohne Saugrohrbenetzung, direkt in den Einlasstrakt eines jeden Zylinders gefördert wird. Insbesondere wurde bei ausreichend großem Stützluftstrom eine sehr gute Gemischaufbereitung erwartet. Weiterhin ließ sich ein größerer Volumenstrom exakter auf die einzelnen Zylinder aufteilen. Dennoch bereitete diese Zweiphasenströmung Probleme. Vor allem musste ein Kompressor mit geeigneter Fördercharakteristik für den Stützluftstrom gefunden werden. Vorübergehend schien ein Hubkolbenkompressor das geeignete Mittel zum Zweck zu sein.

Unter Leitung von Dr. K.-D. Emmenthal wurde ein Labormuster dieses Einspritzsystems dargestellt. Die wesentlichen Baugruppen dieses Gemischbildners waren dabei die vom Vergaser her bekannten Komponenten wie Schwimmerkammer, Düsenstock, Beschleunigungspumpe, Luftführungsteil, Drosselklappe und Starterklappe. Mit Vergaser-Technologie wurde so die für den Lastfall des Motors erforderliche Kraftstoffmenge zugemessen. Der zugemessene Kraftstoff wurde zusammen mit dem Stützluftstrom von der Kolbenpumpe dem Mengenverteiler zugeführt und gelangte danach unter Umgehung des Saugrohrs, über separate Leitungen, in die Ansaugkanäle des Motors.

Unterstützung bei der konstruktiven Auslegung leisteten Kollegen aus der Aggregate-Diversifikation. Michael Willmann erinnert sich: »Ende 1976, Anfang ‚77 habe ich, auf Anweisung von Peter Hofbauer (Leiter der Aggregate-Forschung), den nachfolgenden Auftrag bekommen: „Ich gehe jetzt zum Mittagessen, und wenn ich wiederkomme, sind Sie fertig". Daraufhin habe ich den Entwurf eines Gehäuses mit einem kleinen durch einen Elektromotor angetriebenen Einzylinder-Hubkolbenverdichter für die luftunterstützte Einspritzung skizziert. Später bei der Konstruktion hat mich eine junge Technische Zeichnerin im 3. Lehrjahr unterstützt.«

Bei den Versuchen mit diesem Hubkolbenkompressor zeigten sich störende Geräusche und Vibrationen, auch wegen der unausgeglichenen Massenkräfte.

Konstrukteur Claus Müller und Versuchsingenieur Otto Schäfer haben den AFI weiter verbessert, wodurch Motortests und Fahrerprobungen möglich wurden.

Ing. Otto Schäfer
Geboren: 30.01.1944 in Emden (Krs. Haldensleben)
Lehrzeit: Maschinenschlosser bei Buderus/Wetzlar
Studium: Ing.-Schule Gießen Maschinenbau (Energie- u. Wärmetechnik),
zu Volkswagen am 16.09.1968 in den neuen Klima-Windkanal (als Abteilung der 1970 neu gegründeten Forschung)
Forschungsmitarbeiter bis zum Renteneintritt 2009.

Otto Schäfer
(Foto: Kittler)

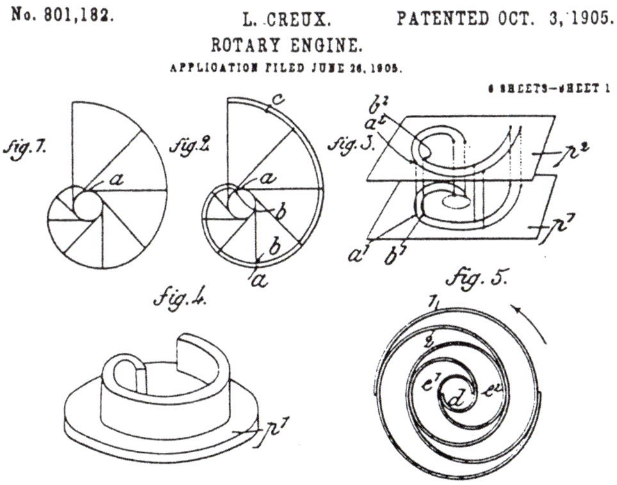

Erste Skizze eines Spiralkompressors. Zeichnungen aus der Patentschrift des Franzosen Leon Creux. Nach seinen Vorstellungen kann das Prinzip sowohl als Expansionsmaschine als auch als Kompressionsmaschine arbeiten.
(Quelle: Patentschrift)

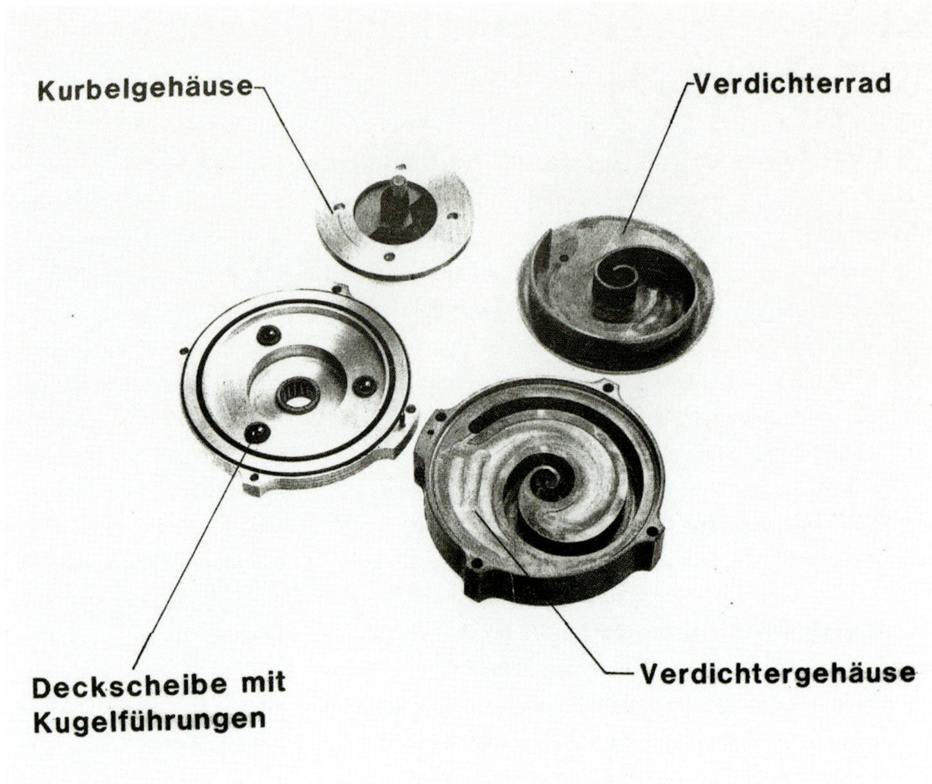

Einzelteile des AFI-Spiralverdichters. Der Verdränger (r.o.) besteht aus einer Platte mit einer Spirale von 720° Umschlingungswinkel. Sie bildet zusammen mit der Gehäusespirale (rechts unten) die Arbeitsräume, je einen mit der Innen- und Außenwand der Verdrängerspirale. Mittels einer Exzenterwelle und den drei Kugelpfannen wird dem Verdränger eine kreisende translatorische Bewegung aufgeprägt. Dabei wird Luft angesaugt und gefördert. Der innere »Kringel« ist das sogenannte »Güttinger-Schwänzchen«, nach einem Patent des Schweizers. Dadurch entsteht eine innere Verdichtung.). *(Foto:Volkswagen/Sammlung AutoMuseum)*

Zufällig erzählte Dr. Emmenthal einem Freund aus der Schweiz: »Du, wir haben da ganz schön Kummer, weil der kleine Kompressor nicht das macht, was er soll.« Da hatte der Freund die Idee mit dem Spiralverdichter. Dieses Prinzip mit aus Kreisbögen zusammengesetzten Spiralen geht auf ein Patent von Leon Creux aus dem Jahre 1905 zurück. Der Schweizer Ingenieur Heinrich Güttinger hatte nach langjährigen Forschungsarbeiten einen Scroll Compressor entwickelt und patentrechtlich abgesichert. Seine 1972 gegründete Forschungs- und Vermarktungsfirma AGINFOR AG lieferte dann ein Musterexemplar dieses Spiralkompressors für das Projekt AFI.

Dr. Emmenthal: »Die Geräuschemission dieses Kompressors war nun besser, aber der Rest war grausam. Nach zwei Stunden war der Kompressor kaputt, dann konnte man ihn auf den Schrott schmeißen. Vor allem brachte dieser Prototyp einfach nicht den erforderlichen Druck und Durchsatz, den wir brauchten. Nicht zuletzt war offensichtlich, dass allein der Bauraum für diesen Kompressor nicht zur Verfügung stand. Das Einspritzsystem scheiterte u.a. an der schwierig zu beherrschenden Zwei-Phasen-Strömung. Aber die Idee vom Spiralverdichter blieb in den Köpfen der Forscher.«

Konstrukteur Claus Müller

Geboren 04.09.1944 in Hahnenklee/Bockswiese, Lehre als Werkzeugmacher bei Büssing in Braunschweig, Technikerausbildung, 1971 zu Volkswagen in die Forschung 3 (Abteilungsleiter Dr. Emmenthal, Hauptabteilungsleiter Dr. Hucho), bis zum Ausstieg bei Volkswagen 2002 immer in der Forschung geblieben.

Claus Müller

(Foto: Kittler)

Das AGINFOR-Labormuster

Auch die Aufladung beschäftigte das Team der Forschung. Dr. Emmenthal: »Wir haben schon fast das berühmte Handtuch geworfen, da kam mir die Idee, wir könnten doch mal versuchen, nach dem Arbeitsprinzip der zuvor beschriebenen Spiralmaschine einen Kompressor für die Motoraufladung zu bauen. Denn das Arbeitsverfahren ist ja gut, das hatten wir beim Projekt AFI gelernt.«

Die Einzelteile des AGINFOR-Spiralladers. *(Foto: Volkswagen/Sammlg. AutoMuseum)*

Der AGINFOR-Spirallader bestand aus zwei »aus dem Vollen« hergestellten Gehäuseteilen mit je zwei ineinander verschlungenen Spiralkammern, sie stellen die feststehenden Arbeitsraumwände dar. Auf der Mittelplatte des Verdrängers befinden sich auf beiden Seiten korrespondierende Spiralen, die während eines Arbeitszyklus die beweglichen Arbeitsraumwände bilden. Die Geometrie der Spiralen bestand aus aneinandergereihten Kreisbögen mit unterschiedlichen Radien. Durch die vier Verdrängerspiralen entstand eine achtflutige Maschine. Das »Güttinger-Schwänzchen« sorgte für eine innere Verdichtung. Die Massenkräfte waren durch entsprechende Gegengewichte nahezu ausgeglichen.

Im Rahmen der Aufladung für das Auto 2000 beschaffte Dr. Emmenthal von AGINFOR ein Labormuster eines Spiralkompressors mit vier Augen zur Parallelführung des Verdrängers mittels Rollbolzen. Dieses Labormuster des Spiralladers wurde nach Vorgaben der VW-Forschung erstellt. Die Exzenterwelle mit 4 mm Exzentrizität in Verbindung mit der Parallelführung durch vier Rollbolzen sorgt für die kreisende Bewegung des Verdrängers.
Die Kammertiefe betrug 27,5 mm, was ein theoretisches Fördervolumen von 315 cm³/Umdrehung ergab, also in einer für die Aufladung kleinvolumiger Motoren passenden Größe.

Die Funktion des Spiralladers

Im Gegensatz zu anderen mechanischen Ladern besitzt dieser Spirallader keinen Schadraum. Somit kann keine Rückexpansion nach dem Ausschieben der verdichteten Luft, also am Beginn eines neuen Fördervorgangs, stattfinden, wie bei Hubkolbenverdichtern. Lediglich durch die Spalte zwischen Gehäuse- und Verdrängerspiralen strömt eine geringe Luftmenge von der Druck- zur Saugseite.

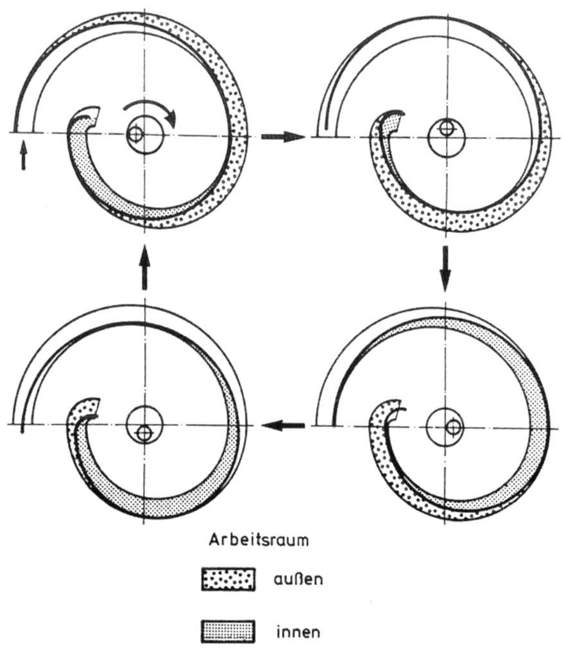

Luftförderung, bei nach innen über 360° hinaus verlängerten Spiralen (»Güttinger-Schwänzchen«), in beiden Arbeitsräumen eines Spiralelements. Die gepunktete Fläche stellt das sich ändernde Volumen der äußeren Arbeitskammer dar. Nach dem Schließen des Einlasses (Bild oben links) wird der sichelförmige Arbeitsraum durch den Verdränger verkleinert und dabei die eingeschlossene Luft verdichtet, bevor sie nach Öffnung des Auslasses (kurz nach dem zweiten Bild) in den Hochdruckbereich ausströmt. Bei weiterer Drehung der Exzenterwelle schiebt der Verdränger die verdichtete Luft aus dem Arbeitsraum. Dieser Förder- und Verdichtungsprozess ist erst im Bild oben rechts abgeschlossen. Dabei hat die Exzenterwelle sich um 450° gedreht. Zu dem Zeitpunkt hat bereits ein neuer Prozess im äußeren Arbeitsraum begonnen. Parallel dazu laufen auch im inneren Arbeitsbereich Prozesse ab (schraffierte Fläche). Bei einer Verdichterspirale ergibt sich somit eine zweiflutige Maschine mit den Arbeitsräumen »außen- und innenliegend«. *(Zeichnung: Volkswagen/Sammlg. AutoMuseum)*

Die ersten, auf dem Prüfstand des Versuchsingenieurs Istvan Geiger und dem Prüfstandsführer Hoffmeister gemessenen Ergebnisse waren hinsichtlich der Fördercharakteristik und des Wirkungsgrads vielversprechend. Besonders bei niedrigen Drehzahlen baute die AGINFOR-Maschine einen deutlich höheren Ladedruck auf als Flügelzellen- und Roots-Lader. Dr. Emmenthal: »Es schepperte zwar furchtbar, aber die Leistung war gar nicht so schlecht. Und der Prototyp hat lange genug gehalten, um zu sehen, was daraus zu machen ist. Bei der ersten Diskussion der Messergebnisse waren wir uns einig, dass wir besonders die Vorteile eines derartigen Kompressors herausstellen müssen, denn für die erkannten Nachteile würde man leicht Lösungsansätze finden.« Claus Müller beschreibt die Ursache für das Geräusch: »Durch die vier ‚Augen' war das System überbestimmt und wegen der Toleranzen war ein größeres Spiel nötig. Der Versuchslader ist nur kurzzeitig auf dem Prüfstand gelaufen«. Die ersten wenigen Messergebnisse und Erfahrungen, die mit diesem Prototyp eines Spiralladers erzielt wurden, waren insgesamt positiv bewertet worden.

Anforderungen an einen Mechanischen Lader

Unter Berücksichtigung der Ergebnisse und Erfahrungen mit den industriell gefertigten Ladern, die im Projekt Auto 2000 untersucht wurden, konnten die Kriterien klar beschrieben werden, die ein zur Leistungssteigerung kleinvolumiger Verbrennungsmotoren im Automobilbau geeigneter mechanischer Lader erfüllen muss:

- Serientauglichkeit
- Laufruhe
- geringe Geräuschentwicklung, auch bei abrupten Lastwechseln
- Robustheit
- Wartungsfreiheit
- geringes Gewicht
- geringes Massenträgheitsmoment des Verdrängers
- geringes Bauvolumen
- einfacher Aufbau
- vorteilhafte Fördercharakteristik
- geringer Gestehungspreis

Allerdings wurden die zur Leistungssteigerung geeigneten, mechanisch angetriebenen Verdrängerlader damals nicht angeboten. Warum griff weltweit niemand die Idee eines Spiralkompressors auf, um den offensichtlichen Bedarf abzudecken?

Eine allgemeine Beschreibung des Funktionsprinzips eines Spiralkompressors war in der Literatur zwar schon lange bekannt. Wegen unzulänglicher Fertigungstechniken sind diese Vorschläge nie weiterverfolgt worden. Die nicht einfache Bearbeitung der Spiralkonturen konnte erst mit dem Aufkommen von bahngesteuerten Fräsmaschinen erfolgen. Nach Abwägung des Potenzials und der Risiken bekam die Forschung im Sommer 1980 den Auftrag einen anwendungsgerechten Laderprototyp für einen Ottomotor mit einem Hubraum von 1.300 cm^3 darzustellen. Auch anderen Firmen waren die Vorteile des Spiralprinzips nicht unbekannt. Die japanische Firma SANDEN entwickelte 1984 einen Spiralkompressor für Auto-Klimaanlagen.

Eigenfertigung oder Kaufteil?

Die beschriebenen Aktivitäten der VW-Forschung hinsichtlich des Projekts Auto 2000 zeigten den dringenden Bedarf an einem geeigneten Lader. Die Idee, einen geeigneten Entwicklungspartner aus der Zulieferindustrie zu beauftragen, ist sehr schnell verworfen worden. Hersteller marktüblicher Kompressoren waren nur auf den Bedarf der industriellen Anwendung ausgerichtet und befürchteten das hohe Eigenrisiko, wenn sie an langwierigen Entwicklungsprozessen teilnehmen würden.

Die Zulieferer zeigten also kein Interesse an der Darstellung eines solchen Laders, das in den Details noch gar nicht beschrieben war. Und selbst schwergewichtige Zulieferer der Automobilindustrie haben weder freie Kapazitäten noch technische Voraussetzungen, um ein Produkt zu entwickeln, das nicht zum bisherigen Lieferprogramm gehört. Zudem geht es ja nicht nur um ein neues Bauteil: Das Konzept »aufgeladener Motor« für den Serieneinsatz vorzubereiten, ist ein überaus arbeitsintensives Entwicklungsvorhaben.

Der Informationsfluss vom Auftraggeber über die Konstruktion zum Planer, Modellbauer, Gießerei, mechanische Fertigung, Zusammenbau, Erprobung, Prüfung und Bewertung des Kompressors auf dem Komponentenprüfstand, Installation des Laders am Motor, Prüfung und Abstimmung des Konzeptes auf dem Motorprüfstand, Erprobung und Abstimmung des aufgeladenen Motors sowie die zwingend erforderlichen Verbrauchs- und Abgasmessungen auf dem Rollenprüfstand beschreibt den enormen Entwicklungsaufwand. Zumal die Ingenieurdienstleister damals eher selten mit entsprechenden Fertigungs- und Prüfkapazitäten aufwarten konnten.

Entwickler und Entscheider in der Automobilindustrie kann man nur für ein Produkt begeistern, das »fahrbar« ist. Daher wurde vom Vorstand der Forschung und Entwicklung, Prof. Fiala, entschieden, dass im eigenen Haus ein Spirallader konzeptioniert werden sollte. Gegebenenfalls könnte dann auch mit einem dargestellten Konzeptfahrzeug eine gute Beurteilung des Gesamtpaketes möglich sein.

1.2.2 Der Forschungsauftrag

Aus diesem Grund erhielt die Volkswagen-Forschung im Sommer 1980 den Auftrag, einen mechanischen Lader für einen kleinvolumigen Verbrennungsmotor mit einem maximalen Hubraum von 1.300 cm^3 darzustellen. Dr. Emmenthal war der federführende Projektleiter innerhalb der VW-Forschung Antriebstechnik, die auch den größten Anteil an den zuvor beschriebenen Untersuchungen zur Aufladung hatte. Er beauftragte Claus Müller mit der Konstruktion eines anwendungsgerechten Spiralkompressors.

Bei der Konzeption des VW-Spiralladers wurde die Geometrie der Spiralkonturen weitgehend vom AGINFOR-Spirallader übernommen. Zur Ausbildung der Spiralen kann festgehalten werden, dass die Spiralen im Wesentlichen aus aneinandergereihten Halbkreisen gebildet sind. Grundsätzlich liegen die Mittelpunkte der Polstrahlen der aneinander anschließenden Hüllkurven auf der gleichen Mittellinie der miteinander korrespondierenden Kreisbögen. Die Mittelpunkte dieser Kreisbögen sind um den Betrag Rm1 – Rm2 bzw. Rm2 – Rm3 versetzt. Bei dieser Konstruktion liegen alle Mittelpunkte auf einer gemeinsamen Achse.

Der kleinste Kreisbogen mit Rm3 als Endelement verhindert weitgehend die Rückströmung aus dem zentrisch gelegenen Austrittssammelraum des Verdichters in die Gehäusespirale und bestimmt dadurch das innere Druckverhältnis des Spiralkompressors. Die Größe des Verdichtungsraumes wird durch die Stellung der Verdrängerspirale im Spiralgang des Gehäuses bestimmt. Es nimmt den größten Wert ein, wenn der Verdränger das Spiralsystem, also den Arbeitsraum, saugseitig gerade abschließt. Mit der stetigen Abnahme des Verdichtungsraumes erhöht sich der Druck des eingeschlossenen Arbeitsmittels zunächst durch innere Verdichtung. Bei der am Spiralkompressor verwirklichten Geometrie ist das durch isentrope Druckerhöhung erreichte innere Druckverhältnis p_i/p_1 = 1,4.

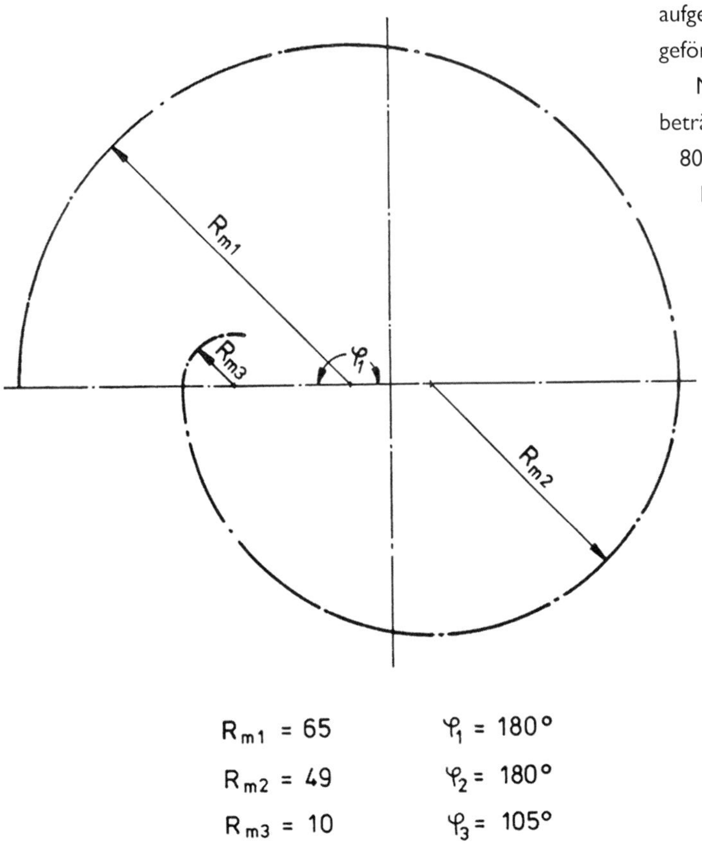

Die Spiralkontur der Verdrängerschaufeln setzt sich aus Kreisbögen zusammen. *(Skizze: Volkswagen/Sammlg. AutoMuseum)*

Die Konstruktion der Spiralkontur mit den gewählten Radien hat den Vorteil, dass sie sehr platzsparend ist. Dadurch kann die Ausführungsform mehrgängig sein. Bei der hier bevorzugten zweigängigen Ausführungsform sind die zwei Spiralgänge des Verdichters um 180° verdreht ineinander geschachtelt. Die durch den tangential angeordneten Einlassstutzen einströmende Luft wird innerhalb des Gehäuses zum zweiten Spiralsystem geleitet. Betrachtet man zunächst nur die antriebsseitige Hälfte des Verdichters, so strömt die geförderte Luft durch die Durchtrittsöffnungen der Mittenscheibe des Verdrängers. Zur Vermeidung einseitiger großer axialer Druckkräfte ist der Spiralkompressor symmetrisch aufgebaut. Die in den zentral gelegenen Verdichtungsraum geförderte Luft verlässt den Verdichter über den Auslassstutzen.

Mit einer axialen Erstreckung der Spiraltiefe von t = 40 mm beträgt die gesamte Verdränger- bzw. Kammertiefe 2 × t = 80 mm, die Spiraldicke beträgt s = 3 mm und die Spiralkanalbreite beträgt b = 13 mm. Der Hub beider Exzenterwellen beträgt jeweils 2 × e = 10 mm. Bei einer Umdrehung der Antriebswelle beschreibt jeder Punkt auf dem Verdränger einen Kreis mit dem Durchmesser der Exzentrizität.

Anhand dieser Angaben kann das theoretische Fördervolumen bestimmt werden. Bleiben zunächst die zum Betrieb erforderlichen Spaltmaße zur Vermeidung von Anläufern unberücksichtigt, dann beträgt das theoretische Fördervolumen bei einer Umdrehung der Antriebswelle V_{th} = 573 cm^3. Die Nenndrehzahl ist auf maximal n = 10.000 U/min vorgegeben.

Im Gegensatz zu den aus der Literatur bekannten Spiralkompressoren ist bei dieser Bauausführung die translatorische Bewegung des Verdrängers durch eine zweite Exzenterwelle gewährleistet. Dadurch bleibt das einmal konstruktiv dargestellte radiale Spaltmaß unverändert. Ohne direkte Berührung der Spiralkonturen von Verdränger und Gehäuse treten keine Reibkräfte an den radialen Näherungspunkten auf.

Die Synchronisation beider Exzenterwellen ist durch einen außerhalb des Verdichtergehäuses liegenden Zahnriementrieb gegeben. Die Exzenterwellen sind in der antriebsseitigen Gehäusehälfte mittels Festlager fixiert. Wegen der größeren Beanspruchung wird die Antriebswelle durch ein weiteres Lager abgestützt. Dieses Lager befindet sich in der auslassseitigen Gehäusehälfte in einer Aufnahme vor dem axial angeordneten Druckstutzen.

Zum Ausgleich der auftretenden Massenkräfte muss das System ausgewuchtet sein. Die erforderlichen Ausgleichsgewichte sind auf der Exzenterwelle innerhalb des Kompressors vor den Stirnseiten des Verdrängers angebracht. Da an der Gehäusetrennfuge keine großen Differenzdrücke (Ansaugseite) auftreten, ist nur eine einfache Dichtung nötig. In dieser ersten Bauphase waren alle Lager für Dauerschmierung ausgelegt.

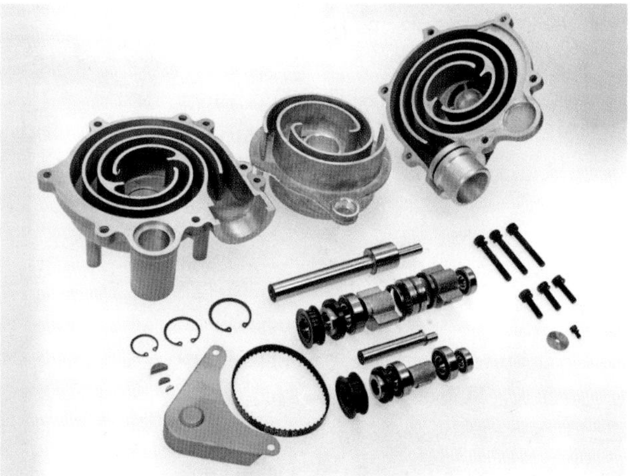

Bauteile der ersten Baustufe. Die radialen Oberflächen der Spiralkonturen der Gehäuse- und Verdrängerspiralen wurden zunächst nicht gefräst. Es war erwartet worden, dass bei einer schnellen Inbetriebnahme ohnehin zusätzlich erforderliche Maßnahmen erkannt werden, die danach als Gesamtpaket bei der ersten verbesserten Bauausführung berücksichtigt werden müssen. *(Foto: Volkswagen/Sammlg. AutoMuseum)*

Bauteilefertigung

Da bei einem solchen Projekt eine enge Zusammenarbeit mit der Fertigung unerlässlich ist, wurde im September 1980 mit Herrn Bieler, dem Werksleiter des VW-Werkes Kassel, vereinbart, dass die Druckgussformen für die Gehäusehälften und für den Verdränger beim bewährten Zulieferer Firma KAMM in Auftrag gegeben werden. Die Abgüsse der Ladergehäuse aus Aluminium entstanden in der Gießerei des Werkes Kassel. Dagegen entsprachen die ersten Abgüsse des Verdrängers aus Magnesium-Druckguss nicht den Qualitätsanforderungen. Daraufhin wurde der Verdränger bei der Firma SCHWEIZER & WEICHAND in guter Qualität porenfrei gegossen. Die Bearbeitung der Druckgussteile erfolgte im Werkzeugbau des Werks Kassel im April 1981. Diese erste Bauausführung war bewusst als vereinfachtes Konzept dargestellt worden.

Versuchsingenieur Otto Schäfer wurde daraufhin der Zusammenbau und die Inbetriebnahme sowie Bewertung die Prototypen übertragen. Zur Inbetriebnahme und Bewertung der Kompressors gab es im gesamten Konzern keinen geeigneten Komponentenprüfstand, der dem Anforderungsprofil zur Messung eines Kompressor-Kennfeldes entsprach. Dieser musste daher umgehend in Eigenregie für die bevorstehenden Anwendungen konzipiert und gebaut werden.

Die ersten Untersuchungen auf dem Komponentenprüfstand zeigten, dass die Spiralkonturen vom Verdränger und die der Gehäusespiralen auch radial bearbeitet werden müssen. Aufgrund großer Spalte zwischen dem bewegten

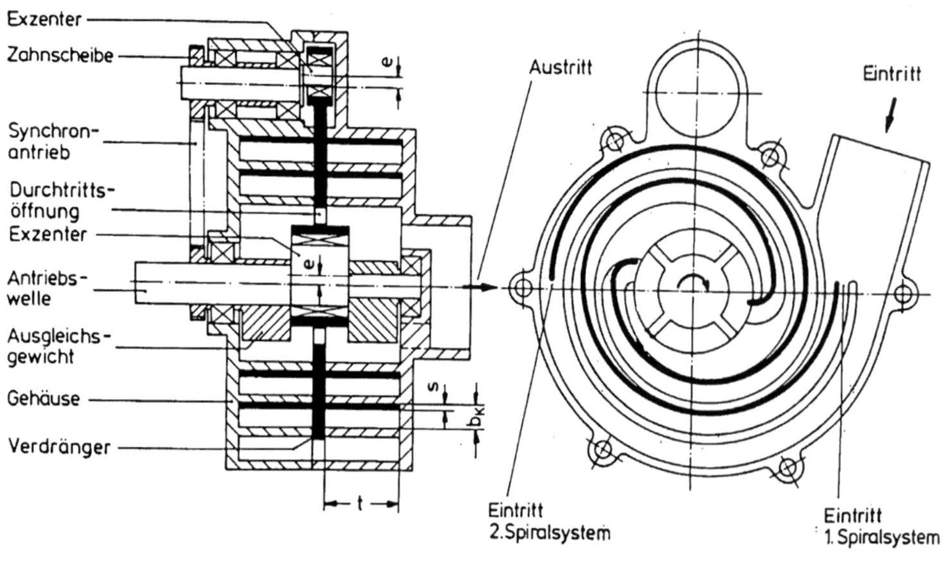

Schematische Darstellung des G40-Laders. *(Zeichnung: Volkswagen/ Sammlg. AutoMuseum)*

Verdränger und den Gehäusewandungen, die gießtechnisch unvermeidbar waren, brachten auch verschiedene Beschichtungsverfahren keine bessere Fördercharakteristik. Daraufhin wurden alle Spiralen zeichnungsgerecht mittels NC-Fräsmaschinen im Werk Kassel bearbeitet. Schon in dieser frühen Phase wurde intensiv über alternative Ausführungen des Verdrängers diskutiert und aus entsprechenden Materialien gefertigt, um die Fertigungskosten zu verringern. Die Ergebnisse dieses Bemühens waren eindeutig, so dass alles bei der Grundkonzeption blieb.

Unabhängig vom Arbeitsverfahren aller Verdichter beeinflussen Strömungsverluste den Wirkungsgrad stark. Gute Wirkungsgrade lassen sich beim Spiralkompressor nur erzielen, wenn die radialen und axialen Spalte zwischen dem bewegten Verdränger und dem Gehäuse hinreichend eng bemessen werden können. Das an sich ist keine neue Erkenntnis. Zur exakten Betrachtung der Einflüsse der absolut notwendigen Spaltmaße müsste ein Musterexemplar mit sehr hohem Fertigungsaufwand hergestellt und gemessen werden. Dabei wiederum könnten die örtlich vorhandenen Spaltmaße im Einzelnen nur unzulänglich gewichtet werden. Zunächst stand für die technische Ausführung nur die Funktion im Vordergrund, um dann nach der ersten Inbetriebnahme im Bedarfsfalle Toleranzen einzuengen.

Die konstruktiven Vorgaben für die Fertigung, insbesondere die Festlegung für die Spiralgeometrie und die Kinematik des Doppelkurbeltriebs mit dem Verdrängerhauptlager und des Verdrängerführungslagers konnten zunächst nur näherungsweise erfolgen. Die unter Lastbetrieb auftretenden Bauteildeformationen und die Einflüsse der Toleranzen der Bauteile und des Doppelkurbeltriebs waren unter den voraussehbaren abrupten Lastwechseln nicht hinreichend genau abzuschätzen. Insbesondere wurde die Kinematik des Nebenwellenantriebs über die Zahnriemenscheiben, Zahnriemen sowie die Lagerung und Führung der Nebenwelle als kritisch angesehen. Der Träger des Verdrängerführungslagers wurde gummielastisch im Verdrängerauge gelagert, um mögliche Deachsierungen bei den zu erwartenden Wechselbelastungen während der ersten Messungen auszugleichen. Dieses Bauteil bekam die prägnante und dauerhafte Bezeichnung »Wackelauge«.

Bei der ersten Inbetriebnahme des Spiralladers mit gefräster Spiralgeometrie wurden zur axialen Seitenführung des Verdrängers Führungs- bzw. Dichtungsbänder aus Teflon verwendet, die zur Verbesserung der Form- und Verschleißstabilität mit Bronzepartikeln verstärkt waren. Die Führungsbänder wurden in Dichtnuten eingebettet, die stirnseitig in den Spiralkonturen eingefräst waren. Dabei waren die Dichtbänder im Verdränger »auf Block« dimensioniert, und im Gehäuse waren die Dichtbänder zunächst mit einer elastischen Gummirundschnur hinterlegt worden, um die Führungsbänder gegen die axialen Anlaufflächen in Kontakt zu halten.

Später wurden die Rundschnüre durch formgetreue Wellfedern ersetzt. Bei sachgerechter Abstimmung der Anpresskraft ist dadurch das axiale Spaltmaß nahe Null. Diese technische Lösung erlaubte großzügiger ausgelegte axiale Fertigungstoleranzen. Da auf den exzentrisch bewegten Verdränger keine nennenswerte Axialkräfte wirken, ist die Beanspruchung dieser Dichtbänder gering. Die Umfangsgeschwindigkeit eines jeden Punktes auf dem Verdränger ist während des Betriebs maximal 5,2 m/s Relativgeschwindigkeit, oder bei Kontakt Gleitgeschwindigkeit. Im Vergleich zu anderen Kompressorbauarten ist dieser Wert sehr gering. Die mit der Bewegung des Exzenter-Parallelogramms einhergehende Bewegung des engsten Spaltes zwischen Verdränger und Gehäuse durchläuft dagegen mit einer den Spiralradien und der Antriebsdrehzahl proportionalen hohen Umlaufgeschwindigkeit, die auch als Transportgeschwindigkeit der Luft bezeichnet werden kann.

Erste Bewertung der Messergebnisse

Eine erste Aussage über die Anwendbarkeit eines Kompressors als Ladegerät ist anhand typischer Messergebnisse möglich. In erster Linie sind dies die Fördermengen, die im Zusammenhang mit der Druckerhöhung zu sehen sind und die dazu benötigte Antriebsleistung, da sie durch den Motor aufzubringen ist. Bei der Anwendung des Laders an einem Ottomotor ist die Temperaturerhöhung der Luft besonders zu beachten, da sie einerseits bei der Gemischaufbereitung förderlich sein kann. Andererseits führt eine hohe Lufttemperatur zur Erhöhung

Zusammenbau der ersten Baustufe des G40-Laders.
(Foto: Volkswagen/Sammlg. AutoMuseum)

der Klopfneigung des Motors. Da der Kompressor vom Motor mittels fester oder auch variabler Übersetzung angetrieben werden kann, ist die Kompressordrehzahl eine weitere charakteristische Kenngröße, die neben dem Ladedruck eine den Betriebspunkt kennzeichnende Bezugsgröße ist.

Die Grundlagen zur Beurteilung des Leistungsvermögens dieses Spiralkompressors bildeten die ersten positiven Messergebnisse, die Ende September 1981 vorlagen.

Einfluss der Spaltmaße

Nachdem die Spiralen der Gehäusehälften und die des Verdrängers mit den Trockenlauf-Dichtstreifen ausgestattet wurden, ließen sich die Einflüsse der radialen Spaltströmungen auf das Betriebsverhalten des Laders untersuchen. Haben also die axialen Dichtungen bei den Messungen immer die gleiche Charakteristik, sind die gemessenen Abhängigkeiten allein auf die Radialspalte zurückzuführen. Die gemessenen Fertigungstoleranzen erlaubten die Verwendung des größtmöglichen Exzenters von 5 mm. Da über die tatsächlichen Toleranzen keine Aussage gemacht werden kann, wird der Einfluss größerer Spalte durch die Reduzierung des Verdrängerhubes dargestellt. Die Vergrößerung des Spaltmaßes sorgt für größere, in Richtung Ansaugstutzen zurückströmende Leckmengen. Dadurch verlaufen die Drehzahllinien (Luftdurchsatz als Funktion des Gegendrucks) flacher. Der Liefergrad wird schlechter, und die Lufttemperaturen steigen. Bei einer Vergrößerung des Spaltmaßes um 0,1 mm erhöht sich die Austrittstemperatur um 10 bis 15 °C.

Aus dieser Darstellung ist leicht zu entnehmen, dass dem Wunsch nach größeren Fertigungstoleranzen für die mechanischen Bearbeitungen nicht entsprochen werden kann.

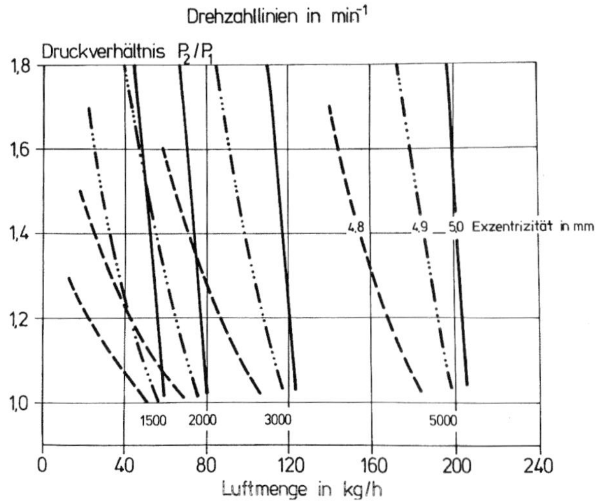

Einfluss der radialen Spaltmaße auf die Steilheit der Kennlinien. *(Zeichnung: Volkswagen/Sammlg. AutoMuseum)*

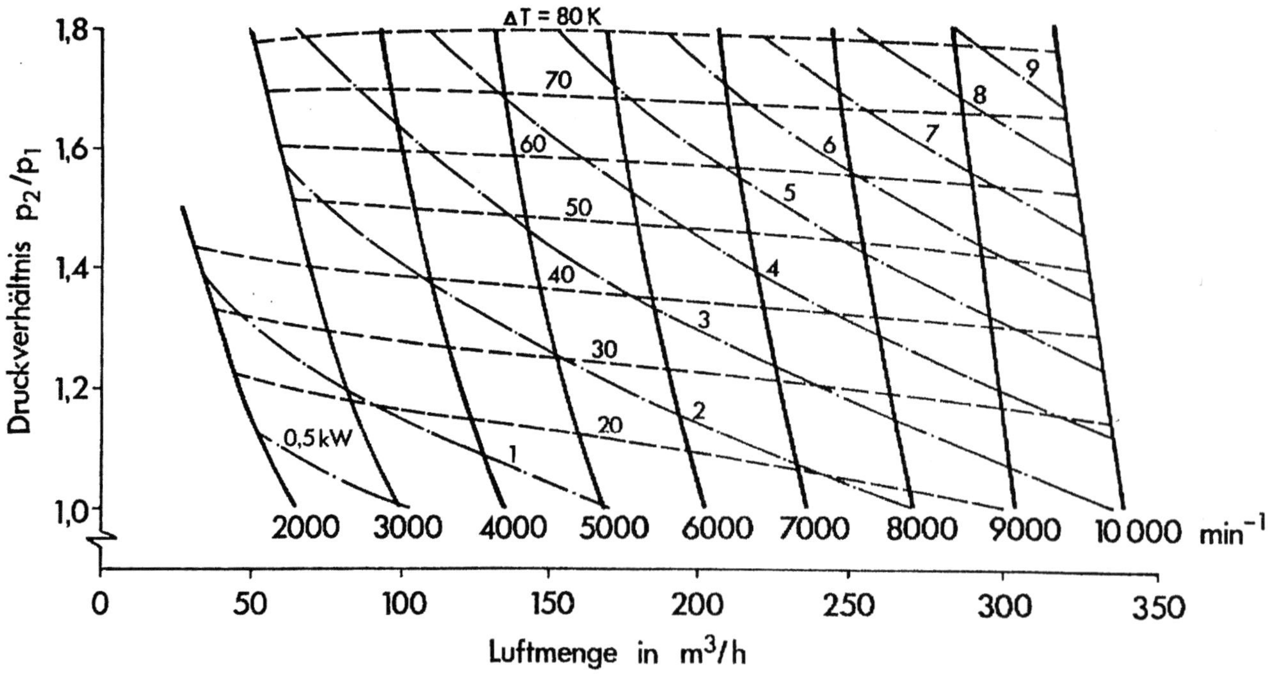

Erstes Kennfeld des G40-Laders. Die gezeigten Drehzahlkennlinien zeigen im gesamten Kennfeld einen für Verdrängerlader sehr günstigen steilen Verlauf der Fördermenge in Abhängigkeit vom Gegendruck. Die Linien gleicher Leistung beinhalten die Anteile der reinen Verdichtungsleistung, die Verlustleistung durch Rückströmung und Spaltverluste, die mechanische Reibleistung des Kompressors selbst sowie die Verlustleistung des gesamten Riementriebs. Diese Linien stellen somit die gesamte vom Motor aufzubringende Antriebsleistung dar. *(Zeichnung: MTZ 9/1985)*

Erkanntes Verbesserungspotenzial

Nachdem mit dem ersten komplett aufgebauten Spirallader einige Kennfelddaten gemessen waren, wurde Forscherkollege Henrik Meyer unruhig, weil er für die anstehenden ersten Grundsatzuntersuchungen für einen aufgeladenen Motor immer noch keinen Spirallader hatte. Mangels Lader musste er den kleinvolumigen Ottomotor EA 801 vorübergehend mit Fremdaufladung betreiben, indem er die »Ladeluft« aus dem Druckluftnetz des Werkes bezog. Diese Vorgehensweise hatte allerdings für die Erstellung des ersten Motorkonzeptes solange eine Berechtigung, bis endlich ein entsprechender Lader zur Verfügung stand. Die zweite Version des Spiralladers, mit der bereits gute Messergebnisse erzielt wurden, war Basis dafür, dass man die weiteren Aktivitäten zur Verbesserung des Laders verstärken konnte.

Der Zusammenbau der benötigten Lader war für unseren bewährten Monteur Lothar Mertens kein Problem, sofern die Bauteile verfügbar waren. Die erste Funktionsüberprüfung erfolgte auf dem Komponentenprüfstand. Dabei wurden einige spezifische Kennfeldpunkte gemessen, damit man einerseits Kenntnisse über die eventuelle fertigungsbedingte Streuung bekam und andererseits sicher sein konnte, dass die erwartete Funktion gewährleistet ist. Alle Lagerstellen dieses Baustandes waren noch dauerfettgeschmiert.

Zu diesem Zeitpunkt war klar, dass der Lader eine permanente Ölversorgung der hoch belasteten Lager der Antriebswelle benötigt. Das hatte einige Änderungen der Lagerdichtungen zur Folge. Die Dichtringe waren einerseits dem wechselnden Ladedruck ausgesetzt, andererseits musste der Öldruck des Motorölkreislaufs drehzahlabhängig sein.

Für das Verdrängerhauptlager, das einer hohen Fliehkraftbelastung ausgesetzt ist, wurden in enger Zusammenarbeit mit den Firmen GÖTZE und FREUDENBERG spezielle Teflon-Manschettendichtringe kreiert, die mit einer Rille (Rechts-/Linkslauf) versehen waren, um einen Rückförderdrall für das Schmieröl zu erzeugen. Für die mit einem gummierten Ringträger ausgestatteten Dichtringe wurden entsprechende Fangnuten im Lagersitz des Verdrängerhauptlagers eingearbeitet, so dass nach dem Einpressen der Dichtringe die Verklammerung einen zusätzlichen Halt bot. Beim Lager der Nebenwelle blieb es bei einer Dauerfettschmierung.

Weiteres Vorgehen

Die Beschreibung des Spiralladers und die ersten Ergebnisse sind in Form eines umfangreichen Forschungsberichts zusammengefasst worden. Die bisher gesammelten Erfahrungen und die Beschreibung des noch möglichen Verbesserungspotenzials sollten so schnell wie möglich zur Verfügung stehen. Schon zu diesem Zeitpunkt (April 1982) wurde darüber nachgedacht, ob die Weiterentwicklung dieses Laders einem Zulieferer übertragen werden kann. Man konnte nicht hoffen, dass ein etablierter Hersteller von Kompressoren dazu bewegt werden könnte. Deshalb wurde bei Zulieferern angefragt, deren entsprechende technische Möglichkeiten man einschätzen konnte. Initiiert wurde das Vorhaben durch die dafür zuständige Aggregate-Entwicklung, wobei die Forschung mit einbezogen wurde.

Es sollte ein bewährter feinwerktechnisch ausgerichteter Zulieferer diesen Spirallader weiter entwickeln. Das Ergebnis dieses Bemühens kann hier schon einmal kurz zusammengefasst werden. So wurde, statt den von uns bereitgestellten Spirallader einschließlich der Konstruktionszeichnungen weiter zu entwickeln, ein eigenständiges Exemplar in extremer Leichtbauweise entworfen. Bei der ersten Präsentation in der Forschung hatten wir schon vor Beginn des Probelaufs unsere Bedenken geäußert. Nach dem abrupten Ende dieses Probelaufs wurde zunächst die Forschung beauftragt, die Grundlagenuntersuchungen zu intensivieren.

Bisher hatte die Forschung die übertragene Aufgabe mit relativ geringem Aufwand erledigt. Es wurde ein neuartiger Spirallader konzipiert und die Beschreibung des Laders sowie die Messergebnisse in Form eines Forschungsberichtes zusammengefasst. Ursprünglich sollte in diesem Stadium der Aggregate-Entwicklung die weitere Bearbeitung des gesamten Projektes übertragen werden. Es war den beteiligten Forschern und Entwicklern aber klar, dass eine gute mittelfristige Zusammenarbeit und ein späterer fließender Übertrag der gesamten Aufgaben und Zuständigkeiten sinnvoller sind.

Intensivierung der Aktivitäten

Mit der erneuten Beauftragung der Forschung zur intensiven Weiterentwicklung des Projektes mechanische Aufladung bildeten sich zwei Haupt-Entwicklungsstränge innerhalb einer Forschungsabteilung aus, die auf kurzem Wege im steten Informationsaustausch waren. Die verbesserte Ausführung des Spiralladers, der nun durch Vorstandsentscheid von Prof. Fiala ab sofort G-Lader genannt wurde, sollte eine eindeutige technische Bewertung des Entwicklungspotenzials erlauben, und die Abstimmung des aufgeladenen Motors musste intensiviert werden. Nicht ein verbesserter Lader, sondern nur ein »fahrbares« Gesamtprojekt konnte nun überzeugen.

Die wenigen Mitarbeiter der Forschung, die bisher am Projekt beteiligt waren, listeten offene Fragen und die Schwerpunkte des weiteren Vorgehens auf:

- Sicherstellung einer hohen Zuverlässigkeit des Laders
- Abstimmung und Darstellung des Motorkonzeptes
- Darstellung eines Demonstrationsfahrzeugs
- Eignet sich der Lader auch für weitere Motorkonzepte?
- Kann ein Lader für eine höhere Motorisierung dargestellt werden?

Eine eindeutige Vorgabe zum erstgenannten Schwerpunkt kam aus der Leitung der Aggregate-Entwicklung. Herr Dr. Hofbauer sagte wörtlich: »Ich bin erst dann von diesem Lader überzeugt, wenn Sie mir drei Lader überstellen, die unter Volllastbedingung einen Dauerlauf von 800 Stunden überstanden haben und noch voll funktionsfähig sind«.

Entsprechend der geplanten Volllast des Motors wurden die Prüfbedingungen für den Lader zwischen der Forschung und der Aggregate-Entwicklung festgelegt:

- Laderdrehzahl: 10.000 U/min
- Gegendruck: 1,75 bar
- keine externe Kühlung des Laders
- kein Wechsel eventueller schadhafter Bauteile

Für die ersten Lader-Dauerläufe wurde zunächst der kleinen G-Lader-Truppe (ein Konstrukteur, ein Versuchsingenieur, ein Monteur) ein Prüfraum im Kellergeschoss des neuen Forschungsgebäudes zugewiesen, weil derzeit nur der Bürotrakt bezugsfertig war (Ende 1983). Man kann sich vorstellen, wie die unvermeidbare Geräuschentwicklung von drei im Dauerlauf bei Höchstbelastung betriebenen Ladern sich auf die Kollegen der Datenverarbeitung ausgewirkt hat, deren Arbeitsräume oberhalb dieses Prüfraums lagen. Baulich waren hier keine besonderen Schallschutzmaßnahmen verwirklicht, denn diese Räume waren nur als normale Lagerräume geplant worden.

Die Fortschritte bei den Dauerlauf-Untersuchungen waren durch sorgfältiges Analysieren der anfänglich auftretenden Schäden und den daraus gezogenen Schlussfolgerungen hinsichtlich Lagerung, Schmierung, Lagerdichtringe, axiale Dichtstreifen (Führungsbänder), elastische Bettung des Führungslagers im Verdränger (Wackelauge) immer besser. Schließlich hatten wir den von der Aggregate-Entwicklung vorgegebenen Lebensdauernachweis erfüllen können. Die geforderten drei G40 Lader mit jeweils 800 h Laufleistung bei 10.000 U/min bei einem Gegendruck von 1,75 bar einschließlich einer Eingangsmessung und einer Kennfeldmessung nach erfolgreich abgeschlossener Dauerbelastung wurden mittels eines schriftlichen Vermerks offiziell übergeben. Damit hatte die Forschung nachgewiesen, was machbar erscheint. Zu diesem Zeitpunkt des Entwicklungsstandes bedeuteten die vorgegebenen und erfüllten Prüfbedingungen für den Polo G40 eine theoretische Laufleistung von 150.000 km im Volllastbetrieb.

Die Anzahl der selbst konzeptionierten mobilen Lader-Dauerlaufprüfstände wurde umgehend verdoppelt, so dass wir später mit mehr Prüfkapazität flexibler wurden. Es wurde uns von der Forschungsleitung auch zugesichert, dass die ersten, für unsere Anwendungszwecke geeigneten Prüfräume, des neuerstellten Traktes für Werkstatt und Prüfbetrieb reserviert sind (ab Mai 1984).

1.2.3 Der 1,3-Liter-Otto-Motor für den ersten Polo G40

Der erste mittels G40-Lader in der Leistung gesteigerte Motor auf der Basis EA 801 im Polo II. Der Pfeil zeigt auf den Lader. *(Foto: auto motor und sport 14/1983)*

Dipl.-Ing Henrik Meyer
Geboren 28.03.1948 in Waffenbrunn, Krs. Cham, Ausbildung zum Kfz-Mechaniker, Bundeswehr, danach Ing.-Schule Köln, anschließend TH Aachen, 1978 bei Daimler Arbeiten am Otto-Direkteinspritzer, am Rußfilter für Diesel und an aufgeladenen Otto-Motoren. 01.07.1980 zur Volkswagen-Forschung, Aufgabe Gemischbildung bei Dr. Emmenthal, 2006 Ruhestand.

Henrik Meyer *(Foto: privat)*

Das von H. Meyer dargestellte Motorkonzept wurde auf dem Motorprüfstand abgestimmt und sorgfältig untersucht. Der Motor, ein 1,3-L-Ottomotor EA 801, mit einem Digijet als Gemischbildner, war Vorläufer des neu konzipierten EA 111-Motors. Erst nachdem mit dem Motor auf dem Prüfstand ein gutes Basiskonzept erarbeitet wurde, konnte mit der Darstellung des Fahrzeugkonzepts begonnen werden.

Erwähnt sei hier, dass der G-Lader mittels fester Übersetzung permanent vom Motor angetrieben wurde. Da das Übersetzungsverhältnis von Motor- und Laderdrehzahl für die Volllast bei Höchstdrehzahl bestimmend ist, musste im Teillastbetrieb die überschüssige Luft im Bypass über ein spezielles Drosselklappenteil zum Ansaugtrakt des Laders zurückgeleitet werden. Für Fahrerprobungen und für Demonstrationszwecke wurden, nach erfolgter Abstimmung auf dem Motorprüfstand und Rollenprüfstand, sofort zwei Versuchsfahrzeuge aufgebaut. Probefahrten mit diesen Fahrzeugen waren für die direkt beteiligten Mitarbeiter eine echte Motivation. Bei Präsentationen auf der Ebene der Entscheider überzeugte natürlich auch ein gutes Fahrzeugkonzept besser als eloquente Beschreibungen.

1.2.4 Kleinserie Polo mit aufgeladenem Motor EA 801

Schon nach den ersten internen Präsentationen und Abwägungen des Entwicklungsrisikos wurde in Aussicht gestellt, dass man mit dem Start einer Kleinserie eines aufgeladenen Polos den Markt für ein derartiges Fahrzeug testen wolle. Dazu berichten die Kollegen im Kapitel 1.4.

Anfang 1983 wurde vereinbart, dass die Aggregate-Entwicklung die Projektbetreuung von der Forschung übernimmt. Das gesamte Motorprojekt »Aufgeladener 1,3 L Motor«, einschließlich der Fahrzeuge, wurde dem Otto-Motorversuch übergeben. Mit dem Motorprojekt wechselte Forscherkollege H. Meyer für nahezu zwei Jahre fachlich in die Aggregate-Entwicklung. Dadurch war der Übertrag der gesammelten Erfahrungen mit diesem Projekt gesichert, und gleichzeitig wurde der Kontakt zur Forschung intensiviert.

Herr Meyer erinnert sich an seine Zeit in der Vorentwicklung von Dr. Kuck: »Ich wurde von Dr. Emmenthal überredet, mit dem Projekt und den Autos in die Vorentwicklung zu wechseln. Dr. Kuck, der Leiter des kleinen Entwicklungsteams, hatte Vorurteile gegen die Forscher („Ich weiß ja, wie da gemogelt wird"). Dort startete das Sofort-Programm für rasche Markteinführung (SOFRAM). Der Basismotor wurde nun auf den EA 111 mit Heron-Brennraum und Tassenstößeln umgestellt. Das Gesamtprojekt wurde von Rudi Schmidt geleitet. Herr Meyer arbeitete auch am Fahrzeug.« Dann

Noch vor dem Serienstart wurde der erste Polo G40 1983 von auto motor sport in einer Titelgeschichte über die »VW-Zukunft« beschrieben. Die Frage, warum Volkswagen statt eines kleinen aufgeladenen Motors nicht den hubraumgrößeren EA 827-Motor eingebaut hatte, beantwortete Dr. Seiffert so: »Ein Tuner kann den Motor wohl mit dem Schuhlöffel hineinpraktizieren, aber für eine hochautomatisierte Montage durch Roboter ist der 827 zu groß und der Polo zu eng.« *(Quelle: auto motor und sport 14/1983)*

kehrte H. Meyer nach zwei Jahren, noch vor der Serienführung des Polo G40, zurück zur Forschung.

Der neue, Mitte der 1980er-Jahre eingeführte Basismotor EA 111 wird in Kapitel 1.4 genauer vorgestellt (Zeichnung S. 49). Die Forschung hatte weiterhin die Aufgabe, den Lader weiter zu entwickeln und zusätzlich die Aufgabe übertragen bekommen, die Lader für Funktionsuntersuchungen und später für Motordauerlauf-Untersuchungen bereitzustellen.

Während der aufgeladene Motor in der Vorentwicklung schon weit entwickelt war, begannen die Kollegen aus der Aggregate-Entwicklung EA-AD (Aggregate-Diversifikation) unter der Leitung von Herrn Wiedemann mit der Serienentwicklung des G40 (1984). Danach gab es einen fließenden Übergang der Zuständigkeiten in die Aggregate-Entwicklung.

1.2.5 Der Spirallader G60

Nach den ersten positiven Eindrücken vom Spirallader bei den Prüfstandsmessungen und bei den Probefahrten mit den Fahrzeugen wurde im kleinen Kreis der Beteiligten darüber nachgedacht, ob eine G-Lader-Variante für höhere Fördermengen darstellbar wäre. Übereinstimmend waren wir überzeugt, dass ein Lader mit einem bis zu 50 % vergrößerten Luftvolumenstrom dargestellt werden könne. Ausgehend vom oben beschriebenen Spirallader würde bei gleicher Geometrie der Spirale und gleicher Exzentrizität des Doppelkurbeltriebs eine Vertiefung der Arbeitsräume von 40 auf 60 mm reichen, um die geplanten Fördermengen zu liefern.

Die zu erwartenden Risiken beim Gießen der Gehäusehälften und des Verdrängers erschienen beherrschbar. Ein größeres Risiko wurde beim Fräsen der Spiralkonturen erwartet. Bei gleicher Arbeitsraumbreite, aber vergrößerter Spiraltiefe, trägt ein größerer Schnittdruck des Fräsers zum Ausweichen des zu bearbeitenden Materials und auch des Fräsers bei. Beides könnte größere Bearbeitungsfehler zur Folge haben. Nach dem alten Sinnspruch: »Statt lange zu diskutieren, sollten wir es umgehend probieren«, wurde das Projekt des G60-Laders mit größerer Fördermenge wiederum von der kleinen Forschergruppe initiiert. Mit der Konstruktion wurde sofort begonnen.

Beide Konstruktionen unterscheiden sich im Wesentlichen durch die vergrößerte Kammertiefe von 40 mm auf 60 mm. Diese spezifischen Maße wurden sogleich zum Synonym des Ladertyps. Zur besseren Unterscheidung wurden die beiden Versionen mit G40 bzw. G60 bezeichnet. Die gesammelten Erfahrungen aus Konstruktion und Versuch mit dem G40 waren sehr wertvoll, so dass die Fertigung der Gussteile für den G60 am 16. Nov. 1982 im Werk Kassel in Auftrag gegeben werden konnte. Nach dem Umbau einer ersten Druckgussform des G40-Verdrängers konnten die ersten Probeabgüsse für den G60-Verdränger erfolgen. Die ersten G60-Rohteile wurden ab Ende März 1983 bearbeitet.

Nach der Montage und ersten Probeläufen konnte in der Forschung schon eine Bewertung dieses Laders durch entsprechende Kennfeldmessungen erfolgen.

Die technische Beschreibung des G60-Laders und die Darstellung relevanter Messergebnisse wurde wieder in Form eines Forschungsberichtes dargestellt.
Anhand dieser Ergebnisse wurde entschieden, dass die Forschung analog zum Vorgehen beim G40, auch den G60 bis zu einer ersten präsentierbaren Entwicklungsreife weiterführen sollte. Wiederum wurde Henrik Meyer beauftragt, einen mit dem G60 aufgeladenen 1,8-L-Ottomotor (EA 827) sorgfältig abzustimmen, um danach mit einem entsprechenden Testfahrzeug im Fahrversuch und auf Rollenprüfständen diese Abstimmungen noch zu verfeinern.

Die erste Bauform des G60 hatte noch das Schwänzchen am Ende der Spiralen. *(Foto: Volkswagen/Sammlg. AutoMuseum)*

Nach intensiven Tests und überzeugenden internen Präsentationen wurde entschieden, dass die Aggregateentwicklung dieses Motorkonzept serienreif entwickeln soll. Darüber wird im Kapitel 1.6. berichtet.

1.2.6 Optimierung der Spiralgeometrie

Die den Ladern G40 und G60 zugrunde liegende Geometrie der Spiralkonstruktion ist für beide Bauausführungen identisch. Das Endelement der Spiralkontur des G-Laders hatte einen verhältnismäßig kleinen Radius und unterschied sich damit von anderen Spiralkompressoren. Auf sehr kleinem Bauraum konnte theoretisch ein großer Verdichtungsenddruck erreicht werden.

Verdrängerlader für den Ottomotor benötigen jedoch aus Wirtschaftlichkeitsgründen eine andere Auslegung der Konstruktion. Da auch hochaufgeladene Hochleistungsmotoren im normalen Fahrbetrieb sehr häufig in der unteren und mittleren Teillast betrieben werden, musste der Einfluss der inneren Verdichtung untersucht werden. Ein wichtiger Grund dafür war, dass das dritte kleine Endelement der Spirale für die mechanische Bearbeitung eine sehr starke Änderung des Spiralkonturverlaufs darstellt, wodurch eine erhebliche Beeinträchtigung des Fertigungsprozesses, insbesondere beim Hochgeschwindigkeitsfräsen, vorlag. In mehreren Arbeitsschritten wurden zunächst nur die Gehäusespiralen im Endbereich abgefräst. Alle Maßnahmen wurden anhand der spezifischen Messwerte wie Fördermenge, Temperaturerhöhung Ladedrücke und Antriebsleistung für ausgewählte Laderdrehzahlen überprüft und im Bezug zur Basismessung bewertet.

Im Ergebnis dieser Untersuchungen und der guten Messergebnisse wurde Nachfolgendes empfohlen:

- Die Spiralgeometrie des G-Laders (Gehäuse und Verdränger) kann auf einen Umschlingungswinkel von 360° reduziert werden.
- Der Endbereich der Spiralen sollte in Bezug zur Längsachse schräg auslaufen, aus Geräusch- und Stabilitätsgründen.
- Die axialen Luftdurchlässe der Mittelplatte des Verdrängers sollten vergrößert werden.

Bei diesen Untersuchungen mit dem G60 fiel auf, dass der Gehäuseinnendruck, insbesondere auf der Antriebsseite, sehr hoch war. Die Strömungsquerschnitte in der Mittenscheibe des G60 Verdrängers waren deutlich zu gering bemessen. Erst nachdem sich herausstellte, dass die kleinen Endspiralen (die dritten Halbkreise) nicht erforderlich sind, konnten mit größeren Strömungsquerschnitten die Strömungsverluste deutlich reduziert werden, wodurch sich der Laderwirkungsgrad verbesserte.

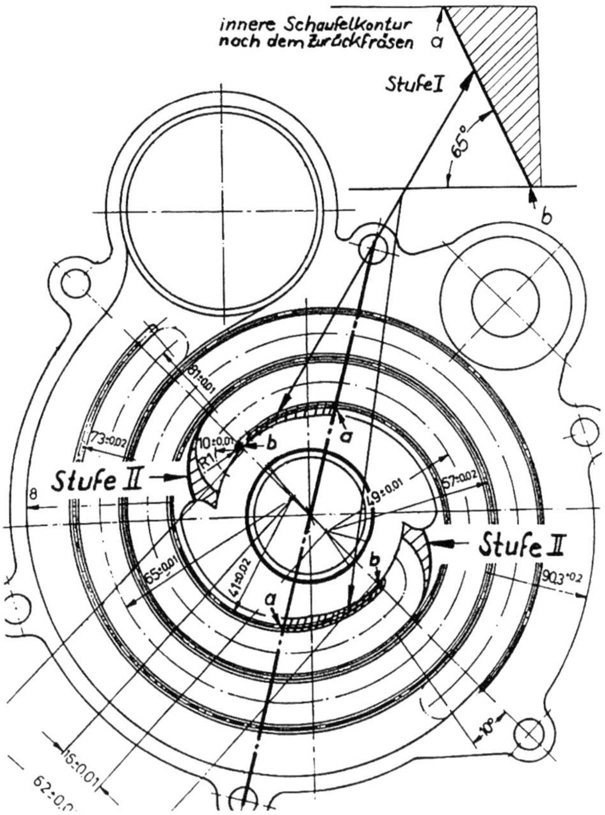

G60 mit dem neuen, auf 360° reduzierten Umschlingungswinkel. *(Zeichnung: Volkswagen/Sammlg. AutoMuseum)*

1.2.7 Härtetest für den Polo Coupé GT G40

Die Mitarbeiter der Forschung unter der Leitung von Dr. K.-D. Emmenthal meinten, dass sie die Kollegen der Entwicklung und des Vertriebs auch in dieser Phase mit noch einem unübersehbaren »Highlight« unterstützen könnten, um die letzten Skeptiker zu überzeugen. Rudolf-Helmut Strozyk (den wir später noch beim W12 erleben werden) schlug vor, dass unter der Regie der Forschung, mit dem Polo Coupé GT G40 ein 24-Stunden-Dauerlauf unter Volllastbedingungen, das heißt Höchstgeschwindigkeit, getestet werden könne. Vom Entwicklungsvorstand wurde damit die Forschung beauftragt.

Daraufhin wurde geplant, eine auf der Basis der Motorsport Organisation FIA überwachten Rekordfahrt mit drei Einsatzfahrzeugen auf dem Prüfgelände Ehra-Lessien durchzuführen. Umgehend musste organisiert, geplant und auch gebaut werden. Für eine von der FIA (Fédération Internationale de L'Automobile) anerkannte Rekordfahrt müssen Fahrzeug und Teststrecke den Vorgaben der FIA entsprechen.

Allein die Organisation und Festlegung des Termins war nicht einfach. Zunächst musste das Vorhaben bei der FIA angemeldet werden und dann die FIA-Kommissare zum vereinbarten Termin eingeladen werden. Und die jeweils drei Fahrer für eins der drei Einsatzfahrzeuge ausgesucht und verpflichtet werden. Hauptberuflich waren diese Dreiergruppierungen Bereichsleiter der VW Forschung und Entwicklung (Dr. P. Hofbauer, Herbert Schuster, Dr. U. Seiffert), Motorjournalisten (Peter Hannemann, Peter Oberndorfer, H. Tramnitz) und Profis der Motorsportszene (V. Cordlandwehr, J. Kleint, F. Wittmann). Alle ausgewählten Testfahrer benötigten eine entsprechende Fahrerlizenz. Weiterhin mussten drei Polo G40-Einsatzfahrzeuge vorbereitet und für das Vorhaben dem FIA Reglement entsprechend, mit Sicherheitskäfigen und Feuerlöschanlage ausgestattet sein. Die fast unveränderte Außenhaut der Karosserie entsprach dem Serienstand.

Die Leistung des 1,3-L-Motors war bei moderat geänderter Laderübersetzung etwas erhöht. Das augenfälligste an den Fahrzeugen war der im Kofferraum installierte spezielle 100-L-Kraftstofftank mit Schnellbetankungsmöglichkeit. Die Fahrzeuge waren zum Zweck leichter Zugänglichkeit im eventuellen Servicefall etwas abgespeckt. Das Fahrzeuggewicht selbst spielte nur beim Beschleunigungsvorgang bis zur Höchstgeschwindigkeit eine untergeordnete Rolle.

Ein 24-Stunden-Dauerlauf erfordert zudem einen relativ großen Personalaufwand. Aus verkehrstechnischen Gründen konnte dieses Vorhaben nur am Wochenende stattfinden. Der Aufbau der Betankungsanlage und die Vorbereitung des Serviceplatzes, einschließlich Beleuchtung für den Nachtbetrieb und spezielle Fahrbahnmarkierungen in diesem Bereich, konnten nur unmittelbar vor dem geplanten Start erfolgen. Der Rückbau musste gleich nach dem Test geschehen.

Für die Fahrer wurde jeweils ein Zwei-Stunden-Einsatz geplant, dann erfolgte ein Fahrerwechsel während des Tankstopps. Vor und nach dem Einsatz hatten die Fahrer in unmittelbarer Nähe des Serviceplatzes die Möglichkeit, in bereitstehenden Caravans auszuruhen. Es wurden drei gleichwertige Mannschaften für den Service benötigt. Diese Gruppierungen mussten so zusammengestellt werden, dass idealerweise für Detailfragen jede relevante Fachrichtung vertreten war. Es ist aber nicht überliefert, wer die Hauptstrategen (erkennbar am Zweitagebart) abgelöst hat.

Die werksinterne Feuerwehr und Werksärzte waren einsatzbereit vor Ort. Alle Anwesenden mussten mit Essen

Vorbereitung eines der Teilnehmerfahrzeuge für die Rekordfahrt. *(Foto: VW Motorsport)*

Ein bei der Rekordfahrt eingesetzter Polo G40. *(Foto: VW Motorsport)*

und Getränken versorgt werden. Von der Betriebsgelände-Infrastruktur konnte nur die sogenannte Schnellbahn genutzt werden, weil die Fahrzeuge während der vereinbarten Testphase die Teststrecke nicht verlassen durften. Der Serviceplatz mit der Schnellbetankungsanlage lag in einer dafür speziell eingerichteten Zone auf der dritten Spur der Fahrbahn, direkt im Blickfeld der aufmerksamen Kommissare.
Die Rekordfahrt mit den drei Polo G40 über 24 Stunden wurde auf dem 20.850 m langen Rundkurs des VW-Prüfgeländes Ehra am 01. Sept. 1985 erfolgreich beendet. Die internen Ergebnisse unserer Messungen gaben zum Abschluss ein gutes Gefühl, dass der Riesenaufwand sich doch gelohnt hat. Außer einem Bremsplatten an einem Fahrzeug und dadurch notwendigen Radwechsel gab es keine erwähnenswerten Probleme. Nach offizieller Auswertung der Messungen bestätigte die FIA die Ergebnisse für die entsprechende Fahrzeugklasse Kategorie A, Gruppe 1, Klasse 6, wobei hier nur der 24-h-Wert aufgeführt wird:

Ergebnis Fahrzeug 3

Durchschnittsgeschwindigkeit über 24 Stunden	208,34 km/h
alter Bestwert: (Ford Escort GT)	168,63 km/h

Die drei eingesetzten Fahrzeuge bewältigten bei diesem Test die Distanz von 5000 km.

Rekordfahrzeug Golf G60 von 1987. *(Foto: AutoMuseum Volkswagen)*

Rekordfahrzeug Corrado von 1988. *(Foto: AutoMuseum Volkswagen)*

1.2.8 G60 Rekordfahrten

Vor der Übergabe des Gesamtprojektes G60-Lader und dem damit aufgeladenen 1,8-L-Ottomotor an die Aggregate-Entwicklung, plante die Forschung wiederum eine Darstellung des Potenzials bei hoher Belastung. Die Rekordfahrten wurden ebenso wie zuvor mit dem Polo G40 auf dem Prüfgelände Ehra durchgeführt.

In Anwesenheit der von der FIA beauftragten Kommissare wurden mit Golf und Corrado folgende Rekorde erzielt:

Golf G60 Rekordfahrt 23.–24.05.1987 24 Stunden	240,84 km/h
Corrado G60 Rekordfahrt am 20.08.1988 6 Stunden	257,11 km/h

1.2.9 Der Rallye Golf G60

Nachdem die G60-Motorisierung im Golf, Corrado und Passat guten Anklang fand, beabsichtigte man ein sportliches Fahrzeug als Sondermodell anzubieten. Die Forschung wurde beauftragt, kurzfristig ein wettbewerbsfähiges 1,8-L-G60-Motorkonzept für den Rallye Golf darzustellen. Schon vor Beginn der Untersuchungen mussten die technischen Rahmenbedingungen für eine Zulassung in nationalen und internationalen Rallyewettbewerben analysiert und bei der Konzeptionierung berücksichtigt werden.

Nach den ersten erfolgreichen Tests unter extremen Bedingungen waren wir optimistisch, dass Volkswagen mit einem Rallye Golf G60 wettbewerbsfähig ist. Daraufhin wurde die Serienentwicklung beauftragt, das Sondermodell Rallye Golf G60 zu entwickeln.

Schlussfolgernd dazu wurde entschieden, dass die Aggregate-Entwicklung den Motor für die Sonderserie des Rallye Golf G60 (s. Kapitel 1.6.7) entwickelt und die Forschung den von H. Meyer getunten Wettbewerbsmotor einschließlich Lader für Tests und Wettbewerbe beizusteuern hat.

Nach der Homologisierung des Rallye Golf G60 (mindestens 5.000 verkaufte Fahrzeuge) konnte VW Motorsport mit Unterstützung der Forschung erfolgreich an nationalen und internationalen Wettbewerben teilnehmen. Den ersten Erfolg errangen Erwin Weber und Manfred Hiemer mit dem Gewinn der Deutschen Rallyemeisterschaft 1991.

Erwin Weber und Manfred Hiemer mit Rallye Golf G60, Deutsche Automobil-Rallye-Meister 1991. *(Foto: VW Motorsport)*

1.2.10 Sonderbauformen

Diese Bauformen des Spiralladers wurden nur in der Forschung experimentell untersucht.

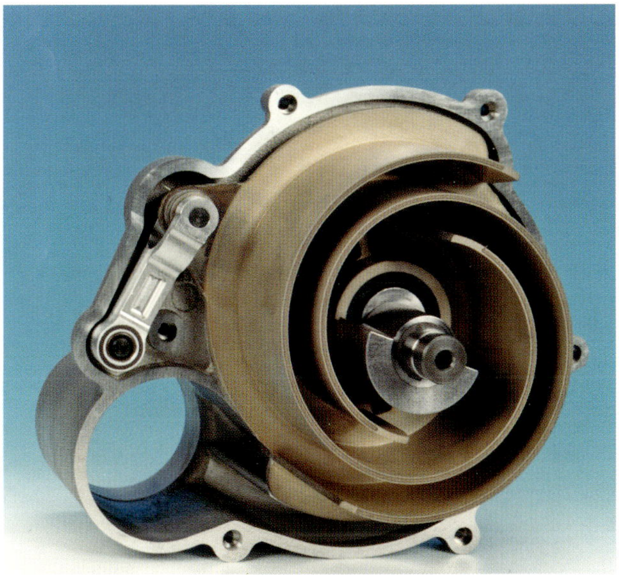

Der G60S-Lader mit Schwinghebelkinematik. *(Foto: Volkswagen/Sammlg. AutoMuseum)*

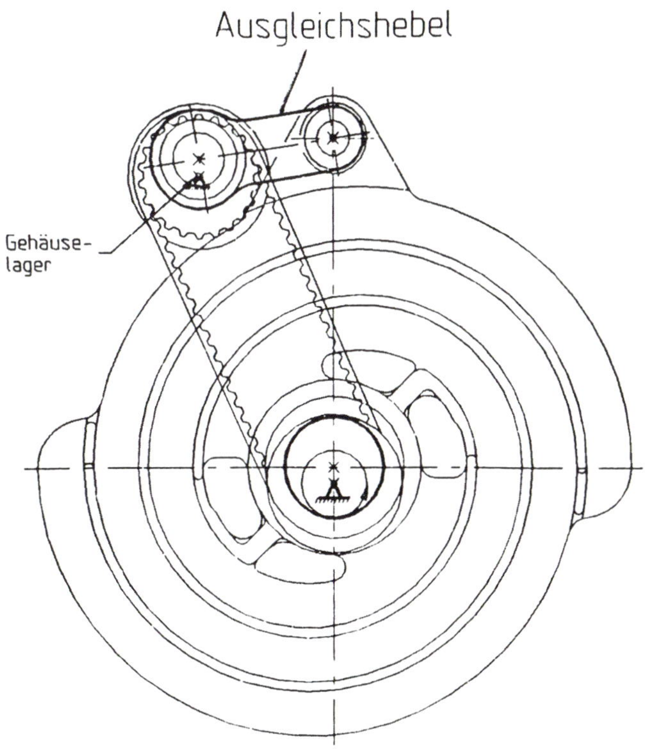

Der Spirallader G40 A mit Ausgleichshebel statt Wackelauge. *(Zeichnung: Volkswagen/Sammlg. AutoMuseum)*

1.2.11 Weitere Einsätze

G-Lader erlebten auch in weiteren Forschungs- und Kleinstserienautos ihren Einsatz – beispielhaft seien hier genannt der 207 km/h schnelle Polo Sprint von 1983, der IRVW III von 1984 und die Finalversion des Öko-Polo (wobei bei letzterem der G-Lader einen Zweizylinder-DI-Dieselmotor erstarken ließ. antrieb).

Quellen

Leon Creux: Rotary Engine, United States Patent No. 801, 182 vom 03.10.1905

Interview mit Claus Müller, 18.08.2020 im AutoMuseum Volkswagen

Interview mit Henrik Meyer, 21.09.2020 im AutoMuseum Volkswagen

Polo Sprint mit wassergekühltem Vierzylinder-Boxer-Heckmotor (1.9 L, Digijet), der via G60-Lader auf 115 kW/156 PS kam. Das Unikat ist Ausstellungsstück des AutoMuseums. *(Fotos: AutoMuseum)*

IRVW (Integrated Research Volkswagen) III auf Jetta-II-Basis mit 1,8-L-Reihenvierzylinder vom GTI. Dank seines G60-Laders erreichte er 132 kW/180 PS. Das Exponat gehört ebenfalls dem AutoMuseum. *(Fotos: AutoMuseum)*

Öko-Polo 1989 im Berliner Stadtverkehr. *(Foto: IAV)*

Motorraum des Öko-Polo mit G-Lader. *(Foto: S. Winkler)*

1.3 Der G40-Lader in der Aggregate-Entwicklung

Von Jörg Ahrens

Die Volkswagen-Forschung hatte die Funktion des G-Laders prinzipiell nachgewiesen und auch erste Dauerläufe durchgeführt. Da die Forschung keine Freigaben erteilen kann, sollte das Projekt an die Entwicklung abgegeben werden. Es gab auch Überlegungen, den G-Lader extern entwickeln und fertigen zu lassen, beispielsweise mit PIERBURG. Schließlich wurde in einem Gespräch bei Prof. Fiala entschieden, den Spirallader doch intern zu entwickeln. Dr. Seiffert als Forschungsleiter schrieb am 11. März 1982 an Herrn Hofbauer als Leiter der Aggregate-Entwicklung: »... Ich schlage vor, daß hier AE federführend entwickelt. Wir stellen das Know-how und zwei Mann für die Zeitdauer von zwei Jahren zur Verfügung ...«. Dazu ist es nie gekommen.

Es gab bei der G-Lader-Entwicklung kurzzeitig leider keine Zusammenarbeit von Forschern und Entwicklern.

1.3.1 Übergabe an die Entwicklung

Lt. Protokoll vom 18.8.1983 aus der Kladde von Konstrukteur Claus Müller: »(Emmenthal, Schäfer, Müller, Kuck) Übergabe Zeichnungssatz u. Hardware G40/G60 von Forschung an Entwicklung]«. Es ging dabei um die ersten Lader für den Polo G40. In der Vorentwicklung von Dr. Kuck haben Volkmar Fleischer und Wolfgang Schnorbus den Motor bearbeitet. Herr Dipl.-Ing. Henrik Meyer wurde für zwei Jahre zur Mitarbeit am Polo G40-Motor an die Vorentwicklung abgestellt und arbeitete erfolgreich mit den Entwicklern zusammen.

Die Abteilung AE-AD (Aggregate-Diversifikation) unter Leitung von Dipl.-Ing. Bernd Wiedemann erhielt den Auftrag, den G-Lader für den Serieneinsatz zu entwickeln. Die Konstruktion fand in der Unterabteilung von Dipl.-Ing. Helmut Leptien statt. Zuständiger Mitarbeiter war Jörg Ahrens. Die Versuche machte die Unterabteilung von Dipl.-Ing. Jürgen Pohle mit Günter Stolle als Sachbearbeiter. Später stieß Frau Dr. Wellbrock dazu. Prüfstandführer waren Dietmar Mühle und Erhard Kühn.

Für Entwicklungsingenieur Helmut Leptien hatte sich durch die G-Technik eine neue Qualität des Fahrens eingestellt, weil der Lader schon bei niedrigen Drehzahlen für kräftigen Durchzug sorgte. Für so viel Kraft wären – ohne mechanische Aufladung – mindestens 2,5 l Hubraum erforderlich. »Hubraum ist durch nichts zu ersetzen – außer durch G-Lader«, sagte Helmut Leptien.

Konstrukteur Jörg Ahrens
Geb. 15.01.1957.
Lehre als Technischer Zeichner bei VW ab 01.09.1974,
1977 Eintritt in die Forschung-Aggregate-Technik Abteilung Triebwerk (Leitung Dr. Danckert, Hauptabteilungsleiter Dipl.-Ing P. Hofbauer, Forschungsleiter Dr. Lincke, Vorstand FE Prof. Fiala, Konzernvorstand Toni Schmücker).
»Dr. Danckert wollte mich nach der Probezeit rausschmeißen (Wir hatten ›leichte‹ persönliche Differenzen). Also mussten wir zu Herrn Hofbauer ins Büro. Herr Hofbauer saß in der Mitte und wippte auf seinem Stuhl. Herr Leptien, Dr. Danckert und ich saßen mit am Tisch. Herr Hofbauer entschied: ›Herr Ahrens bleibt‹.«

Jörg Ahrens
(Foto: Kittler)

Dipl.-Ing. Helmut Leptien
Nach seinem Studium an der Fachhochschule für Maschinenbau in Hamburg arbeitete Herr Leptien ab 1952 bei Volkswagen, zunächst als Motoren-Konstrukteur in der Vorentwicklung, dann in der Aggregate-Forschung.
Er konstruierte luftgekühlte Zwei-, Vier- und Sechszylinder-Boxermotoren in enger Zusammenarbeit mit Herrn Vogelsang und zum Teil im Team mit Kollegen.
In der Abteilung Aggregate-Diversifikation der Aggregate-Entwicklung unter der Leitung von Dipl.-Ing. Bernd Wiedemann übernahm er die Leitung der Unterabteilung Konstruktion.
Gestorben 2009.

Helmut Leptien
(Foto: M. Willmann)

Die Forschung hat einige G40-Lader mit der Aussage, der Lader müsse nur noch freigegeben werden, an die Motorenentwicklung übergeben. Die Informationen waren sehr spärlich. Die Forschung hatte zwar den Funktionsnachweis erbracht, aber die wirklichen Probleme offenbarten sich erst bei den Dauerläufen in der Entwicklung.

1.3.2 Entwicklungsarbeiten am G40-Lader

Als wir damals die Unterlagen ohne irgendwelche Übergabegespräche von der Forschung übernommen hatten, mussten wir, vorsichtig ausgedrückt, etwas »schmunzeln«. Laut Forschung war der Lader fertig zur Serienfreigabe. Aber das war mit Sicherheit als Scherz gemeint.

Aber nach dem ersten Studium der Zeichnungen wurde uns klar, dass der G-Lader keineswegs mit dieser Bemaßung tauglich für eine Serienproduktion war. Denn diese Auslegung ergab, unter ungünstiger Toleranzlage, dass sich die Bauteile weder montieren, geschweige denn bewegen ließen.

Zunächst mussten völlig neue Zeichnungssätze erarbeitet werden. Die gegenwärtige Bemaßung war völlig falsch ausgelegt. Durch mögliche Toleranzadditionen konnten manche Lader nur nach Paarung von Verdränger und Gehäuse montiert werden. Die Teile wurden aber nicht vermessen, sondern während des ZSB überprüft, ob sich noch alle Teile bewegen ließen. Außerdem fehlten teilweise Form- und Lagetoleranzen.

Prof. Bernd Wiedemann
Lehre als Schiffsmaschinenbauer bei Blohm & Voss.
Studium Maschinenbau in Hannover (Strömungsmaschinen und Gasturbinen bei Prof. Klüsener und Groth).
Kam zu VW im Juli 1971 in Abt. Unkonventionelle Antriebe (Abteilungsleiter: Peter Hofbauer).
Erste Aufgaben bei VW: Untersuchung verschiedener Systeme und Bauarten von arbeitsraumbildenden Maschinen.
Herr Wiedemann leitete die G-Lader-Entwicklung bis Ende 1987.

Bernd Wiedemann *(Foto: Kittler)*

Die Baustufen

Es gab, grob gesagt, drei verschiedene G40-Lader:
1. »Rüssellader«

Rüssellader, so genannt wegen des eingesteckten Ansaugstutzens. Mit »Schwänzchen« an den inneren Spiralenden. Basis war im Wesentlichen der von der Forschung erarbeitete Stand und hatte noch gesteckte Gegengewichte. Er wurde im Los 1 ab 1986 verbaut. Los 2 war ähnlich und wurde in Frankreich verkauft. *(Foto: S. Winkler)*

2. »Zwitterlader«

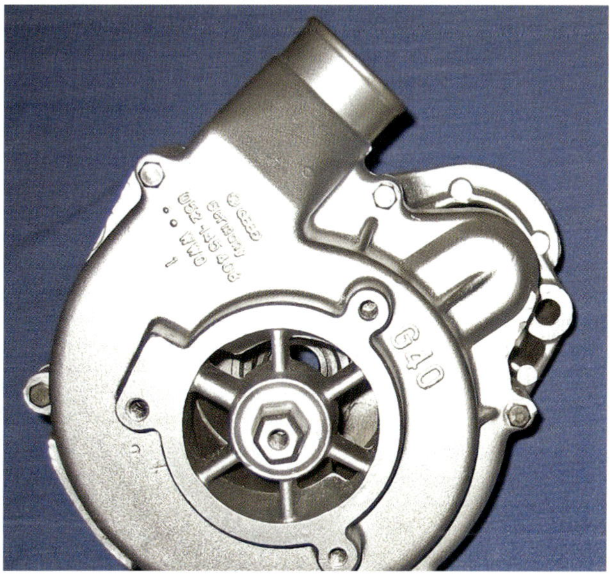

Zwitterlader – außen wie Los 1, innen wie der Einheitslader und diente als Reparaturlösung für Los 2. *(Foto: S. Winkler)*

3. »Einheitslader«

Der Einheitslader stellte äußerlich den Endstand der G40-Entwicklung dar und wurde ab Dezember 1988 für Los 3 und für die Großserie ab 1990 gebaut. *(Foto: S. Winkler)*

Der große optische Unterschied ist der Ansaugstutzen. Beim »Rüssellader« ist der Lufteinlass-Stutzen zum Einlegen, beim »Zwitterlader« wurde der Lufteinlass im Guss integriert. Beim »Einheitslader« ist der Lufteinlass, dank der Flansche, variabel, z.B. für den Polo oder auch für Anwendungen im Dieselsektor. Der »Zwitterlader« war nur der Ersatz für die im Los 2 ausgefallenen Lader. Technisch entsprach er dem Stand des »Einheitsladers«.

Als Erstes wurden sämtliche Zeichnungen maßlich neu ausgelegt und entsprechende Form- und Lagetoleranzen eingeführt. Trotz allem gab es damals auf Grund der möglichen Fertigungsgenauigkeiten der Maschinen Problemzonen im Bereich der Spiralen. Da die Bauteile sich im Betrieb durch die unterschiedlichen Wärmeausdehnungen verformten, kam es zu den sogenannten »Anläufern«.

Aber auch das war ein Lernprozess über diverse FEM-Berechnungen. Behoben wurde das Problem dann durch sogenannte »Freischnitte«. In dem Bereich wurden die Nennradien geringfügig vergrößert. Dies wurde aber nur in bestimmten Winkelbereichen und nicht über die gesamte Kammertiefe durchgeführt. Die »Freischnitte« führten im kalten Zustand des Laders zwar zu geringen Verlusten, aber dank der schnellen Erwärmung der Bauteile und weil die Länge der radialen Dichtspalte starkes Rückströmen verhinderte, war der Effekt gering.

1.3.2 Versuch

Aber das waren, wie sich noch herausstellen sollte, nicht die einzigen Problempunkte. Herr Stolle betreute die Funktions- und Dauerlaufprüfstände für den G40-Lader. Das Haltbarkeitsziel war 800 h Dauerlauf.

Herr Stolle berichtet: »Zuerst haben wir einen Lader auf dem Funktionsstand untersucht und ein Kennfeld aufgenommen. Auf den Dauerlauf-Prüfständen gab es laufend Probleme mit ausbrechenden Nuten für die Dichtstreifen, mit den Dichtstreifen selber, mit Schaufelabriss, dem Profilring, dem Nadellager und Radialwellen-Dichtring am „Wackelauge“ sowie dem Zahnriemen. Auch die Ölversorgung mit einem Schlauch vom Ölfilter zum Lader führte zu Schäden.«

Pfeile auf die Nuten an den Gehäuseschaufeln. *(Foto: Ahrens)*

Versuchssachbearbeiter Günter Stolle
Geb. am 18.04.1944
Lehre als Kfz.-Mechaniker in Soltau, 1 Jahr Aushilfsvertrag bei Deutsche Shell, 1966 zu VW in den Motorversuch, Meisterausbildung in Heide, 1972 als Vorarbeiter in die Forschungs-Werkstatt zu Meister Behrens, 1983 in AE-AD von Herrn Wiedemann, Übernahme ins Angestelltenverhältnis, Beginn der Arbeiten am G-Lader.

Günter Stolle
(Foto: Kittler)

Der Druck bei den Exzenterlagern war so hoch, dass die Wellendichtringe herausgedrückt wurden. Erst ein neuer Schlauch mit Drosselwirkung schaffte Abhilfe. Das Lager im kleinen Auge war offen, so dass das Fett verschwand und das Lager festging. Hier haben wir einen Fetttopf eingeführt (vgl. Kapitel 1.5).

Beispiel: Gravierende Probleme gab es mit dem »Wackelauge« (Exzenterlager im kleinen Auge des Verdrängers). Das elastische Element zum Längenausgleich zwischen Verdränger und Gehäuse bestand aus drei einzelnen O-Ringen. Diese verdrehten sich aber schon bei der Montage. Die haben wir durch den »Bruss«-Ring ersetzt. Die Montage gelang aber nur mit einer Handcreme, wie sie in der Produktion verwendet wurde. Die Entwicklung des »Wackelauges« ist in Kapitel 1.5 beschrieben.

1.3.3 Kleinserien

Los 1

1986 wurde das erste Los 500 Polo G40 gebaut. Die Verdränger mit »Güttinger-Schwanzchen« an den Spiralenden wurden in Kassel gegossen und in Salzgitter bearbeitet. Im Feld gab es wenig Probleme. Manche Lader erreichten Laufstrecken von über 200.000 km.

Das unglückliche Los 2

Für Frankreich wurden 1986 weitere 500 Polo G40 gebaut. Nach den positiven Erfahrungen mit dem ersten Los waren wir überrascht, dass vom zweiten Los laufend Ausfälle gemeldet wurden. Das Schadensbild war starker Abrieb auf der »Mittelplatte« des Verdrängers. Im Neuzustand: 5 mm (später sogar 6 mm).

Aber viele der Bauteile lagen nur noch bei 2 mm und weniger. Der Abrieb wurde durch die Dichtleisten erzeugt. Aber das hätte gar nicht passieren dürfen, denn bei dem ersten Los über 500 Fahrzeuge gab es dieses Problem nicht. Nun ging es los mit der Ursachenforschung. Herr Stolle hatte mit »Temperaturstiften« die Temperaturen am Verdränger im Betrieb gemessen, Herr Andreas Kilhof, ein Student von der TU Magdeburg, hatte die Verschleißflächen ausgemessen und beides in einem Diagramm dargestellt. Wir erkannten, dass die beiden Kurven **nicht** korrelierten; z.B. niedriger Verschleiß trifft einmal auf hohe Temperaturen und ein anderes Mal auf niedrige Temperaturen. Also musste es andere Ursachen geben.

Unser Lieferant der Rohteile (das war die VW-eigene Gießerei in Kassel) wurde mit der Analyse beauftragt. Aussage aus Kassel: »Alles in Ordnung! Wir verwenden nur reines Mg-Masselmaterial«. Da aber auch die Guss-Qualität der Verdränger (Lunker über Lunker) nicht so war, wie wir das für

Das Schadensbild am Verdränger des zweiten Bauloses: Einarbeitungen bzw. starker Abrieb an der Mittelplatte. *(Foto: Volkswagen/ Sammlg. AutoMuseum)*

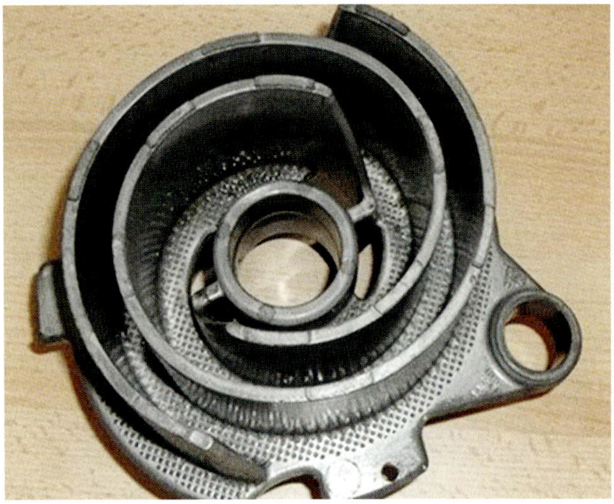

G60-Rohteil von SCHWEIZER & WEICHAND. *(Foto: S. Winkler)*

eine Großserie erwarteten, machten wir uns auf die Suche nach einem Lieferanten, der entsprechendes Know-how auf diesem Gebiet hatte. Fündig wurden wir in der Firma SCHWEIZER & WEICHAND.

Die Firma baute also, um solche Teile lunkerfrei zu gießen, neue Gießformen. Als wir die ersten Abgüsse erhielten und entsprechende Schliffbilder der uns bekannten »Sorgenzonen« sahen, konnten wir es kaum glauben, was diese Rohteile für eine hohe Qualität aufwiesen. Also wurde die Firma S&W beauftragt eine größere Menge an Teilen zu gießen, damit wir auch eine mögliche Streuung der Qualität untersuchen konnten.

Der Verdränger-Werkstoff

Und jetzt kommt die Geschichte mit der Materialqualität ins Rollen, denn S&W hatte kein Material vorrätig. Also wurde die Gießerei Kassel von mir beauftragt, zwei Lkw-Ladungen mit dem von Kassel als gut befundenen Material dort anzuliefern. Am nächsten Tag rief mich einer der Geschäftsführer an und fragte, ob ich einen Scherz machen würde. Ich war natürlich etwas ratlos. Die Aufklärung seinerseits folgte sofort. Kassel hatte nämlich, statt der erwarteten Masseln aus Mg, Kurbelgehäuse von Käfer-Motoren samt Stehbolzen angeliefert. Und jetzt gingen bei uns alle Laternen an, die wir einschalten konnten.

Denn dieses Kurbelgehäusematerial besaß einen bestimmten Anteil an Silizium. Und nur der Si-Anteil machte das Mg für unsere Zwecke erst verschleißfest. Aber das lernten wir erst durch die dann folgenden Untersuchungen. Um zu dieser Lösung zu kommen, bedurfte es eines Freitagnachmittags, an dem Thomas Müller den Al-Gehalt über Si-Gehalt für defekte (Feldausfälle) und schadensfrei durchgelaufene Lader skizzierte. Ein Anruf bei S&W, »schmeißt doch mal ein bisschen Sand in eure Schmelze«, war die Lösung.

Zuvor hatten wir viele »Tapeten« mit allen möglichen Analyseergebnissen erstellt. Andreas Kilhof fasste alles schön systematisch in seinem Praktikumsbericht zusammen und natürlich auch seinen eigenen Input. Den Einfluss von Silizium auf die Verschleißfestigkeit konnte bis dato keine Literaturstelle bestätigen, auch unser Labor hielt dies für nicht möglich – trotzdem funktionierte es.

Alle Lader des Loses 2 fielen durch diesen Fehler aus. Alle Kunden bekamen selbstverständlich einen neuen Lader. Das war der verbesserte Verdränger mit weiteren festigkeitssteigernden Maßnahmen im Gehäuse von Los 1, dem sogenannten »Zwitterlader«.

Weitere Entwicklungsschritte

Wenn auch die Temperaturen keinen nennenswerten Einfluss auf den Verschleiß hatten, so stellte sich bei den Untersuchungen aber heraus, dass eine zu hohe Pressung der Dichtleisten den Verschleiß begünstigte. Deshalb führten wir, um den Grundplattenverschleiß weiter zu reduzieren, als zusätzliche Maßnahme eine »schiefe Ebene« in den Nutgrund ein. Das war eine besondere Bearbeitung der Nuten in den Kammergehäusen. Das bedeutet, die Nuttiefe vergrößerte sich auf den letzten 360 Grad kontinuierlich um 0,1 mm. Dadurch wurde der Anpressdruck der Dichtleisten, der sich aus der im heißen Bereich größeren thermischen Verformung ergab, nochmals gemindert. Abgewickelt sieht das aus wie im Bild Seite 37.

Eigentlich blieb nur die Form der Spiralen, also das »G«, vom Übernahmestand erhalten, der Rest war eine komplette Neukonstruktion. Natürlich ging auch das nicht ohne »Nackenschläge« an uns vorbei.

Weitere Problempunkte waren, um nur einige zu nennen, die Rundschnüre, die unter den Dichtleisten. Diese ersetzten wir durch »Wellfedern«. Die Nebenwelle wurde zum Zsb. (Zusammenbau) eines Lieferanten, die Antriebswelle wurde ein Schmiedeteil.

Eines der größten Probleme war neben dem Material für den Verdränger die Entwicklung des »Wackelauges«, das für den Toleranzausgleich der beiden Wellen erforderlich war (siehe Kap. 1.5).

Die Ölversorgung

Oder auch die Entwicklung der Ölversorgung. Denn da der G-Lader am Ölkreislauf des Motors hing, flogen im Betrieb schon mal die Wellendichtringe durch hohen Öldruck heraus.

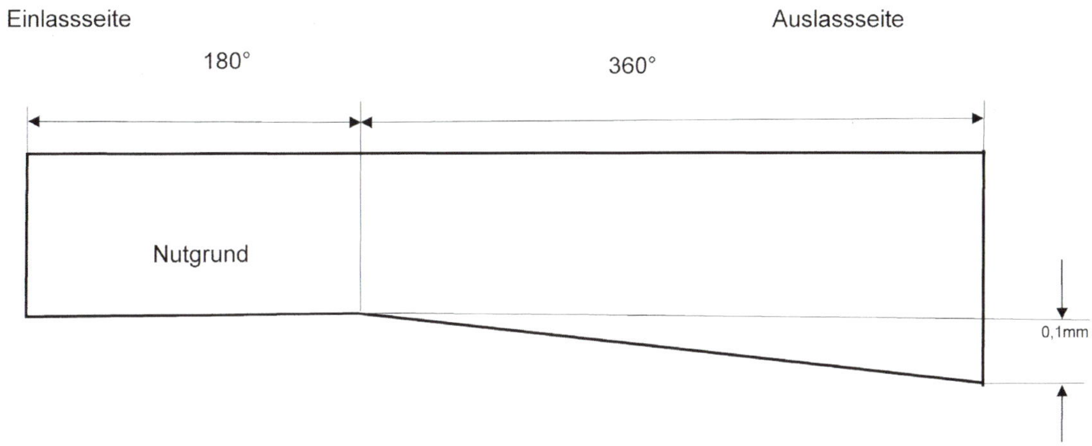

Schräger Grund in den Nuten für die Dichtstreifen. *(Skizze: Ahrens)*

Eine Maßnahme war z.B. die Einführung sogenannter »Fangnuten« in der Verdrängernabe und eine »Drosselleitung« für die Ölversorgung vom Motor (siehe Kapitel 1.2./1.6).

1.3.4 Das Los 3 und die Großserie

Nachdem die Probleme gelöst waren, wurde 1988 das dritte Baulos mit dem »Einheitslader« G40 B aufgelegt. Im Feld gab es vor Kunde nur wenige Probleme bei hohen Laufstrecken. Der reguläre Serieneinsatz im Polo GT war dann ab 1990. Und mit der Einführung der letzten Verbesserungsmaßnahmen Ende 1991/Anfang 1992 hatten wir es geschafft. Wir hatten mit diesem Stand des »Einheitsladers« ein fast unverwüstliches Ladesystem auf die Beine gestellt.

Noch eine persönliche Anmerkung: Eine Neukonstruktion der Gehäuse und des Verdrängers aus heutigen Kunststoffen, ohne Bearbeitung dieser Teile, wäre wohl noch immer eine Alternative bei hubraumschwachen Motoren.

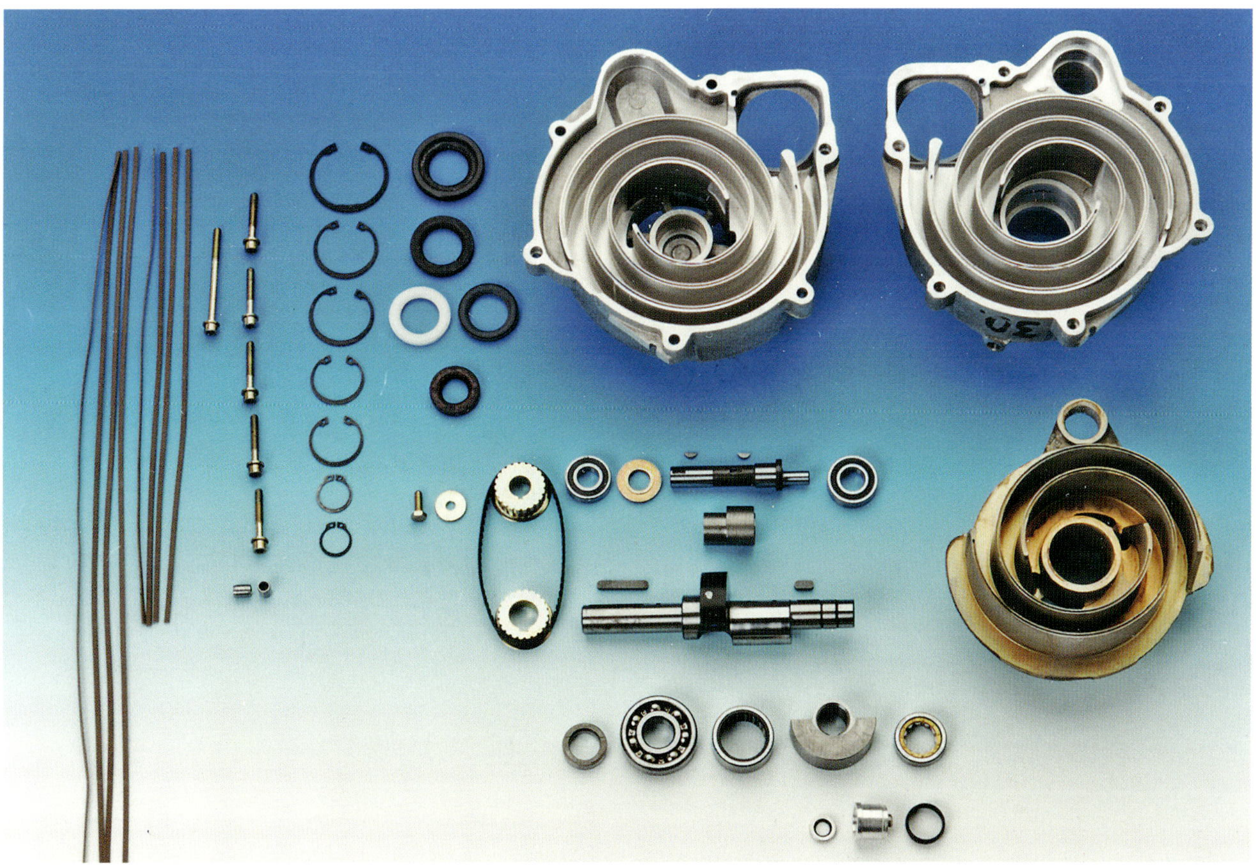

Einzelteile, es fehlen die Wellfedern, die unter den Dichtleisten im Kammergehäuse liegen. *(Foto: Vortrag M. Willmann)*

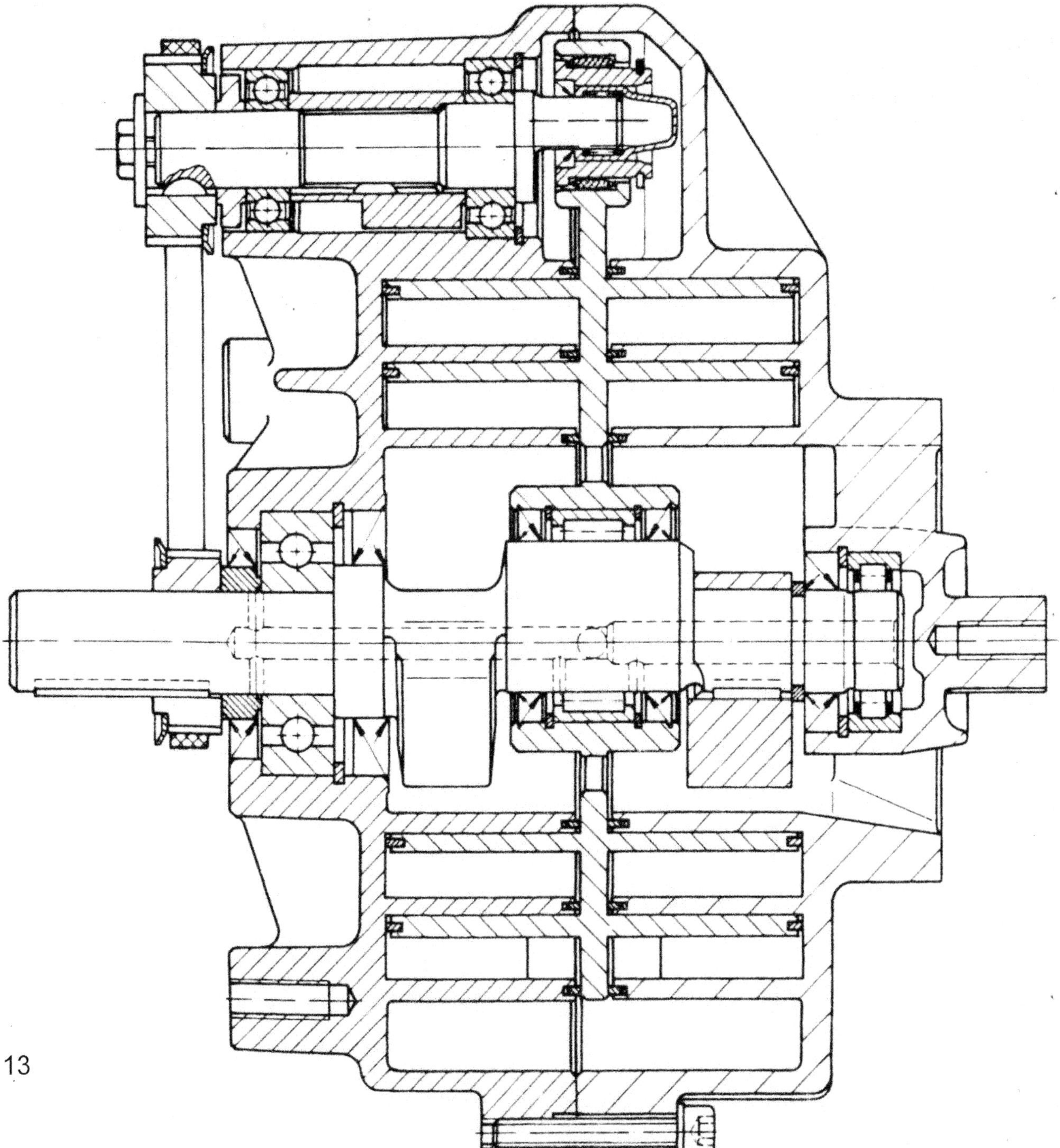

13

Längsschnitt des G40 B-Laders. Später wurde noch der Fetttopf im Wackelauge mit dem Rippenzylinder eingeführt (s. Kapitel 1.5). *(Zeichnung: M. Willmann/T. Müller)*

Quellen

Sebastian Winkler (webmaster@g-lader.info): Informationen und Fotos

A. Kilhof: Auszug aus dem Praktikumsbericht: Verschleißverhalten G-Lader, TU-Magdeburg 07 TM1/88

M. Willmann, T. Müller: 3 Jahre Serienfertigung G-Lader, 4. Auflade-Technische Konferenz

M. Willmann: G-Lader – Die unendliche G-schichte, Vortrag TU Magdeburg, 1991

1.4 Der 1,3-L-Einspritzmotor mit dem G40-Lader

Von Volkmar Fleischer und Wolfgang Schnorbus

Die großartige Idee, das Prinzip der Spirale für Luftverdichter zu nutzen, stammt von Leon Creux (Patent 1905). Nicht ausreichende Materialqualitäten und die hohen Anforderungen an die Fertigungstoleranz standen der Herstellung funktionsfähiger Modelle zunächst noch im Wege.

73 Jahre später beauftragt VW-Entwicklungschef Prof. Dr. Ernst Fiala die VW-Forschung, einen zur Aufladung von Verbrennungsmotoren geeigneten mechanischen Luftverdichter zu entwickeln (vgl. Kap. 1.2). Das geschah nicht von ungefähr. Marktstudien berichteten über einen deutlich zunehmenden Trend zu leistungsstärkeren Fahrzeugen in der Kompaktklasse. Insbesondere jüngere Käuferschichten erwärmten sich zusehends für diesen Fahrzeugtyp. Dabei spielten die Wettbewerber aus Japan, gleichsam als Trendsetter, mit hochdrehenden, leistungsangehobenen Motoren in dieser Fahrzeugklasse eine treibende Rolle.

1.4.1 Auftrag für einen Hochleistungsmotor

Anfang 1983 wurde unter diesen Gegebenheiten die Motorenvorentwicklung AE-SA unter Leitung von Dr. H.A. Kuck, beauftragt, einen alltagstauglichen Hochleistungsmotor mit einer Nennleistung von etwa 85 kW für das Polo-Coupé unter Einhaltung der Emissionsanforderungen nach ECE 15/04 zu entwickeln. Wegen der Dringlichkeit war das Projekt als Sofort-Programm für rasche Markteinführung angelegt (SOFRAM). Das allerdings zunächst als sogenannter »Vorläufer« mit begrenzter Stückzahl, um vorab die Marktchancen der G-Ladertechnik zu testen.

Zu dem Entwicklungsteam gehörten die unten näher vorgestellten Jürgen Blume, Volkmar Fleischer (FR), Gerd Lange, Henrik Meyer, Wolfgang Schnorbus und Helmut Sperling. Wir begannen umgehend mit der Sichtung des Entwicklungsstands, um auf vorhandenen Kenntnissen und verfügbarer Hardware aufzubauen.

Dazu ein kurzer Blick zurück auf das Jahr 1980 in die Abteilung Forschung 3, Gemischbildung, unter der Leitung von Dr. K.-D. Emmenthal. Sein Anstoß, das Arbeitsprinzip der Spirale als Kompressor zur Motoraufladung auf seine Tauglichkeit zu untersuchen, erwies sich als sehr vielversprechend und führte unmittelbar zu der Entwicklung des VW-G-Laders. Henrik Meyer, in dieser Abteilung tätig, arbeitete bereits daran, das Potenzial an EA 801-Motoren auszuloten. Mit seinem Wissensstand und seiner Unterstützung begannen wir mit dem Projekt im März 1983.

Jürgen Blume, Dipl.-Ing. (FH)
Jahrgang 1954,
1970 Ausbild. Techn. Zeichner,
1973 Wilke-Werke Braunschweig,
1970 FH Wolfenbüttel Maschinenbau,
1983 Volkswagen,
2013 Ruhestand.

Gerhard Lange, Dipl.-Ing. (FH)
Jahrgang 1942,
1967 Lehre Werkzeugmacher,
1978 FH Bremerhaven Schiffsbetriebstechnik,
1978 Bugsier Reederei Hamburg,
1981 Volkswagen,
2008 Ruhestand.

Henrik Meyer, Dipl.-Ing.
Jahrgang 1948,
1965 Lehre Kfz-Mechaniker,
1970 FH Köln, RWTH Aachen,
1976 Daimler-Benz, Stuttgart,
1980 Volkswagen,
2006 Ruhestand.

Helmut Sperling, Dipl.-Ing.
Jahrgang 1957,
1976 RWTH Aachen,
1982 Volkswagen,
2020 Ruhestand.

Die damaligen Teamkollegen Blume, Lange, Meier und Sperling, mit denen die Autoren gern, eng und intensiv zusammengearbeitet haben. *(Fotos: privat)*

Die Motorenwahl

Vorab durchgeführte Untersuchungen belegten, dass die kostengünstigste Lösung, eine modifizierte Version der 1,8-L-Vierzylindermotor- / Getriebe-Einheit des Golfs, im Motorraum des Polo Coupé nicht unterzubringen war. Somit verblieb, den 1,3-L-Motor der EA 111-Baureihe (Nachfolger des EA 801) für dieses Projekt anzupassen. Grundsätzlich kamen dafür drei leistungssteigernde Maßnahmen infrage:

- 4 Ventile pro Zylinder,
- die Abgasturboaufladung und
- die mechanische Aufladung.

Die Versuchsergebnisse sprachen deutlich für die mechanische Aufladung mit dem VW-intern entwickelten G-40-Lader. Zwar punktete der 1,8-L-Saugmotor noch mit etwas höherem Drehmoment. Ein Handicap entstand daraus nicht. Ganz im Gegenteil. Das Leistungsgewicht des Polo-Coupés (ohne Fahrer) von gerade mal 9,82 kg/kW versprach ausgezeichnete Fahrwerte mit der zu diesem Zeitpunkt zwar vorgegebenen, erst später bestätigten Nennleistung.

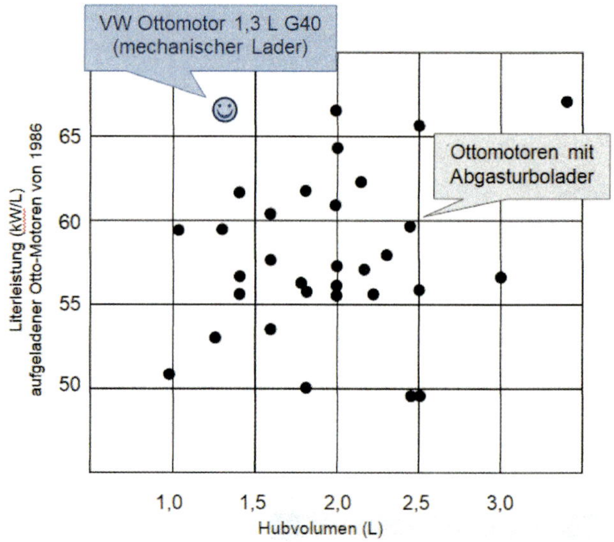

Vergleich der Literleistung von Motoren mit Abgasturbolader mit der des 1,3-L-G40-Motors von 1986. Mit der spezifischen Leistung von 66,8 kW/L belegte dieser Motor einen Spitzenplatz im Feld der damalig aufgeladenen Motoren.
(Recherche: V. Fleischer)

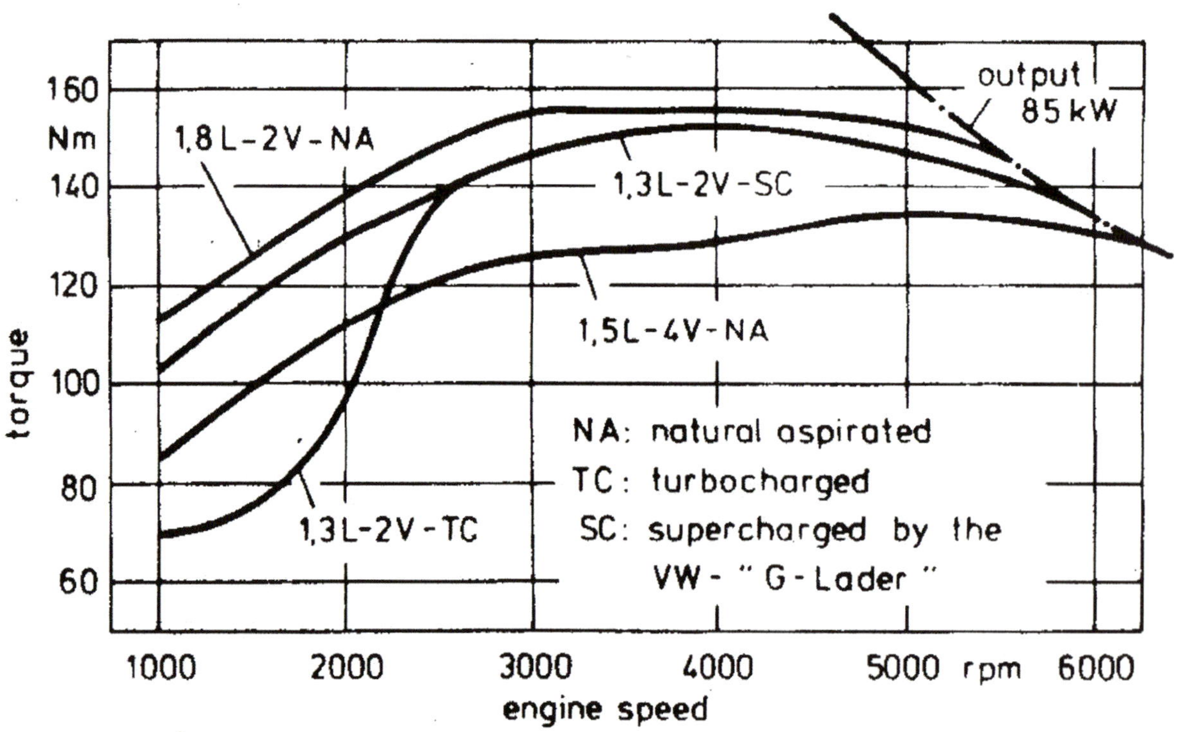

Saugmotoren:
1,8 L-2V-NA
1,5 L-4V-NA

Motor mit Abgasturbolader:
1,3 L-2V-TC

Motor mit mechanischem Lader G40:
1,3 L-2V-SC

Drehmomentvergleich zwischen Saugmotoren und aufgeladenen Motoren. *(Quelle: SAE-Paper)*

Ebenso klar punktete der G40-Lader gegenüber anderen mechanischen Laderbauarten bezüglich Förderkontinuität, Geräusch und Trägheitsmomente. Nicht zuletzt sprach auch das Alleinstellungsmerkmal dieser neuen Laderbauart für Wettbewerbsvorteile.

Der klare technische Vorteil bestand im nahezu übergangslosen Ladeluftdruckaufbau gegenüber demjenigen der damalig verfügbaren Abgasturbolader.

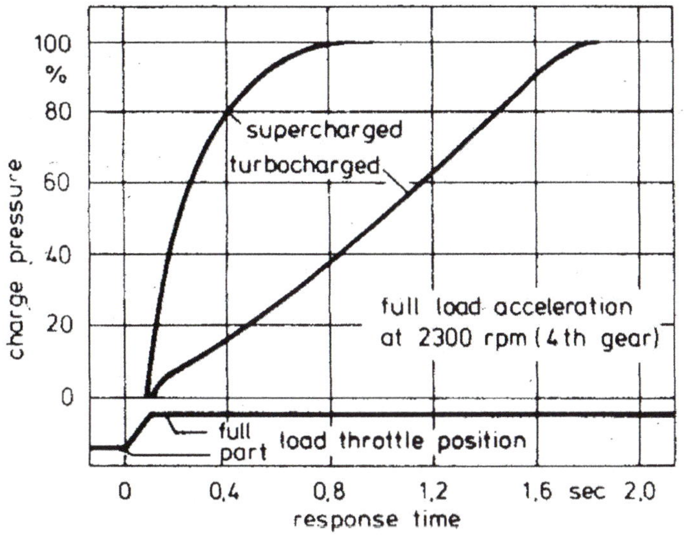

Der zeitliche Aufbau (response time) des Ladedrucks (charge pressure) mit einem Abgasturbolader (turbo-charged) und mit dem G40-Lader (supercharged). Die erhebliche Ansprechverzögerung der Abgasturbolader erwies sich im Fahrbetrieb als äußerst nachteilig und führte außerdem zu höheren Kraftstoffverbräuchen. *(Quelle: SAE-Paper)*

Darüber hinaus sicherte der Einsatz des 1.272-cm³-Zweiventilmotors (Bohrung x Hub = 75 x 72 mm) weitgehend den geforderten Standardisierungsgrad der EA 111-Motorenbaureihe mit wesentlichen Bauteilen wie Zylinderkopf und Kurbelgehäuse.

Im März 1983 wurde daraufhin der zu diesem Zeitpunkt erkennbare Änderungsumfang abgestimmt und in einer vorläufigen »Technischen Produkt-Beschreibung« als Grundlage für den Zielkatalog erfasst. Änderungen und Ergänzungen erfolgten entsprechend dem Entwicklungsfortschritt.

Die Installation des 1,3-L-Motors in dem Motorraum des Polo-Coupé war problemlos. Nicht so die Unterbringung des G-Laders mit dem verbrennungsluftführenden Ladelufttrakt in den knappen Freiräumen. Insbesondere die montagefreundliche Anordnung bedurfte der engen Abstimmung mit den betroffenen Montageabteilungen.

Die Kenndaten des G40-Laders waren:

- Übersetzung i = 1,72
- Ladedruck max. 0,72 bar
- Nenndrehzahl 10.320 U/min
- max. zulässige Drehzahl 13.000 U/min
- G40-Wirkungsgrad 0,69

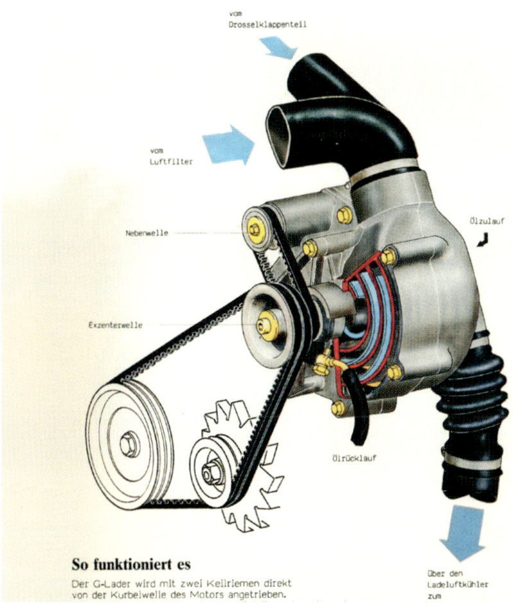

Schnittbild des 1,3-L-Ottomotors und der Antrieb des G40-Laders, positioniert auf der Abgasgasseite des Motors. Der Antrieb erfolgte von der Kurbelwelle permanent über zwei Keilriemen. *(Zeichnungen: Volkswagen/Sammlg. AutoMuseum)*

1.4.2 Serienentwicklung

Die verbrennungsluftführenden Bauteile

In Abstimmung mit bewährten Lieferanten galt es nun, diese Bauteile serienreif sowohl funktionsoptimiert als auch montagefreundlich fertig zu entwickeln. Dazu gehörten

- ein der benötigten Verbrennungsluftmenge angepasstes Luftfilter (MANN & HUMMEL, Ludwigsburg) mit integriertem Luftmengenmesser (BOSCH, Stuttgart),
- ein in y-Form konstruierter Verbindungsschlauch zwischen Luftmengenmesser, G40-Lader und Durchgang im Zylinderkopfdeckel (GUMMI-HENNIGES, Hannover),
- ein Druckschlauch zwischen G40-Lader und Ladeluftkühler (CONTI, Hannover),
- ein Ladeluftkühler (LÄNGERER & REICH, Stuttgart),
- ein Druckschlauch nach dem Ladeluftkühler (CONTI, Hannover),
- ein Druckrohrkrümmer über das Getriebe führend hin zum Drosselklappenstutzen, (CONTI, Hannover),
- davor ein flexibler Druckschlauch (CONTI, Hannover) und
- ein Bypasschlauch zwischen Drosselklappenstutzen und dem Zylinderkopfdeckel-Durchgang (GUMMI-HENNIGES, Hannover).

Die Kurzschluss-Verbindung diente dazu, die überschüssige Ladeluftmenge im Teillastbetrieb zur Ansaugseite des G-Laders zurückzuführen. Das ermöglichte, das Druckverhältnis und in Folge die spezifische Verdichterarbeit des G-Laders deutlich abzusenken mit dem Ziel, den Kraftstoffverbrauch auf einem niedrigen Niveau zu halten. Die Steuerung der By-Pass-Klappe regelte eine Hebelkinematik in Abhängigkeit der Hauptdrossel-Klappenstellung. Der volle Ladedruck wurde erst dann aufgebaut, wenn das angeforderte Drehmoment über dem des Saugmotors lag.

Der »Rucksack« auf der Drosselklappe

Bisher gewohnt, das Gaspedal beim Anfahren zügig zu betätigen, hätte man mit dem Polo Coupé G40 oft ungewollt für Überraschungen gesorgt. Bei dem ungewohnt hohen Drehmomentangebot, bereits bei niedrigen Motordrehzahlen, verloren die Antriebsräder schon mal die Haftung und drehten durch. Um den Anfahrvorgang und damit den Übergang zum Fahrbetrieb sanfter zu gestalten, wurde der Drosselklappe ein »Rucksack« aufgeschraubt. Seine geometrische Form war so ausgelegt, dass zu Beginn der Drosselklappendrehung über einen bestimmten Drosselklappenwinkel hinweg die Verbrennungsluftmenge weniger stark zunehmend angesaugt werden konnte.

Die Anordnung des Saug- und Ladelufttraktes im Polo Coupé G40:
- **Luftfilter (mittelblau) mit integriertem Luftmengenmesser (graublau),**
- **der G40-Lader (gelb),**
- **der Ladeluftkühler, anfangs im Querträger montiert, mit den saug- und druckseitigen Rohren, Krümmern und Schläuchen (dunkelblau),**
- **die Drosselklappeneinheit mit integrierter By-Pass-Drosselklappe (graublau) und**
- **die Kurzschluss-Verbindung (mittelblau) hin zur G-Lader-Ansaugseite.** *(Zeichnung: Volkswagen/Sammlg. Auto-Museum)*

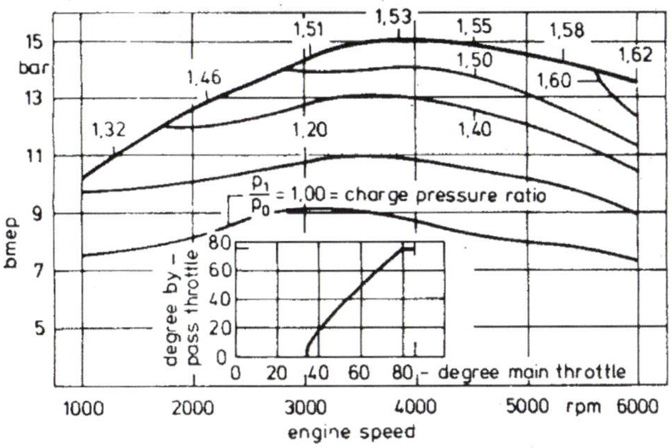

Die Regelung der By-Pass-Klappe (by-pass throttle) in Abhängigkeit der Hauptdrosselklappenstellung (main throttle) und des Mitteldrucks (bmep). *(Quelle: SAE-Paper)*

Blick in den Motorraum

Der zu geringe Abstand zwischen Zylinderkopfdeckel und Motorraumhaube machte die Verlegung der Ladeluftführung durch den Zylinderkopfdeckel notwendig. Zwar erhöhte sich der Aufwand mit dieser Maßnahme, das Gesamtbild der Anlage jedoch verbesserte sich damit sichtlich. Das war auch gut so. Denn für die G40-Fangemeinde war die unverdeckte Sicht auf die Gestaltung und Verlegung der technischen Details im Motorraum geradezu unverzichtbar. Hier entzündeten sich ihre heißen Fachgespräche, hier entwickelten sie ihre Verbesserungsideen und suchten emsig nach Tuning-Möglichkeiten.

Aufmerksamen Leserinnen und Lesern ist es sicher nicht entgangen, dass bei diesem Motor – einem Polo Coupé G40 GP – der Luftmengenmesser am Luftfilter fehlt. Die Luftmengen für diesen Motor wurden bereits aus den Messdaten eines im Steuergerät integrierten Drucksensors berechnet. Der Entfall des Luftmengenmessers mit Stauklappe hatte darüber hinaus den Vorteil, den Saugtrakt weiter zu entdrosseln.

Was nicht zu sehen war, wofür sich aber viele genauso interessierten, versteckte sich natürlich im Inneren des 1,3-L-Motors. Und das war das Ergebnis umfangreicher Entwicklungsarbeiten an den mechanisch und thermisch hochbelasteten Komponenten:

- Die **Brennraumform des Kolbens**. Ergebnisse von Voruntersuchungen anderer Kollegen favorisierten einen »Heron«-Brennraum mit ausgeprägten Quetschflächen. Die gewählte Verdichtung von $\varepsilon = 8$ zusammen mit einem klopfbegrenzten Zündzeitpunkt bei Volllast sicherte zudem einen geringeren spezifischen Verbrauch im Teillastgebiet. Unumgänglich wurden damit sorgfältige Untersuchungen an dem thermisch hoch belasteten.
- **Kolben** von Fa. KOLBENSCHMIDT, Neckarsulm.
  Diesen Belastungswerten musste der Kolben widerstehen:
  - Literleistung 66,8 kW/L
  - Kolbenflächenleistung ca. 0,5 kW/cm^2

Die Kolbentemperaturen, gemessen in der oberen Ringnut, wiesen im oberen Lastbereich zwar hohe, aber noch tragbare Werte aus. Auf eine Spritzölkühlung konnte deshalb verzichtet werden. Die obere Kolbenringnut wurde zur Verbesserung der Verschleißfestigkeit in einer Aufschmelzlegierung ausgeführt, um die Materialhärte zu erhöhen.

Der Blick in den Motorraum eines Polo Coupé-G40 GP, nachträglich von einem Fan mit einer sportiven Domstrebe versehen. *(Foto: S. Winkler)*

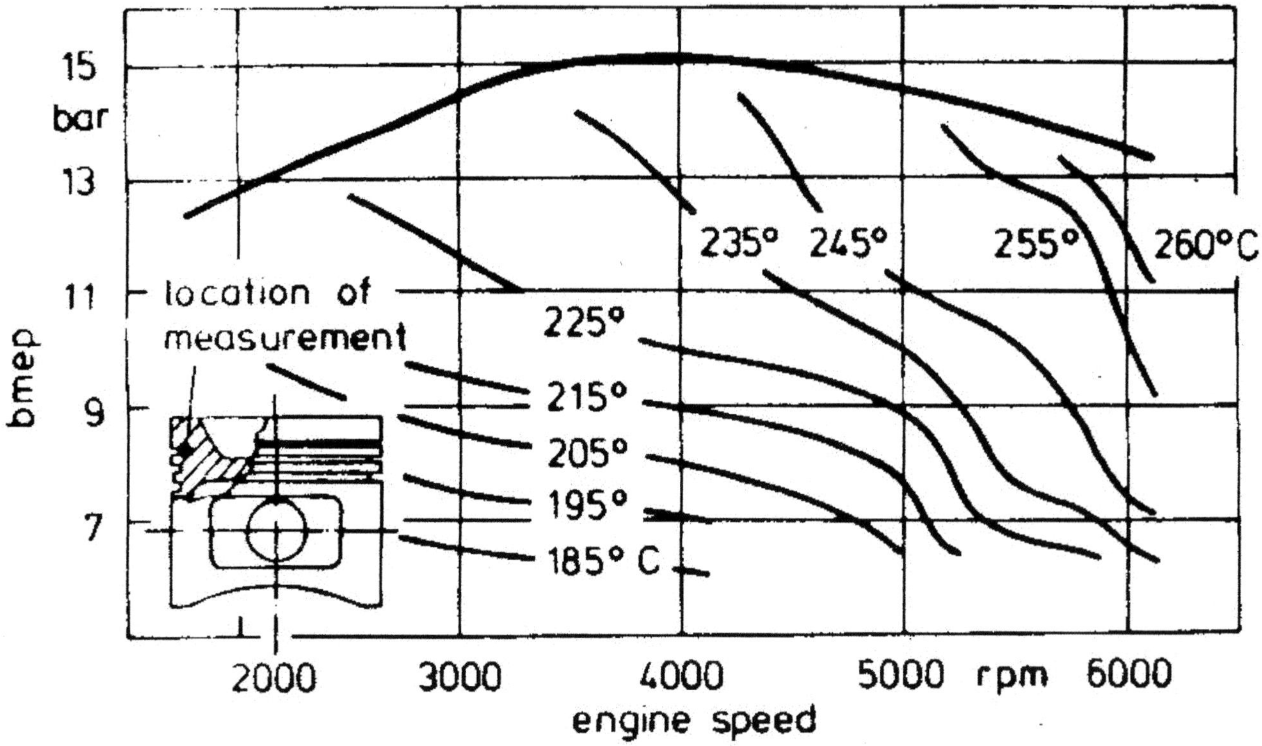

Kolbentemperaturen in Abhängigkeit von Mitteldruck (bmep) und der Motordrehzahl (engine speed). (Location of measurement: Messpunkt). *(Quelle: SAE-Paper)*

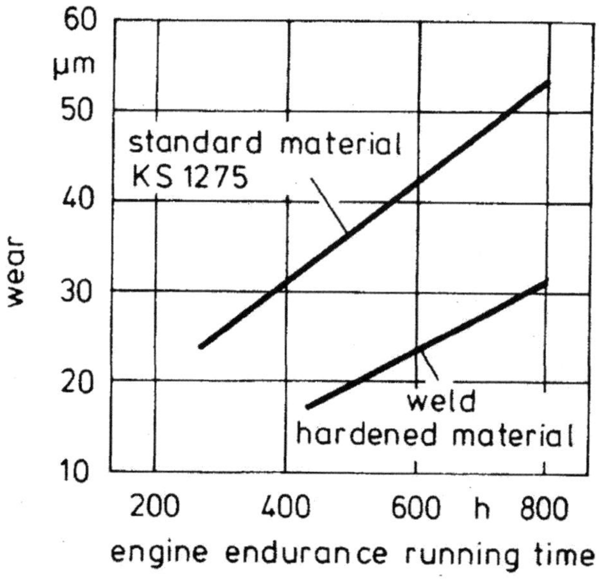

Einfluss der in Aufschmelzlegierung (weld hardened material) ausgeführten Kolbenringnut auf den Verschleiß (wear). Der Verschleißrückgang betrug nahezu 50 %. *(Quelle: SAE-Paper)*

- **Der obere Kolbenring**
- erhielt zwecks besserer Schmierstoffspeicherung eine Molybdänbeschichtung, um Reibung und Verschleiß zu mindern. Lieferant war die Fa. GOETZE, Burscheid.

- **Die Kurbelwelle.**
  Der gesteigerte Mitteldruck von über 40% machte den Einsatz einer Stahl- statt einer Gusswelle notwendig, um die Torsionsdauerbelastbarkeit zu erhöhen. Festgewalzte Hohlkehlen halfen darüber hinaus die Biegefestigkeit zu steigern. Beide Maßnahmen halfen, den Abstand zur Grenzbelastungsdrehzahl auf unkritische Werte hinauszuschieben. Die Berechnungen und Versuche führte Herr Hahn in der Abteilung Festigkeit, Zentrallabor, durch. Die Abteilung leitete Herr Dr. Kölbel.

- **Die Auslassventile**
- erhielten zu besseren Kühlung eine Natrium-Füllung.

- **Die Zylinderkopfdichtung**
- wurden von der Fa. GOETZE, Burscheid, der höheren Motorbelastung entsprechend angepasst.

- **Ölkühler**
- Zur Begrenzung der hohen thermischen Belastung des Motorenöles wurde ein Wasserölkühler vorgesehen. VW-Lieferteil, Hannover.

Neben den bisher aufgeführten erforderten auch diese Bauteile sorgfältige Optimierungsarbeiten sowohl konstruktiver als auch funktioneller Art. Dies betraf das Drosselklappenteil mit Ladeluftbypass, das Luftfilter, die Zylinderkopfhaube, die Kurbelgehäuseentlüftung, Ölfilter, Ölfilterzwischenflansch, Kühlwasserpumpe, Ansaug- und Abgaskrümmer, Kühlwasserregler, Wasser und Ladeluftkühler, G-Lader-Konsole, Riementrieb mit Spannrolle, diverse Halterungen und Steuerleitungen. Abzustimmen waren zudem Öl- und Kühlwasserumlaufmengen.

Steuerzeiten

Besondere Aufmerksamkeit widmeten wir den Steuerzeiten. Schon bei niedrigen Drehzahlen erzeugen mechanische Lader Ladedruck. Es entsteht ein positives Spülgefälle zwischen Ansaug- und Auspuffsystem. In der Ventilüberschneidungsphase führt das zu einem Ladungskurzschluss.

Unverbranntes Gemisch gelangt in das Abgassystem, verursacht extrem hohe Kohlenwasserstoffemissionen, Mitteldruckverlust und höhere Kraftstoffverbräuche. Um das zu vermeiden und zu optimieren, sind etliche Steuerzeitvarianten untersucht worden. Als einen guten Kompromiss, zwischen hohem Drehmoment, niedrigen Kohlenwasserstoffemissionen im unteren Drehzahlbereich und hoher Leistungsausbeute bei Nenndrehzahl, erwiesen sich die in den Diagrammen mit einem Dreieck gekennzeichneten Steuerzeiten (selected valve timing).

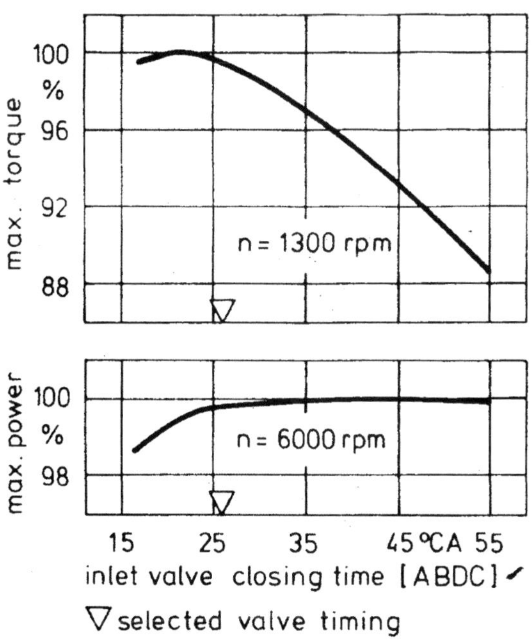

Drehmoment (torque) und Leistung (max. power) in Abhängigkeit vom Schließwinkel des Einlassventiles (inlet valve closing time). Der vorverlegte Einlassschluss verhalf zu einer Drehmomentsteigerung von mehr als 10 % bei nahezu unbeeinflusster Leistung. Das allerdings auch wegen des verfügbaren Ladedrucks. *(Quelle: SAE-Paper)*

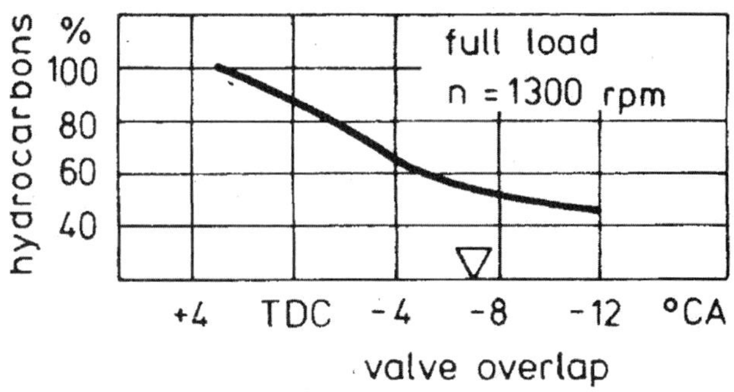

Einfluss der Ein-/Auslassventil-Überschneidung (valve overlap) auf die Kohlenwasserstoffemissionen (hydro-carbons). Die negative Ventilüberschneidung (–7° CA) verhalf zudem, den Kurzschlusseffekt weitgehend zu vermeiden und die Kohlenwasserstoffemissionen um über 50 % zu senken.
(Quelle: SAE-Paper)

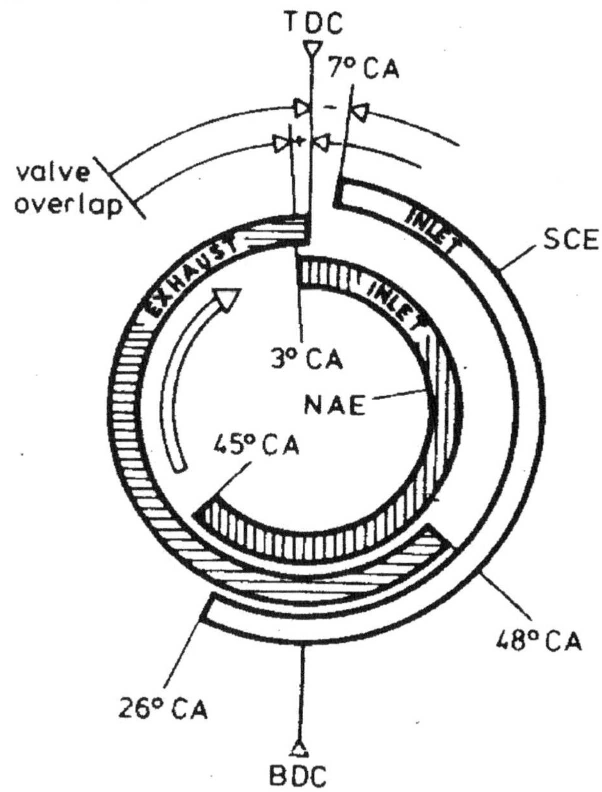

Vergleich der Ventilsteuerzeiten (valve timing) des Saugmotors mit denen des G40-Motors. *(Quelle: SAE-Paper)*

Gemischbildung und Zündung

Die Vielfalt unterschiedlicher Abgasgesetze in Europa und in den USA machte ein hochwertiges Gemischbildungssystem erforderlich. Ein solches stand vorteilhafterweise und zeitnah mit dem VW intern entwickelten voll elektronisch geregelten »Digifant-System« zur Verfügung. Es ermöglichte die kennfeldgesteuerten Vorgaben von Kraftstoffeinspritzmengen und Zündwinkel.

Neben der präziseren Kennfeldabstimmung für Zündung und Kraftstoffeinspritzmengen nutzten wir die Elektronik mit dazu, die Kraftstoffzufuhr während der Schubphasen des Wagens zu unterbinden. Anfangs stand die Kraftstoffverbrauchsminderung im Vordergrund. Später wurde die Schubabschaltung unentbehrlich, um Katalysatorschäden durch Zufuhr unverbrannten Kraftstoffes zu verhindern.

Darüber hinaus ging mit dem Anlauf des 1,3-L-G40-Motors zum ersten Mal eine zylinderselektive Antiklopfregelung in Serie. Sie war in der kennfeldgesteuerten, elektronischen Zündungsregelung integriert. Leistungs- und wirkungsgradgünstige Zündwinkelvorgaben wurden damit an der Vollastkennlinie möglich. Die Klopfsignale erfasste ein piezoelektrischer Beschleunigungsaufnehmer. Seine Position am Motorblock wurde holographisch so optimiert, dass klopfende Verbrennung in jedem einzelnen Zylinder erkennbar war.

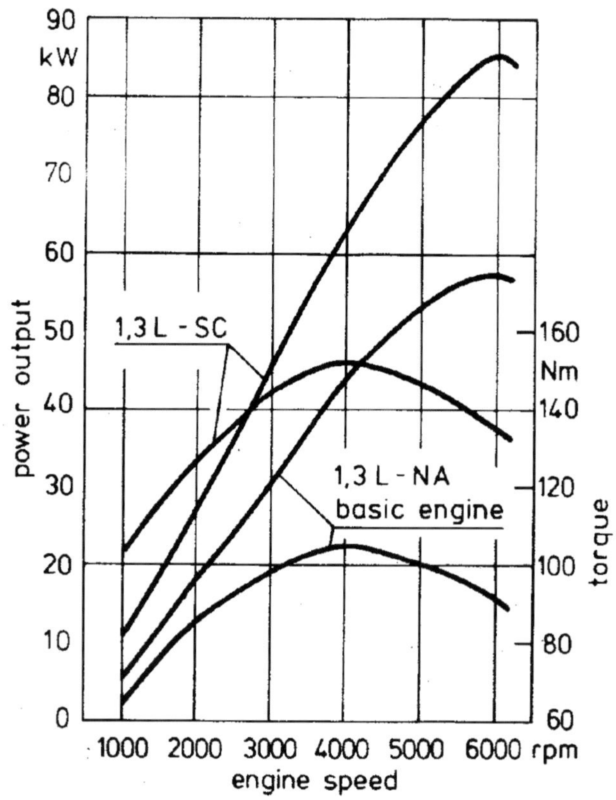

Basis-Saugmotor und aufgeladenes Triebwerk im Leistung/Drehmoment-Vergleich. *(Quelle: SAE-Paper)*

1.4.3 Bereit für den Kunden

Technische Daten Polo Coupé G40

Bauart	Vierzylinder-Reihenmotor
Ventile	2 pro Zylinder
Hubvolumen	1.272 cm³
Bohrung/Hub	75/72 mm
Verdichtungsverhältnis	8,0 : 1
Leistung/Nenndrehzahl	85/6.000 kW/U/min
Literleistung	66,8 kW/L
Max. Drehmoment	150 Nm bei 3.600 U/min
Mitteldruck	15 bar bei 3.600 U/min
Gemischaufbereitung	Saugrohreinspritzung
Zündung	Kennfeldzündung mit Klopfregelung
Steuergerät	Digifant 1 Schubabschaltung integriert
Pleullänge	122 mm
Kolben	mit Heronbrennraum
Ladegruppe	Mechanischer Lader G40
Antrieb	Ständig von der Kurbelwelle über zwei 8-mm-Keilriemen
Theoretische Übersetzung	1,725 : 1
Ladeluftkühlung	Ladeluftkühler (T-Absenkung bei 195 km/h, 54°Celsius)
Fahrzeugleergewicht	835 kg
Fahrwerk	20 mm tiefer gelegt
Fahrwiderstandswert	cW x A 0,69
Kraftübertragung	Fünfgang-Schaltgetriebe
Beschleunigung	0–100 km/h 8,5 sec
Elastizität im 5.-Gang	60–120 km/h 16,4 sec
Höchstgeschwindigkeit	198 km/h
Kraftstoff Superbenzin	bleifrei 95 ROZ
DIN-Verbrauch	1/100 km bei 90 km/h 5,8; bei 120 km/h 7,8; Stadtverkehr 8,8
Tankinhalt	42 l

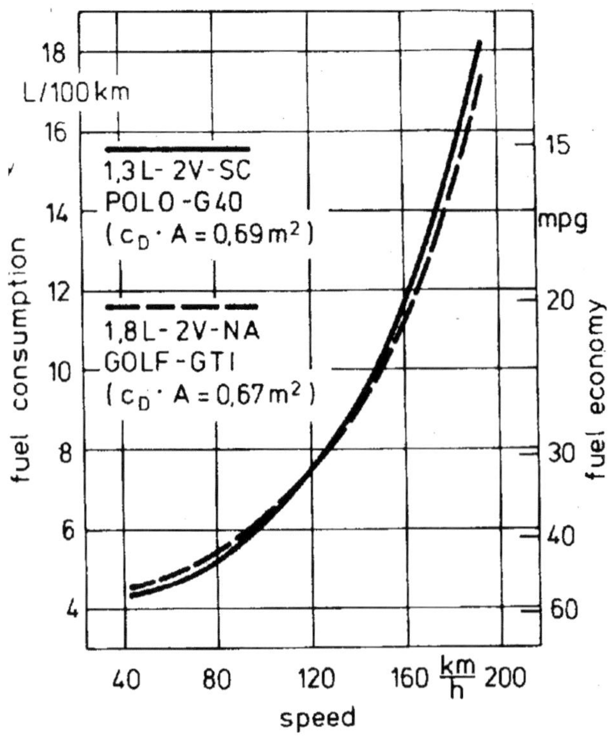

Kraftstoffverbrauch (fuel consumption) bei konstanter Fahrgeschwindigkeit (speed). *(Quelle: SAE-Paper)*

Mit diesen Fahrleistungen und Verbrauchwerten war das Polo-Coupé mit dem 1,3-L-G40-Motor zu der Zeit den meisten seiner Wettbewerbern in der Kompaktklasse überlegen. Nur der Fiat Uno i.e. Turbo (1.283 cm^3) und der Renault 5 GT Turbo (1.397 cm^3) konnten als direkte Wettbewerber mit ihren Fahrleistungen gleichziehen. Dem Fiat-Motor gelang das am besten. Dagegen fehlte dem Renault-Motor das spontane und kräftige Durchzugsvermögen unterhalb 3.000 Motorumdrehungen. Selbst im internen Vergleich der Fahrleistungen musste der größere Bruder, der 82-kW-Golf GTI (1.781 cm^3), dem kleineren den Vortritt lassen. Lediglich bei höheren Fahrgeschwindigkeiten verzeichnete der 82-kW-GTI, auch wegen seines kleineren cW x A-Wertes, leichte Verbrauchsvorteile. In dem anderen Diagramm sind die gesicherten Drehmoment- und Leistungsdaten des einsatzreifen 1,3-L-G40-Motors im Vergleich mit denen des 1,3-L-Saugmotor dokumentiert.

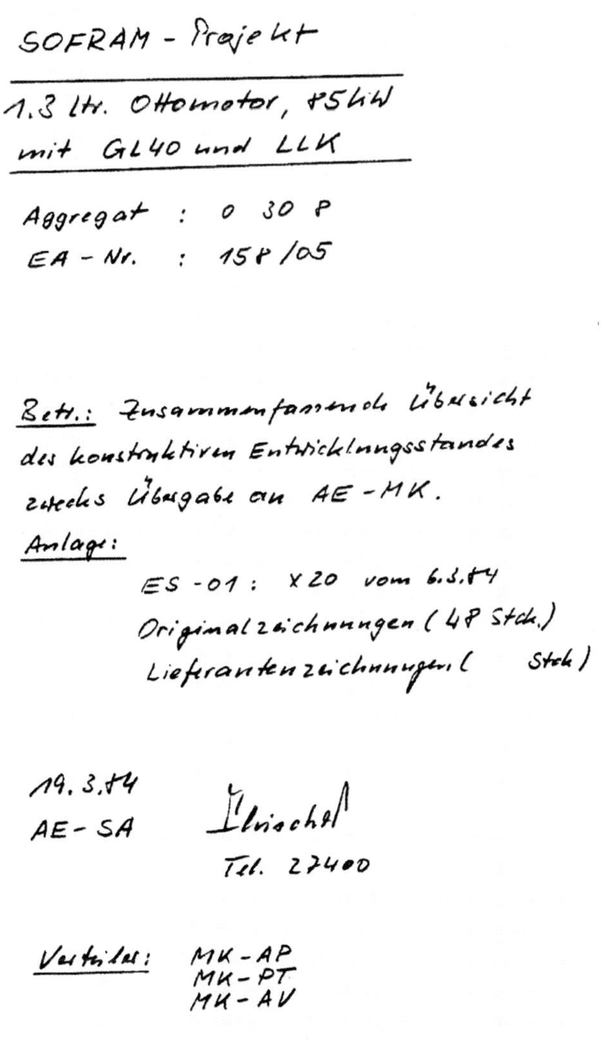
SOFRAM - Projekt

1.3 ltr. Ottomotor, 85 kW
mit GL40 und LLK

Aggregat : 0 30 P
EA - Nr. : 158/05

Betr.: Zusammenfassende Übersicht des konstruktiven Entwicklungsstandes zwecks Übergabe an AE-MK.

Anlage:
ES-01 : X20 vom 6.3.84
Originalzeichnungen (48 Stck.)
Lieferantenzeichnungen (Stck)

19.3.84
AE-SA
Tel. 27400

Verteiler: MK-AP
MK-PT
MK-AV

Titelblatt Übergabeprotokoll. *(Sammlung: V. Fleischer)*

Bleibt noch anzufügen, dass die letztendlich guten Entwicklungsergebnisse, bestätigt durch zahlreich Funktions- und Dauerläufe, durch die Sommererprobung im Death Valley und die Wintererprobung in Schweden, nicht nur die Alltagstauglichkeit des 1,3-L-G40-Hochleistungsmotors bewiesen haben, sondern auch die sorgfältige Arbeit des gesamten Teams.

1.4.4 Der Polo Coupé G40 geht in Serie

Projektübergabe an die Motorkonstruktion

Im März 1984 übergaben wir das Projekt an die Motorkonstruktion AE-MK, AL Peter Thauer. Stücklisten, Ablaufpläne, Fertigungspläne etc. waren für den Serieneinsatz zu erstellen und die Serienbetreuung vorzubereiten.

Zugegeben, das Titelblatt des Übergabeprotokolls ist nicht so ganz professionell gelungen. Immerhin bemerkte einer der Kollegen aus der Konstruktion bei Sichtung der Zeichnungen – und das fast ein bisschen spitz: »Die Versuchsleute können ja auch konstruieren«.

Für die Erstellung der Zeichnungen und auch konstruktiv stand uns allerdings die IAV zur Seite, um unsere Vorgaben zeichnerisch und vor allen Dingen zeitnah umzusetzen. Im Januar 1984 formulierte Dr. H.A. Kuck die Vorlage für eine Grundsatzentscheidung über zukünftige Aufladesysteme für VW-Motoren. Zur Diskussion stand, die Turbolader durch mechanisch angetriebenen G-Lader für eine A0-Kleinserie zu ersetzen. Zwei Argumente lagen vorn: der unbefriedigende Drehmomentverlauf verfügbarer Abgasturbolader bei niedrigen Motordrehzahlen gegenüber dem G-Lader sowie der geringere Kraftstoffverbrauch. Zudem wurde der Einsatz der G-Lader zur Leistungssteigerung von Vierzylinder-Dieselmotoren vorgeschlagen.

Das G40-Emblem

Kurz dazwischen, weil gleich im Bild zu sehen: Während der Entwicklungsphase bestand die Designabteilung darauf, das G40-Emblem – links in Fahrtrichtung gesehen – auf dem Gitter vor dem Wasserkühler zu platzieren. Wegen der thermisch hohen Belastung des Motors reagierten wir in dieser Phase jedoch überaus empfindlich auf jede auch noch so kleine Behinderung des Kühlluftstromes hin zum Wasserkühler. Und ja, wir brauchten allerhand Geduld, um die Platzierung des G40-Emblems auf die rechte Seite durchzusetzen. Leider hielt diese Vereinbarung nicht allzu lange.

Polo Coupé G40 in der ersten Ausführung von 1987 vor dem Wolfsburger Schloss – mit dem Emblem auf der rechten Seite. *(Foto: Volkswagen)*

Serienausführung der Facelift-Version (86C 2F). Das G40-Triebwerk kam hier ab Januar 1991 zum Einsatz. *(Foto: Volkswagen)*

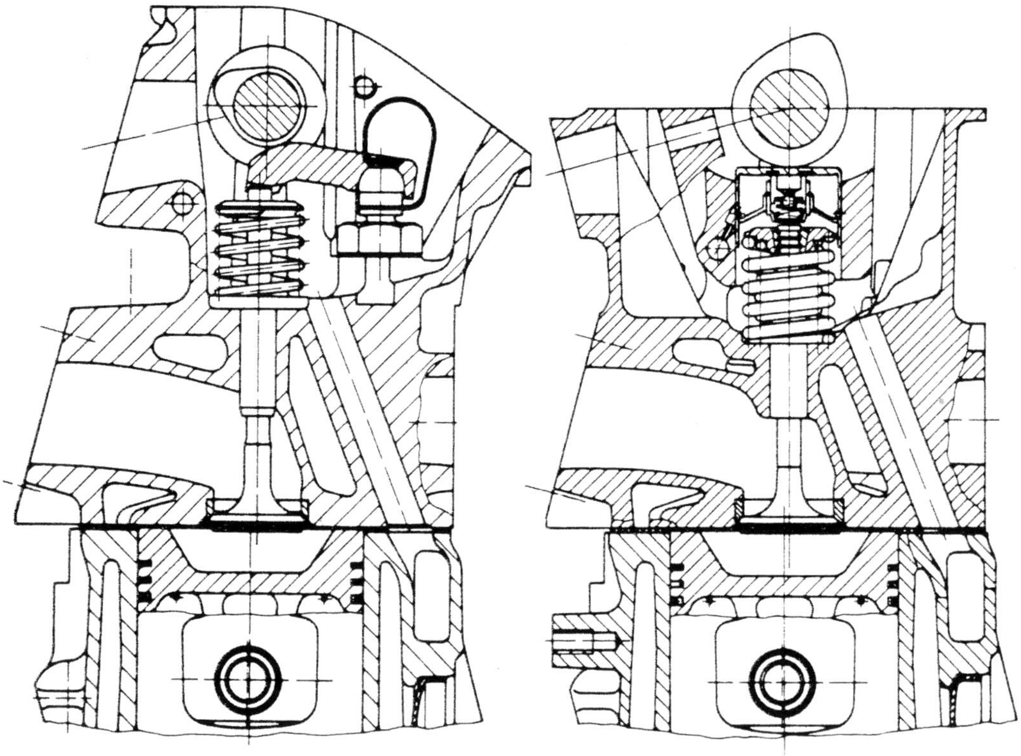

Links der Zylinderkopf des ursprünglichen EA 801 mit Schwinghebeln für die Ventilbetätigung (links), mit dem die Entwicklung des Polo G40-Motors in der VW-Forschung begann. Rechts der Nachfolger-Basismotor EA 111 mit Tassenstößeln und hydraulischem Ventilspielausgleich. Der Schlepphebeltrieb verursachte etwas größere mechanische Geräusche, der Tassenstößelkopf etwas höhere Reibung. Der aktuelle Motor EA 211 (weiterhin mit Zylinderabstand 82 mm) besitzt wieder Schlepphebel, dem Trend folgend mit Rollen zur weiteren Reibungsminimierung und geräuscharmem Hydraulikelement zur Ventilspieljustierung.
(Zeichnung: ATZ 87 (1985) 4)

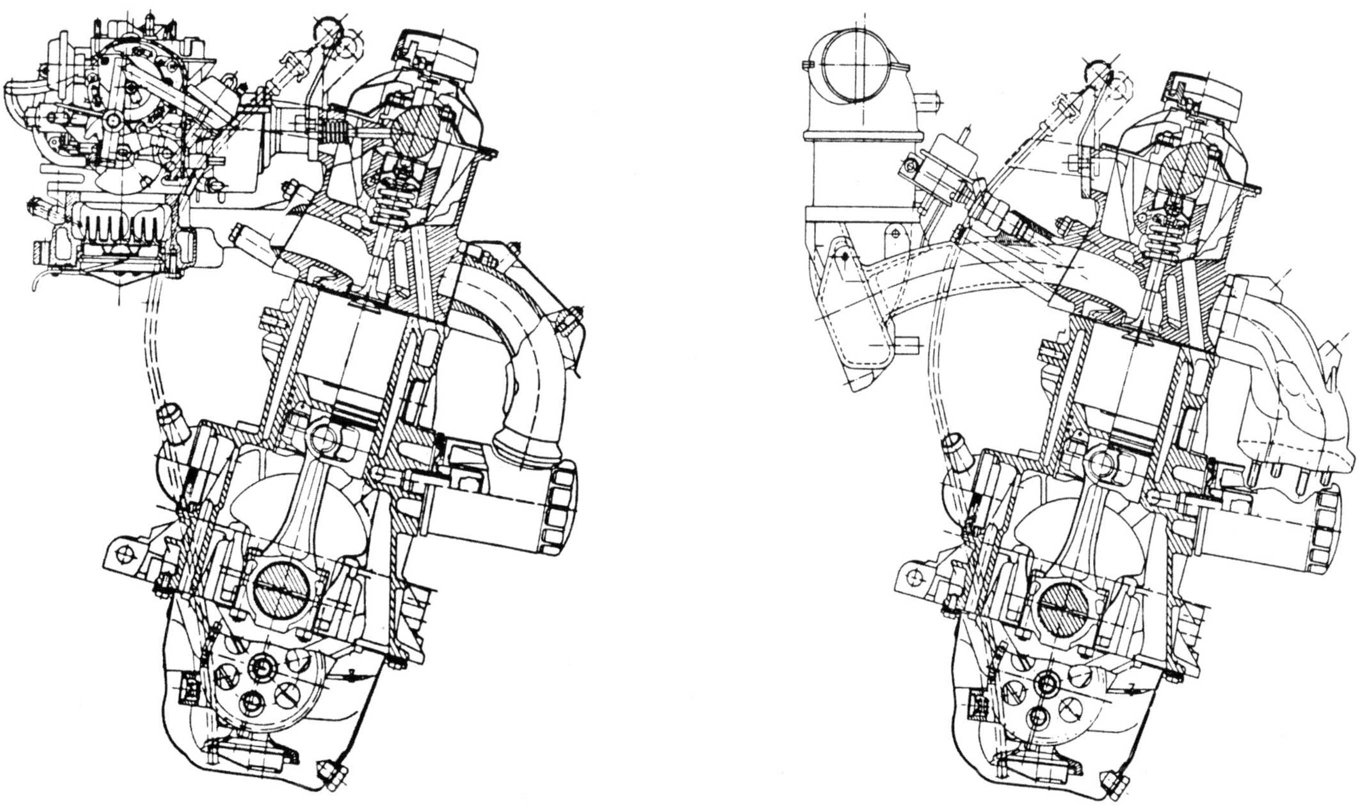

Vergleich Querschnitte EA 111 Vergaserversion 40 kW (links) mit dem neuen, durchzugstärkeren 1,3-Liter-Digijet-Einspritzer 40 kW.
(Zeichnung: MTZ 46 (1985) 9)

Vorstellung auf der IAA im September 1985

Auf der Internationalen Automobil-Messe in Frankfurt 1985 herrschte ein außergewöhnlich starker Besucherandrang auf dem VW-Stand. Neben dem Golf II syncro und einer vollverzinkten Karosserie eines Audi Avant galt das besondere Interesse dem G40-Lader und seiner Funktionsweise – das Ganze nicht zuletzt befeuert durch die öffentliche Präsentation zweier Weltrekorde in Ehra-Lessien davor (Kap. 1.2).

Doch die Geduld der wartenden Kunden wurde zunächst auf eine harte Probe gestellt. Erst im Mai 1986 begann die Produktion mit einer limitierten Sonderserie von 500 Fahrzeugen in schwarzer Lackierung. Dank begeisterter, schnellentschlossener G-Lader-Fans war dieses Kontingent schnell vergriffen. Auf die angesagte geringe Produktionsstückzahl reagierte die Fachpresse dann auch prompt und stichelte im Dezember, ohne jedoch dabei den anerkennenden und durchaus werbewirksamen Beifall zu unterdrücken. Von den vielen Veröffentlichungen, Testberichten, Beschreibungen und Kommentaren seien hier zwei Beiträge stellvertretend herausgegriffen. Sowohl die Autozeitung als auch auto motor und sport waren merklich angetan vom »Niedersachsen-Express«.

- 6. DEZ. AUTO ZEITUNG TEST

Nur für G-ladene Gäste

Viele sind berufen, doch nur wenige auserwählt: 500 handverlesene Kunden dürfen den VW Polo G 40 erproben, dem der neue G-Lader 115 PS verpaßt.

Der Mercedes-Besitzer fügt sich ins Unvermeidliche, bei Tachoanzeige 190 gibt er auf und die Bahn frei. Der Polo zieht vorbei. Vorhang zu, Ende der Vorstellung.

Eines kann der Mensch hinter dem guten Stern noch erspähen – den dezenten Schriftzug „G 40" am Polo-Heck. Das ist denn auch des Tempo-Rätsels Lösung. Dem Niedersachsen-Expreß macht ein neuer, mechanisch angetriebener Kompressor gehörig Beine. Das Ding heißt schlicht G-Lader und zaubert aus der 75 PS starken 1,3-Liter-Maschine des Polo GT satte 40 PS mehr.

(Foto und Text: Autozeitung 1986)

Die jungen Wilden

Vier sportliche Kleinwagen im Vergleich: Honda CRX 1.6i–16, Peugeot 205 GTI 1.9, Renault 5 GT Turbo und VW Polo G 40.

Daß der Polo-Motor seine 115 PS (85 kW) aus nur 1,3 Liter Hubraum holt, ist ihm nicht anzumerken. Schon bei gut 2000/min stehen 140 Nm an und täuschen einen großvolumigeren Saugmotor vor. Der G 40 überraschte mit für seine Hubraum-Klasse überragenden Elastizitätswerten und zeigte sich seinen Konkurrenten auch in der Beschleunigung überlegen: 8,2 Sekunden von null auf 100 km/h sprechen für sich. Höchstgeschwindigkeit: 198 km/h. Bei alledem gefällt der G-Motor auch noch durch Drehfreudigkeit. Das Polo-Getriebe ist aber etwas schwergängiger als bei der Konkurrenz und wartet zudem mit längeren Schaltwegen auf.

(Foto und Text: auto motor und sport 6/1987)

Anhaltende Nachfrage und Aufnahme ins reguläre Programm

Die Nachfrage nach dem Polo Coupé G40 hielt unvermindert an. Das und die inzwischen beseitigten restlichen G-Lader-Mängel waren wohl Anstoß genug zu entscheiden, ein weiteres Los von 1500 Fahrzeugen aufzulegen. Etwa 500 davon wurden sofort von französischen Händlern abgenommen. Und nicht nur dort, auch hier im Inland und auf den südeuropäischen Märkten herrschte eine rege Nachfrage.

Dessen ungeachtet wurde das Polo Coupé G40 erst im Januar 1991 in das reguläre Modellprogramm aufgenommen. Bedingt durch die erweiterte Ausrüstung mit einem Katalysator verringerte sich die Nennleistung auf 83 kW/113 PS. Etwa 24.500 Polo Coupés G40 sollen insgesamt produziert worden sein, davon etwa 500 Rechtslenker. Die damalige Preisempfehlung lag bei 25.700 DM.

Produktionsende

1992 war ein weiteres Jahr anhaltender Diskussionen über die Vor- und Nachteile einer künftigen G-Lader-Strategie für aufgeladene Motoren. In der Zeit erheblichen Wettbewerbsdrucks beeindruckte der G-Lader mit seinem Alleinstellungsmerkmal, seiner originellen Konstruktion und seinen beachtlichen Funktionswerten. Er half, einen Zeitraum zu überbrücken, in dem kurzfristig keine bessere Aufladetechnik für Motoren der unteren Hubraumklasse zur Verfügung stand. Die große und positive Aufmerksamkeit in der Presse und die Begeisterung der Kunden für diese Technik kamen dem Ansehen von VW sehr zugute.

Allerdings bemängelten einige Kunden die limitierte und zögerliche Vermarktung des Polo Coupés G40. Aus heutiger Sicht ist dieser Verzögerung durchaus etwas Positives abzugewinnen. Sie verhinderte, wenn man so will, vorschnell zusätzliche Investitionen zu binden und diese dagegen für ein ggf. geeigneteres Aufladesystem vorzuhalten. Auch ist es gar nicht abwegig festzustellen, dass der G-Lader ein starker Anstoß mehr war, die Fortentwicklung der VTG-Turbolader wirksam zu beschleunigen, und das mit Erfolg.

Im Jahr 1994 wurde der G-Lader aus dem Programm genommen. Die Ära einer sehr kreativen Entwicklung ging damit zu Ende. Der Ablauf dieses Strategiewechsels ist im Kapitel 1.8 nachzulesen. Unverdrossen dagegen blieb die große Begeisterung der Polo-G40-Fans.

1.4.5 Abspann

Ortstermin am 30. Oktober 2020

Christian Gerhartl, einer der etabliertesten Motorenentwickler im Umfeld von Volkswagen, war und ist bekennender Fan des Polo Coupé G40 und in der Szene sehr gut vernetzt. In Kapitel 4 (W-Motoren) ist er noch ausführlicher erlebbar). Herr Gerhartl hatte die Autoren dieses Beitrages zu einem Besuch in die Ausstellungshalle seiner Firma »Ingenieurbüro für Fahrzeugentwicklung« eingeladen – 37 Jahre nach dem Start des Projektes in der Motorvorentwicklung. Anlass und Ortswahl werden niemanden überraschen, denn in der

Ein besonderer Leckerbissen für die Fans war die von Volkswagen Motorsport initiierte Breitbauversion des Coupés G40 (Aerodynamik-Karosseriebausatz, ATS-Räder mit Spurverbreiterung), hier auf einer Ausstellung 1987.
(Foto: VW Motorsport)

Ausstellungshalle steht ein Polo Coupé G40 aus dem Jahre 1988 mit zurückgelegten 420.000 km. Der erste Motor fiel leider wegen eines Zahnriemenschadens (Wasserpumpenantrieb) nach 70.000 km aus. Wieder instand gesetzt, zog er das Polo-Coupé weitere 212.000 km. Der erste G-Lader hielt 282.000 km. Die beiden Nachfolger, sowohl der Motor als auch der G-Lader, liefen 138.000 km und waren bei der Stilllegung des Wagens noch voll einsatzfähig. Hier gerafft seine Begeisterung auch für diese Technik mit eigenen Worten:

»Ich habe meinen schwarzen Polo bis 2008 über 420.000 km nahezu ohne Probleme gefahren. Mit dem Polo G40 war ich viel auf Reisen, wie in Prag und in Wien, in die Schweiz oder nach Monaco zum F1-Rennen und immer flott unterwegs. Aber, immer warm gefahren, das heißt, nie sofort auf die Autobahn und am Ziel behutsam abkühlen lassen. Auf schnellen Autobahn-Etappen hat er nie mehr als 10 Ltr./100 km verbraucht; normal waren um die 8 Ltr./100 km. An guten Tagen – mit kalter Luft und Hochdruckwetter – zeigte der Tacho 215 km/h und der Motor drehte ungestraft bis 6.300 U/min. Die Kasseler Berge und die Kurven der Rhön waren meine Lieblingsstrecken. Das Leistungspotenzial des Polo G40 in Verbindung mit dem geringen Gewicht (836 kg leer) haben mich stets begeistert. Der Wagen passte mir wie ein Turnschuh – trotz meiner 1,93 m Länge.

Ende 2008, nach mehr als 20 Jahren, habe ich den Wagen schweren Herzens abgemeldet: die Technik wäre noch gut, aber das Blech ist durch ... Beifahrersitz und Rücksitzbank sind neuwertig, aber der Fahrersitz ...!«.

... und hier die beiden Autoren dieses Beitrags. *(Foto: Kittler)*

Wolfgang Schnorrbus Dipl.-Ing.
Jahrgang 1953,
1973 RWTH Aachen,
1980 Volkswagen AG Wolfsburg,
2017 Ruhestand.

Volkmar Fleischer Dipl.-Ing.FH
Jahrgang 1935
1953 Maschinenschlosserlehre
1956 FH Hannover Maschinenbau
1959 R. Bosch GmbH Stuttgart
1966 Volkswagen AG Wolfsburg
1992 Ruhestand

Quellen

[1] Klaus-Dieter Emmenthal, Claus Müller und Otto Schäfer: Verdrängerlader für Volkswagen-Motoren, MTZ 46 (1985) 9

[2] H.A. Kuck, V. Fleischer, W. Schnorbus: Volkswagen's new 1,3 L high Performance SI-Engine supercharged by the VW G-Lader, SAE-Paper 860 102 / 1986

[3] H.D. Erdmann, H. Löwel: Integrierte zylinderselektive Klopfregelung des Digifant-Motormanagementsystems für das Polo-Coupé G40, VW 1985

[4] Bericht Christian Gerhartl: 20 glückliche Jahre mit dem Polo G40.

Christian Gerhartl an seinem »Wiesel«. *(Foto: Kittler)*

1.5 Aus der Entwicklung des G60-Laders

Von Thomas Müller

1.5.1 Entwicklungsschwerpunkte des G-Lader-Teams

Im Herbst 1985 begann ich im G-Lader-Team in der Serienentwicklung. Der zuständige Abteilungsleiter bei Volkswagen, Bernd Wiedemann, hatte zuvor meine Konstruktionsarbeiten an variablen Saugrohren, die ich bei IAV angefertigt hatte, begutachtet und mich als »übernahmefähig« beurteilt. Im G-Lader-Team waren zunächst Jörg Ahrens und Helmut Leptien für die Konstruktion zuständig, Günter Stolle für den Komponentenversuch. Später kamen Dr. Helga Wellbrock für den Versuch und Hartmut Stehr für die Konstruktion hinzu. Helmut Leptien war Unterabteilungsleiter in der Konstruktion. Er war ein erfahrener und umgänglicher Ingenieur, dem man in Sachen Konstruktion und Toleranzrechnung nichts vormachen konnte. Wenn es um die Toleranzauslegung der Bauteile ging, gab es oft Streit mit anderen Institutionen, aber letztlich konnte sich Helmut Leptien immer durchsetzen und behielt mit seinen Auslegungen auch Recht. Wie sagte Bernd Wiedemann: »Herrn Leptiens Motoren funktionieren«.

Die Aufgaben im Team wurden so verteilt, dass nach einer »Anlaufzeit« neben Helmut Leptien als Unterabteilungsleiter die Kollegen Helga Wellbrock und Hartmut Stehr sowie meine Wenigkeit für den G60 zuständig waren, Jörg Ahrens und Günter Stolle für den G40. Ich begann in der Konstruktion, wo wir uns erst einmal mit dem G40-Lader beschäftigten. Ich durfte als eine der ersten Aufgaben den Ölring neu in Tusche zeichnen. Dies war sehr überschaubar. Die eigentlichen Konstruktionsarbeiten liefen auch nicht bei uns, sondern waren an Firma VOLKE fremdvergeben.

Dr. Helga Wellbrock, seit Frühjahr 1987 im G-Lader-Team.
(Foto: M. Willman/autogramm)

Dipl.-Ing Thomas Müller
Geboren 1959 und wohnhaft in Wolfsburg, Studium: Maschinenbau/Verbrennungskraftmaschinen, Technische Universität Braunschweig bei Prof. Urlaub und Müller, 01.01.1985 Einstieg bei IAV, verliehen an Volkswagen, Michael Willmann 01.10.1985 Wechsel zu Volkswagen (Unterabteilungsleiter Helmut Leptien, Abteilungsleiter Bernd Wiedemann, Bereichsleiter Peter Hofbauer), Saugrohrkonstruktion VR6 mit besserem Drehmomentaufbau, ab Oktober 1985: Konstruktion G-Lader, Ruhestand Sommer 2020.

Thomas Müller
(Foto: Kittler)

Unsere Aufgabe war vielmehr, den Überblick zu behalten, die Versuchsergebnisse zu bewerten, die richtigen Schlüsse zu ziehen und die Kommunikation mit den Lieferanten zu tätigen. Vielfach ging es um die Analyse von ausgefallenen Bauteilen. Dazu konnten wir auf unser Zentrallabor (mit Herrn Höllrigl als Werkstoffexperten), die Betriebsfestigkeit (wertvolle spannungsoptische Analysen durch Herrn Schaffhauser, leider schon verstorben, und Herrn Uhde), unser Messwesen sowie die Forschung (berührungslose Temperaturmessungen; Peter Kunze maß oft tagelang Varianten verschiedener »Wackelaugen«) zurückgreifen. Auch von VOLKE ausgeführte FEM-Berechnungen waren beim Verstehen der Verdränger-Verformung hilfreich.

Dipl.-Ing Hartmut Stehr
Geboren 14.12.1959 Lüneburg, wohnhaft Gifhorn,
Abitur, Bundeswehr
Lehre als Landmaschinenmechaniker,
Studium Maschinenbau TU Hannover
bei Prof. Groth und Prof. Hofbauer,
01.10.1988 zu IAV, zu 100 % tätig für Volkswagen,
seit 01.03.1991 bei Volkswagen
(Unterabteilung Konstruktion bei Helmut Leptien,
Abt. Vorentwicklung Dieselsysteme,
Abteilungsleiter Michael Willmann,
Hauptabteilungsleiter Diesel-Versuch Bernd Wiedemann),
Ruhestand 2018.

Hartmut Stehr, im G-Lader-Team seit Oktober 1988.
(Foto: Kittler)

Als Schwerpunkte während der Entwicklung sehe ich heute vor allem das »Wackelauge«, Verschleiß der Verdränger-Grundplatte sowie das Schrumpfen der Dichtstreifen an. Das heißt aber nicht, dass die anderen insgesamt 60 Bauteile zu vernachlässigen waren. Darüber hinaus war das Gesamtprojekt anspruchsvoll: Ein neuer Lader, hergestellt mit neuer Frästechnik (Hochgeschwindigkeitsfräsen) an einem neu entwickelten Motor in einem völlig neuen Fahrzeug. In unserer Gruppe galt es, neben den oben erwähnten Aufgaben, G40 und G60 zu vereinheitlichen, wobei natürlich der wesentliche Unterschied zwischen den beiden Ladern, nämlich die Schaufelhöhe, blieb und aufgrund stärkerer Verformung beim G60 spezifische Probleme zur Folge hatte.

1.5.2 Herausforderungen

Wellendichtringe

Die Abdichtung des Nadellagers im Wackelauge war eine Herausforderung. Ein großes Fettreservoir allein hilft nicht, wenn das Fett austreten kann. Herkömmliche Radialwellendichtringe hatten das Problem, dass die Dichtlippe unter Fliehkraftbelastung abhob und somit der Lagerung kein allzu langes Leben beschert war. Die Lösung war ein Dichtring der Firma Dowty-Seals in Großbritannien. Ihr »Resident« in Deutschland war Herr Erwin, ein rühriger Vertreter, der sich tiefe Gedanken zur technischen Ausführung der Abdichtung machte. Dowty war in der Lage, kurzfristig einen Dichtring aus PTFE zu liefern und das Ergebnis war überzeugend. Mehrere kurzfristige Reisen nach Großbritannien waren nötig, um dieses Projekt zu realisieren. An einem frühen Samstagmorgen kam ich aus England

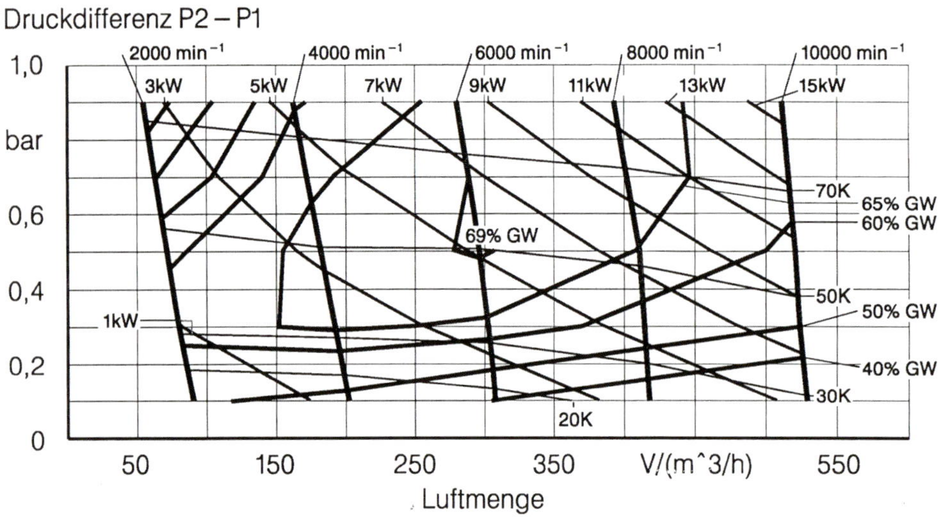

Kennfeld des G60-Laders; dargestellt sind in Abhängigkeit von Druckdifferenz und Luftmenge die Antriebsleistung, Wirkungsgrad (GW) sowie Drehzahllinien. Gut zu erkennen die Steilheit dieser Linien – sie zeigen die Vorzüge, die Helmut Leptien angesprochen hatte.
(Zeichnung: Volkswagen/Sammlg. AutoMuseum)

zurück und war noch gar nicht wieder aufgewacht als mein Chef, Michael Willmann, schon aus der Werkstatt anrief und sehnsüchtig auf die rettenden Dichtringe wartete. Dieser Dichtring bewährte sich und blieb bis »End of Production« unverändert.

Die Dichtlippen von Radialwellendichtringen neigen bei hoher Fliehkraftbelastung zum Abheben. Dem wird üblicherweise durch eine entsprechend starke Schlauchfeder entgegengewirkt. Bei niedrigen und mittleren Drehzahlen überwiegt dann die Wirkung der Schlauchfeder und presst die Dichtlippe stark auf die Welle, was bei langer Laufzeit zu Einarbeitungen führen kann. Die Dichtlippe eines PTFE-Dichtringes besitzt eine kleinere Masse und der Werkstoff ist so elastisch (steif), dass er keine Schlauchfeder benötigt. Die Anpresskraft der Dichtlippe ist geringer als bei einem Radialwellendichtring, so dass Einarbeitungen vermieden werden und die Dichtwirkung über die Laderlebensdauer erhalten bleibt (Vergleichsbild).

Dipl.-Ing. Michael Willmann
Geb. 1945 in Mölln
Maschinenschlosser-Lehre,
Bundesgrenzschutz,
1968–71 FHS Lübeck
Maschinenbau,
18.10.1971 VW Forschung 2,
Dieselmotoren
Forschung und Entwicklung,
ab 1987 verantwortlich
für die G-Lader-
Entwicklung.

Michael Willmann
(Foto: privat)

Jene Bauweise der Dichtringe, über die in der Forschung ebenfalls nachgedacht worden war, kam auch an der Antriebswelle zum Einsatz. Diese PTFE-Dichtringe wiesen einen laufrichtungsgebundenen Drall auf, um eine Förderung des Öls in den Luftraum zu verhindern. Das wiederum sorgte aber für Probleme an der Antriebswelle, denn da auf dem Hauptzapfen das Nadellager und die Wellendichtringe liefen, musste die Welle unterschiedlich geschliffen werden. Für die Nadellager musste ein Rauheitswert von max. Rz 1,5 realisiert werden, während die Laufflächen der Dichtringe, wegen der Schmierung, mindestens Rz 4 betragen mussten. Die Ringe wären sonst »verbrannt«.

Dichtstreifen

Donnerstagnachmittags war immer eine große Runde in unserem Motorenwerk Salzgitter, welches das Montagewerk für den G-Lader war. Zu der Runde gehörten u. a. die Hauptabteilungsleiter der Fertigung, Herr Treppenhauer, und der Qualitätssicherung, Herr Bein, sowie der Abteilungsleiter der Fertigung, Herr Tisch. Hier durften wir unsere neuesten Erkenntnisse zu technischen Problemen präsentieren und diskutierten die Umsetzung und Auswirkungen. Manchmal musste auch einfach mal was gesetzt werden, ohne dass man lange diskutierte, da die Erkenntnisse noch nicht weit genug fortgeschritten waren. Als es um das Schrumpfen der Dichtstreifen ging, war uns klar, dass das Spiel in Umfangsrichtung in den Nuten möglichst geringgehalten werden sollte, denn die Relativbewegung zwischen Streifen und Nutwänden führte zum Verschleiß. Da gingen die Längentoleranzen und das Schrumpfen der Dichtstreifen selbst natürlich ein. Einen »schrumpffreien« Dichtstreifen konnten wir nicht präsentieren,

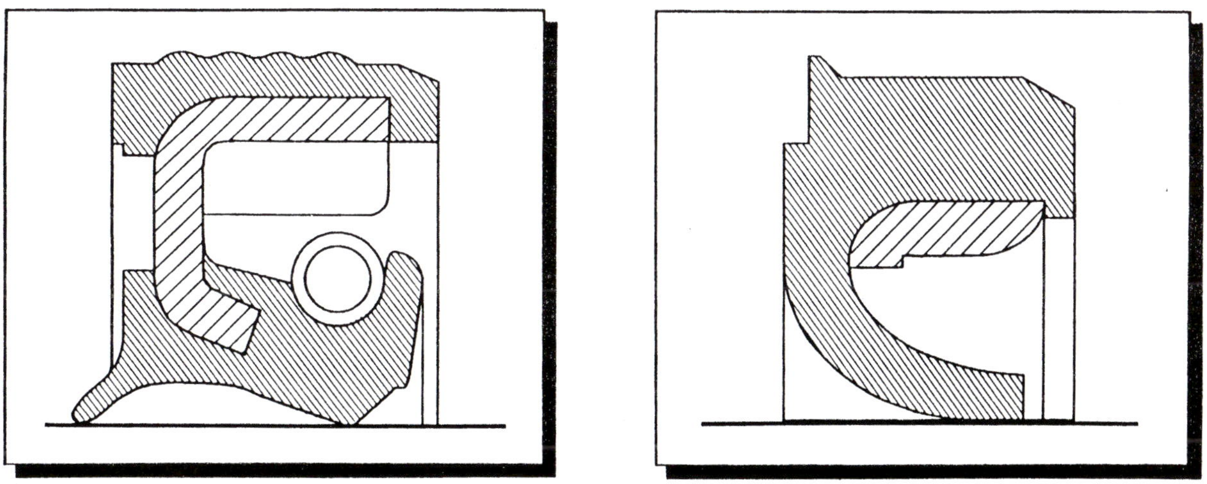

Vergleich von Wellendichtringen im Querschnitt; links ein herkömmlicher mit Schlauchfeder (konzentrische Kreise), rechts der neue PTFE-Ring ohne Schlauchfeder und breit schraffiert dargestellt der Stützring aus Aluminium. *(Skizze: Volkswagen/Sammlg. AutoMuseum)*

also forderten wir zunächst einmal sehr enge Umfangstoleranzen, die wir in absoluten Werten aber nicht begründen konnten. Mein Chef blieb hart, auch wenn die Kollegen aus Salzgitter meinten, das bei den Toleranzen »*doch wohl einer im Kaffeesatz gelesen hat*«.

Die Dichtstreifen waren ein PTFE-Bronze-Compound mit einem Anteil von ca. 60-Gew.-% Bronze und wurden von drei Firmen geliefert: MERKEL, KLÜBER und FREUDENBERG. Die Dichtstreifen dienten der axialen Abdichtung. Der Gasdruck pflanzt sich, wie bei Kolbenringen üblich, in den Nutgrund fort und presst die Dichtstreifen an. Die Kammergehäuse-Dichtstreifen werden zusätzlich durch spiralförmige Wellfedern im Nutgrund angedrückt. Dadurch wird das Dichtsystem toleranzunempfindlicher. Aufgrund der Kinematik weisen die Dichtstreifen eine niedrige Gleitgeschwindigkeit auf, was in einer geringen Reibleistung resultiert. Allen war gemein, dass sie sich während des Betriebs verkürzten. Dies konnte in einer Dimension von Millimetern geschehen und führte dazu, dass die Nutwände durchgerieben wurden: Die »*Brocken*« kamen zwischen die »Schaufeln«, und der Laderausfall war da. Die Vorstellung war, dass sich der Dichtstreifen im Betrieb zunächst ausdehnt und damit in Umfangsrichtung eingeklemmt ist. Diese Kompression durch das Einklemmen wiederum führt

Dichtstreifen (Pfeil) im Kammergehäuse. Charakteristisch der braune Farbton aufgrund des Kupfergehalts.

(Foto: Volkswagen/Sammlg. AutoMuseum)

nach Erkalten dazu, dass er sich verkürzt hat. Um den Druck während des Ausdehnens zu verringern, war eine Idee, den Streifen zu perforieren.

Um solche möglichen Lösungen schnell abprüfen zu können, hatte sich Hartmut Stehr eine simple Vorrichtung erdacht. Eine Kammer, in die die Streifen spielfrei eingelegt, dann im Ofen ausgelagert und anschließen rückgemessen wurden. Die Kammer bestand aus einem Ober- und Unterteil mit Nuten und zwei Stirnplatten. Damit hatten wir eine schnelle und ausgezeichnete Möglichkeit, Weiterentwicklungen der Lieferanten zu prüfen. Durch entsprechende Wärmebehandlung der Dichtstreifen in der Herstellung konnte das Phänomen des Schrumpfens drastisch reduziert werden. Bis zum EOP waren wir mit der weiteren Optimierung des Schrumpfens beschäftigt.

Verdränger-Fertigung

Die Gussteile waren Druckgussteile sowohl für den Verdränger als auch für die Kammergehäuse und wurden im eigenen Werk in Kassel gefertigt. Die mechanische Bearbeitung und Montage erfolgte in der Vorserie und Serie im Werk Salzgitter. Dies hatte den Vorteil kurzer Wege, um vor Ort in der Fertigung Herstellungs- oder Auslegungsprobleme zu lösen. Herr Jorde war Meister in der Qualitätssicherung Salzgitter, ein Ansprechpartner, auf den man sich verlassen konnte. Da reichte dann auch mal ein Telefonanruf, um ein Maß in der Fertigung ändern zu lassen.

Die Nuten im Verdränger und im Kammergehäuse wurden mit Hilfe des Hochgeschwindigkeitsfräsens hergestellt. Dies gilt auch für die Konturen der Schaufeln, auf die ich später noch eingehen werde. Ohne dieses Fräsen, das zusammen mit dem Produkt in Salzgitter neu entwickelt wurde, wäre es nicht möglich gewesen, kostengünstige und aufgrund der geringen Schnittkräfte (30fach reduziert gegenüber konventionellem Fräsen) präzise Konturen herzustellen.

Besondere Präzision ist vor allem bei der Fertigung des Verdrängers erforderlich. Der muss sich ständig der Kammergehäusewand bis auf zehntel Millimeter nähern, darf sie aber unter keinen Umständen berühren. »Ohne unsere neu entwickelten Hochgeschwindigkeitsfräsen«, sagt Helmut Leptien, »ließen sich die präzisen Teile gar nicht produzieren«.

Man brauchte diesen geringen radialen Abstand zwischen Verdrängerschaufeln und Kammergehäuse, um einen geringen Dichtspalt zu bekommen, damit der volumetrische Liefergrad möglichst hoch ist. Allerdings bestand die Gefahr, dass sich bei zu geringem Spalt die Teile im Betrieb berühren und es zu Schäden kommen kann. Daraus resultiert der Aufwand in der Fertigung und bei der Spaltlauslegung.

Betriebsverformung

Aufgrund der im Betrieb auf den Verdränger wirkenden Gas- und Massenkräfte sowie einer ungleichmäßigen Temperaturverteilung kommt es zu einer Verformung der Schaufeln. Neben Versuchen half uns eine FEM-Berechnung von VOLKE, an bestimmten Schaufelstellen sogenannte Freischnitte zu fräsen, d. h. es entstanden Wandstärken, die auf bestimmte Stellen am Umfang und Höhe der Schaufel bezogen vom Nennmaß abweichen konnten. Experimentell haben es Helga Wellbrock und Günter Stolle durch mühsames Tuschieren der Schaufeln, Laufenlassen des Laders, Demontieren, Begutachten der Stellen, erneutes Tuschieren usw. geschafft, den Lader »anlauffrei« darzustellen.

Da die FEM-Berechnung relativ neu war, war ich vom Rechenergebnis nicht so ganz überzeugt und ließ einen Studenten von der FH Wolfenbüttel das Ganze in einer Studienarbeit »gegenrechnen«. Zu meiner freudigen Überraschung deckte sich das Ergebnis weitestgehend mit dem, was uns VOLKE geliefert hatte, die neben den Konstruktionsarbeiten mit Herrn Lüdecke als Leiter in die Berechnung eingestiegen waren.

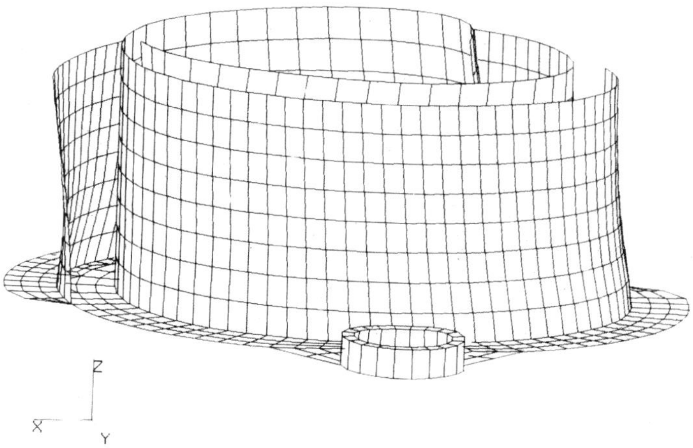

Das Ergebnis einer Verformungsrechnung (FEM) unter Betriebsbelastung: Dargestellt ist eine Hälfte des Verdrängers. Da Symmetrie vorliegt, wurde nur eine Seite gerechnet. Zu erkennen ist vor allem, wie sich der linke Schaufelanfang mit zunehmender Höhe nach außen biegt. Dies gilt auch für das Schaufelende im Inneren. Die Verformung kommt übrigens beim G60 wegen der größeren Spiralhöhe stärker zum Tragen als beim G40. Daher wurden die Spiralenden verlängert (wozu es auch in der Forschung Ideen gab), was zusätzlich akustische Vorteile brachte. Durch diese Maßnahme konnte die tiefste Eigenfrequenz des Verdrängers so erhöht werden, dass sich ein großer Sicherheitsabstand gegen Resonanz im Betrieb ergab. *(Zeichnung: Volkswagen/Sammlg. AutoMuseum)*

Anbindung der Schaufeln beim Verdränger: Innen wurden die Schaufeln angeschrägt und an die Nabe angebunden, um die Verformungen zu reduzieren; außen wurde ebenfalls eine Schräge definiert. Die maximalen Vergleichsspannungen konnten so um bis zu 38 % in den kritischen Bereichen abgebaut werden. *(Foto: Volkswagen/Sammlg. AutoMuseum)*

Die Schaufeln wiesen im Schaufelgrund einen relativ scharfkantigen Übergang auf, der zu Schaufelbrüchen führte. Diese Brüche konnten aufgrund der Gefügestruktur der Magnesiumlegierung zunächst nicht als Schwingbrüche gedeutet werden. Aus unserem Labor kam die Analyse »*da hat doch einer seinen Putzlappen im Lader vergessen*«, soll heißen, es lägen Gewaltbrüche aufgrund von Fremdkörpern, die in den Lader gelangt waren, vor. Erst Professor Lange vom DLR in Braunschweig konnte mit gezielt erzeugten Brüchen bei Wöhlerversuchen zeigen, dass wir es hier mit Schwingbrüchen zu tun hatten, die ihre Ursache im Kerbradius hatten. Dies konnte uns Herr Schaffhauser mit seiner Spannungsoptik auch bestätigen. Nun galt es, die Kollegen in Salzgitter zu motivieren, ihre Fräser so anzuschleifen, dass sie einen Radius aufwiesen. Prompt waren die Schwingbrüche Geschichte.

Nebentrieb

Jörg Ahrens erzählt: »Das elastische Element zum Längenausgleich zwischen Verdränger und Gehäuse bestand aus drei O-Ringen. Die haben wir durch den ‚Bruss'-Ring ersetzt. Die Montage gelang nur mit Handcreme, wie sie in der Produktion verwendet wurde.« Mit diesem Ring werden Fertigungs-Toleranzen, die z. B. aus dem unterschiedlichen Abstand der Verdrängeraugen im Vergleich zu den Wellenbohrungen in den Kammergehäusen resultieren, ausgeglichen. Ebenso wird die unterschiedliche Ausdehnung dieser Abstände im Betrieb (unterschiedliche Temperaturen zwischen Kammergehäuse und Verdränger, unterschiedliche Werkstoffe, damit unterschiedliche Ausdehnungskoeffizienten) damit aufgefangen, sowie dynamische Verformungen des Verdrängers. Dadurch wurde die Kraft auf den Profilring reduziert.

Immer wieder traten Brüche im Bereich des Wackelauges auf. Salzgitter war das produzierende Werk und nahm jeden Lader, bevor er ausgeliefert wurde, auf einen Prüfstand. Nach einem neuerlichen Bruch analysierte die Qualitätssicherung alle Einzelteile, maß alle relevanten Abmessungen und stellte fest, dass die Nut im Zahnrad an der Nebenwelle nicht nach Zeichnungsvorgabe zur Mitte Zahnlücke gefertigt war. Die Vorgabe betrug wenige Winkelminuten, tatsächlich lag die Abweichung hier im Gradbereich. Nebenwelle und Antriebswelle sind mit einem Zahnriemen gekoppelt, um in den Totpunktlagen sicherzustellen, dass der Drehsinn für beide Wellen identisch ist. Auf dem Exzenter der Nebenwelle ist das kleine Auge des Verdrängers elastisch gelagert.

Mit der Ausrichtung der Passfedernut zur Mitte Zahnlücke wird erreicht, dass die Exzenter der Neben- und Hauptwelle exakt zueinander ausgerichtet sind, d. h. in dieselbe Richtung weisen. Damit wird der Gummiring wenig beansprucht. Wird nun der Nebenwellenexzenter stark zum Hauptwellenexzenter verdreht, wie es bei der fehlerhaften Fertigung der Nutposition der Fall war, kann das »Wackelauge« die Betriebstoleranzen nicht auch noch aufnehmen, und der Bruch ist programmiert.

Nach dieser Analyse fuhren wir zum Lieferanten und platzten leider in eine sehr traurige Szene, denn die Schwiegermutter des Geschäftsinhabers war gestorben und alle trugen Trauer. Ein äußerst ungünstiger Moment, aber wir mussten das Problem der fehlerhaften Fertigung lösen, was sehr einfach war: Beim Räumen der Nut war das Zahnrad elastisch eingespannt worden, so dass es sich beim Räumvorgang verdrehen konnte. Eine steife Einspannung löste das Problem. Die Zahnriemenräder waren zu dem Zeitpunkt noch aus dem Vollen gefräst. Später wurden sie gesintert.

Der kleine Zahnriemen sorgte auch für Aufregung. Wegen Problemen hauptsächlich mit der Akustik sollte nach einer Sitzung in Salzgitter auf Anweisung des obersten VW-Qualitätschefs, Claus Borgward, jemand nach Aachen zum Lieferanten, Fa. GATES, fahren, um dort nach dem Rechten zu schauen. Mein Chef, Michael Willmann, saß neben mir in dieser Runde und sagte nur: »Haben Sie das gehört, Herr Müller?«. Also brach ich am nächsten Morgen zusammen mit dem Kollegen Reißner von der Qualitätssicherung in Salzgitter auf, um nach Aachen zu fahren. Unterwegs hatten wir ein schier unglaubliches Malheur: Mitten auf der Autobahn, bei voller Fahrt, ging der Motor aus und sprang nicht mehr an. Also mussten wir uns einen Mietwagen besorgen und gerieten, weil die Zeit schon mächtig fortgeschritten war, in die schönsten Staus in der Kölner Region. Als wir endlich in Aachen ankamen, war es dunkel, die Karnevalszeit hatte begonnen, aber wir wurden immerhin mit Sekt und Konfetti bei GATES empfangen.

Antriebswelle

Ein weiterer Grund für die Brüche mag die Verformung der Antriebswelle über Laufzeit gewesen sein. Diese Verformung führte zu einer Vergrößerung der Exzentrizität im Betrieb und damit zu einem Exzentrizitätsunterschied zwischen Antriebs- und Nebenwelle, der vom Wackelauge elastisch aufgenommen werden musste. Die Verformung wurde wie folgt erklärt: Durch das Einwirken der Betriebstemperatur wird im Laufe der Zeit der Restaustenit in ferritisches Eisen umgewandelt. Beim Einwirken äußerer Kräfte unter Betriebstemperatur wird dann eine bleibende Verformung möglich. Die Verbiegungsrichtung wird dabei durch die Kraftrichtung aufgeprägt. Um diese Verformung zu reduzieren, wurde die Wellen-Anlasstemperatur auf 185 °C erhöht und eine Mindesthaltedauer von 24 h vorgeschrieben.

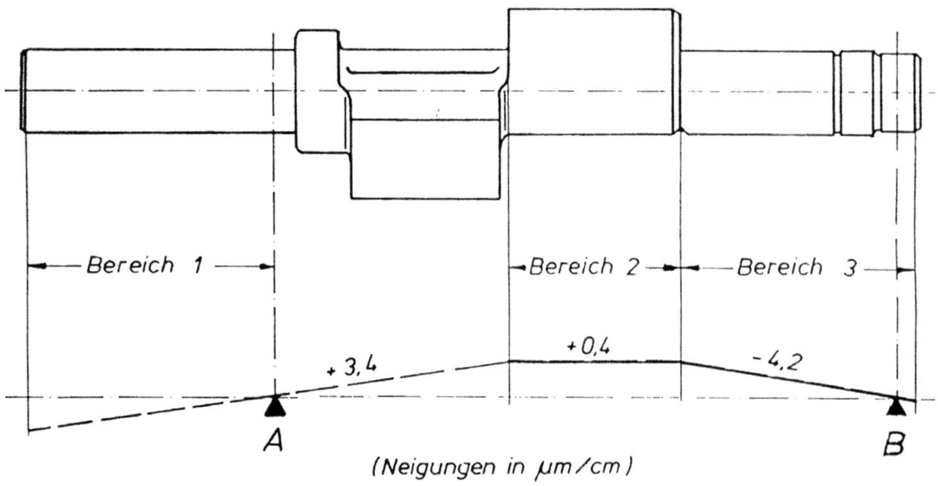

Verlauf der Durchbiegung der Antriebswelle, dargestellt die Biegelinie durch die Punkte A und B. Im Bereich 2 (Exzenter) befindet sich die größte Durchbiegung (Verformung).

(Skizze: Volkswagen/Sammlg. AutoMuseum)

Trotz der exakten Vorgaben blieb ein gewisses Knowhow übrig, was nicht auf der Zeichnung stand. Als die Wärmebehandlung aus dem Werk Hannover eines Tages fremdvergeben wurde, dauerte es lange, bis die Härtung in Ordnung war. Dies gelang auch nur, als man den pensionierten Meister aus Hannover dazu bat.

Hartmut Stehr berichtet dazu: »Ich betrieb permanente Forschung nach den Schadensursachen, unter anderem an der Exzenterwelle. Wir stellten nach Laufzeit stets Verfärbungen, Verbiegungen und Durchmesserwachstum fest. Vorher waren die Teile zu 100 % in Salzgitter i. O. gemessen worden. Eine Messung der gelaufenen Teile ergab, dass sie außerhalb der Zeichnungstoleranzen waren. Die Verbiegung lag bei allen Wellen immer in derselben Richtung, nämlich der Richtung der höchsten Belastung durch die Resultierende aus Fliehkraft und Antriebskraft des kreisenden Verdrängers. Nagelneue Lader liefen problemlos. Die Verformungen verstärkten sich über der Laufzeit, und es kam zu Ausfällen anfangs im zweistelligen Prozentbereich.

Daraufhin habe ich gezielte Versuche auf dem Komponentenprüfstand gemacht. Die Ergebnisse bestätigten die bisherigen Erkenntnisse. Ungehärtete Wellen hatten das Problem nicht.

Berechnungen ergaben, dass die Betriebskraft bei weitem nicht ausreichte, um die Wellen zu verbiegen. Hier hatten wir etwa fünffache Sicherheit. Aber die Farben auf der Welle sahen aus wie beim Anlassen. Das deutete darauf hin, dass die Welle im Betrieb viel zu heiß werden musste. Temperaturmessungen ergaben bis 180 °C. Metallurgische Untersuchungen im Zentrallabor ermittelten als Ursache für das Durchmesserwachstum unter anderem den Abbau des Restaustenit-Gehalts in der Härteschicht. Die hohe Temperatur plus die Belastung erzeugten über Laufzeit außerdem die Verbiegung.
Ich trug die Messergebnisse der gelaufenen Wellen in einem Diagramm Verbiegung bzw. Durchmesserwachstum über Laufzeit auf. Beide Verformungen entwickelten sich über der Laufzeit nach jeweils einer mathematischen Funktion (Exponentialfunktion) mit derselben Zeitkonstante. Nach 400 Stunden war der Vorgang abgeschlossen.

Nach etwa acht Wochen hatten wir die Lösung: Die Fertigung in Salzgitter führte eine künstliche thermische Alterung bei 185 °C nach dem Härten und Richten, vor dem Schleifen, ein. Damit hatten wir die geometrischen Veränderungen vorweggenommen. Anfang 1989 wurde die Haltedauer auf 24 Stunden verlängert. Zusammen mit geometrischen Versteifungen hatten wir die Verformungen um rund die Hälfte verringert, und damit konnten wir leben. Das war quasi mein »Gesellenstück«.

Da der Lader hohe Drehzahlen von über 10.000 U/min im Betrieb erreichen konnte, mussten die Gegengewichte an den beiden Exzenterwellen einer speziellen Berstprüfung in unserer Betriebsfestigkeit unterzogen werden. Manfred Reuschel hatte diese Prüfungen für uns durchgeführt.

An der Antriebswelle waren zunächst beide Gewichte aufgesteckt, später wurde die Antriebswelle von Fa. HIRSCH-

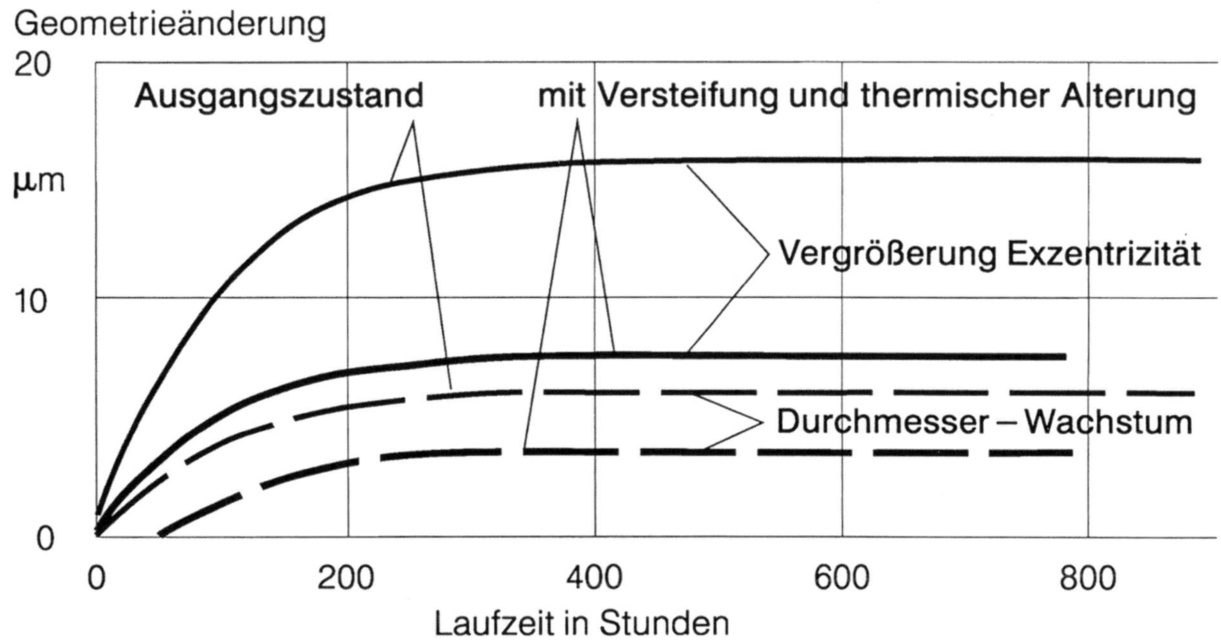

Verformung der Antriebwelle. Dargestellt sind das Wachstum des Exzenterdurchmessers (gestrichelte Kurven) sowie die Vergrößerung der Exzentrizität (durchgezogene Linien) für den ursprünglichen Konstruktionsstand (Ausgangszustand) sowie für den optimierten Stand (mit Versteifung und thermischer Alterung) über der Betriebszeit des Laders. Man sieht deutlich den Effekt der Optimierung. *(Zeichnung: Volkswagen/Sammlg. AutoMuseum)*

VOGEL geschmiedet und ein Gegengewicht gleich mit in das Schmiedeteil integriert (aus Montagegründen musste das zweite gesteckt bleiben). Durch die Gegengewichte an den beiden Wellen wurde ein vibrationsarmer Lauf im gesamten Drehzahlbereich gewährleistet.

Wackelauge

Das »Wackelauge« blieb trotzdem ein Entwicklungsschwerpunkt. Im Laufe der Entwicklung wurden insgesamt zwölf verschiedene Profilringformen und drei unterschiedliche Werkstoffe untersucht. Dabei wurden neuartige Messverfahren wie Laser-Bewegungsmessung und Thermografie als auch bewährte Systeme wie die Modellstatik eingesetzt. Wie erwähnt, war Herr Schaffhauser in der Betriebsfestigkeit unser Ansprechpartner, wenn es um die Modellstatik ging. Er fertigte im Originalmaßstab aus unseren Bauteilen Modelle aus Araldit (Epoxidharz), die anschließend statisch belastet (eingespannt) und mit einem polarisierten Licht durchleuchtet wurden. So wurden Brechungslinien im Kunststoffmodell erzeugt, anhand derer auf die max. Spannungen geschlossen werden konnte. Dabei wurden die unterschiedlichsten Varianten »durchleuchtet«.

Dies alles waren Analysen, bei denen mein Chef, Michael Willmann, gerne von »diagnostischer Analyse« sprach. Dazu zählten aber auch weitere Analysen, die von ihrer Systematik her auf Dorian Shainin, einen amerikanischen Unternehmensberater, zurückgehen, der komplizierte mathematische Versuchsmethodiken (DOE, Design of Experiments) für die industrielle Praxis vereinfacht hat. Das Credo war: »Lasst die Teile sprechen«. Dieses Vorgehen hatte uns unser Kollege Dr. Manfred Kühlmeyer nähergebracht. So wurden sogenannte »gute« mit »schlechten« Einheiten verglichen, man schaute also, was unterscheidet ein ausgefallenes Teil von einem nicht ausgefallenen hinsichtlich Werkstoff, Geometrie etc.

Eine Herausforderung war die Lagerung des »Wackelauges« (drei Lieferanten standen zur Wahl: FAG, SKF und INA). Hier wäre im Gegensatz zu den Wälzlagern der Antriebswelle Schmierung durch das Motoröl nur mit entsprechendem Aufwand möglich, so dass eine Fettschmierung gewählt wurde (galt auch für die Kugellager der Nebenwelle, die ebenfalls dauerfettgeschmiert waren, aber aufgrund der geringen Belastung – Kräfte und Temperatur – keine Sonderanfertigungen sein mussten). Das Fettreservoir musste so groß gewählt werden, dass es über die geforderte Lebensdauer des Fahrzeugs hielt. Zu diesem Zweck wurde der Außenring der Nadelhülse so tief tiefgezogen, dass er einen Topf bildete, der mit dem Fett gefüllt wurde. Dies war die Ausführung von FAG. SKF versuchte aus Kostengründen diesen Topf an ein Kataloglager anzukleben und erlitt damit Schiffbruch, denn die Klebe-

»Wackelaugen-Entwicklung«. Vorne rechts verschiedene Profilringe; in den beiden Reihen dahinter von links nach rechts die Optimierungsrichtung, dargestellt an kompletten Wackelaugen, bestehend jeweils aus Grundkörper, Lager und Profilring. Vorne links die beste Variante mit Kühlrippen am Grundkörper. *(Foto: Volkswagen/AutoMuseum)*

verbindung hielt den Fliehkräften nicht stand und scherte ab. SKF stieg danach aus dem Wettbewerb um dieses Lager aus.

Zum Wackelauge gehörten eine Aufnahmebuchse aus Aluminium, Nadellager, Dichtring, Sicherungsring sowie der Profilring aus »Therban®« (für Chemiker: hydrierter Acrylnitril-Butadien-Kautschuk). Der entscheidende Durchbruch kam, als wir das Gummiprofil so gestalteten, dass der Verdränger mehr »Kippwinkel« um seine Querachse bekam. Mit dieser Form wurde der ursprüngliche Ring, der drei gleiche hohe Stützstellen auf der Breite besaß, verlassen. Zwar gingen wir so in Serie, so dass sich diese Anmeldung auch persönlich lohnte, aber bei dieser Form blieb es dann nicht. Speziell mit Hilfe von Infrarot-Temperaturmessungen (auch ein Werkzeug der »diagnostischen Analyse«) erfolgten vor allem durch die Kollegen Hartmut Stehr und Peter Kunze weitere Optimierungen.

Die Temperaturmessungen erfolgten mittels einer Infrarot-Thermokamera bei aufgefrästem Ladergehäuse. Diese Kamera misst berührungslos die infrarote Eigenstrahlung eines Körpers an seiner Oberfläche. Um die Oberflächentemperaturen berechnen zu können, muss der Emissionsfaktor der Oberfläche bekannt sein. Da Metalle in Abhängigkeit von z. B. Körpertemperatur und Beobachtungsrichtung unterschiedliche Emissionsfaktoren aufweisen, wurden die Oberflächen mit einem temperaturfesten Lack mit bekanntem Emissionsfaktor präpariert. Die Aufnahmebuchse wies stets die höchsten Temperaturen auf. Durch ein neu entwickeltes Wackelauge mit einem anvulkanisierten Profilring und einem mit Rippen versehenen Kühlzylinder konnte die Temperatur im gesamten Drehzahlbereich abgesenkt werden.

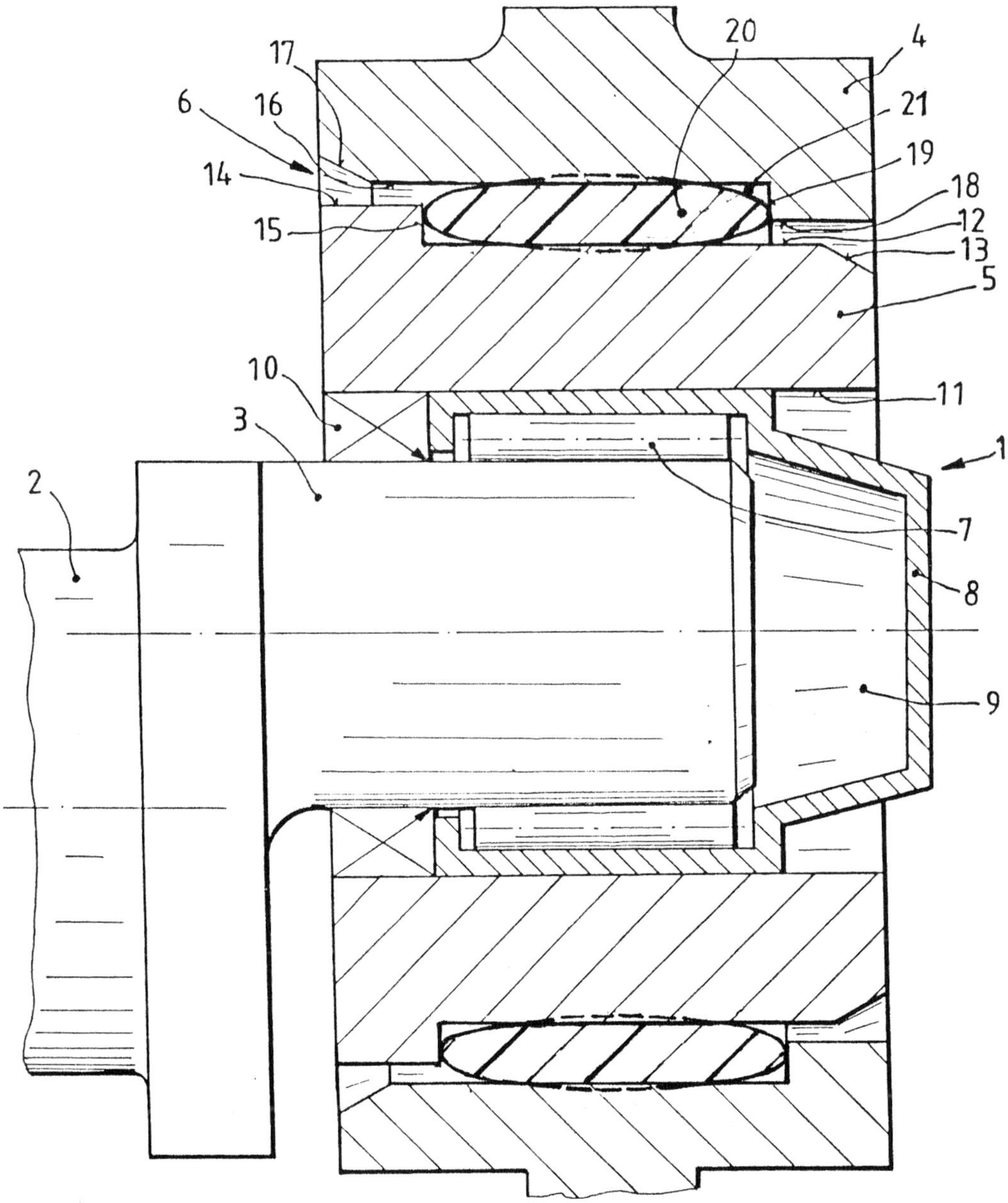

»Wackelauge« auf Exzenterzapfen, Patentanmeldung DE 3835511 A1. Der Profilring (farbig markiert) weist ein elliptisches Profil auf und brachte erhebliche Verbesserungen in der Lebensdauer. *(Zeichnung: Th. Müller, Patentanmeldung)*

Ein weiterer Effekt war, wie Hartmut Stehr berichtet, »die deutliche Vergrößerung des Gummivolumens. Damit beendeten wir zum einen das Arbeiten des Gummis auf Metall und zum anderen senkte die Volumenvergrößerung für das Gummi die Spannungen darin. Zunächst hatten wir wegen größerer Walkarbeit höhere Temperaturen als die Serienteile. Die sollten wieder runter. Dazu bekam das Lagergehäuse aus Aluminium einen ebenfalls patentierten gedrehten Kühlzylinder mit Kühlrippen; durch eine Montagehülse konnten Winkelfehler beim Einpressen dieses Wackelauges reduziert werden.«

1.5.3 Weiterentwicklung und Ausblick

Die Schaufelkonturen der Bauteile, die wichtig für die Abdichtung und damit Wirkungsgrad sowie die Lebensdauer (Anläufer) sind, wurden in Salzgitter aufwendig zu 100 % geprüft. Dies kostete Geld. Eine Idee war, die Toleranzen so aufzuweiten, dass man gegen Anläufer sicher ist, dafür aber weniger Liefergrad hat und diesen Nachteil durch eine Dauerfettbeschichtung ausgleicht. Mit einem Fett von Firma KLÜBER (NOSOL) hatte Günter Stolle dazu interessante Fahrzeug-Dauerlaufversuche unternommen.

Die ursprüngliche Idee kam aus der Forschung. Otto Schäfer hatte mit Kollegen dazu eine Patentanmeldung gemacht (EP 0451 669 A1). Die Fettbeschichtung zeigte mehr Potenzial als nur einen Nachteil auszugleichen. Dr. Klaus-Dieter Emmenthal stellte 1992 einen Passat B3 Diesel vor, der mit einem fettbeschichteten G60-Lader 80.000 km störungsfrei bewältigt hatte.

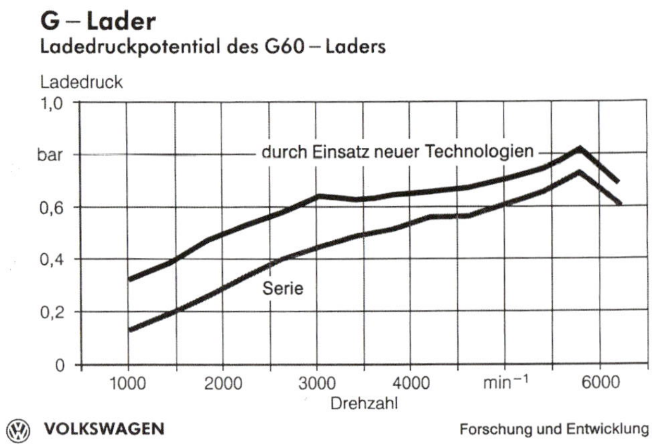

Ladedruckverläufe für zwei G60-Lader; unten Serienstand, darüber mit Fettbeschichtung (»neue Technologie«).
(Zeichnung: Volkswagen/Sammlg. AutoMuseum)

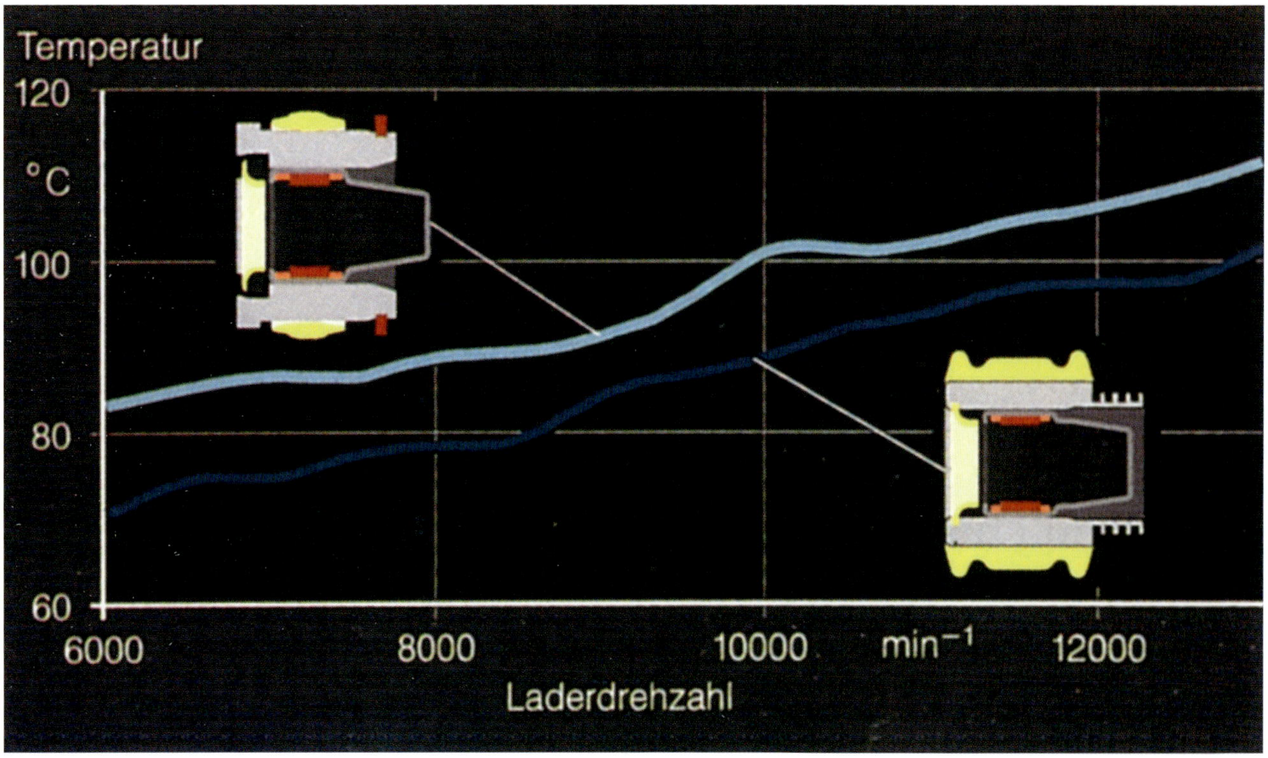

Temperaturverläufe an zwei im Querschnitt dargestellten »Wackelaugen« über der Laderdrehzahl. Der Grundkörper des rechts zu sehenden »Wackelauges« ist axial länger ausgeführt und weist Kühlrippen auf. Dadurch sinkt die Temperatur um ca. 10 K, was eine deutliche Belastungsverringerung für Profilring und Schmierfett bedeutete.
(Zeichnung: Volkswagen/Sammlg. AutoMuseum)

Die andere Möglichkeit sollte eine elektrische Prüfung auf einem Testprüfstand sein. Damit könnte das aufwändige geometrische 100-%-Messen der Konturen entfallen. Dazu gab es eine Patentanmeldung von Werner Hüttig aus Salzgitter, Günter Stolle und mir: Idee war, Verdränger und Kammergehäuse elektrisch voneinander zu isolieren. Gibt es eine Berührung zwischen Verdränger und Kammergehäuse an einem neu gefertigten Lader, ist der Stromkreis geschlossen, d. h. man hat eine Anzeige und muss diesen Lader nacharbeiten. Zur Umsetzung kam es aber nicht mehr.
Auch an eine Fertigung des Verdrängers aus Kunststoff wurde gedacht. Dazu hatten wir Unterstützung von GENERAL ELECTRIC, die kostenlos ihr Kunststoffmaterial zur Verfügung stellte. Aufgrund anderer Schwindungsmaße mussten wir die Versuchsverdränger aus diesem Kunststoff, die in unseren Gussformen gegossen wurden, leider nachbearbeiten, was eigentlich nicht das Ziel war.

Ebenso versuchten wir, die Zahnräder aus Kunststoff herzustellen. Festigkeit und Verschleiß waren hierbei die Herausforderungen. Am Ende blieb es bei den Metallrädern.

Um den Wirkungsgrad des Gesamtaggregats (Motor und Lader) im Betrieb zu verbessern, wurde über eine Magnetkupplung nachgedacht, wie sie an den in Entwicklung befindlichen Dieselmotoren mit direkter Kraftstoffeinspritzung verwendet wurde. Dadurch wird ein Abschalten des Laders in der Teillast ermöglicht.

Auch über die Kinematik wurde bei uns – und gleichermaßen in der Forschung – nachgedacht; Hartmut Stehr erzählt: »Als der Serienlader saniert und der größte Druck weg war, beschäftigte ich mich mit weiteren Verbesserungen. Die statische Überbestimmtheit des Verdrängers in Verbindung mit der zahnriemengetriebenen Nebenwelle war ein Grund für die hohe Belastung des »Wackelauges« (Doppel-Kurbel-Parallelogramm). Es gab schon in der Forschung die Idee, die Parallelführung durch einen Schwinghebel mit Gelenken zu ersetzen. Durch die notwendigen Lager war diese Lösung aufwändig.

Mein Ansatz war, eine Parallelführung des kleinen Verdrängerauges durch einen Hebel zu schaffen, der in radialer Richtung steif und in Umfangsrichtung weich ist. Dazu verwendete ich eine Blattfeder, die an der Verdrängerplatte eingespannt und am Wackelauge angenietet war. Im Dezember 1989 reichte ich meine Erfindungsmeldung ein.

Zur Befestigung der Blattfeder am Gehäuse an der Verdrängerplatte wurde im Versuchsbau dort Material

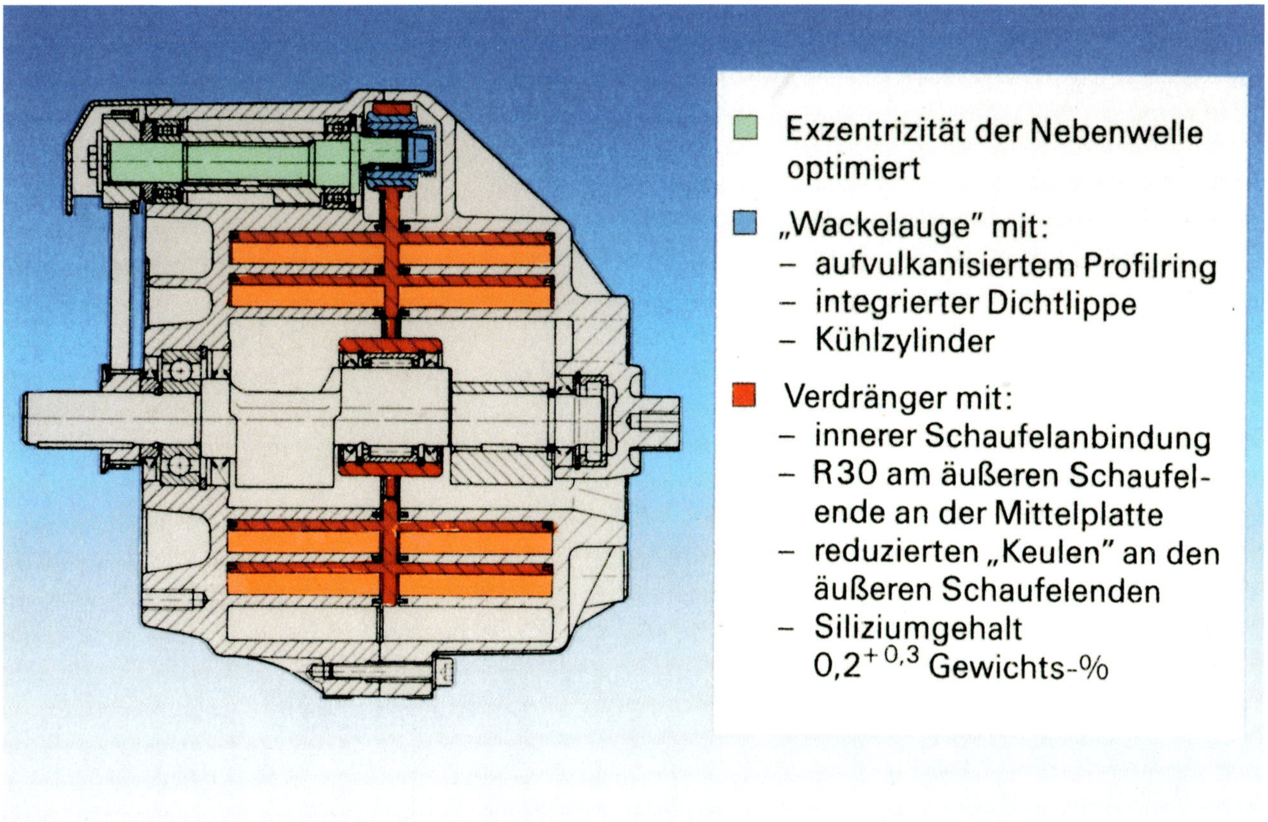

Querschnitt durch den G60/2, den optimierten G60 mit den jeweiligen Verbesserungen, die für die Baugruppen Verdränger, Wackelauge sowie Nebentrieb während der Serienentwicklung erzielt wurden. Dies ist der Stand, von dem aus eine Weiterentwicklung hätte erfolgen können. *(Zeichnung: Volkswagen/Sammlg. AutoMuseum)*

aufgeschweißt. Am Wackelauge (aus Stahl) wurde die Blattfeder angenietet. Der Schwingenlader lief ohne irgendwelche Probleme auf dem Funktionsprüfstand. Es zeigten sich am Wackelauge deutlich kleinere Lagertemperaturen. In die Serie schaffte es diese Lösung nicht, weil keine Notwendigkeit mehr bestand und Änderungen Investitionen ausgelöst hätten.«

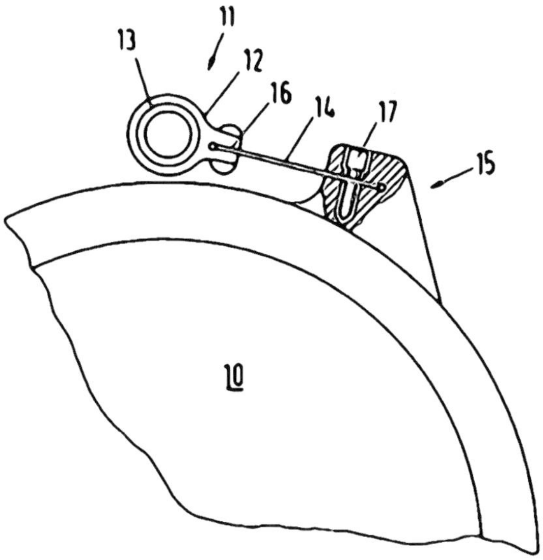

»Wackelauge« mit Schwinghebel, EP 0 463 370 A2; beim als G60S bezeichneten Lader wurde das Wackelauge (13) mittels Stahl-Blattfeder (14) mit der Verdrängerplatte (15) verbunden. *(Skizze: H. Stehr, Patentanmeldung)*

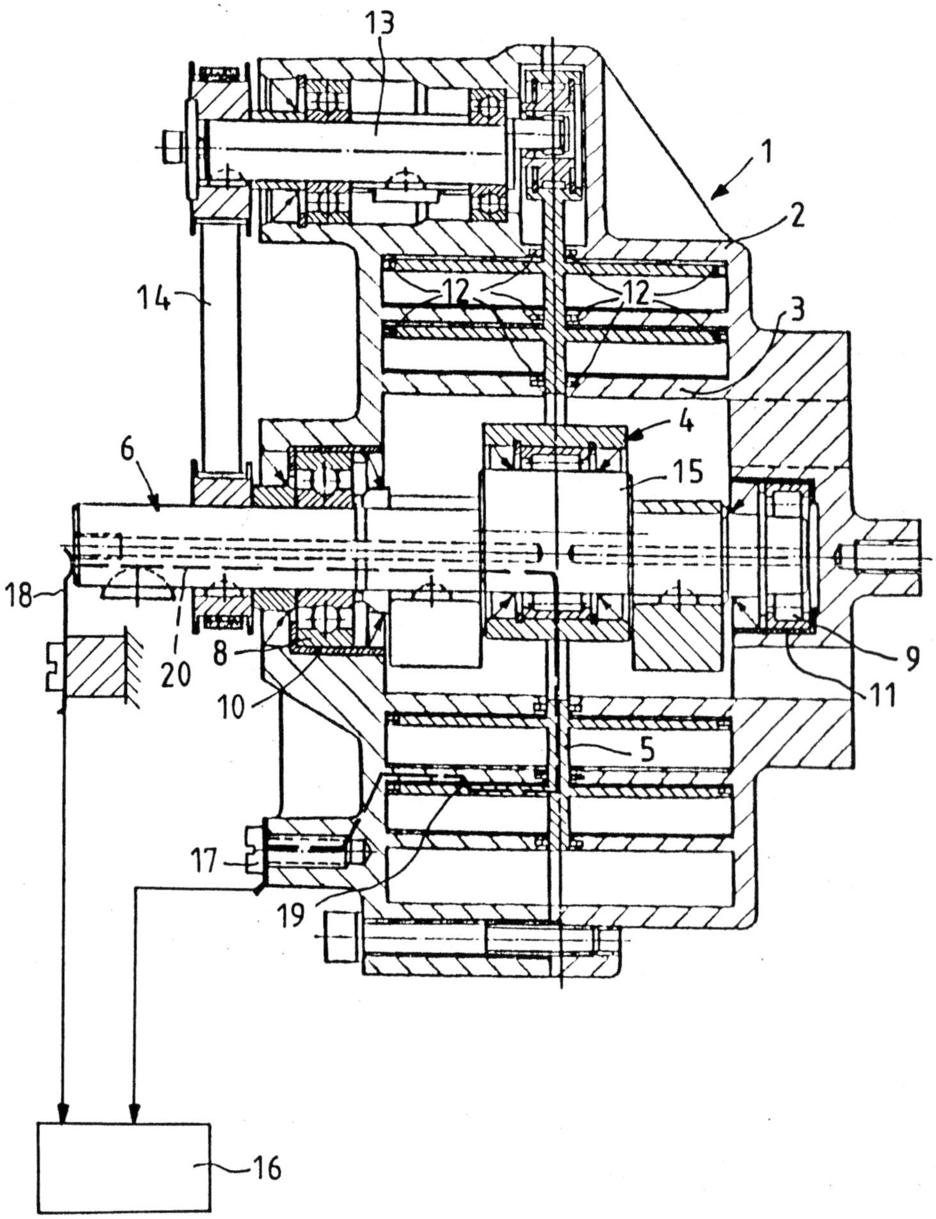

Um Berührungen zwischen Verdränger und Kammergehäuse am Lader nach erfolgter Montage in der Fabrik zu erkennen, wurde überlegt, diese beiden Teile elektrisch voneinander zu isolieren, um so mit einer angelegten Spannung eine Prüfung auf Kontakt durchführen zu können. Dazu dienen Keramikhülsen, Ziffern 10 und 11. *(Zeichnung: Volkswagen/Sammlg. AutoMuseum)*

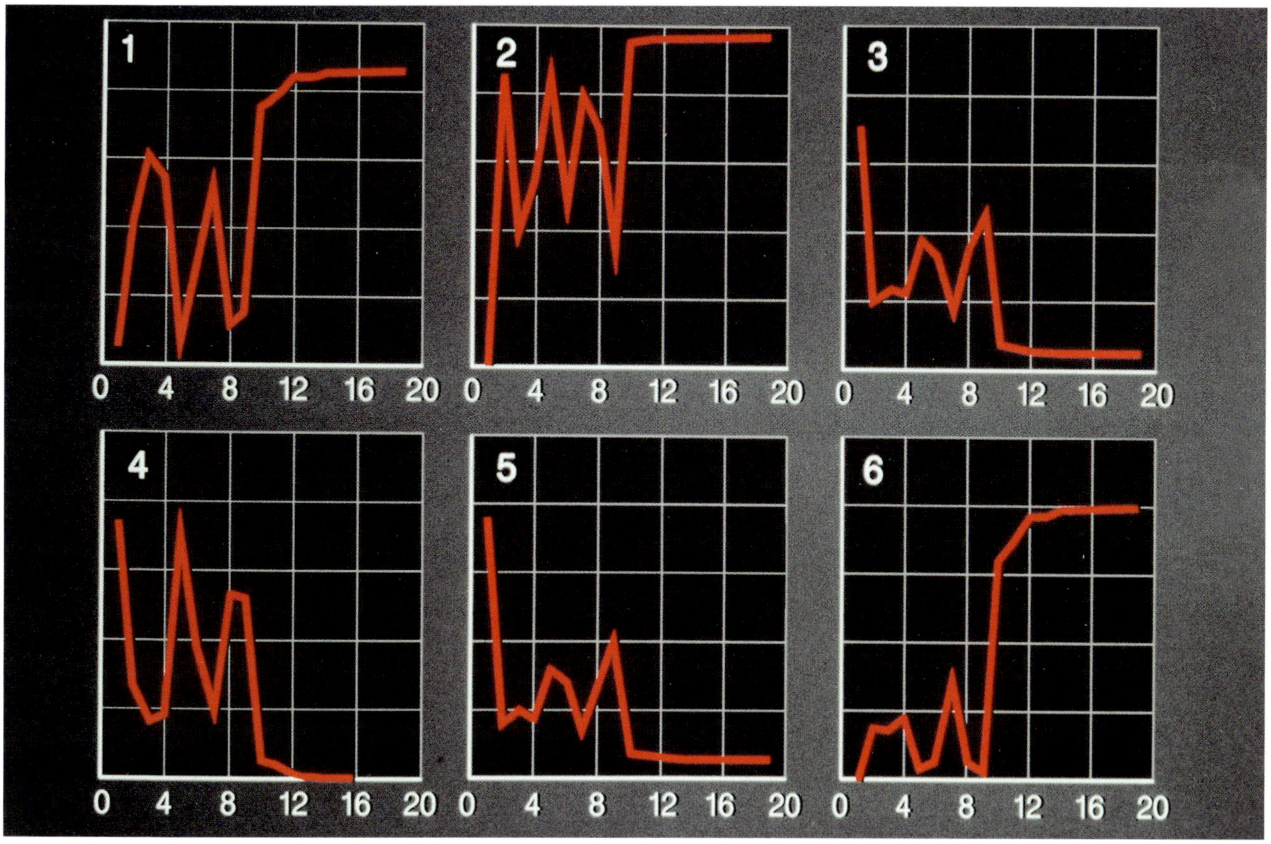

G-Lader-Parameteroptimierung; dargestellt sind für 6 Parameter (s. Legende) die Verläufe der Rechenwerte über den Optimierungsschritten, bis sich keine signifikante Änderung mehr einstellte und somit das Optimum erreicht war.
(Zeichnung: Volkswagen/Sammlg. AutoMuseum)

1 Exzentrizität
2 Kammertiefe
3 Drehzahl
4 maximale Verformungen
5 Vergleichsspannung
6 Lagerlebensdauer

Neuer G-Lader-Entwurf

Für weitere Leistungssteigerungen wurde ein neuer G-Lader entworfen: Das Kammervolumen sollte vergrößert werden und die Kammertiefe 55 mm betragen. Dies ging aus Optimierungsrechnungen der Fa. VOLKE hervor, die auf den Methoden der linearen Strukturmechanik und der Lager-Lebensdauerrechnung beruhten.

Ziel war es, die drei konstruktiven Hauptparameter Kammertiefe, Exzentrizität und Drehzahl bei gleichzeitig vorgegebener Wälzlager-Mindestlebensdauer so zu optimieren, dass die druck- und fliehkraftbedingten Verdrängerverformungen und Bauteilbelastungen minimiert werden. Es wurden geometrische Änderungen zugelassen, die eine vorgegebene kompakte Außenkontur nicht überschritten.

Michael Willmann erinnert sich: »Mit diesen Ergebnissen konzipierten wir einen neuen G-Lader, den G55. Die wesentlichen Merkmale waren neben der o. g. Kammertiefe von 55 mm ein verkleinerter Hauptlagerabstand sowie die Fettbeschichtung. Dieses Konzept habe ich dem damaligen Bereichsleiter der Aggregate-Entwicklung, Prof. Ulrich Seiffert, vorgeschlagen. Ich hatte den Eindruck, auf offene Ohren gestoßen zu sein. Aber nach vielem Hin und Her wurde nichts draus«.

Hintergrund für die geplante Leistungssteigerung war folgender: »Der im Jahre 1990 stärkste Konkurrenzmotor in der Zweiliterklasse war der Ford Cosworth mit 162 kW/220 PS (110 PS/l) bei 6.000 U/min und 290 Nm Drehmoment.

Gegen den Ford-Motor nahm sich unser Corrado-G60-Motor mit 118 kW/160 PS aus 1,8 Liter (89 PS/l) recht bescheiden aus. Der von der Forschung entwickelte 1,8-L-4V-G60-Motor im »Golf Limited« (Kap. 1.2.11) brachte es 1989 immerhin auf 155 kW/210 PS (118 PS/l). Aber mit maximal 229 km/h fuhr er dem Ford mit 235 km/h Spitzengeschwindigkeit hinterher. Das weckte unseren Ehrgeiz. Was mussten wir tun, um auch mit mechanischer Aufladung auf dieses hohe Leistungsniveau zu kommen? Es war naheliegend, den EA 827-Motor auf 2,0-Liter Hubraum aufzurüsten. Ein Vierventil-Zylinderkopf war obligatorisch. Auch der Lader musste für einen größeren Luftdurchsatz und höheren Ladedruck ertüchtigt werden. Der G60 hatte dafür nicht genügend Reserven.«

Ein Bündel von Triebwerksmaßnahmen sollte zusätzlich die Drehzahlgrenze deutlich erhöhen. Außerdem wurde die o. g. »Blattfederlösung« diskutiert. Mit diesem neuen G-Lader wäre ein 2,0-L-4V-Ottomotor mit 220 PS möglich gewesen.

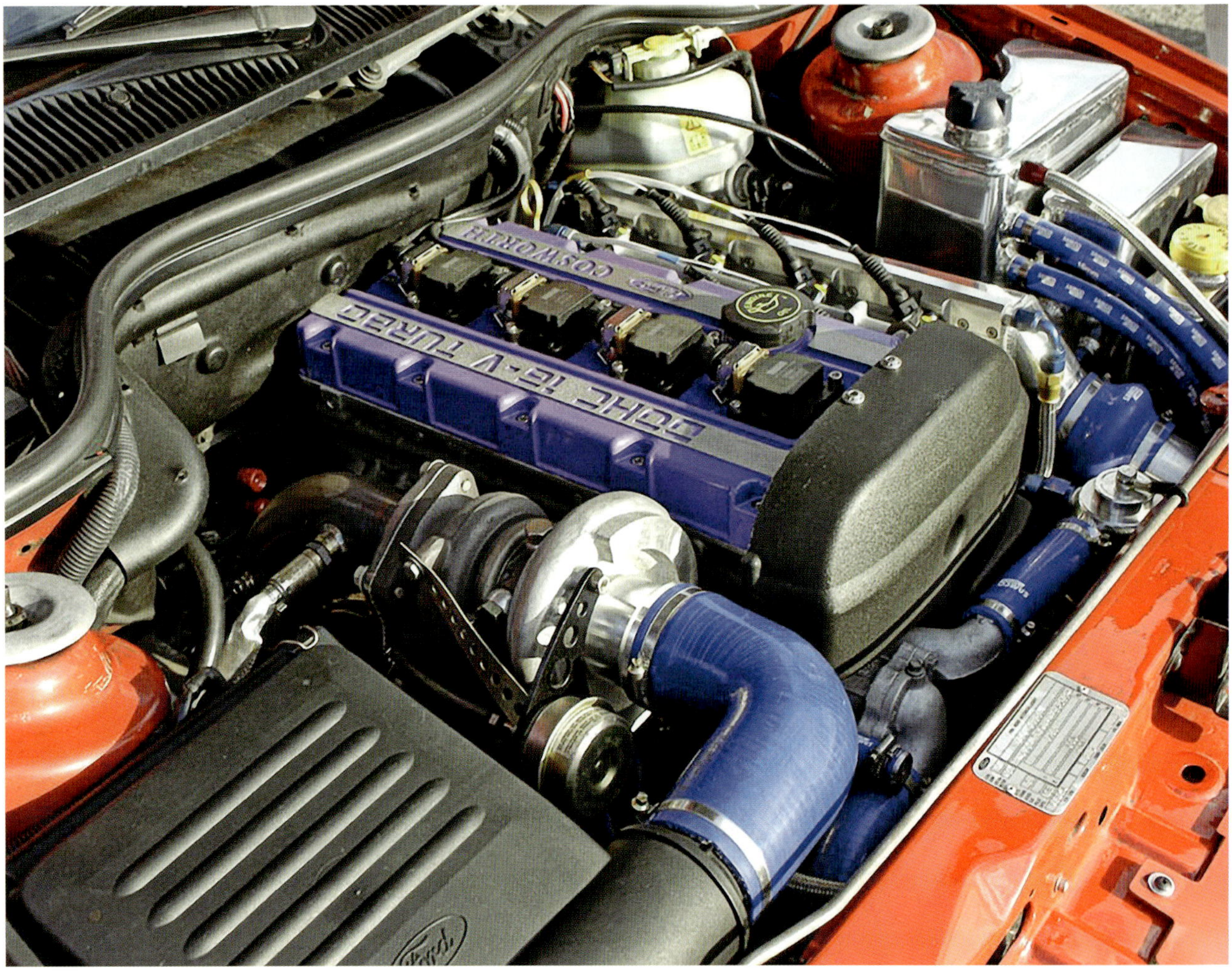

Der 2-Liter-Ford-Cosworth-Motor im Sierra. Die hohe Leistung wurde erreicht durch: DOHC-4V-Al-Zylinderkopf, wassergekühltem Garrett-Turbolader, Ladeluftkühler, elektronisches Motormanagement. *(Foto: Escort_Cosworth_1992-95_c_ChenChin_from_Taipei-)Tokyo_CC_BY2.0.jpg)*

Quellen

M. Willmann, H. Leptien, Th. Müller: Der G60-Lader – ein zuverlässiges Ladeaggregat, MTZ 53 (1992) 3, S. 122 ff

M. Willmann, Th. Müller: 3 Jahre Serienfertigung G-Lader, VDI-Berichte 910, 4. Aufladetechnische Konferenz, Darmstadt

Interview mit Jörg Ahrens, 14.08.2020 im AutoMuseum Volkswagen

Interview mit Thomas Müller, 26.08.2020 im AutoMuseum Volkswagen

Interview mit Hartmut Stehr, 09.09.2020 im AutoMuseum Volkswagen

Deutsches Patentinformationssystem (Depatis)

A. Kilhof, Praktikumsbericht: Verschleißverhalten G-Lader, TU Magdeburg 07 TM 1/88

H. Koch, D. Meyerdierks, R. Schüler, U. Thoms: Der neue 1,8-L-G60-Motor im VW Corrado, MTZ 49 (1988) 12, S. 499 ff

3. Aufladetechnische Konferenz 1988 ETH Zürich, MTZ 49 (1988) 12, S. 506 ff

1.6 Der 1,8-Liter-Vierzylinder-Motor mit dem G60-Lader

Von Manfred Friese

Nach dem erfolgreichen Serienanlauf 1986 des EA 111-Motors mit dem G40 im Polo wurde das Konzept des G-Laders um den G60 erweitert. Dieser setzte ab 1988 mit dem EA 827-Motor im Corrado ein. Später folgten Golf und Passat.

1.6.1 Bearbeitungsteam

Die Entwicklung des EA 827-G60-Motors wurde von mehreren Abteilungen vorangetrieben. Diese waren im Wesentlichen die Mitarbeiter der einzelnen Fachbereiche – sollte ich jemand vergessen haben, bitte ich um Nachsicht:

- Hauptabteilungsleiter Motor-Konstruktion H. Dziggel
- Die Konstruktion wurde von dem Abteilungsleiter H. Neyer und Unterabteilungsleiter H. Poneß sowie H. Hiestermann betreut
- Hauptabteilungsleiter Motor-Versuch H. Dr. Brandstetter (später H. Prof. Kuck)
- Abteilungsleiter – Motorversuch-Ottoverfahren H. Meyerdierks
- Die Bearbeitung des Brennverfahrens erfolgte durch Unterabteilungsleiter H. Urbanski und später H. Dr. Thoms
- Mechanik Betreuung durch Unterabteilungsleiter H. Schüler
- Abteilungsleiter Motorelektrik-Versuch H. Hanschel
- Das Bauteil G60-Lader wurde in der Abteilung MV-AD durch Abteilungsleiter H. Wiedemann (später H. Willmann) bearbeitet
- Das Motorsteuergerät und die Sensoren betreute Abteilungsleiter H. Spies
- Gemeinsame wöchentliche Besprechungen zu den Schwerpunkten bei H. Dziggel mit Konstruktion, Kühlung, Elektrik und Versuch

1.6.2 1,8-L-G60-Triebwerk

Als Triebwerksbasis diente der 2-Ventil-GTI-Motor, der aus mechanischen und thermischen Gründen modifiziert wurde. So wurde der Zylinderkopf speziell wärmebehandelt, um seine Festigkeit zu steigern. Ein- und Auslassventile waren gepanzert. Das thermisch hochfeste Zweistoff-Auslassventil wurde zusätzlich natriumgekühlt. Im Zylinderkurbelgehäuse kamen Ölspritzdüsen zum Einsatz, um den Kolben von unten zu kühlen. Hierzu war eine verbreiterte Ölpumpe (36 mm) mit einer höheren Förderleistung notwendig. Am Pleuel wurde ein Sputterlager für die Serie eingeführt. Die 136er Pleuel wurden speziell entwickelt (Serie EA 827 hatte 144er). Die gegossenen, mit einer 8,6 mm tiefen Mulde und einlassseitiger Quetschfläche versehenen Kolben haben als 1. Ring einen 1,5 mm hohen gekammerten plasmagespritzten Rechteckring. Der zweite, gleichfalls 1,5 mm stark, ist ein Nasenminutenring. Der Ölabstreifring ist ein 3 mm hoher verchromter Dachfasenschlauchfederring. Das Kolbenschliffbild ist experimentell abgestimmt worden. Ein Rechenprogramm gab es hierfür noch nicht.

Manfred Friese
Geboren am 22.11.1948 in Helmstedt,
Lehre als Kfz-Mechaniker,
1968 zu VW als Prüfstandsführer (Abgasrolle),
1969 zur Bundeswehr und nebenbei Beginn der Ausbildung zum Maschinenbautechniker,
Zurück zu VW in den Motor-Versuch, Abteilung Otto-Verfahren,
1973 Abschluss der Technikerausbildung im Abendstudium,
1992 AE-Kooperationspreis 2V/4V-EA 827-Pkw-Motoren
Fachreferent und UA-Leitung (Applikation 3-, 4- und 5-Zylinder Motoren mit Einspritzung),
seit Februar 2014 im Ruhestand.

Manfred Friese *(Foto: Kittler)*

Reibungsarmer Mulden-Kolben des EA 827-G60 Motors mit Quetschfläche. Unten am Kolbenhemd ist die Aussparung für die Ölspritzdüse zur Kolbenkühlung. *(Foto: MAHLE)*

Das Material des Abgaskrümmers ist auf die Niresist-Legierung GGG-Ni Cr 35.5 umgestellt worden. Hiermit sind Temperaturen bis zu 1.000°C kurzfristig erlaubt. Das Material des Zylinderkopfdeckels wurde von Blech auf Aluguss geändert. Es kam eine Elastomerdichtung mit Metallringen zum Einsatz.

Vom Hauptölkanal des Zylinderkopfes wird das zur Schmierung der Lager im G-Lader benötigte Öl entnommen. Die Zuführung erfolgt über eine als Kalibrierung dienende flexible Druckleitung (Innendurchmesser 1 mm). Über eine Schlauchleitung fließt das Öl vom Lader zurück in das Kurbelgehäuse.

Der Antrieb des G-Laders und auch des Generators erfolgt über einen, mit einem hydraulischen Federdämpferelement permanent gespannten, sechsrilligen Keilrippenriemen. Die Antriebsriemenscheibe ist an der Kurbelwellenprimärseite befestigt.

An der Nebentriebshalterung (Aludruckguss-Stützhalter) wird der Lader an seinem hinteren Ende über zwei Schiebebuchsen angebunden. Zur weiteren Versteifung dienen eine Zusatzstütze und ein Sichelblech. Die Halterung musste durch mehrere Rippen versteift werden.

Es gab unterschiedliche **L**ade**L**uft**K**ühler-Varianten. Im Corrado und Passat B3 lag der LLK immer vor dem linken Vorderrad. Im Golf mit Klimaanlage immer neben der Batterie. Der Rallye-Golf und GTI G60-Golf (ohne Klimaanlage) hatten stets einen großen LLK vor dem Wasserkühler.

EA 827-G60-Motor. *(Foto: Volkswagen/Sammlg. AutoMuseum)*

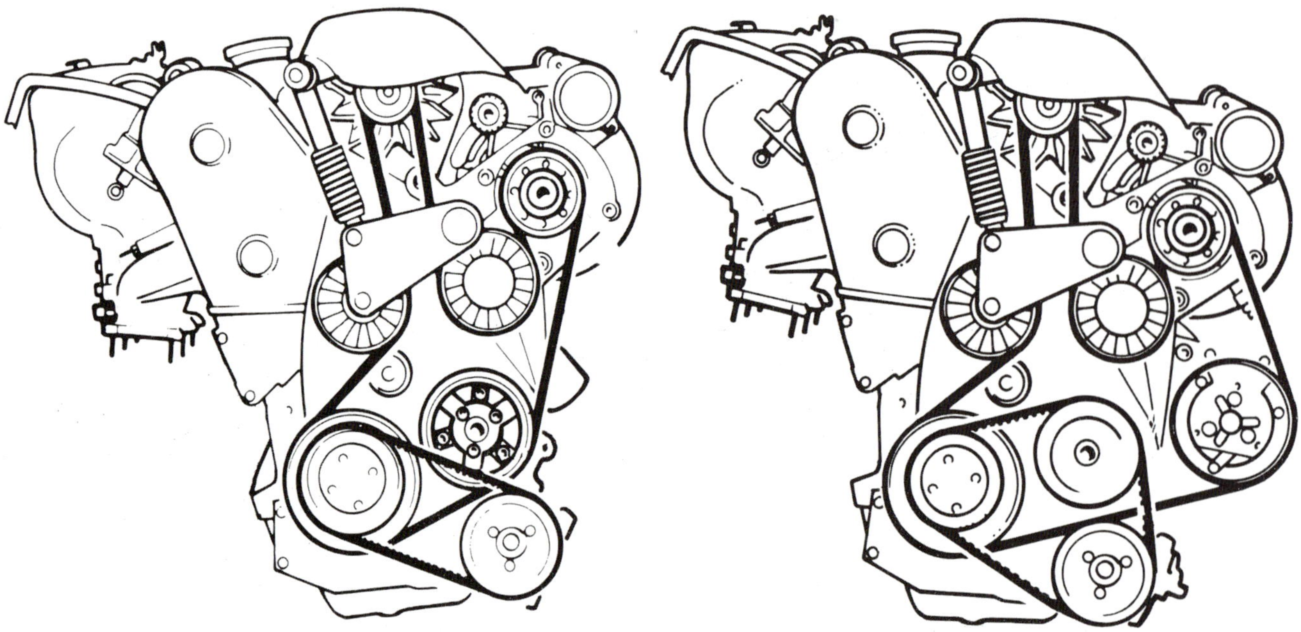

Riementrieb ohne und mit Klimakompressor. *(Zeichnung: Volkswagen/Sammlg. AutoMuseum)*

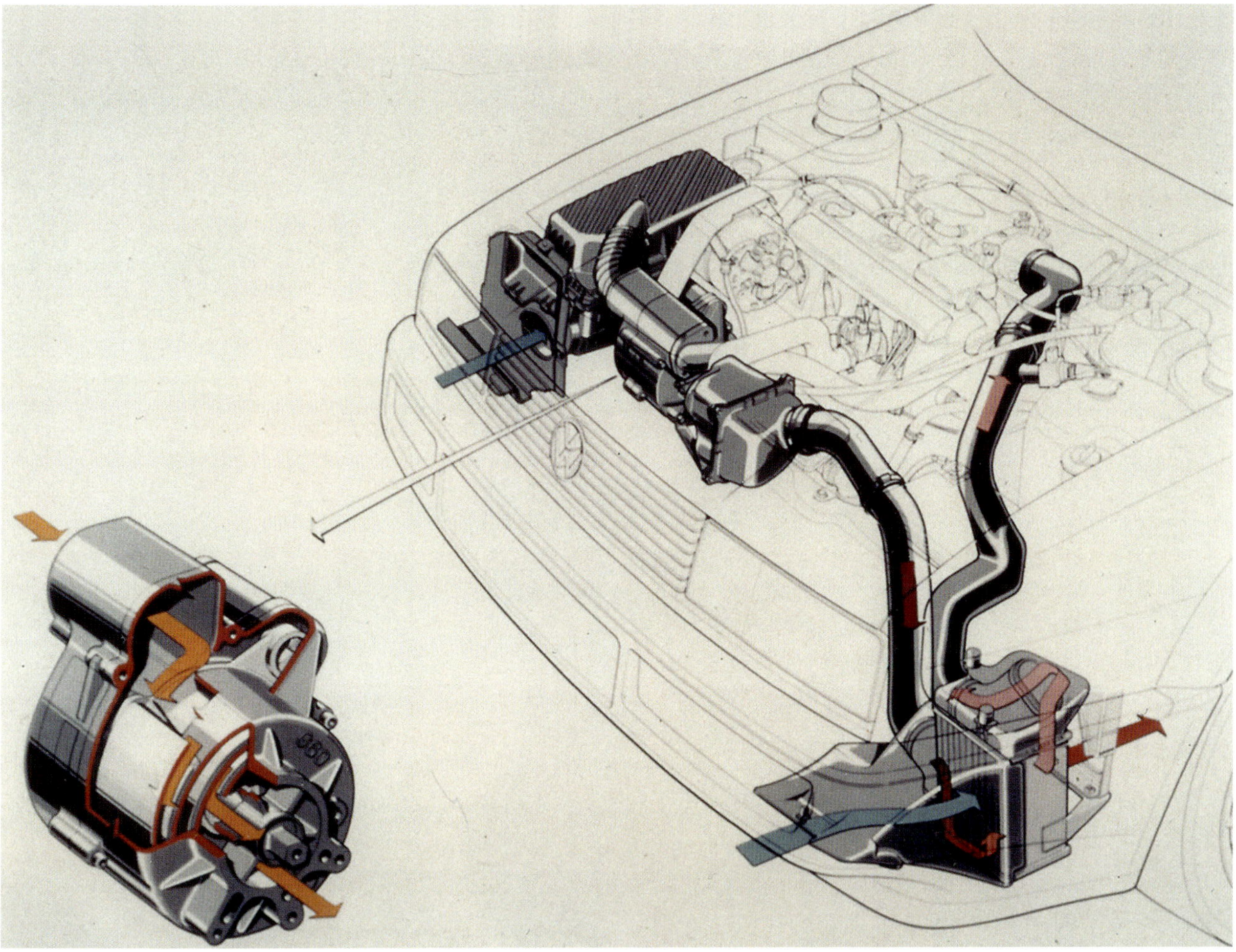

Anordnung des G60-Laders und des Ladeluftkühlers in Corrado (und Passat B3). *(Zeichnung Volkswagen/Sammlg. AutoMuseum)*

Anordnung des Ladeluftkühlers im Golf GTI G60 mit Klimaanlage neben der Batterie. Sichtbar sind der G60-Lader, die Lichtmaschine, Alu-Ventildeckel, der Leerlauffüllungsregler, das Saugrohr mit Drosselklappenstutzen und oberhalb des Luftfilters das AKF-Ventil. *(Foto: Volkswagen/ Sammlg. AutoMuseum)*

1.6.3 Brennverfahren und Applikation

Die Brennverfahrensoptimierung wurden von MV-OB (UA H. Urbanski) durchgeführt, da hier schon Erfahrungen vom 1,6-L-Turbo-Motor mit Vergaser vorlagen. Es wurde, nach einigen Untersuchungen mit unterschiedlichen Verdichtungen, ein ε von 8,0:1 festgelegt. Dieses deckte sich auch mit den Erfahrungen vom 1,3-L-G40-Motor. Vor der Festlegung der Verdichtung wurden der Brennraum und die Steuerzeiten der Nockenwelle parallel optimiert

Nach der Fertigstellung des ersten EA 827-Versuchsmotors mit dem G60-Lader begann ich im Spätsommer 1985 mit der Digifant-Applikationsanpassung der Einspritzzeit und den stationären Zündzeitpunkten auf dem Funktionsprüfstand 10. Hier wurde ich tatkräftig von dem damaligen Prüfstandführer G. Mammes unterstützt.
Die Einspritzzeit- und Zündzeitpunkt-Maps haben 16 x 16-Stützstellen. Sämtliche andere Korrekturen wie z. B. Start-, Nachstart-, Warmlauf-, Beschleunigungsanreicherung, Ansaugluftkorrektur haben acht Temperaturstützstellen. Bei vorliegenden Softwareproblemen hatten wir kurze Wege zur Elektrokonstruktion (Abteilung H. Spies).

Unten sind die Leistung, das Drehmoment und der Mitteldruck des bärenstarken G60-Motors dargestellt.

Ab einer Drehzahl von 2.000 U/min standen 180 Nm zur Verfügung. Zwischen 2.400 und 5.400 U/min lagen über 200 Nm an. Die Motorleistung betrug 118 kW/160 PS bei 5.600 U/min und das maximale Drehmoment 225 Nm bei 4.000 U/min.

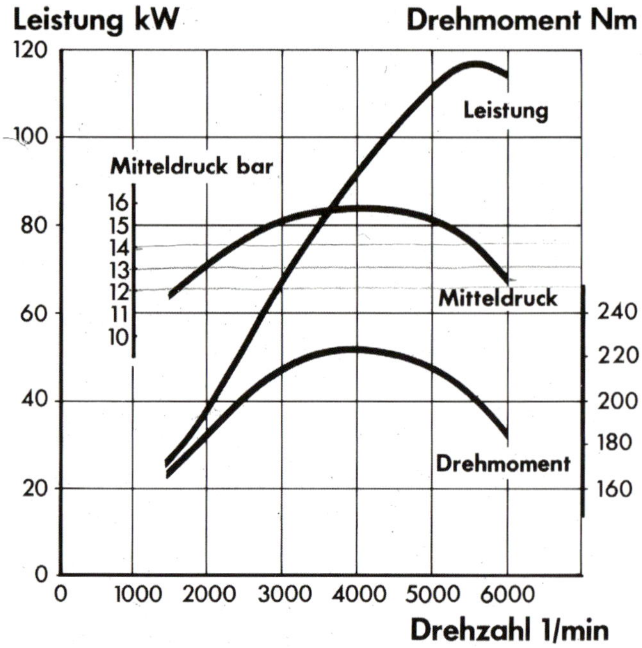

Leistung, Drehmoment und Mitteldruck des EA 827-G60 Motors. *(Zeichnung: MTZ 49/88)*

Schnittbild des EA 827-G60 Motors mit Zweiventil-Zylinderkopf und Geräuschdämpfer nach dem Lader. *(Zeichnung: MTZ 49/88)*

Konzeptvergleich (Zusammenstellung vom Mai 1969)

	1,8 l SOHC, Zweiventiler G 60 Spiralfeder	1,8 l DOHC, Vierventiler Saugmotor	1,8 l SOHC, Zweiventiler Saugmotor
Hubraum (cm³)		1.781	
Hub/Bohrung (mm)		86,4 / 81,0	
Pleuellänge (mm)	136	144	144
Verdichtungsverhältnis	8,0:1	10,0:1	10,0:1
Einlassventil (mm)	40	32	40
Auslassventil (mm)	33	28	33
Ventilhub E / A (mm)	10,2 / 10,2	9,0 / 10,2	10,2 / 10,2
Einlass öffnet KW n. OT	OT	1	3
Einlass schließt KW n. OT	40	21	43
Auslass öffnet KW n. OT	40	43	37
Auslass schließt KW n. OT	OT	3 v. OT	3
Gemischaufbereitung	DIGIFANT I	Bosch KE-Jetronic	DIGIFANT II
Kraftstoff	US / UN	US / UN	US / UN
Abgasnachbehandlung		Geregelter Dreiwege-Katalysator	
Nennleistung kW	118	95	79
bei Drehzahl (U/min)	5.600	5.800	5.400
max. Drehmoment Nm	225	168	154
bei Drehzahl (U/min)	4.000	4.250	3.800

EA 827-Motordaten 1,8-L-2V G60, 1,8-L-4V und 1,8-L-2V. *(Quelle: MTZ 49/88)*

Abgas-Emissionen

Bei den Prüfstandsuntersuchungen wurde festgestellt, dass die Einspritzventilmenge zwischen Leerlauf- und maximaler Kraftstoffmenge (dynamisch und stationär) durch Fa. BOSCH hardwaremäßig angepasst werden musste. BOSCH stellte Einspritzventile mit einer größeren Spreizung zwischen minimaler und maximaler Durchflussmenge zur Verfügung. Wichtig war das gleichmäßige lineare Verhalten der Einspritzventile bei kurzen Öffnungszeiten (2,0 ms). Der Serieneinsatz erfolgte bei allen Corrado-, Golf- und Passat-G60-Konzepten. Der G60-Motor erfüllte die damaligen weltweiten Emissionsanforderungen. Für Kalifornien wurde der Corrado mit OBD I und den verschärften NOx-Grenzwerten von 0,4 g/mi im Jahre 1988 zugelassen.

1.6.4 Erprobungen

Mit dem G60-Konzept wurden diverse Erprobungen in Nordamerika, Südafrika und Europa durchgeführt. Die extreme Kälteerprobung im Januar 1988 im Kaltland oberhalb des Arctic Circle ist mir noch heute gegenwärtig. Das Erprobungsteam und ich haben dort Lufttemperaturen bis auf –48° C erlebt. In der ersten Woche lagen die Lufttemperaturen immer tiefer als –40° C, danach bewegten sich diese um –25° C. Was macht man bei so extremen Bedingungen? Über Nacht wurde der Motor mit einem Blockheater elektrisch beheizt und konnte am nächsten Morgen anspringen. Hierbei wurde ein Problemschwerpunkt bei allen Fahrzeugen mit den elektrischen Einspritzventilen festgestellt. Die O-Ringabdichtung zwischen dem Einspritzventil und der Kraftstoffverteilerleiste war durch die Verhärtung (bei sehr tiefen Temperaturen) stark undicht. Der O-Ring aus dem NBR-Material gewährleistete nicht mehr die Dichtheit. Das Fehlverhalten konnte in Wolfsburg in der Kältekammer nachvollzogen werden. Hier war H. Poneß unermüdlich und hat auf ein Viton-Material für die komplette Digifant-Serie umgestellt. Ohne diese extreme Erprobung am Arctic Circle wäre der Fehler erst vor Kunde bemerkt worden.

Nach dem täglichen Starten der Motoren erfolgten Überlandfahrten mit anderen Schwerpunkten wie Einfrieren der Ansaugstrecke, des Gasseilzugs oder Schneebefall im Luftfilter. Die Triebwerkskollegen bewerteten das Einfrieren der Kurbelgehäuseentlüftung und den neuen sechsrilligen Keilrippenriemen am G60-Motor. Um das Einfrieren der Kurbelgehäuseentlüftung zu verhindern, wurde das Entlüftungsventil für die Serie mit einer elektrischen Beheizung ausgerüstet.

Bei der Heißland-Erprobung lagen die Arbeitsschwerpunkte auf Heißstart-, Heißabfahrverhalten, dem AKF-System (Kraftstoffverdampfungssystem), maximale Bauteiletemperaturen und der Klopfregelung.

Die Einspritzventiltemperaturen lagen beim Heißstart auf einem zu hohen Niveau, >105°C. Es kam zu Dampfblasenbildung in den Einspritzventilen (schlechtes Start- und Heißleerlaufverhalten). Die eine Variante, den Kraftstoffpumpennachlauf für 10 bis 15 Minuten nach dem Abstellen des Motors laufen zu lassen (zum Kühlen der Einspritzventile), wurde aus Sicherheitsgründen für die Serie nicht umgesetzt. So kam ein

Temperaturschalter an der Saugrohrstütze bei Zylinder 2 zum Serieneinsatz. Dieser musste bezüglich der Bauteilemasse verkleinert werden, da der erforderliche Schaltpunkt bei 100° C Lufttemperatur für den Kühlerlüfternachlauf im Motorraum deutlich überschritten wurde. Die Schaltung erfolgte erst bei einer Lufttemperatur von 115° C. Der in der

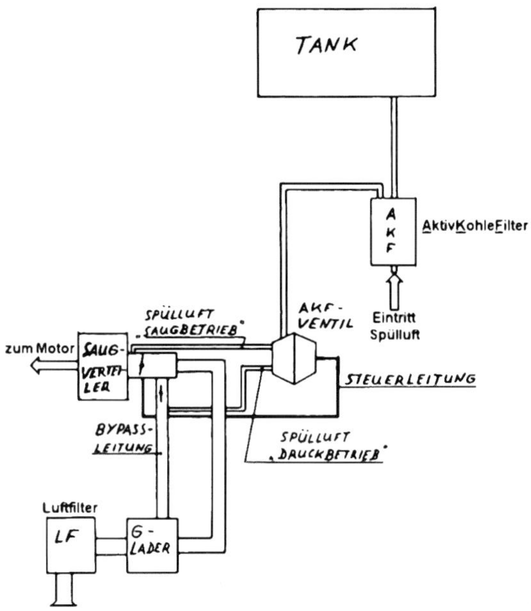

Kraftstoffverdampfungssystem (AKF-System) für Pkw mit G60-Lader. Das AKF-Ventil hatte ein Rückschlagventil zur Bypassleitung und war nur offen bei leichtem Unterdruck. Dies ist im Ladebetrieb die Regel. *(Skizze: M. Friese)*

Masse deutlich verkleinerte Schalter erfüllte die Kriterien von 100° C. Das Heißstartproblem war hiermit beseitigt.

Eine weitere Erprobungsschwäche stellte das AKF-System dar. Es kam zu einer deutlichen Überfettung, sobald das pneumatisch angesteuerte AKF-Ventil geöffnet wurde. Die im AKF befindlichen Kraftstoffdämpfe gelangten schlagartig in das Saugrohr. Eine der Ursachen war eine unzureichende Durchspülung des AKF-Systems mit sauberer Luft während des Motorbetriebs im aufgeladenen Zustand. Die AKF-Leitung zwischen der Bypassleitung und dem AKF-Ventil war im Durchmesser zu klein und wurde auf ca. 8 mm vergrößert. Als zweite Maßnahme wurde eine Blende in die Spülluftleitung »Saugbetrieb« zum Saugrohr eingeführt, damit bei hohen Saugrohrunterdrücken die zurückgeführten Kraftstoffdämpfe aus dem AKF-System nicht so schlagartig anstiegen. Somit steuerte die λ-Regelung rechtzeitig einer Überfettung aus dem AKF-System entgegen. Danach waren auch diese Probleme beseitigt. Mit dem so modifizierten AKF-System konnte in den USA und den RdW-Ländern die Zulassung des Corrados erfolgen.

1.6.5 Digifant-System am EA 827-Motor mit dem G60-Lader

Das Digifant-System mit dem Rechner von Motorola wurde ausführlich in den Veröffentlichungen der MTZ 49 aus dem Jahr 1988 und dem SAE-Paper 861586 beschrieben. Neu war beim G60-Konzept, dass das Lastsignal nicht mehr von einem

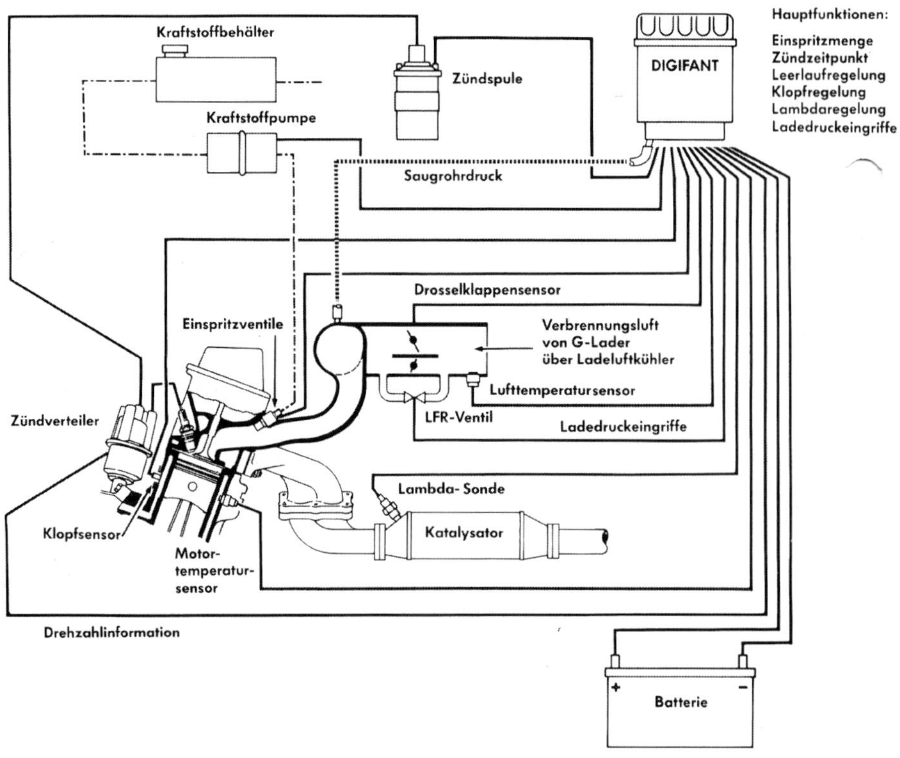

Schematische Darstellung des Digifant-Systems und der Abgasreinigung.
(Zeichnung: MTZ 49/88)

Klappenluftmengenmesser ausgewertet wurde, sondern von einem Saugrohrdrucksensor (p/n-Steuerung). Dieser war im Motorsteuergerät integriert. Die Hauptfunktionen des Digifant-Konzepts sind:

- Einspritzzeit
- Zündzeitpunkt
- Leerlaufregelung
- Zylinderselektive Klopfregelung
- λ-Regelung
- Ladedruckeingriffe

Die Funktionen der Klopfregelung wurden auch in den Veröffentlichungen dargestellt. Hier hatten H. Jullmann und H. Schnell die Arbeiten durchgeführt. Es wurde eine Ladedruckbegrenzung im Problemfall (z. B. starkes Motorklopfen bei Falschbetankung) über den Leerlauffüllungssteller realisiert.

H. Jullmann nahm 1988 an der Heißerprobung teil. Der Corrado und der Passat-Syncro wurden für die erforderlichen Applikationsarbeiten mit H. Frambach (Triebwerk), H. Jullmann (Klopfregelung) und mir geteilt. Zur effektiven Nutzung der beiden Fahrzeuge wurde immer abends der Belegungsplan für den nächsten Tag festgelegt. Gemeinsam mit dem Triebwerkskollegen wurde die erforderliche Anfettung zum Bauteileschutz (Abgaskrümmer, IWKA-Gelenk [zweiflutiger Stahlbalg], Katalysator usw.) durchgeführt. Hierbei lag das Gemisch bei hohen Lasten und Drehzahlen zwischen λ 0,8 und 0,85.

Dr. H.J. Bohn unterstützte die Elektrokonstruktion bei der Softwareentwicklung am Digifant-System.

1.6.6 Der Corrado G60

Ursprünglich sollte das Fahrzeug den Namen »Taifun« bekommen. Man einigte sich aber auf den Namen »Corrado«. Der Name »Corrado« kommt aus dem Spanischen, correr. Es bedeutet so viel wie laufen, spurten oder sprinten. Der Corrado ist ein 2+2 Sitze Sport Coupé mit Frontantrieb und dem 1,8-L-Ottomotor mit G60-Lader sowie einem handgeschalteten 5-Ganggetriebe. Ein aerodynamisch sportliches Design gehört zu den wichtigsten Merkmalen eines Sportwagens – die kompakt gestaltete, eigenständige Karosserie des Corrados hebt ihn deutlich von seinen Wettbewerbern ab und signalisiert auf den ersten Blick eine moderne funktionale Sportwagen-Konzeption mit den dennoch traditionellen Proportionen: lange Motorhaube sowie kurzes Heck.

Darüber hinaus legten die Designer viel Wert darauf, dass das Fahrzeug, auch wenn es ein Sportcoupé ist, doch einen geräumigen Innenraum aufweist. So beträgt beispielsweise das Komfortmaß, der Abstand von Gaspedal bis zur Rücklehne der hinteren Sitze, 1.830 mm sowie die Sitzraumfläche 2,59 m^2. Und auch die Größe des Gepäckraumes kann sich mit 300 L nach VDA-Messung sehen lassen. Dabei ist das Auto äußerlich sehr kompakt geblieben. Damit hatte der Corrado nicht nur beim Fahrspaß dank seines Aggregates, sondern auch im Raumangebot Vorteile gegenüber den Wettbewerbern. Die Charakteristik des Autos wurde von Volkswagen auf die Formel »Fahrspaß, Fahrsicherheit und Sportkomfort« gebracht.

Das G60-Triebwerk von Volkswagen wurde in damaligen Testberichten über den Corrado als ein wahres »Prachtstück« bezeichnet. Tatsächlich ist es mit der revolutionären Aufladetechnik gelungen, einem 1,8-L-Motor die Durchzugskraft und Leistungscharakteristik eines viel hubraumgrößeren Triebwerks zu verleihen. So wurde der G60 von der Motorpresse zum Beispiel mit dem 2,7-L-Motor des Porsche 944 und dem 6-Zylinder im BMW 325 i verglichen. Die Höchstgeschwindigkeit liegt bei 225 km/h und um auf 100 km/h aus dem Stand zu beschleunigen, benötigt das Fahrzeug 8,3 sec. Gefertigt wurde der Corrado bei Karmann in Osnabrück. 1988 begann die Serienproduktion, die Markteinführung war schließlich im Oktober.

VW Corrado G60.

(Foto: Volkswagen)

Randbemerkungen

- Der erste Erprobungs-Corrado wurde in einer beispiellosen Aktion bei Karmann in Osnabrück aufgebaut. Hierzu wurde ein fertiger Corrado, der mit dem gestrichenen EA 827-Saugmotorkonzept versehen war, auf den G60-Motor umgerüstet. Im Versuchsbau in WOB war hierfür keine Bearbeitungskapazität vorhanden. Wir haben sämtliche Umrüstungsteile durch unsere Motorenwerkstatt bei Karmann angeliefert. Die Kollegen in Osnabrück bauten uns den G60-Corrado für die Heißerprobung 1988 perfekt auf.

- Im Chrysler-Testcenter war nach einer Stunde Höchstgeschwindigkeitsfahrt der 55-L-Tank leer. Die Kollegen bei Chrysler nannten das Fahrzeug »schnellstes Postauto«, da es eine extrem gelbe Lackierung hatte. Durch Erweiterung auf den VR6 im Corrado erfolgte später die Umstellung auf einen 70-L-Tank.

- Eine weitere Geschichte ereignete sich auf dem Gelände des Phoenix International Raceway. Bei einem kleinen Rennen verschaltete sich der VWoA-Mitarbeiter. Er schaltete vom fünften in den zweiten Gang zurück. Ergebnis war ein totaler Motor- und Getriebeschaden. Die Riemenscheibe wurde 200 Meter weit weg in der Wüste gefunden. Der Motor hatte abgerissene Pleuel, Ventilaufsetzer, ein durchschlagenes Kurbelgehäuse, einen zerstörten G60-Lader usw. Das Schwungrad hatte sich auf der Getriebeseite von der Kurbelwelle gelöst und beschädigte das Getriebegehäuse komplett. Das Fahrzeug wurde in den USA neu aufgebaut. Es wurde in diesem Jahr nochmals eine Erprobung, ohne weitere Probleme, in Phoenix durchgeführt.

- Später kam vor dem Drosselklappestutzen ein Sieb zum Einsatz, um den Motor vor einer Zerstörung durch Metallpartikel aus dem G-Lader zu schützen.

1.6.7 G60-Lader in Rallye-Golf, Golf Limited, Golf GTI und Passat B3

Rallye Golf

Zu einem späteren Zeitpunkt wurde die Entwicklung des Motors für den Rallye-Golf vorangetrieben. Bei diesem Motor wurde die Zylinderbohrung von 81 mm auf 80,6 mm verkleinert, um im Motorsport in der Hubraumklasse bis 3,0 Liter für Saugmotoren eingeordnet zu werden. Der Faktor für aufgeladene Motoren wurde durch die ONS von 1,4 auf 1,7 angehoben. Reifenbreite und Mindestgewicht waren jetzt hubraumabhängig. Für die Homologation wurden 5.000 Fahrzeuge (2.000 für den Markt Deutschland und 3.000 restlicher Markt in Europa) im Volkswagen-Werk Brüssel gebaut und für die Führungsposition im internationalen Wettbewerb der Klasse A konzipiert. Der Einsatz des Rallye Golf im Wettbewerb wurde von VW-Motorsport und der Forschung betreut (siehe Kapitel 1.2).

Der Rallye-Golf hatte vor dem Wasserkühler einen großen Ladeluftkühler (wie der Golf GTI G60 ohne Klimaanlage). Eine zweiflutige Katalysatoranlage war erforderlich, da die Antriebswelle in der Fahrzeugmitte zur Hinterachse geführt wurde. Somit war die Umsetzung eines 5,66" x 6"-Katalysators, wie bei den Frontantriebsfahrzeugen, nicht möglich. Es wurden Untersuchungen bezüglich des λ-Sondeneinbauorts gemacht. Als einzige Variante kam der λ-Sondeneinbauort in einem Verbindungsrohr zwischen dem zweiflutigen Hosenrohr zum Einsatz. Das Abgas der einzelnen Zylinder wurde erkannt, sodass die λ-Regelung entsprechend reagieren konnte und die Einspritzzeit vom Digifant-Steuergerät angepasst wurde. Die Sonde wurde um 30° zur Seite geneigt, um kein Problem mit dem Kondenswasser zu bekommen und den Freigang der Antriebswelle zu gewährleisten. In den Syncro-Fahrzeugen wurden zwei parallel liegende Katalysatoren mit einer Größe von je 3,66" x 6" verbaut.

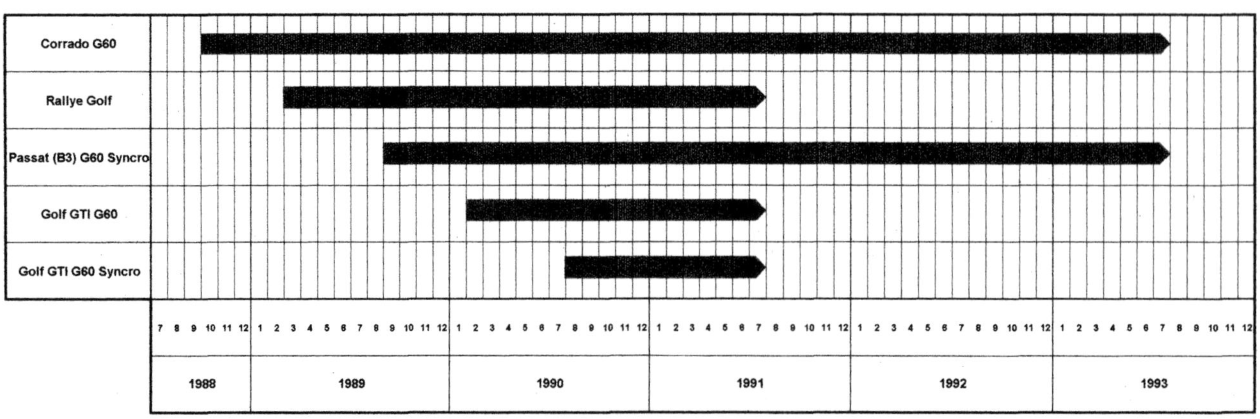

SOP und Produktionsdauer der Fahrzeuge mit dem 1,8-L-G60-Motor. *(Quelle: M. Friese)*

Äußerlich fiel das Fahrzeug durch seine üppigen Kotflügelverbreiterungen, die Seitenschweller, Spoiler an Bug und Heck sowie die DE-Breitbandscheinwerfer und DE-Nebelscheinwerfer auf. »Er wirkt wie aus dem Vollen geschnitzt«, schrieb dazu die Frankfurter Allgemeine Zeitung in ihrer Beilage Motor und Technik vom 21.03.1989. Das tiefergelegte Sportfahrwerk war mit 6Jx15-Leichtmetallrädern und mit 205/50 R 15-Reifen ausgestattet. »Tuning ab Werk«: Außerdem besaß der Golf ABS (Anti-Blockier-System) und einen permanenten syncro-Allradantrieb.

Rallye-Golf mit Zweiventil-G-Lader-Motor, äußerlich erkennbar an der verbreiterten Karosserie und den Rechteckscheinwerfern. *(Foto: Autostadt)*

Motorraum Rallye-Golf. *(Foto: Volkswagen/Sammlg. AutoMuseum)*

Rennerprobter Rallye-Golf, hier gefahren von Striezel Stuck während der Planai-Classic 2020. *(Foto: Volkswagen Classic)*

Golf Limited mit 210 PS starkem Vierventil-Motor von Volkswagen Motorsport. *(Foto: AutoMuseum Volkswagen)*

Golf GTI G60 syncro

Der mit dem 1,8-L-G60 motorisierte Golf zeigte bereits 1990 hervorragende Fahrleistungen. Es machte einfach Spaß mit diesem Auto zu fahren. Die Leistungsentfaltung fühlte sich wie bei einem großen Saugmotor an, weil beim Tritt aufs Gaspedal das Drehmoment verzögerungsfrei anliegt.
Das Auto wurde ebenfalls mit dem EA 827-G60-Motor (Zylinderbohrung 81 mm) ausgerüstet und kam 1990 auf den Markt. Es wies vergleichbar mit dem Rallye-Golf folgende Highlights auf: den permanenten syncro-Allradantrieb (Visco-Kupp-

Höchstgeschwindigkeit	216 km/h	
Beschleunigung	5,7 sec.	0–80 km/h
	8,3 sec.	0–100 km/h
Elastizität (5. Gang)	17,5 sec	40–100 km/h
	11,0 sec	80–120 km/h
Kraftstoffverbrauch	12,1 l/100 km	ECE – Stadtzyklus
	6,9 l/100 km	90 km/h
	9,2 l/100 km	120 km/h
	9,4 l/100 km	Mix

Golf GTI G60 Fahrleistungen und Verbrauch. *(Quelle: Volkswagen)*

Golf GTI G60 syncro. *(Foto: Volkswagen)*

lung), Antiblockiersystem (ABS), elektronische Differentialsperre (EDS) sowie eine begeisternde Optik mit Doppelscheinwerfer-Grill und BBS-Leichtmetallräder mit Breitreifen.

Die Visco-Kupplung reagiert auf Drehzahlunterschiede zwischen Vorder- und Hinterachse und verteilt die größte Kraft auf die Achse, die den besseren Kontakt zur Straße hat. Exakt so, wie es die jeweilige Situation erfordert.

Passat B3 G60 syncro

Von 1989 bis 1993 wurde dem Kunden im Passat B3 (Quereinbau) auch der G60-Motor angeboten. Die Technik entsprach dem des Golf G60 Syncro.

Quellen

Interview mit Rüdiger Schüler, 23.11.2020 im AutoMuseum Volkswagen

Verkaufsprospekte VW Juni 89 und Produkt-Infos, bereitgestellt von Thomas Müller

Harald Koch / Dietrich Meyerdierks / Rüdiger Schüler und Ulrich Thoms:
Der neue 1,8-Liter-G60-Motor im VW Corrado,
MTZ 49 (1988) 12

Dietrich Meyerdierks, Ernst Reinck, Rolf Urbansky and Ulrich Thoms:
European and U.S. Engine Design Concepts After Introduction of Unleaded Fuel in Europa SAE-Paper 861586

Kommentar M. Willmann: »Mein Dienstwagen war 1991 ein schwarzer Passat mit dem 1,8-Liter-G60-Motor und syncro-Antrieb. Der hatte ein wunderbar ausbalanciertes Fahrverhalten in Kurven. Das stellte ich jeden Morgen auf dem Weg zur Arbeit in der FE fest. Ich fuhr über die Eisenbahnbrücke im Werksgelände und die langgezogene, rechtskurvige Abfahrtsrampe recht zügig hinunter. Beim Einlenken schob mein Passat über die Vorderräder. Nach einiger Übung wusste ich, dass ich das Gas stehen lassen konnte. Nun zählte ich »21«, also eine Sekunde. Während dieser Zeit schloss die syncro-Kupplung und der Hinterradantrieb setzte ein. Von da an glitt mein Auto im leichten Drift über alle vier Räder, mit dem Gas kontrollierbar, durch die Kurve, ein herrliches Gefühl«. *(Foto: M. Willmann)*

1.7 Die Thermodynamik des G-Laders

Von Michael Willmann

Nachdem wir im G-Lader-Team der Abteilung Vorentwicklung Diesel-Systeme der Aggregate-Entwicklung die wesentlichen Probleme des G-Laders gelöst hatten, fanden wir Zeit, uns tiefergehend mit der Funktion zu beschäftigen. Ich stellte in einer unserer wöchentlichen Team-Besprechungen die Frage: „Wie sieht eigentlich das p/V-Diagramm des G-Laders aus?" Es gab zunächst keine Antwort, für mich Grund genug, mich in das Thema hineinzuknien.

Eine zur Luftverdichtung geeignete Maschine verfügt über Arbeitskammern mit veränderlichem Volumen. Der G-Lader ist eine innenachsige Kreiskolbenmaschine mit Kreiseingriff des Leistungsteils der Spiralbauart. Die Luftförderung wurde in Kapitel 1.2 beschrieben.

Der theoretische Verdichter-Prozess

Als Vergleichsprozess zur Ermittlung des Wirkungsgrades wird für Verdichter die isentrope Drucksteigerung benutzt. In dem Arbeitsdiagramm ist die Isentrope von p_1 nach p_2 eingezeichnet. Der Vergleich der von den Prozesslinien eingeschlossenen Flächen zeigt deutlich, dass die isentrope Verdichtung weniger Arbeit erfordert. Damit ergibt sich der isentrope Wirkungsgrad:

$$\eta_{is} = \frac{W_{t,is}}{W_t}$$

$W_{t,is}$: isentrope Verdichtungsarbeit

W_t: technische Verdichterarbeit

Die Druckmessstellen am Gehäuse des G40-Laders erfassen eine äußere Arbeitskammer. *(Foto: R. und T. Mahler)*

Der reale Verdichter-Prozess

Bei Prof. Heinrichs, der den Lehrstuhl für Kompressoren an der Uni in Magdeburg leitete, hielt ich im April 1991 einen Vortrag über den G-Lader. Ich berichtete ihm von meinem Wunsch, das p/V-Diagramm zu messen. Daraufhin schickte er uns zwei Studenten zur Diplomarbeit, die „Gebrüder" (wie wir sie nannten) Rüdiger und Torsten Mahler. Betreut wurden sie von Herrn Günter Stolle. Sie bestückten einen Arbeitsraum der hinteren Kammergehäusehälfte mit 13 piezoelektrischen Quarz-Druckaufnehmern auf dem Umfang verteilt.

Aus den 13 Einzeldrücken haben unsere Studenten das p/V-Diagramm synthetisch zusammengesetzt.

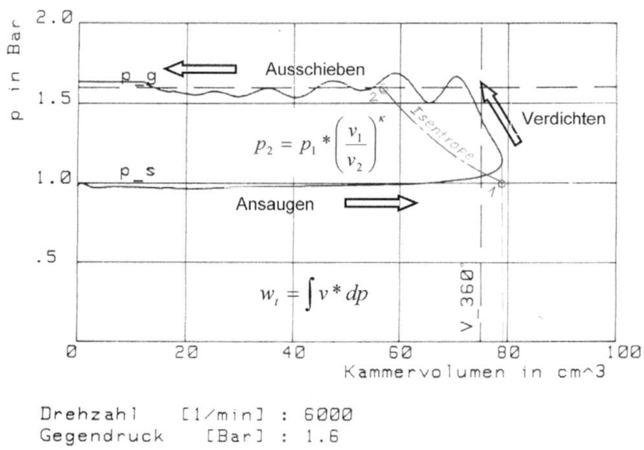

Das Druck/Volumen-Diagramm des G40-Laders.

(Foto: R. und T. Mahler und M. Willmann)

Unmittelbar nach dem Ansaugen (größtes Kammervolumen) beim Druck ps und dem Schließen des Einlasses öffnet der Auslass zwar schleichend, aber die verdichtete Luft strömt je nach Drehzahl mehr oder weniger schlagartig aus der Hochdruckkammer zurück in den Arbeitsraum und verdichtet dort die Luft auf pg. Der Druckanstieg verläuft je nach Betriebspunkt mit einem Polytropenexponenten von etwa 2,1 bis 4,1, also deutlich steiler als isentrop (reibungsfrei, ohne Wärmeaustausch, Exponent $\kappa = 1,4$). Auch die beim Öffnen des Auslasses durch den Druckstoß angeregte Gasschwingung zeigt sich im p/V-Diagramm. Eine Rückexpansion wie bei Hubkolbenkompressoren im oberen Totpunkt tritt beim G-Lader nicht auf, weil kein Schadvolumen vorhanden ist. Lediglich geringe Spaltströmungen äußern sich in minimal geringerem Fördervolumen. Dabei handelt es sich um einen offenen thermodynamischen Prozess mit veränderlicher Luftmasse.

Diese verdichtete Luft wird in den Zylinder des Motors gepresst und drückt den Kolben während des Ladungswechsels zum UT. Die dabei auf den Kolben übertragene Arbeit steigert die vom Hochdruckprozess erzeugte Arbeit.

In den Arbeitsdiagrammen (Druck über Volumen) entspricht die Fläche innerhalb eines Kreisprozesses der Arbeit, die zwischen Gas und Verdränger ausgetauscht wird. Bei linksläufigen Prozessen muss Arbeit über die Antriebswelle zugeführt werden. Beim Realprozess sind Verluste durch Strömungswiderstände, Wärmeübertragung und Reibung berücksichtigt.

Der Gesamtwirkungsgrad

Hierbei wird die isentrope Verdichterarbeit mit der aus der Antriebsleistung des realen Verdichters berechnete effektive Arbeit verglichen:

$$\eta_g = \frac{W_{t,is}}{W_e}$$

Der volumetrische Wirkungsgrad

Wir wunderten uns, dass bei der Auswertung der Messergebnisse in bestimmten Betriebspunkten volumetrische Wirkungsgrade von größer als 1 herauskamen. Wie konnte das sein? Das haben wieder unsere fleißigen Studenten, die Brüder Mahler, aufgedeckt. Sie haben die Bewegung der Verdrängerspirale in der Gehäusekontur in einem x/y-Koordinatensystem verfolgt. Dazu haben sie das Kammervolumen in kleine Vierecke multipliziert mit der Kammertiefe zerlegt und diese über dem Drehwinkel betrachtet.

Entgegen unserer ursprünglichen Annahme war jetzt ein Korrekturvolumen zu berücksichtigen. Damit wurde das theoretische Fördervolumen um ca. 5 % größer und der volumetrische Wirkungsgrad blieb unter 1.

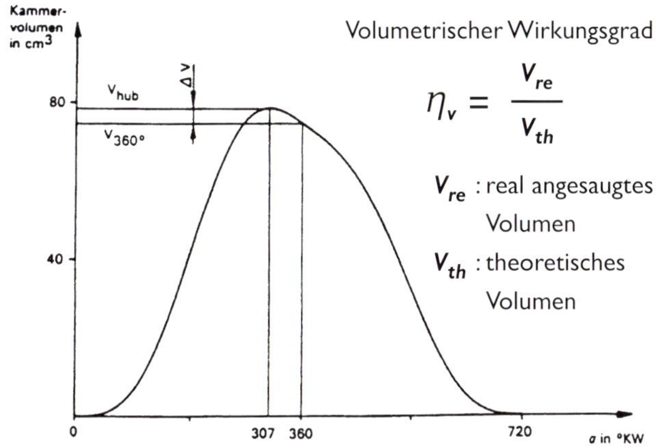

Volumetrischer Wirkungsgrad

$$\eta_v = \frac{V_{re}}{V_{th}}$$

V_{re} : real angesaugtes Volumen

V_{th} : theoretisches Volumen

Die korrigierte Volumenfunktion einer äußeren Arbeitskammer des G40-Laders. *(Foto: R. und T. Mahler)*

Quellen

M. Willmann: G-Lader – Die unendliche G-schichte, Vortrag TU Magdeburg, 1991

Rüdiger und Torsten Mahler: Thermodynamische Untersuchungen am G-Lader, Diplomarbeit TU Magdeburg, 1992

M. Willmann: Mechanische Aufladung – Teil 2: G-Lader, Vortrag Universität Poznan, 2005

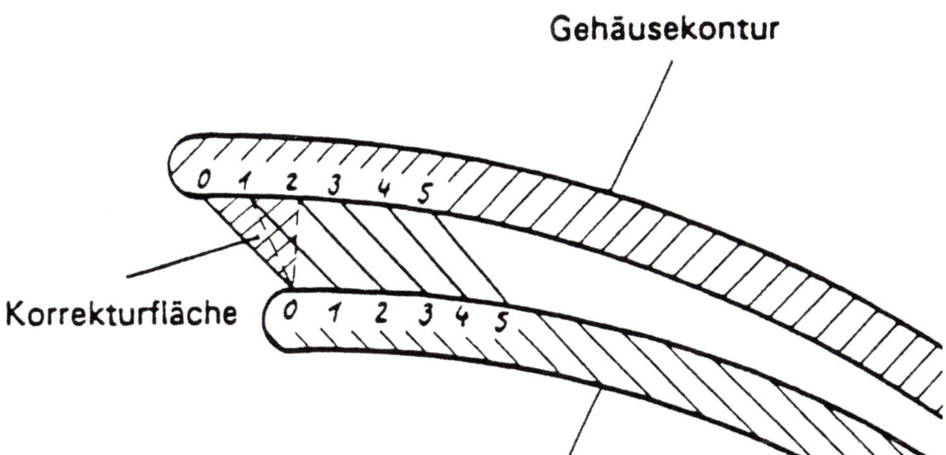

Aus der Korrekturfläche ergibt sich ein zusätzliches Ansaug-Volumen. *(Foto: R. und T. Mahler)*

1.8 Ausblick

Von Michael Willmann

Ungeahnte Perspektiven

Bei der Shuttle-Mission der Raumfähre Columbia im Sommer 1992 war ein vom G-Lader abgeleiteter neuer Spirallader an Bord. Er wurde zur Kühlung und Belüftung eines Experimentierkastens zur Erforschung von Mikroschwerkraft verwendet. Er erzeugte den notwendigen Unterdruck und Kühlluftstrom. Aufgrund der Ölfreiheit der verdichteten Luft eignete sich der Spirallader der Fa. Bradford, NL besonders gut für diese Anwendung.

Neben dem Ausflug ins Weltall war die irdische Meyer-Werft in Papenburg auch am G-Lader interessiert, um ihn für eine Umluftanlage im Schiff einzusetzen. Man sieht: Der G-Lader hat sich einen guten Ruf erarbeitet.

Und das, obwohl auto motor und sport bereits 1992 berichtet hatte: »Nichts **G** mehr – Aus für den G-Lader«. Forschungschef Dr. Lincke wird zitiert: »VW wird sich in der Serie vom G-Lader verabschieden.« Und der Vorstand für Technische Entwicklung Ulrich Seiffert: »Im Prinzip hat speziell der G60 nicht hergegeben, was wir von ihm erwartet haben.« Als Hauptargument führte der Autor Platzmangel in den aus Crash-Gründen immer enger werdenden Motorräumen, besonders bei Kompaktfahrzeugen, an.

Neuer Anlauf dank »Georgies« GDI-Auto

Herr Jörg Ahrens aus dem Diesel-Motorversuch hatte einen Audi 80 mit einem 1,9-Liter direkteinspritzenden Dieselmotor aufgebaut, der durch besonders spontanes Ansprechen aus niedrigsten Drehzahlen auffiel. Anlässlich der Forschungs-Präsentation im Oktober 1992 fuhr der designierte Vorstandsvorsitzende des VW-Konzerns, Dr. F. Piëch, mit verschiedenen G-Lader-Motorkonzepten, auch mit dem Audi 80 GDI. Das rasante Fahrverhalten des 1,9-Liter-GDI-Motors muss ihn so beeindruckt haben, dass er im Oktober 1992 auf einer Sitzung des Konzern-Produkt-Strategie-Komitees (PSK) in Ingolstadt entschied, alle aufgeladenen 4- und 5-Zylinder-Dieselmotoren auf G-Lader umzustellen.

Wir beschlossen also, Autos mit den konkurrierenden Aufladesystemen zum Vergleich aufzubauen:

- Mit dem neuen, kleineren Abgas-Turbolader T15 von Garrett, wie für die Modellpflege 7/93 vorgesehen
- Mit dem mechanischen G60-Lader mit Magnetkupplung
- Mit dem VTG-Lader-Prototypen (Variable Turbine Geometry) von Aerodyne, verstellbarer Leitapparat vor der Turbine

Der direkteinspritzende 1,9-Liter-GDI-Dieselmotor mit G60-Lader, Magnetkupplung, Nebenaggregate-Träger und elektronischer Einspritzpumpe Bosch VP 34. *(Foto: Volkswagen/Sammlg. AutoMuseum)*

Auch im All an Bord der US-Raumfähre „Columbia" erlebte die von Volkswagen entwikkelte G-Lader-Technik jetzt ihre Premiere. Der Zweck: Das Kühlen und Belüften eines sogenannten Handschuhkastens im Weltraumlabor. Diesen Kasten verwenden die Wissenschaftler, um in ihm Mikroschwerkraft-Experimente zu starten. Der G-Lader fungiert als Antrieb und Erzeuger der Luftsröme für den mit Unterdruck arbeitenden Spacelab-Handschuhkasten. In den VW-Modellen Polo und Corrado dient der G-Lader als Verdichter bzw. Kompressor.

Die Wolfsburger Nachrichten berichteten am 1. August 1992 über den Ausflug ins All.

Ein Team aus Wolfsburger Entwicklern und Forschern machte sich unter der Leitung von Dipl.-Ing. Semih Gökesme im Dezember 1992 an die Arbeit, die drei genannten Aufladekonzepte am 1,9-L-DI-Diesel-Motor im Audi 100 darzustellen, um zu einer fundierten Entscheidung zu kommen.

Die drei Konzepte wurden mit Ladeluftkühlung sowie elektronisch geregelter Einspritzpumpe Bosch VP 34 und Abgasrückführung ausgerüstet. Die Motoren wurden im Versuchsbau aufgebaut und auf dem Motorprüfstand abgestimmt.

»Georgie« Ahrens kümmerte sich um den G60-Motor. Der hatte bei 4.100 U/min 70,6 kW/96 PS Leistung (37,2 kW/L) und ein Drehmoment von 209 Nm von 2.000 bis 2.500 U/min (13,8 bar Mitteldruck).

Für die Vergleichsfahrt wurden die drei Varianten auf 66 kW/90 PS Nennleistung eingestellt. Dort war eine Versicherungsgrenze. Auch das maximale Drehmoment wurde auf ca. 200 Nm gleichgestellt. Damit stellten sie einen improvisierten Entwicklungsstand dar. Alle drei Varianten hatten noch Entwicklungspotenzial.

Bei gleicher Nennleistung bot der G-Lader bei niedrigsten Drehzahlen das höchste Drehmoment. Instationär wurde der Unterschied noch deutlicher. Beim VTG-Lader ist zu berücksichtigen, dass der Prototyp in einem sehr frühen Entwicklungsstadium war.

Der stationär auf dem Prüfstand gemessene Kraftstoffverbrauch des G-Lader-Motors liegt im Minimum mit 220 g/kWh zwar über denen der Turbolader-Motoren (T15: 200 g/kWh, VTG: 202 g/kWh), aber aus vorangegangenen Messungen in Fahrzeugen auf der Straße wussten wir, dass die Realverbräuche sich nicht wesentlich unterschieden, weil mit dem G-Lader-Motor häufiger in höheren Gängen gefahren wurde. Der aktuelle Vergleich bestätigte dies.

Die Audi-Leute in Neckarsulm und Ingolstadt bereiteten die Fahrzeuge vor. In Wolfsburg gingen die Autos auf einen Rollenprüfstand. Herr Gökesme: »Ich erinnere mich gerne an die erfolgreiche Zusammenarbeit mit der Gesamtmannschaft.«

Vergleichsfahrten

Es gab Veränderungen bei den Konzern-Vorständen. Herr Dr. Piëch löste Dr. Hahn als Konzern-Vorstandsvorsitzender ab. Herr Franz-Josef Kortüm übernahm den Audi-Vorsitz, und Dr. Herbert Demel war Audi Aggregate-Chef. Die Herren Kortüm, Larsson und Dr. Demel nutzten am 25. Februar 1993 den Transfer vom Flugplatz Waggum ins Werk zu einer Informationsfahrt. Das spontane Ansprechen des G-Lader-Fahrzeugs war überzeugend.

Am Tag darauf fand im Prüfgelände Wolfsburg eine Vergleichsfahrt mit Dr. Piëch, dem VW-Technik-Vorstand Prof. Seiffert, dem Aggregate-Chef von VW Dr. Oetting, dem Leiter des Dieselmotoren-Versuchs Herrn Neumann, dem Projektleiter Dipl.-Ing. Gökesme und mir statt. Dr. Piëch nahm sich eine Stunde Zeit, um alle drei Autos sorgfältig zu testen und zu vergleichen. Besonders prüfte er das Beschleunigungsvermögen aus niedrigen Drehzahlen und das Anfahren am Berg.

Die Entscheidung

Dann kamen wir zur Besprechung zusammen, und die Motorhauben wurden geöffnet. Wir standen drumherum. Dr. Piëchs Fazit lautete. »Der ATL spricht ab 1.700 U/min spontan auf das Gaspedal an, der Verstelllader ab 1.400 und der G-Lader ab 1.200.« Damit hatte er exakt unsere Messungen bestätigt.

Dr. Piëch sprach auch den Einbau des GDI-Motors in den Golf III an, dessen Vorderwagen deutlich kürzer als beim Vorgänger war. Für den Golf III hätte der G-Lader aufwändig über dem Getriebe platziert werden müssen, mit einer langen Antriebswelle.

Dann kamen die Kosten zur Sprache. Vom G-Lader wurden maximal 320 Lader/Tag gebaut, meistens weniger als 200. Garrett fertigte auf zwei Straßen je 1.000 Turbolader/Tag mit entsprechend hohem Automatisierungsgrad und dadurch niedrigen Kosten. Da konnte der G-Lader nicht mithalten.

Der Verstelllader hatte zwar einen guten Eindruck hinterlassen, aber der Prototyp erforderte noch einen erheblichen Entwicklungsaufwand, und die Firma Aerodyne hatte keine Produktionseinrichtungen, war aber bereit, welche aufzubauen.

Dr. Piëch entschied, dass der 1,9-L-TDI-Motor im Audi 100 (C4) zunächst mit dem T15-Lader zu 7/94 anlaufen sollte und der VTG-Lader zu 7/96 zu entwickeln sei. Das war der Todesstoß für den G-Lader, der noch bis zum 8. Februar 1994 gebaut wurde. Und wir alle wussten, was wir zu tun hatten: Bei den Dieselmotoren hatten wir schon auf Abgas-Turbo-Aufladung umgestellt, und die Otto-Motoren folgten. Im März hatte Salzgitter noch ca. 4.000 G40-Lader im Lager. Damit war die Ersatzteilversorgung vorerst sichergestellt.

Was bleibt?

Der G45 F stellte für uns die Endstufe der G40-Entwicklung dar. Mit ihm wurde ein isentroper Gesamtwirkungsgrad von 75,9 % erreicht. Dieser Wert wurde von keinem anderen Lader übertroffen.

Das Potenzial des G-Lader-Konzeptes war noch längst nicht ausgeschöpft. Weitere Entwicklungsschritte zur Leistungssteigerung konnten nicht mehr umgesetzt werden, weil Volkswagen aus dem G-Lader-Geschäft ausgestiegen ist.

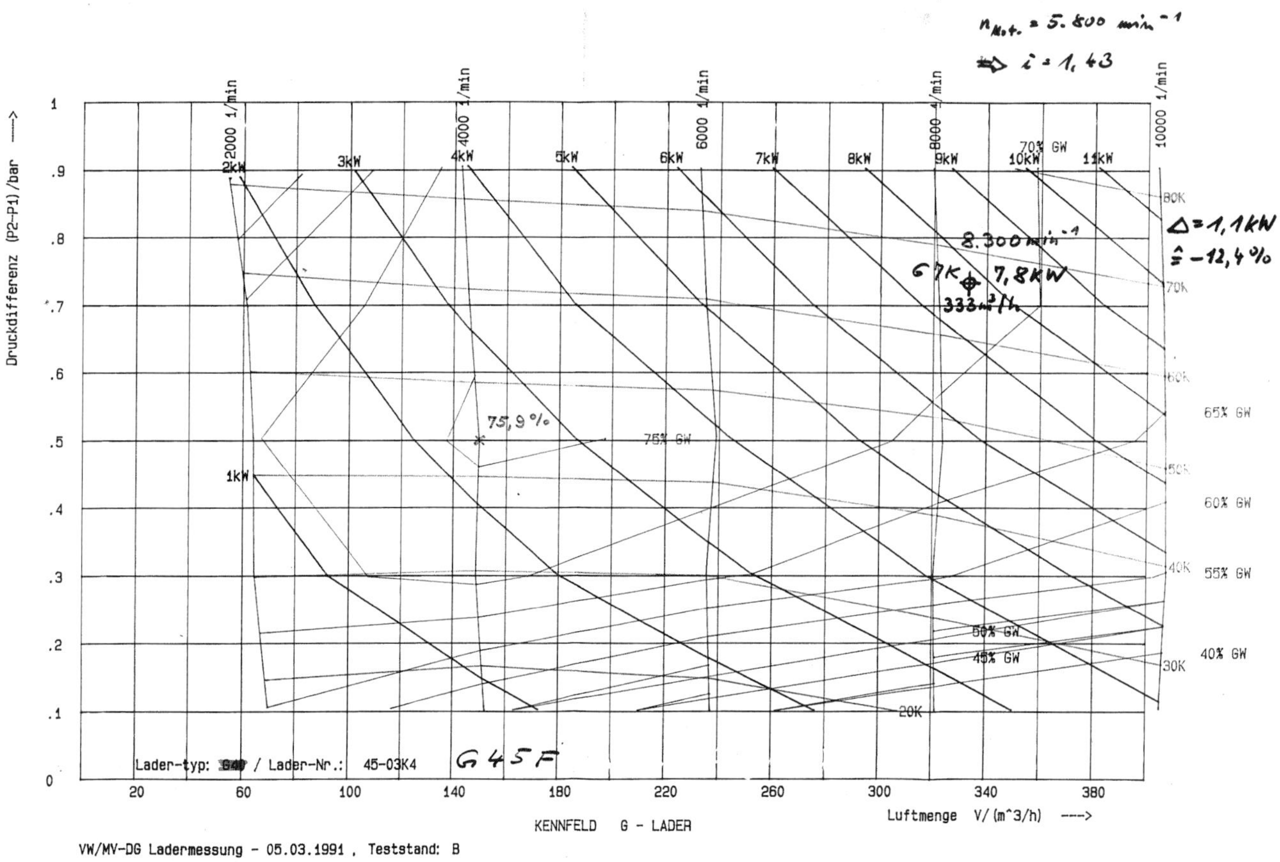

Das Kennfeld des G45 F-Laders (mit Fettbeschichtung) ist charakterisiert durch die sehr steilen Kennlinien, die im Fahrzeug ein hohes Drehmoment schon bei niedrigsten Drehzahlen ergeben. *(Zeichnung: Volkswagen/Sammlg. AutoMuseum)*

Ersatzteile von Firma JUNG

Die Ersatzteilsituation war über die Firma JUNG auch längerfristig gesichert. 1994 schrieb auto motor sport unter der Überschrift »VW stoppt G-Lader«: »Nach zehnjähriger Entwicklungszeit (bis 1988) und nur sechs Jahren Serienfertigung auf einer eigens eingerichteten Produktionsstraße im Motorenwerk Salzgitter stellt VW die Herstellung der G40- und G60-Lader ein. Begründung: zu hohe Fertigungskosten … Bis dato wurden nur 106.239 VW-Modelle mit G-Aufladung verkauft … Dennoch erhalten G-Spirallader eine zweite Chance: Die JUNG GmbH, ein im badischen Neuenburg ansässiger Zulieferbetrieb, hat die Rechte und Maschinen zur G-Produktion übernommen.«

Der »Ecodyno«-Lader

Der Schweizer Ingenieur Fritz Spinnler und der Konstrukteur Roland Kolb arbeiteten seit Ende der 1980er-Jahre an der Entwicklung eines neuen Spiralladers, den sie »Ecodyno« nannten. Der Lader basierte auf dem letzten Stand des VW G-Laders und berücksichtigte auch die vorgesehenen Weiterentwicklungen. Hier hat ein Know-how-Transfer stattgefunden.

Aus der schweizerischen Firma BBC (Brown Boveri Ltd.) ist durch Fusion mit der schwedischen Firma ASEA die Firma ABB (Asea Brown Boveri Ltd.) hervorgegangen. BBC hatte viel Geld in den letztlich erfolglosen Comprex-Lader investiert. Sie betätigten sich mit der Aufladung von mittleren und großen Dieselmotoren. Im Zuge der Diversifikation wollten sie mechanische Lader für Personenwagen herstellen und verkaufen.

Im Januar 1995 fand bei Prof. Seiffert, VW-Entwicklungs-Vorstand, eine Besprechung mit Herrn Spinnler von ABB statt. Er suchte Kunden für einen neu konzipierten Schwinghebel-Lader, der sich in Entwicklung befand. Zwei Ladergrößen wurden auf dem Papier vorgestellt.

Das Ecodyno-Projekt wurde von der Schweizerischen Industriegesellschaft (SIG), die als Waffenhersteller über Erfahrung mit Präzisionsteilen verfügte, übernommen. Auf der Aufladetechnischen Konferenz 1997 in Dresden stellte Herr Spinnler den Ecodyno-Lader vor.

Der Ecodyno-Spiral-Lader kann mit einer integrierten Magnetkupplung geliefert werden. Dadurch läuft der Motor im Teil-

Der Längsschnitt des Ecodyno-Laders Type S-100/50 zeigt viele Details, die bei VW entwickelt wurden und für den G50 K vorgesehen waren, wie z. B. die Verkleinerung der Kammertiefe, die größere Exzentrizität und der verkürzte Exzenterwellen-Hauptlagerabstand. *(Zeichnung: F. Spinnler)*

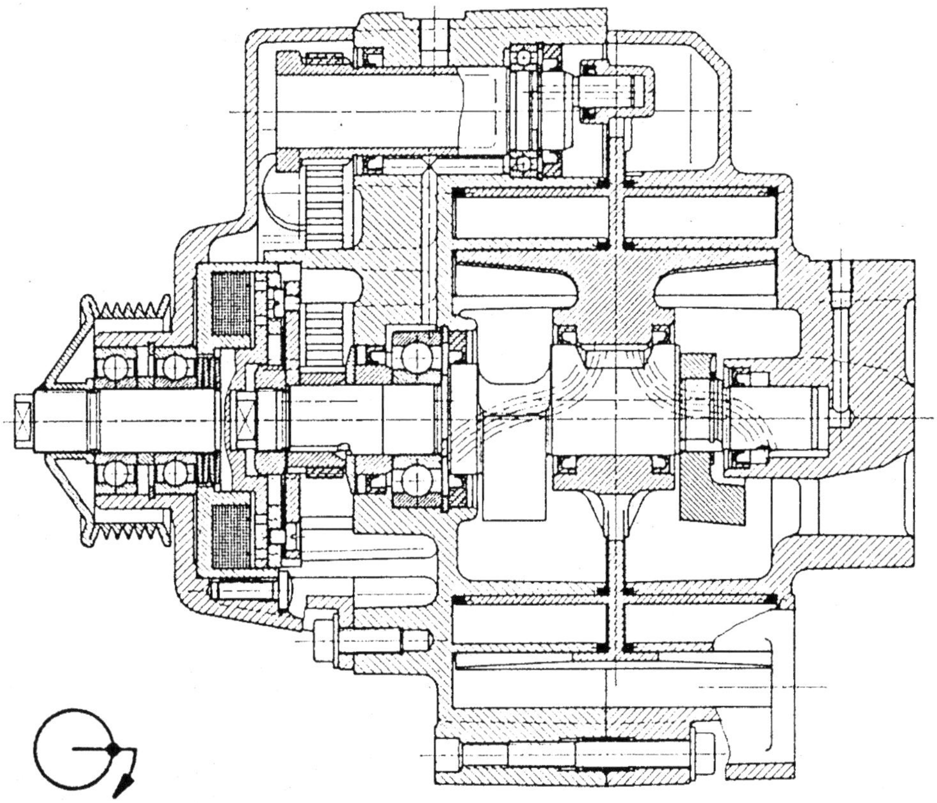

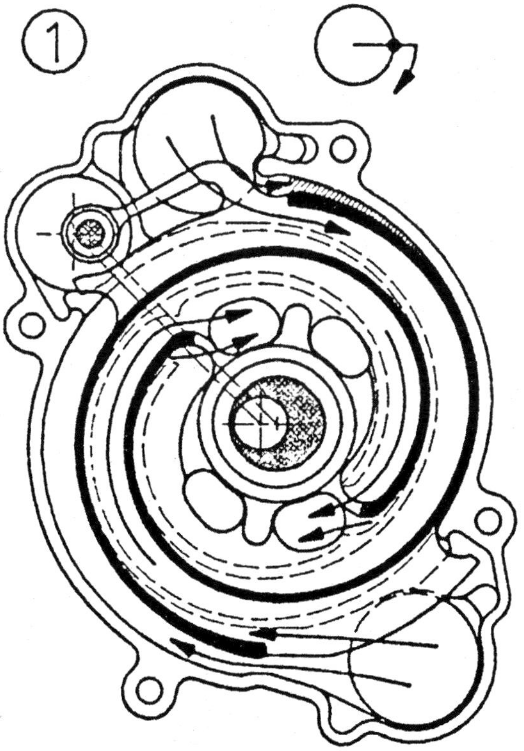

Das Prinzipbild des Ecodyno-Spiralladers zeigt viele Gemeinsamkeiten mit dem VW G-Lader. Das »Wackelaugen«-Lager des G-Laders war zum Ausgleich von Toleranzen und Verformungen elastisch mit dem Verdränger verbunden (vgl. Kap. 1.2 und 1.5). Beim Ecodyno-Lader ist das Lager der Parallelführung fest im quasi biegeweichen Arm des Verdrängers gelagert. Schwarz gezeichnet sind die Verdränger-Spiralen, gestrichelt die Gehäusespiralen. Die Spiral-Kanäle sind mit 15 mm breiter als beim G-Lader. *(Zeichnung: F. Spinnler)*

lastgebiet als Saugmotor. Das senkt den Kraftstoffverbrauch, da die Antriebsleistung für den Lader nicht aufgebracht werden muss. Erst bei höheren Lasten schaltet die Magnetkupplung den Lader zu.

Der größere Ecodyno-Lader war für Ottomotoren von 1,8 bis 2,3 Liter Hubraum vorgesehen, also in dem Bereich, in dem die mechanisch aufgeladenen Motoren von Volkswagen und neuerdings auch von Mercedes lagen. Aber weder Volkswagen noch Mercedes stiegen in dieses Projekt ein.

Daimler-Benz zeigte Interesse am G-Lader

Auch bei Mercedes arbeiteten die Ingenieure an der Mechanischen Aufladung. Sie untersuchten den G60-Lader an ihrem 2,3-Liter-Vierzylinder-Motor. Für diese Motorgröße war der G60 jedoch zu klein. Außerdem durfte natürlich kein VW-Zeichen an einem Mercedes-Motor sein. Dafür hätten wir allerdings auch ein Gussteil mit Stern gemacht, wenn das Geschäft zustande gekommen wäre.

Nachdem Volkswagen sich vom G-Lader verabschiedet hatte, kam Mercedes 1995 nach 50 Jahren wieder mit einem mechanischen Lader, dem C 230 Kompressor, heraus. Der Ladedruck wurde mit einem Eaton-Lader auf Roots-Basis mit geschränkten, dreiflügeligen Lemniskaten erzeugt.

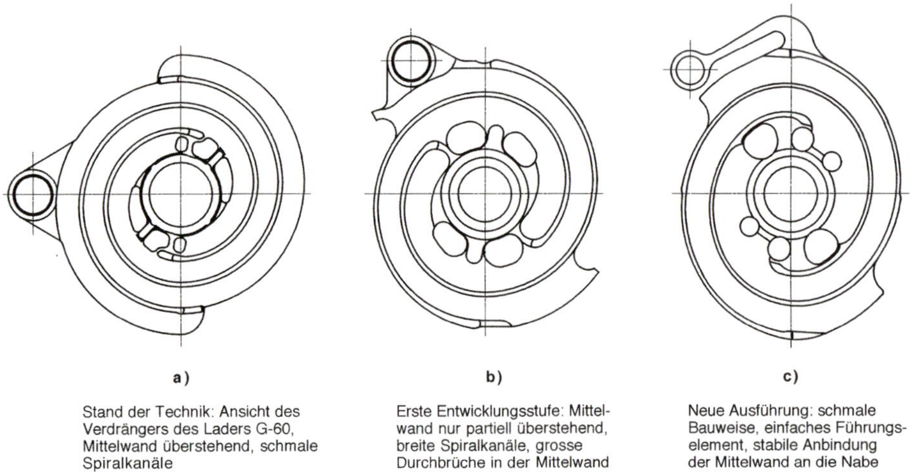

Ausgehend vom VW G60-Verdränger sind zwei Entwicklungsstufen des Ecodyno-Verdrängers dargestellt. Die Kammertiefe wurde, wie auch schon bei VW auf dem Reißbrett erarbeitet, auf 50 mm verkleinert. Dadurch verringert sich die Durchbiegung der Schaufeln. Im Teilbild c) wurde die runde Form zugunsten einer ovalen verlassen. *(Zeichnung: F. Spinnler)*

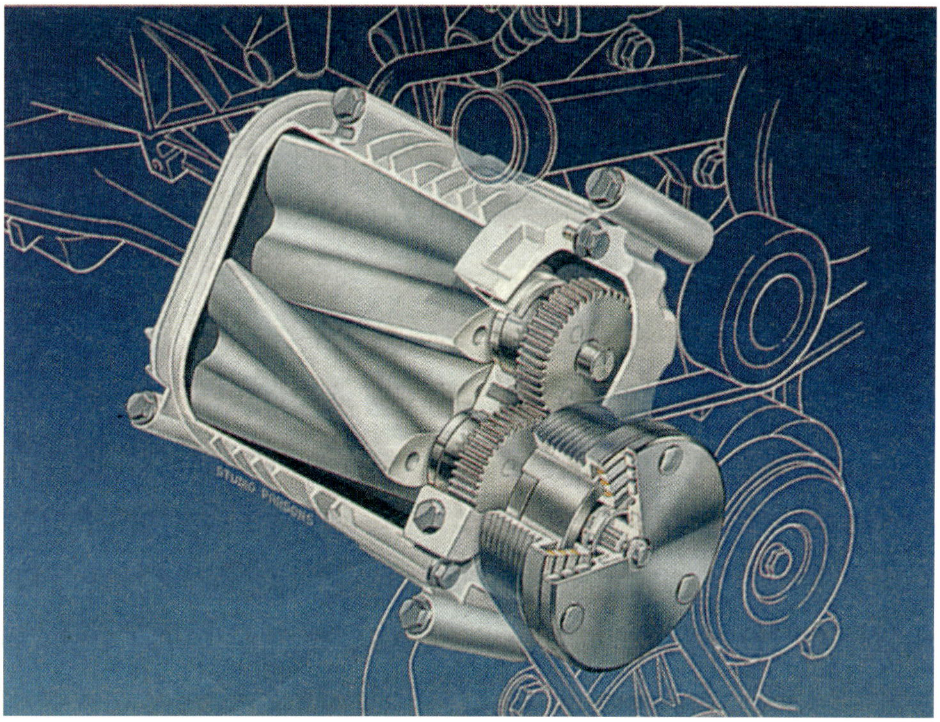

Der Eaton-Lader M62 mit geschränkten lemniskatenförmigen Verdrängern. Die Schränkung bewirkt relativ langsames Öffnen von Ein- und Auslass und senkt damit das Geräusch. Der Lader wurde bei höheren Lasten über eine Magnetkupplung aktiviert.

(Grafik: Mercedes-Benz)

Volkswagen stieg auf Doppelaufladung um

Währenddessen wurden bei Volkswagen die Abgas-Turbolader immer weiter verbessert. Das Kennfeld wurde breiter und deckte damit einen größeren Drehzahlbereich des Motors ab. Das »Turboloch« bei niedrigen Drehzahlen wurde kleiner. Wurde jedoch ein großer Turbolader eingesetzt, blieb das Ladedruck-Defizit weiterhin bestehen.

Im Jahre 2005 erschien der neue 1,4-Liter-Twincharger-Motor im Golf GT auf dem Markt. Damit einerseits eine hohe Motorleistung bei hohen Drehzahlen und andererseits ein hohes Drehmoment schon bei niedrigen Drehzahlen erreicht wurden, erhielt der Motor mit direkter Kraftstoffeinspritzung zwei Ladesysteme.

Erstmals eingebaut wurde der 1.4 TSI-Motor in den Golf V GT von 2005. *(Foto: Volkswagen)*

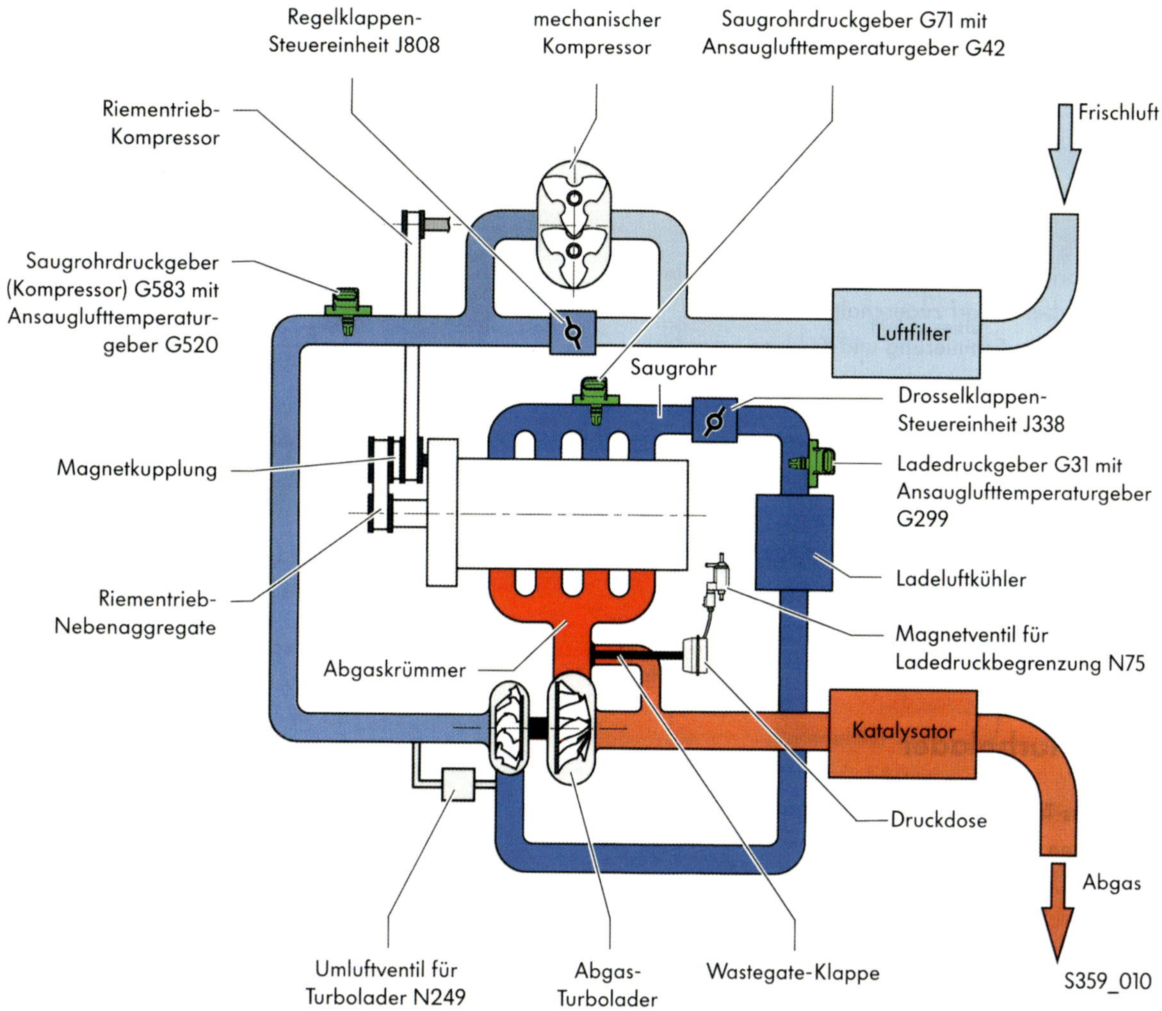

Das Prinzipbild zeigt die mit Klappen gesteuerte, flexible Reihenschaltung von Kompressor und Turbolader am Motor. Der Kompressor ist ein verbesserter Roots-Lader mit dreiflügeligen, geschränkten Rotoren. *(Zeichnung: Volkswagen/Sammlg. AutoMuseum)*

Bei niedrigen Lasten läuft der Motor immer im Saugbetrieb. Die Magnetkupplung hat den mechanischen Lader abgeschaltet. Beim Durchtreten des Gaspedals schaltet die Kupplung den Kompressor zu und das Drehmoment steigt ohne Verzug. Der Abgas-Turbolader läuft mit, um bei Drehzahlsteigerung schnell auf Drehzahl zu kommen. Ab mittlerer Drehzahl übernimmt bei höheren Lasten ausschließlich der Turbolader die Druckerzeugung.

Der HANDTMANN Spirallader

Herr Stefan Coelsch, bei der Firma HANDTMANN mit der Entwicklung des Spiralladers betraut, berichtet, dass es mehrere Baustufen gab. Mit dem Schwinghebel sollten die Probleme des G-Laders bei der Parallelführung des Verdrängers am kleinen Auge vermieden werden (vergl. Kapitel 1.2 und 1.5).

Bei Verwendung einer Magnetkupplung zum Abschalten des Laders ist eine innere Verdichtung sinnvoll. Bei mittlerer und höherer Last wird der Lader zugeschaltet und durch die innere Verdichtung findet beim Öffnen des Auslasses weniger Rückströmen statt. Bei tiefer Teillast wäre es ungünstig in den Arbeitskammern einen Druck zu erzeugen, der anschließend an der Drosselklappe wieder abgebaut wird.

Herr Coelsch: »Der Schwinghebel wurde wieder aufgegeben, weil der Verdränger am Ausgang zu spät aufgemacht hat. Dadurch wurde die Öffnungszeit zu lang und der Staudruck beim Ausblasen war zu hoch. Dadurch sank der Wirkungsgrad bei hohen Drehzahlen.«

Herrn Spinnlers Tätigkeit als Berater hat am HANDTMANN-Lader seine Spuren hinterlassen. Der angegossene elastische Arm, wie schon beim Ecodyno-Lader, findet sich am letzten Baustand wieder.

Im Januar 2012 kam es zu einer Besprechung bei Volkswagen, in der Vertreter der Firma HANDTMANN ihren Lader vorstellten.

Der HANDTMANN-Spirallader besitzt nur eine Spirale auf jeder Seite der Verdrängerplatte. Dadurch konnte bei kleinen Außenabmessungen eine größere Exzentrizität für hohen Luftdurchsatz realisiert werden. Die Form der Spirale wurde so ausgebildet, dass eine geringe innere Verdichtung von 1,1 möglich wurde. *(Zeichnung: HANDTMANN)*

Der letzte Entwicklungsstand des HANDTMANN-Laders. *(Zeichnung: HANDTMANN)*

Herr Coelsch berichtet: »Der HSL-Lader läuft seit sechs bis sieben Jahren statt des Roots-Laders am 1,4-Liter-Twin Charger-Motor von VW in einem Golf. Mit seinem Drehmoment von 370 Nm bei 1.200 U/min begeistert er, so dass er gern und viel genutzt wird.«

Zu einem Einsatz kam es nicht. Inzwischen hört man auch von diesem Spirallader nichts mehr.

Der THEIBACH-Lader TP G65

Sebastian Winkler vom VW Polo IG Deutschland e.V. erklärt: »THEIBACH-Performance wurde von Tobias Theibach im Jahr 2000 gegründet. Im Fokus steht der Onlinehandel mit Ersatz- u. Tuningteilen für die G40- und G60-Fahrzeuge von VW wie den Golf 2, Corrado, Passat und Polo. Inzwischen ist die Firma in ganz Europa als Spezialist für G40/G60/G65-Lader bekannt.«

Aus der THEIBACH-Werbung: »2014 wurde von uns der erste TP G65 G-Lader aus einem originalen G60-Lader hergestellt und zum Verkauf angeboten. Vor der Markteinführung wurde der TP G65 G-Lader ausgiebig in verschiedenen Fahrzeugen über viele Kilometer getestet.«

Der THEIBACH TP G65 G-Lader ist eine Weiterentwicklung auf Basis des G60 Laders. Die Gehäusehälften werden tiefer ausgefräst und dadurch auf eine Kammertiefe von 63 mm gebracht. Der Verdränger ist ein absolutes Neuteil mit einer Kammerhöhe von 63 mm. Durch die größeren Kammern und die VW-Motorsport-Kontur ist ein deutlich höheres Fördervolumen von + 65 ccm Luft pro Umdrehung erzielt worden. Damit steigt der Ladedruck über das ganze Drehzahlband um ca. 0,35 bar an.«

Sebastian Winkler
Geboren am 11.05.1979 in Dinslaken, Ausbildung zum Immobilienkaufmann, heute Kaufm. Angestellter, Schriftführer und Gründungsmitglied der VW Polo IG Deutschland e.V.

Sebastian Winkler *(Foto: Kittler)*

»Im zweiten Ausbildungsjahr (Jahr 2000) kaufte ich meinen ersten Polo G40 (Bj. 1991 mit eckigen Scheinwerfern, im Originalzustand), weil mir der Polo 86C sehr gut gefiel und mich der Klang und das Understatement reizten. Das Interesse am G-Lader kam sofort mit dem Erwerb des Fahrzeuges.«

Der G-Lader lebt weiter

Herr Winkler ist aktuell über den G-Lader bestens informiert: »Unter dem Dach der VW Polo IG Deutschland e.V. stellen wir auch und im Besonderen für die Eigentümer des VW Polo G40 aller Baureihen eine Basis bereit, auf der man sich austauschen kann – sozusagen eine VW Polo G40 IG. Die Beschaffung von einigen Ersatzteilen gestaltet sich alleine häufig schwierig. Auch mit Tipps zum G-Lader helfen wir gerne weiter.

Den wesentlich größeren Marktanteil an Fahrzeugen mit G-Lader hat die ‚G60-Fraktion' durch größere Stückzahlen von VW Corrado und VW Golf, aber auch VW Passat und zahlreichen Umbauten in andere Modelle. Beim G60-G-Lader lohnt es sich sogar heute, Entwicklungsarbeit für neu gefertigte Bauteile anzustrengen.

Besonders erwähnenswert ist hier das Unternehmen THEIBACH Performance. Es bietet den G60-G-Lader entweder mit neu gefertigten Verdrängern, aber auch zusätzlich mit neu gefertigten Gehäusehälften an. Durch die Erweiterung auf 65 bzw.70 mm Kammertiefe werden außerdem eine höhere Fördermenge und damit eine Leistungssteigerung erreicht.«

Der THEIBACH-Lader TPG 65 entstand aus dem VW-Lader G60. *(Foto: S. Winkler)*

Quellen

G. Hack: Nichts G mehr, auto motor und sport 22/1992

Ch. Bartsch: Der Spirallader kommt wieder, Krafthand 21/1997

D. Hüttebräucker, Ch. Puchas, W. Fick, K. Joos: Entwicklung des Mercedes-Benz 4-Zylinder-Motors mit mechanischem Lader, Aachener Kolloquium 1995

Interview mit Sebastian Winkler, 25.11.2020 im AutoMuseum Volkswagen

J. Licht, S. Wanner, O. Maiwald, J. Keuler: Neue Spirallader-Generation – Mehr Leistung bei weniger Verbrauch, MTZ 10/2012

Der 1,4l TSI-Motor mit Doppelaufladung (Volkswagen Selbststudienprogramm), 2006

Unterlagen der Firma HANDTMANN

Teil 2

Der Volkswagen GDI-Motor

Von Winfried Oppermann

Im Jahr 1979 wechselte ich von der Motorenkonstruktion, Dieselmotoren, in die Forschung in das Team von Abteilungsleiter Herrn Dr. Lee mit den Herren Gospodar und Renger. Dr. Lee wurde Anfang der 1980er-Jahre in das Beraterteam von Dr. Hahn berufen, um auf dem chinesischen Automobilmarkt Fuß zu fassen. Dr. Schäpertöns wurde sein Nachfolger. In dem neuen FO-Team hatte ich alsbald ein Erlebnis, das mir in fortdauernder Erinnerung bleibt. Mein Arbeitskollege H. Gospodar hatte mich in Gesprächen begeistert, einen Ottomotor auf die Beine zu stellen, der wesentlich weniger Kraftstoff verbraucht (ähnlich Diesel). Wir fingen an, die Verdichtung um zwei Einheiten zu erhöhen und, zur Vermeidung des Klopfens, dem Kraftstoff im Saugrohr Wasser beizumischen. Das war aber keine Lösung für den Winterbetrieb.

Dipl.-Ing. Winfried Oppermann
Geb. 28.03.1942 in Leobschütz/Oberschlesien, verheiratet, Vater von drei Kindern, Kfz.-Mechaniker-Lehre bei Daimler, Maschinenbaustudium in Hannover, erste Anstellung 1966 bei MBB in Manching (am Starfighter gearbeitet), 1966–1968 Bundeswehr, Oberleutnant d.R., 1969 zu Volkswagen in die Motoren-Konstruktion, 2004 Ruhestand.

Winfried Oppermann
(Foto: Kittler)

2.1 Eine Direkteinspritzung muss her

Während ich noch die Literatur wälzte, hatte dieser Kollege alles in seinen Gedächtnisschubladen abrufbereit: Er machte seine Augen zu, und dann kamen die Wissensschübe.

Das größte Problem war allerdings, wie bekommen wir das O.K. vom Hauptabteilungsleiter Dr. Oetting? Nach Darstellung von H. Gospodar war Dr. Oetting gebrandmarkt von dem Schichtladungs-Konzept »PC« (Pre-Chamber). Mit diesem Konzept sollte von einem Team mit ca. 15 Leuten, in Zusammenarbeit mit der TH Aachen, ein Konzept kreiert werden, das einen angestrebten Minderverbrauch von etwa 5 % ergeben sollte. Das Ergebnis war allerdings ein Mehrverbrauch von etwa 5 %.

Nun lernte ich Herrn Gospodar näher kennen. Er wurde bei Herrn Dr. Oetting vorstellig mit dem Vorschlag: Erforschung eines DI-Benzinmotors. Wie nicht anders zu erwarten, kam ein striktes »Nein« mit dem Zusatz: »Ich will nichts mehr von Schichtladung im Ottomotor hören.« Da hat der Chef die Rechnung allerdings ohne den Wirt gemacht. Am nächsten Tag stand Herr Gospodar wieder auf der Matte. »Da steckt so viel Potenzial drin, wir müssen das Thema aufgreifen.« Wieder ein schroffes »Nein«. Das Hin und Her dauerte etwa zwei Wochen, bis es Dr. Oetting reichte. Frage von Dr. Oetting an Herrn Gospodar: »Wie lange müssen Sie noch arbeiten?« Antwort: »Rund fünf Jahre.« »Dann machen Sie, was Sie wollen, nur eins, lassen sie mich in Ruhe«.

Startsignal für den DI-Benzinmotor

Ich war für die Konstruktion und Fertigung des DI-Benzinmotors verantwortlich, und Herr Gospodar übernahm den Part des Versuchs. Die Versuchsergebnisse bekam ich nie schriftlich, denn mein Kollege hatte stets alle Daten im Kopf. Fragte ich nach den Versuchsergebnissen, so wurden die Augen geschlossen, und die Werte sprudelten aus seinem Mund.

Basis für den DI-Benzin-Motor war der 1.6-L-DI-Diesel-Zylinderkopf. Nach den notwendigen Konstruktionsarbeiten konnte der Zylinderkopf für den DI-Benziner gefertigt werden.

Das Brennverfahren

Vorbild für den Bennraum war zunächst das MAN M-Verfahren mit einer Kugelmulde im Kolben (wandauftragende Einspritzung), das in Lkw seit vielen Jahren im Einsatz war.

Eine Anfrage bei BOSCH, ob Einspritzdüsen für einen Pkw-DI-Benziner zu erhalten seien, wurde verneint. Das Interesse an einer Zusammenarbeit war wohl nicht stark ausgeprägt. Es hatte den Anschein, als wollten sie sagen, was können wir den »Spinnern« aus der Forschung anbieten, damit wir anschließend Ruhe haben. Die Antwort lautete, lieferbar wären Düsen für die Fa. MAN.

Versuche mit diesen Einspritzdüsen auf der Basis vom MAN-Lkw waren aber ergebnislos. Die Düsen waren zu voluminös, und dadurch war keine optimale Position für die Zündkerze möglich. Darum konstruierte ich einen Querstromkopf (Ein- und Auslasskanäle auf unterschiedlichen Seiten). Die Einspritzdüse wurde auf die kühlere Saugseite und die Zündkerze auf die wärmere Auslassseite positioniert. Die Ergebnisse befriedigten nicht.

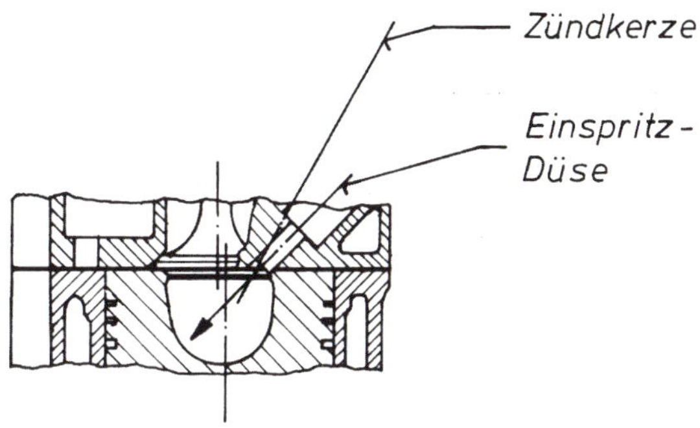

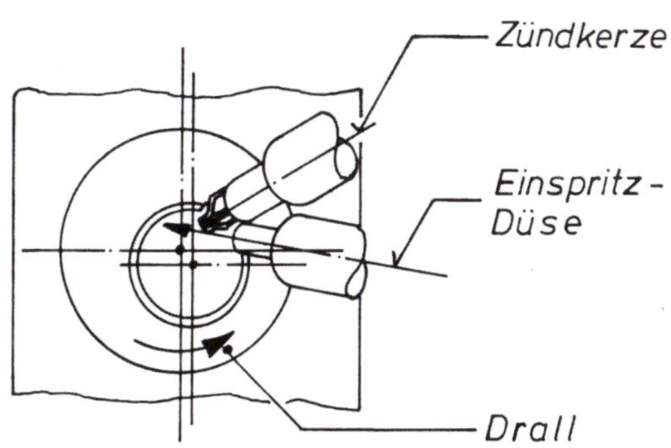

Der Einspritzstrahl schlägt durch die Mulde und trifft auf die Wand, wo er sich als Film anlagert. Durch den starken Drall (Rotation der Luft) wird der Kraftstofffilm abgedampft, mit der Luft vermischt und durch die hohe Verdichtungstemperatur gezündet. Anmerkung Willmann: Die tiefe Brennraum-Mulde im Kolben vergrößerte die Kompressionshöhe und erforderte eine Blockerhöhung um 12 mm, wenn die Serien-Pleuel verwendet werden sollten. *(Zeichnung: Oppermann)*

Einspritzausrüstung von STANADYNE

Zwischenzeitlich hatte Herr Gospodar einen Bericht gelesen, in dem die Stanadyne Pencil-Nozzle, eine sehr schlanke Düse, vorgestellt wurde. Auch eine Einspritzpumpe, die für Benzin-Kraftstoff und für hohe Drücke tauglich war, wurde in diesem Bericht erwähnt. Nach der Kontaktaufnahme mit den Herren von STANADYNE wurde eine Zusammenarbeit vereinbart. Den Zylinderkopf konstruierte ich für dieses neue Einspritzsystem um.

Wir waren anfangs ein Zweimann-, kurze Zeit später ein Viermann-Team. Herr Grabe für den Versuch und für den Einbau in das Fahrzeug und Herr Schulz für die Elektronik kamen hinzu. Nach dem altersbedingten Ausscheiden von H. Gospodar haben wir das Konzept der Benzin-Direkteinspritzung im Forschungsauto IRVW 4 Futura auf der IAA Frankfurt 1989 der Öffentlichkeit präsentiert: Er verfügte nicht nur über Direkteinspritzung, sondern bediente sich auch eines G40-Laders. Der Kraftstoffverbrauch entsprach etwa dem eines WK-Dieselmotors.

VW zeigt Flagge

In der Forschung wird kreativ »gesponnen«. Dass der DI-Benziner in der Fachwelt positiv aufgenommen worden war, zeigte die Tatsache, dass ich von mehreren Hochschulen/

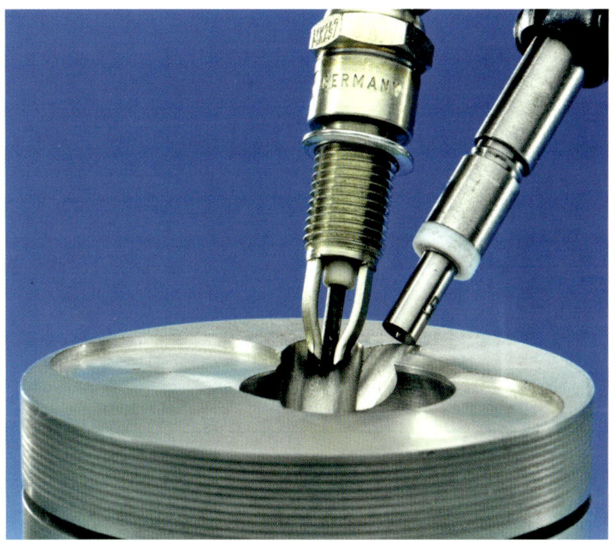

Kolben mit Einspritzdüse und Spezial-Zündkerze.
(Foto: Volkswagen/Sammlg. AutoMuseum)

Unis bzw. Instituten eingeladen worden war, über dieses Thema zu referieren. Nach der Präsentation des DI-Benziners im Forschungsauto Futura war zu erfahren, dass bei BOSCH ein Beben stattgefunden hat. Grund: Vor dem Forschungsfahrzeug Futura war eine Informationstafel aufgestellt, auf der zu lesen war, mit welchen Zulieferfirmen wir zusammengearbeitet hatten. Hier wurde mitgeteilt, dass die Einspritztechnik von der Firma STANADYNE stammte.

Technische Daten GDI-Motor

Motor-Bauart	Vierzylinder (Reihe), Otto-DI
Hubraum (cm³)	1.715
Bohrung/ Hub (mm)	79,5 / 86,4
max. Leistung (kW/PS bei U/min)	66 / 90 bei 4.000–4.500
max. Drehmoment (Nm bei U/min)	173 bei 3.000 / zum Vergleich TDI 160/2000–4.000)
Verdichtung	16,0 : 1

Diese Information schlug bei BOSCH wie eine Bombe ein. Kurze Zeit danach meldete sich die Stuttgarter Verbindungsperson, H. Musshard: BOSCH wolle mit der VW-Forschung enger zusammenarbeiten, ab sofort ist die Abteilung Vorentwicklung unter der Leitung von Herrn Dr. Schwarz für die Belange der VW-Forschung zuständig. Herr Lange aus dieser Abteilung wurde ausschließlich für die Zusammenarbeit mit VW freigestellt.

Nach der Präsentation auf der IAA hatte ich mich Ende 1989 / Anfang 1990 aus der Zusammenarbeit mit STANADYNE ausgeklinkt. Mit dieser mechanischen Einspritztechnik sah ich keinen Fortschritt für das DI-Benziner-Konzept. Diese Einspritzausrüstung stieß an ihre Grenzen, z.B. mussten im Laufe der Abstimmung des Motorenbetriebes auf dem Prüfstand u.a. die Parameter des Einspritzzeitpunktes und die der Einspritzdauer permanent nachjustiert werden, um die Abgaswerte zu minimieren und einen ruhigen Motorenlauf zu erreichen.

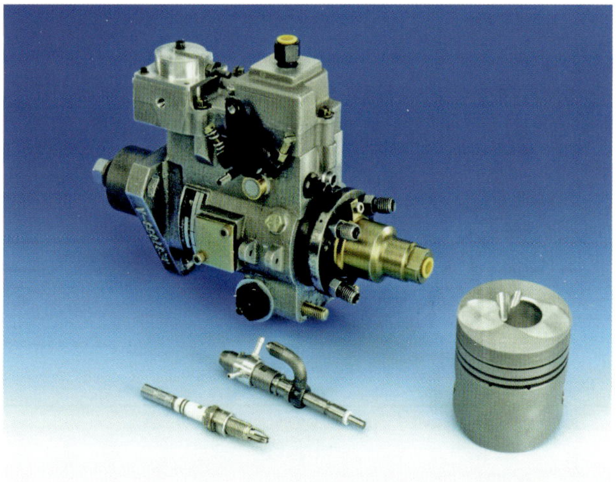

Das Bild zeigt die Radialkolben-Verteiler-Einspritzpumpe von STANADYNE mit Pencil-Nozzle, der Zündkerze und dem DI-Kolben. *(Foto: Volkswagen/AutoMuseum)*

Der 1,7-L-GDI-Motor von Volkswagen mit mechanischer Aufladung durch den G-Lader (Pfeil), angetrieben durch eine lange Welle. Die Einspritzpumpe liegt flach neben dem Zylinderkopf. *(Foto: Volkswagen/Sammlg. AutoMuseum)*

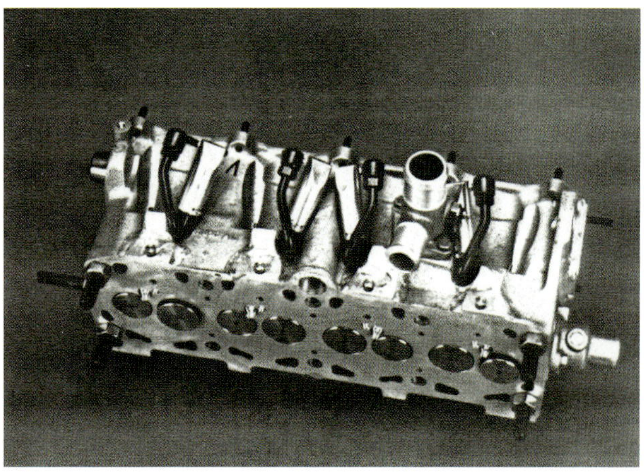

Gleichstrom-Zylinderkopf mit Pencil-Nozzle. *(Foto: VW Messtechnik)*

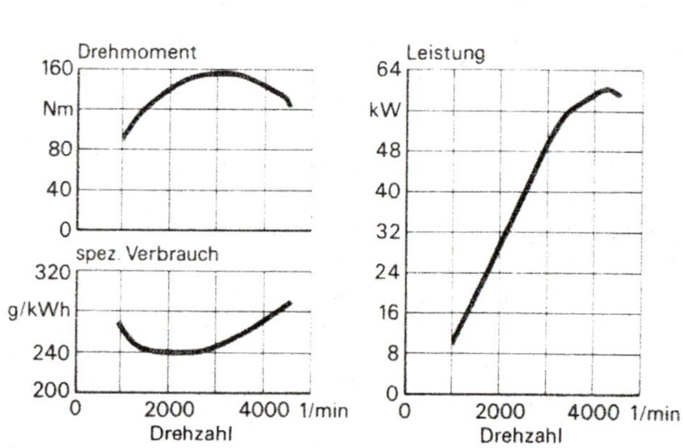

Volllastwerte des GDI-Motors (Versuchsergebnisse).

Meine letzte aktive Unterstützung für diese »Bastlerlösung« bestand darin, dass ich die Motorenteile im Versuchsbau habe fertigen lassen, um dem Wunsch von Herrn Dr. Oetting an Herrn Dr. Schäpertöns nachzukommen, fünf Versuchsmotoren an die Motoren-Entwicklung zu übergeben. Herr Grabe hat diese Motoren nie mit der Einspritzausrüstung von STANADYNE komplettiert. Er musste einsehen: Es war eben nicht der große Wurf, um diesen Iststand des DI-Benziners an den Motorenversuch zu übergeben.

Mitsubishi rüttelt wach

Danach wurde es sehr still um das DI-Benzinkonzept, bis zu dem Zeitpunkt, als Mitsubishi Mitte der 1990er-Jahre mit einem GDI auf dem Markt auftauchte. Die Fachjournalisten zerrissen die deutsche Autoindustrie mit dem Ausspruch: »Ihr deutschen Autobauer habt mal wieder eine große Entwicklung verschlafen!«

Das konnte so nicht im Raum stehen bleiben. Der damalige Forschungsleiter Dr. Quissek ließ den Forschungs-Futura aus dem AutoMuseum in den Saal des Forschungsgebäudes stellen. Er lud die entsprechenden Journalisten nach Wolfsburg ein und präsentierte den Motor mit der DI-Benzineinspritzung in diesem Wagen, der bereits 1989 auf der IAA der Öffentlichkeit gezeigt worden war. Mit dem Hinweis, dass im Hause VW selbstverständlich weiter geforscht und entwickelt werde, bis das DI-Benziner-Konzept reif für den Serienanlauf sei.

Der Motor im VW Futura war mit einer Verdampfungskühlung ausgerüstet. Hierbei wird die große Verdampfungswärme bei der Phasenumwandlung des Wassers genutzt, um die Wärme von den kritischen Bauteilen des Motors abzuführen. Dadurch erwärmt sich der Motor schneller, und die Temperaturen werden auch bei Teillast hochgehalten. Das Prinzip ist in MTZ 9/1989 beschrieben. Die Arbeiten wurden von einem anderen Team ausgeführt.

Es wurde noch darauf hingewiesen, dass der von Mitsubishi vorgestellte DI-Benziner zu diesem Zeitpunkt nur mit mäßigen Verbrauchsvorteilen aufwartete. VW werde erst dann mit einem DI-Benziner in Serie gehen, wenn ein wesentlich größerer Minderverbrauch erreicht wird. Anschließend waren die Wellen geglättet.

Durch diese Vorkommisse waren die Führungskräfte von VW plötzlich an dem DI-Benziner sehr interessiert. Zuvor hat es immer geheißen: »Den DI-Benziner brauchen wir nicht, denn wir haben bereits einen sparsamen DI-Diesel.« Dass aus Rohöl nicht nur Diesel, sondern auch Benzin als Destillat gewonnen wird und somit auch Benzin ökonomischer verbraucht werden könnte, wurde wohl ignoriert.

In der FO wurde weiter an dem DI-Benziner geforscht. Wie zuvor erwähnt, sah ich eine Weiterentwicklung dieses DI-Konzeptes nicht in der mechanischen Einspritztechnik, sondern mit Hilfe der Elektronik.

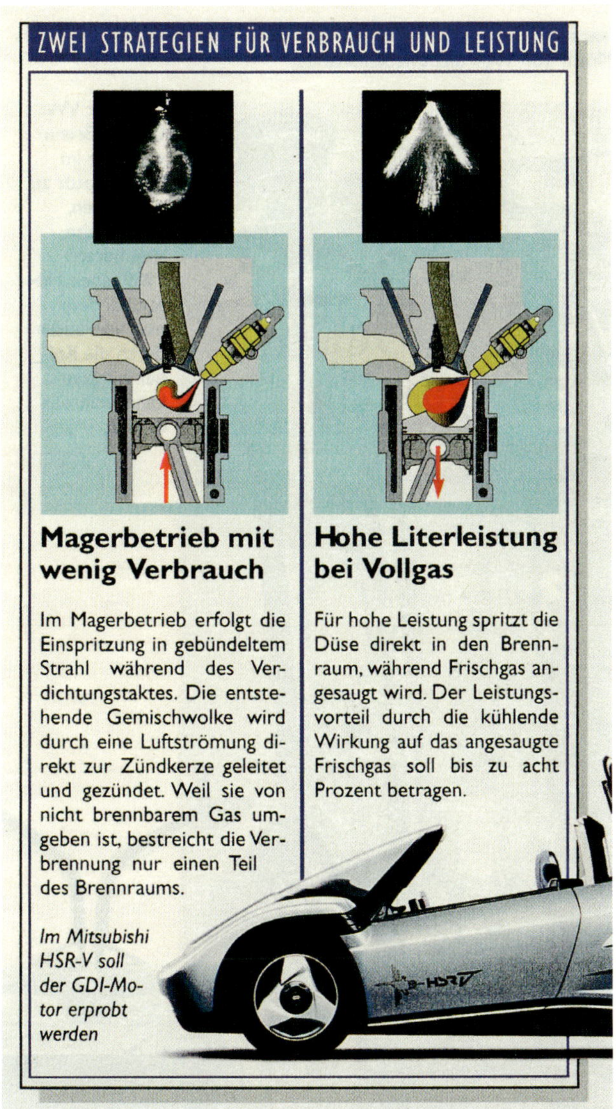
ZWEI STRATEGIEN FÜR VERBRAUCH UND LEISTUNG

Magerbetrieb mit wenig Verbrauch

Im Magerbetrieb erfolgt die Einspritzung in gebündeltem Strahl während des Verdichtungstaktes. Die entstehende Gemischwolke wird durch eine Luftströmung direkt zur Zündkerze geleitet und gezündet. Weil sie von nicht brennbarem Gas umgeben ist, bestreicht die Verbrennung nur einen Teil des Brennraums.

Hohe Literleistung bei Vollgas

Für hohe Leistung spritzt die Düse direkt in den Brennraum, während Frischgas angesaugt wird. Der Leistungsvorteil durch die kühlende Wirkung auf das angesaugte Frischgas soll bis zu acht Prozent betragen.

Im Mitsubishi HSR-V soll der GDI-Motor erprobt werden

Das Mitsubishi GDI-Konzept. *(Quelle: auto motor und sport 21/1995)*

Das Forschungsfahrzeug Volkswagen Futura.

(Foto: AutoMuseum Volkswagen)

2.2 Das selbstlernende Einspritzsystem

Meine Idee ein »Selbstlernendes-Einspritzsystem« zu entwickeln, fand in einer Abteilungsbesprechung unter dem Motto: »Welche zukünftigen Themen sollten in der Forschung bearbeitet werden?« keine Unterstützung.

Die Idee war: In einem gewählten Zeitfenster die jeweils durchgelaufenen Kurbelwellengrade jedes einzelnen Zylinders zu messen und bei einem Unterschied diese durch eine Neujustierung der entsprechenden Parameter anzugleichen. Dazu war allerdings ein elektronisch gesteuertes Einspritzsystem erforderlich.

Erst einige Jahre später griff Herr Dr. Manz dieses Thema auf. Er indizierte jeden einzelnen Zylinder mittels eines Drucksensors, um im Bedarfsfall die Einstellgrößen am Einspritzsystem zu korrigieren.

Inzwischen gab mir mein Abteilungsleiter. Herr Dr. Schäpertöns, freie Hand, auch den Versuch eigenständig zu managen. Es war ein wunderbarer Status: von der Ideenfindung über die Konstruktion bis hin zum Versuch und dessen Ergebnis-Analyse in einer Person.

BOSCH steigt ein

Damit die Idee, die Elektronik in das DI-Benzinkonzept einzubinden, umgesetzt werden konnte, nahm ich mit der Abteilung Vorentwicklung von BOSCH, unter der Leitung von Herrn Dr. Schwarz, den Kontakt auf. In einer fachlichen Unterredung mit den Herren Dr. Schwarz und Lange in Stuttgart unterbreitete ich meine Idee, ein Einspritzsystem auf der Basis der Elektronik zu entwickeln. Das Neue daran sollte sein:

- eine getaktete Einspritzung,
- auch eine Vorverlegung der Kraftstoffeinspritzung in den Ansaughub.

Die Zusammenarbeit von VW und BOSCH wurde immer enger. Die Stuttgarter konstruierten neben wesentlich kleineren Einspritzdüsen eine Einspritzpumpe mit Doppelnocken. Der zweite Nocken wurde soweit versetzt, dass die Kraftstoff-Einspritzung auch in den Ansaugtakt ermöglicht werden konnte. Die Einspritzdüsen wurden mit elektromagnetischen Ventilen angesteuert. Mit dieser Ausrüstung konnte die Schichtladung für den Teillastbereich des Motors und der Homogenbetrieb ab $\lambda < 1{,}6$ dargestellt werden (λ = Luft-/Kraftstoff-Verhältnis).

Entwicklung der Einspritzdüsen

Der nächste Schritt sollte statt der Doppelnocken-Einspritzpumpe ein Common-Rail-Einspritzsystem mit zunächst induktiv gesteuerten Einspritzdüsen sein. Diese Einspritzdüsen sind allerdings für eine getaktete Einbringung des Kraftstoffs pro Arbeitszyklus nicht optimal. Die Einspritzdüse wird infolge der häufigen Ansteuerung mittels einer relativ hohen Stromstärke extrem warm und war somit für die getaktete Einspritzung des Kraftstoffs ungeeignet. Piezo-gesteuerte Injektoren hätten Abhilfe schaffen können. Dieser Injektor befand sich aber noch in der Findungsphase.

Das DI-Benzin-Konzept hat viele Parameter, die aufeinander abgestimmt werden müssen. Um deren Einflussgrößen besser verstehen zu können, entwickelte ich parallel zu diesem DI-Benziner den Transparentmotor als Prüfstands-Motor. Mit diesem Transparentmotor sollten die Einspritz- bzw. Verbrennungsabläufe visuell mit der entsprechenden Messtechnik dargestellt werden.

So wurde der Einfluss der zuerst verwendeten Einspritzdüsen basierend auf dem Prinzip der »Nach innen öffnenden Einspritznadel« untersucht. Mit der ersten Stufe wurde der Teillastbereich des Motors betrieben. Hier wird die Düsennadel nur mit einem kleinen Hub, bis zum Anschlag der zweiten Stufe und einem relativ geringeren Druck, angehoben. Der Ringspalt zwischen der Nadel und dem Bohrungsinnendurchmesser des Düsenhalters wurde sehr klein gewählt (etwa 0,05 mm), damit der Kraftstoff trotz der geringen Kraftstoffmenge feinzerstäubt in den Brennraum eingespritzt werden kann.

Den höheren Lastbereich deckt die zweite Stufe der Einspritzdüse ab. In der zweiten Stufe erhöht sich der Einspritzdruck infolge der größer werdenden Kraftstoffmenge. Dadurch wird die Federvorspannkraft der zweiten Stufe überschritten und der Nadelhub angehoben. In dieser Stellung hat die Einspritznadel einen kleineren Durchmesser, so dass die größere Kraftstoffmenge durch den größeren Ringspalt, bis hin zur Volllast in dem verbleibenden Einspritzzeitfenster, in den Brennraum eingespritzt werden kann.

Die Auswertung der Bilder, die von den Messtechnikern mit Hilfe der Hochgeschwindigkeitskamera aus dem Betrieb des Transparentmotors abgelichtet wurden, ließ erkennen, dass die Kraftstoffverteilung in der ersten Stufe optimal war. In der zweiten Stufe war der Kraftstoffstrahl aber so gebündelt, dass keine ausreichend gute Gemischbildung erreicht wurde. Das Ergebnis: Die Messung ergab eine überhöhte Rußbildung.

Als Alternative hat uns BOSCH eine »nach außen öffnende Einspritzdüse« mit den geforderten zwei Einspritzstufen gefertigt. Die Einspritznadel hatte am unteren Ende einen kegeligen Kopf, der die Abdichtung an der Außenkontur des Düsenkörpers sicherstellt. Durch einen optimal gewählten Kegelwinkel (ca. 70°) konnte der Kraftstoff, nach Öffnung der Düse, in Form eines Kegelmantels, in den Brennraum eingespritzt werden. Eine gute Gemischbildung konnte dadurch für alle Lastbereiche des Motors erreicht werden.

Für dieses »Strahlgeführte Konzept« zeigte sich bald, dass mit einer Serien-Zündkerze keine Aussetzer-freie Verbrennung im Motor zu erreichen ist. Von BERU konnten wir mit Zündkerzen beliefert werden, die mit einer langen Mittelelektrode mit drei parallelen Masseelektroden bestückt ist (siehe Variante 1). Mit diesen verlängerten Elektroden sollte erreicht werden, dass der Zündfunke den äußeren Rand des Kraftstoffkegels erreicht und somit die Entflammung des Kraftstoffgemisches auslöst.

Weil mit dieser Zündkerzengeometrie der Motor nur mit vielen Zündaussetzern betrieben werden konnte, wurde erneut der Transparentmotor eingesetzt. Die Auswertung dieser Bilder zeigte, dass der Zündfunke, nicht nur wie gewünscht, an dem unteren Ende der Mittelelektrode übergesprungen ist, sondern dass er im Bereich des oberen bis hin zum unteren Ende der Mittelelektrode wechselt.

Aus von mir skizzierten Varianten stellte sich folgende Geometrie als optimal heraus: Die äußeren Massenelektroden werden von der unteren Spitze der Mittelelektrode im Winkel von ca. 45° nach außen geführt bis zum Außendurchmesser des Zündkerzengehäuses. Anschließend werden diese Massenelektroden parallel zur Mittelelektrode an das obere Außengehäuse der Zündkerzen angeschlossen (Variante 3).

Im wiederholten Testlauf an dem Transparentmotor mit der neuen Zündkerzengeometrie konnte ein Motorenlauf

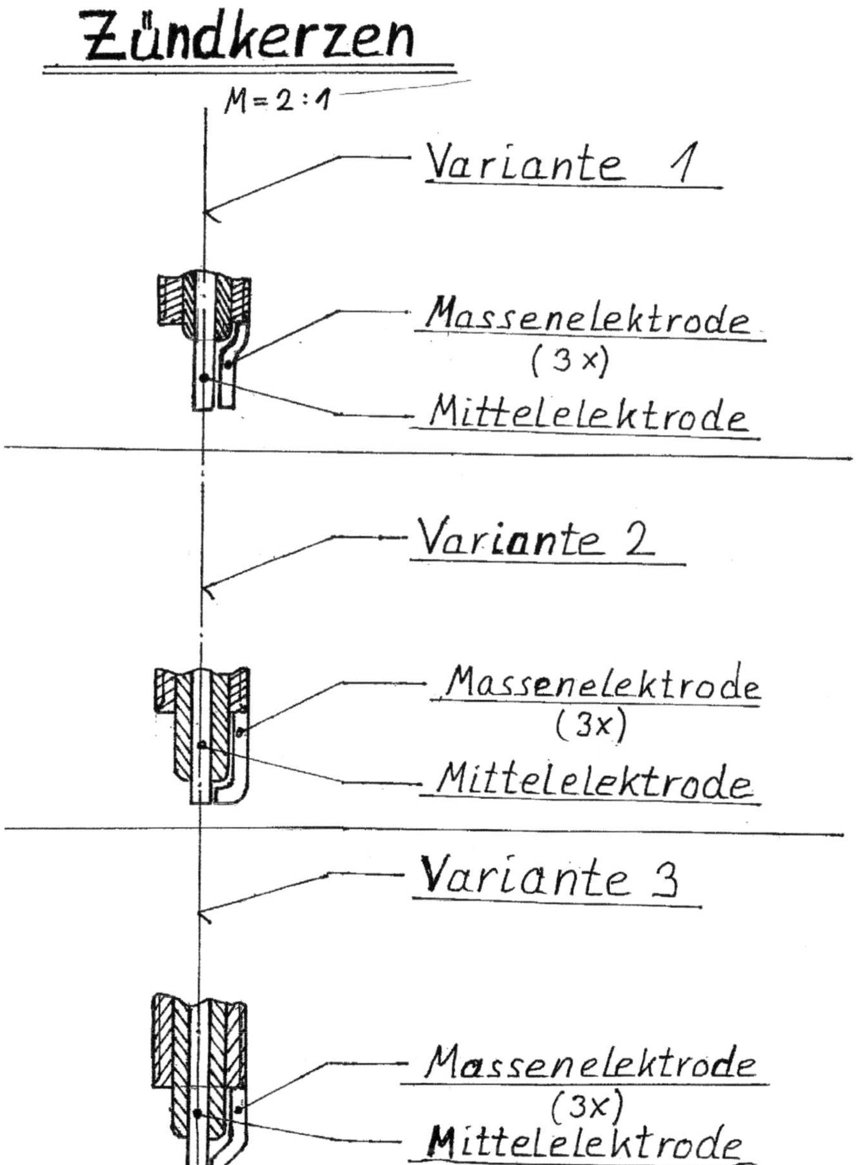

Verschiedene Stufen der Zündkerzen-Entwicklung.
(Skizze: W. Oppermann)

ohne Zündaussetzer dargestellt werden. Nun zeigte sich, dass der Zündfunke immer an der Spitze der Mittelelektrode übersprang und das Kraftstoff-/Luft-Gemisch am Rand des Kegelmantels sicher entflammen konnte.

Mit Hilfe dieser neuen Zündkerzengeometrie und der von BOSCH neu konstruierten Einspritzdüse konnte die bisherige Brennraumform (MAN-Kugelmulde bzw. abgewandelte Tonnenmulde) durch eine neu konstruierte Brennraumgeometrie ersetzt werden.

Das anfangs betriebene MAN M-Verfahren (Wandführungs-Konzept) mit der »nach innen öffnenden Einspritznadel« hatte den Nachteil, dass während der Warmlaufphase des Motors der Kraftstoff nicht schnell genug von der relativ kalten Wand verdampfen und an der Entflammung nicht teilnehmen konnte. Die HC-Werte im Abgas waren dadurch sehr hoch. Auch modifizierte Geometrien des Brennraumes, wie die »Tonnenform«, ergaben keine signifikanten Verbesserungen der Abgaswerte. Auch ein »Scheibenbrennraum« konnte nicht zur Anwendung kommen, weil der eingespritzte Kraftstoff von dem Kolbenboden abprallen, die Zylinderlauffläche erreichen und den Ölfilm abwaschen würde. Erst mit dem Einsatz der »Nach außen öffnenden Einspritzdüse« konnten die Untersuchungen mit den MAN-ähnlichen Kugel- bzw. Tonnenmulden beendet werden.

Es wurde eine Flachmuldenform konstruiert, die durch einen ca. 5 mm breiten Außenring des Kolbens den eingespritzten Kraftstoff von der Zylinderlauffläche abschirmen konnte. In dem leicht geneigten Kolbenboden, in Richtung der Einbaulage der Einspritzdüse, wurde eine Vertiefung eingearbeitet. Die Neigung des Kolbenbodens dieser Vertiefung entsprach ca. 90° der Einbaulage der Einspritzdüse. Dadurch wurde erreicht, dass der Kraftstoff-Kegelmantel der ersten Stufe von der Einspritzdüse gleichförmig in Richtung Kolbenboden in den Brennraum eingebracht werden konnte.

Die zweite Stufe für den Homogenbetrieb konnte für die größere Kraftstoffeinspritzmenge bis ca. 60° vor bzw. nach OT (Oberer Totpunkt) eingesetzt werden. Der 5 mm hohe Außenring des Kolbens schirmte den Kraftstoff bis zu dieser Höhe des Kolbenstandes von der Zylinderlauffläche ab.

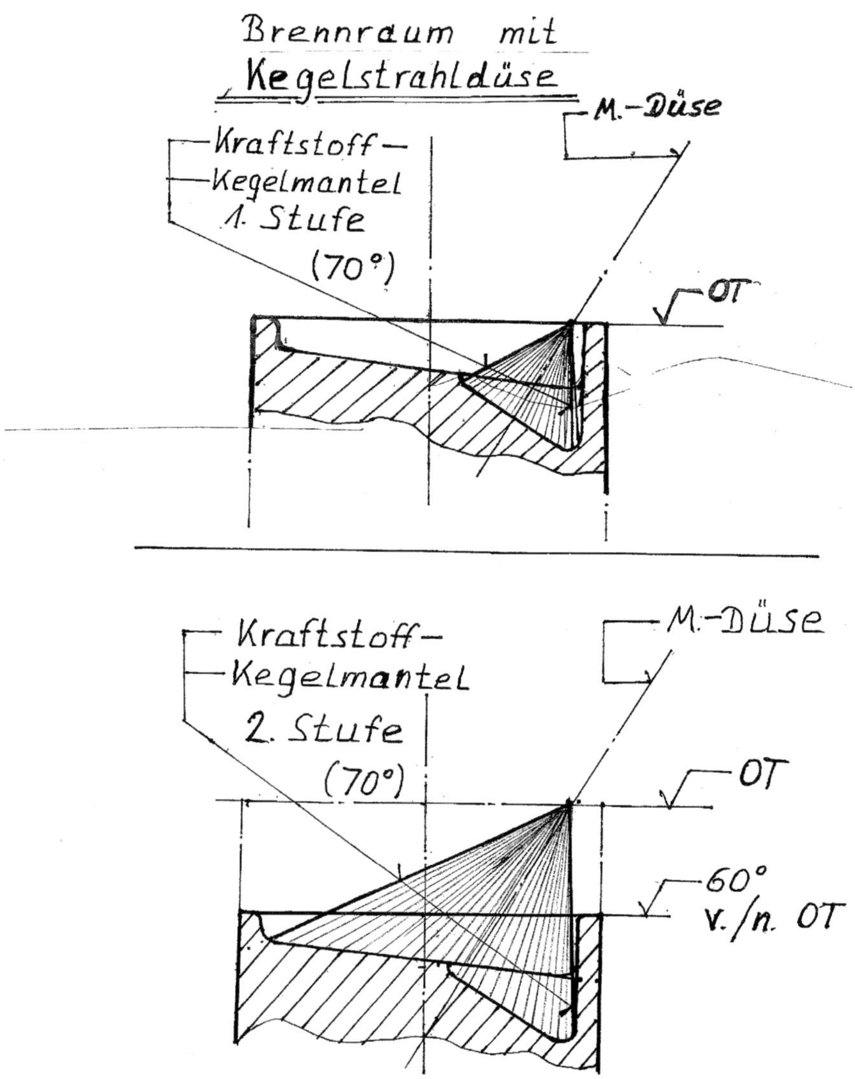

Die neue Brennraumgestaltung mit zwei Stufen der Einspritzung.
(Skizze: W. Oppermann)

2.3 Der Transparentmotor

Für die Untersuchungen am Transparentmotor musste sich ein gut eingespieltes Team etablieren. Auf dem Transparent-Prüfstand wurde H. Dukiewitz Pst.-Fahrer. Von der Abtlg. Messtechnik kam zuerst H. Dr. Stoffregen in das Team. Mit entsprechend hohem Blutdruck managten wir gemeinsam den Jungfernlauf des ersten Transparentmotors. Es ging nichts zu Bruch. Auch das Quarzfenster im Kolben war für den gefeuerten Betrieb des Motors gut gelagert. H. Dukiewitz wurde zu einer tragenden Säule in den praktischen Testprogrammen am permanent verbesserten Transparentmotor.

Transparentmotor mit kleinen Fenstern.
(Foto: VW Messtechnik)

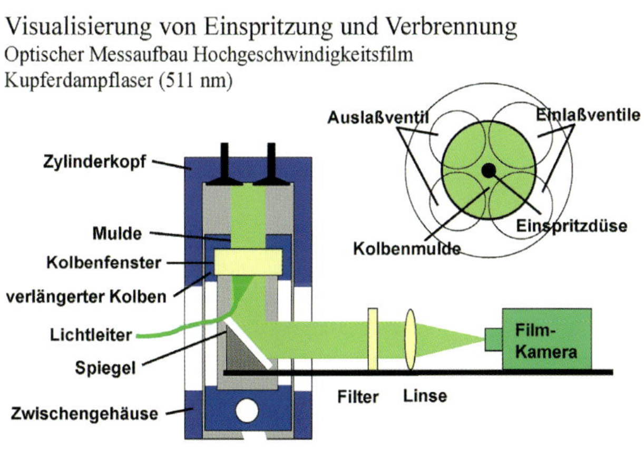

Messaufbau am Transparentmotor. *(Zeichnung: VW Messtechnik)*

Anfangs hatte ich nur eine Quarzglasscheibe in den Boden des verlängerten Kolbens integriert. Durch dieses Glas konnten mittels der Messtechnik die Ereignisse im Brennraum über eine Hochgeschwindigkeits-Kamera abgelichtet werden. Im Zwischengehäuse, das oberhalb des Kurbelgehäuses und unterhalb des Zyl.-Kopfes eingebaut wurde, waren zunächst nur sehr schmale und kleine Fenster angeordnet und somit der Einblick sehr gering.

Anmerkung von Michael Willmann: »Als ich mir den Transparentmotor angesehen habe, bemängelte ich, dass der Muldenboden im Kolben eben war. Der für hohe Luftausnutzung wichtige Kegel war nicht vorhanden. Dr. Hentschel sagte, ein Kegel würde das Bild verfälschen. Ich schlug vor, die Verzerrung rechnerisch zu beseitigen. Dr. Hentschel sprang nicht darauf an.

Dann hatten wir Besuch von Prof. Andresen. Ich berichtete ihm von meinem Problem mit dem glatten Boden und meinem Vorschlag der rechnerischen Korrektur. Er griff das sofort auf, sagte, das sei machbar, fuhr zurück nach Bielefeld und setzte es um. Damit hatten wir ein starkes Instrument zur Beobachtung der Vorgänge im Brennraum.«

Weitere Entwicklungsschritte für den Prüfstandmotor:

- die Kolbenkrone, ab dem Pleuelauge aufwärts bis zum Kolbenboden, wurde komplett aus Quarzglas gefertigt,
- im Zwischengehäuse ist von der Unterseite des Zyl.-Kopfes bis etwa 30 mm abwärts mit ringförmigen Quarzglasfenstern der gesamte Brennraum einzusehen.

Mit Hilfe dieses Transparentmotors bekamen wir vielseitige Erkenntnisse, beispielsweise warum der DI-Benziner mit der Einspritzausrüstung von STANADYNE anfangs nicht ohne Aussetzer betrieben werden konnte.

Ein Fall für den Transparentmotor

Zuerst konnten wir Einblick nehmen, dass die Einspritzpumpe von STANADYNE im ersten Zyklus die eingestellte Kraftstoffmenge eingespritzt hat. Im darauffolgenden sahen wir zwar den Zündfunken, aber keinen Tropfen Kraftstoff. Im dritten Zyklus wurde eine große Menge Kraftstoff eingespritzt, mehr als die Volllastmenge.

Diese optischen Einblicke führten wir den Herren von STANADYNE vor, so dass in deren Entwicklungsabteilung Abhilfe geschaffen werden musste. Zudem zeigte sich, dass die Entflammung des Kraftstoff- / Luft-Gemisches durch den Zündfunken nur sporadisch ausgelöst wurde:

- Ursache war die nicht optimale Positionierung der Zündkerze zum Einspritzstrahl.
- Auch der Zündzeitpunkt musste zum Einspritzzeitpunkt des Kraftstoffs stetig angepasst werden.

Mit dem Serienzündverteiler konnte diese Notwendigkeit nicht erreicht werden. Die Lösung: Die Zündung muss in Abhängigkeit vom Einspritzzeitpunkt ausgelöst werden. Dies sollte ein Nadelbewegungsfühler ermöglichen. Sobald die Nadel der Einspritzdüse durch den ansteigenden Kraftstoffdruck sich zu bewegen beginnt, soll dies als Triggersignal für die Auslösung des Zündfunkens verwendet werden. Unser Elektroniker, H. Schulz, fertigte eine »Schwarze Box«, mit der die Zündung zum optimalen Zeitpunkt ausgelöst werden konnte.

Begutachtung des demontierten Transparentmotors (Bruch der Glaskrone) durch Herrn Oppermann und Pst.-Fahrer Herrn Dukiewitz. *(Foto: W. Oppermann)*

Der Transparentmotor wurde auch für Verbrennungsuntersuchungen am direkteinspritzenden Dieselmotor eingesetzt. *(Foto: VW Messtechnik)*

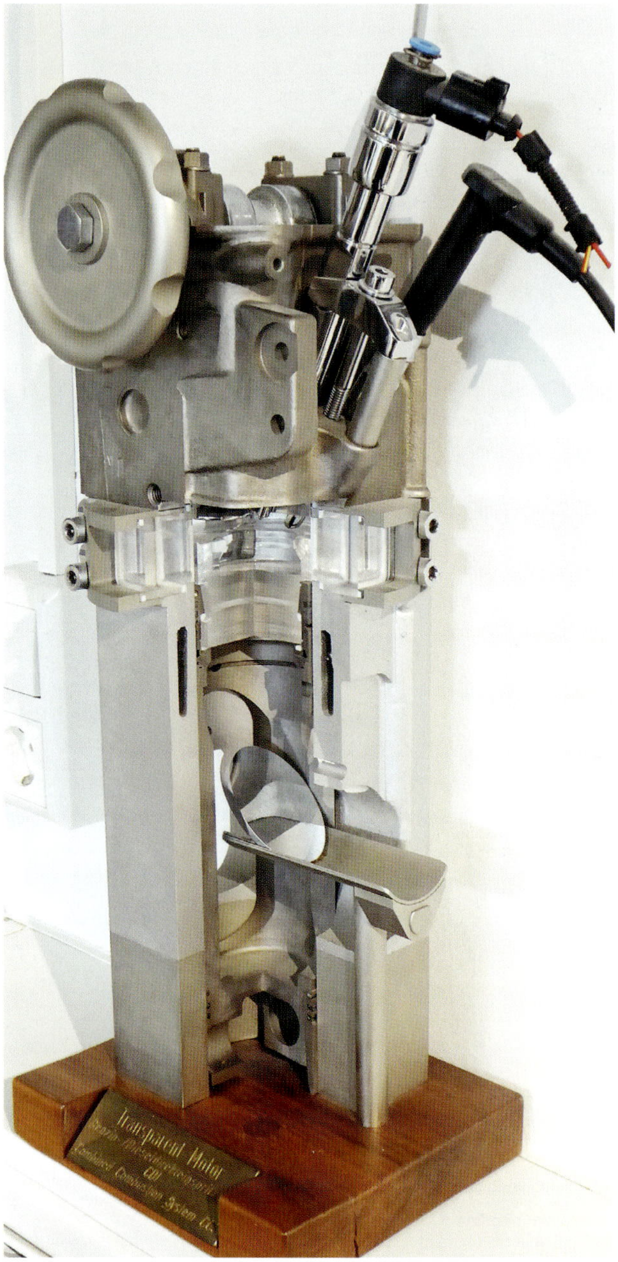

Mit Hilfe des Spiegels wird der Brennraum des Transparentmotors, als Schnittmodell im AutoMuseum Volkswagen, von unten durch den transparenten Kolben beobachtet. *(Foto: Willmann)*

2.4 Die Benzin-Direkteinspritzung

Auch die Erkundung, welches Konzept (strahlgeführt, luftgeführt oder wandgeführt) für den DI-Benziner das optimale Konzept ist, wurde am Transparentmotor mit Hilfe der Messtechnik analysiert.

Mein Favorit war das »Strahlgeführte Konzept«

Mit diesem konnte ein Motorenbetrieb ohne einen Zündaussetzer erreicht werden. Weitere Erkenntnisse ergaben, dass ein Einspritzsystem an dem Strahlgeführten-Konzept zum Einsatz kommen muss, das eine getaktete Einbringung des Kraftstoffs in den Brennraum ermöglicht.

Im Teillastbereich mit einer ungedrosselten Frischgaszufuhr muss der Kraftstoff, abhängig von der Last, durch mehrere unterteilte und unterschiedlich große Mengen in den Verdichtungstakt eingespritzt werden können (getaktete Schichtladung zur Vermeidung der Ruß- und NOx-Bildung).

Ab dem Lastbereich, ab dem die Kraftstoffmenge für $\lambda < 1{,}6$ ausreicht, wird der Einspritzzeitpunkt in den Ansaugtakt, unmittelbar nach Öffnung der Einlassventile, sprunghaft verlegt. Dadurch werden der Homogenbetrieb des DI-Benzinmotors erreicht und die Abgaswerte stark reduziert.

Weil der Homogenbetrieb besonders im noch sehr mageren Bereich von ca. $\lambda = 1{,}6$ nicht immer ein zündfähiges Gemisch an der Zündkerze gewährleistet, ist eine geringe Kraftstoffmenge unmittelbar vor dem Zündzeitpunkt zusätzlich einzuspritzen (»Entflammungs-Kraftstoffmenge«). Dieses Motorenkonzept lässt sich nur mit einem Common-Rail-Einspritzsystem verwirklichen.

Das DI-Benzinkonzept wurde nun von der Motorenentwicklung übernommen und sollte serienreif entwickelt werden. Dr. Rudolf Krebs wurde neu von VW eingestellt. Er sollte dieses Konzept verantwortlich in der Motoren-Entwicklung zur Serienreife bringen.

Der Versuch, während einer Unterredung mit Dr. Krebs die genannten Randbedingungen für einen sicheren Betrieb des DI-Benziners in die aktuelle Entwicklung des Konzeptes einfließen zu lassen, scheiterte: »Macht es doch in der Forschung. Dafür seid ihr doch da«. Aber einen Forschungs-Auftrag mit der Zielsetzung, weitere Erkenntnisse, auch mit Einsatz des Transparentmotors zu erhalten, wurde zunächst nicht erteilt.

Zu einem späteren Zeitpunkt hat Dr. Krebs dann doch die Forschung mit diversen Unteraufträgen, wie die Simulationsberechnung inklusive Messungen an dem Transparentmotor, mit eingebunden.

Als der DI-Benziner die Serienreife erlangt hatte, wurde der Motor mit der Bezeichnung »FSI (Fuel Stratified Injection)« auf den Wiener Motoren-Symposien 2002 und 2004 von VW, gemeinsam mit Audi durch den vortragenden Dr. Krebs, als turboaufgeladener 2.0 T-FSI der Motoren-Fachwelt vorgestellt.

In der abschließenden Podiumsdiskussion wurde der anwesende H. Dr. Piëch von einem Publikumsteilnehmer gefragt: »Welches Potenzial sehen Sie im DI-Benziner?« Seine Antwort: »Wir werden alle unsere Motorenreihen mit dieser Direkteinspritzung schrittweise ausrüsten.« Die Folge dieser Aussage bedeutete, dass tatsächlich alle Autobauer weltweit ihre Motorenreihen mit dem DI-Benzinkonzept entwickelt haben.

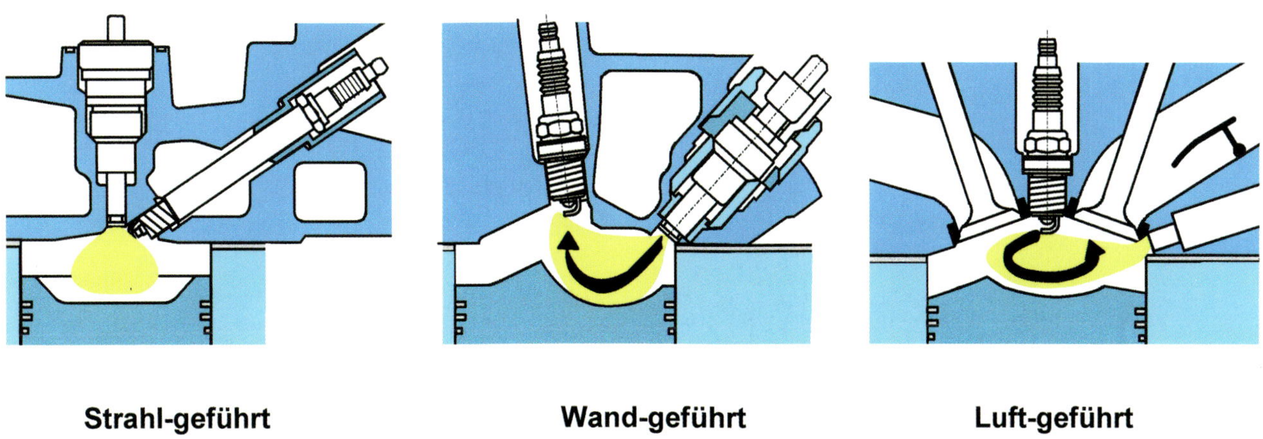

Die konkurrierenden direkteinspritzenden Brennverfahren für Benzinmotoren. *(Zeichnungen: Tschöke/Universität Magdeburg)*

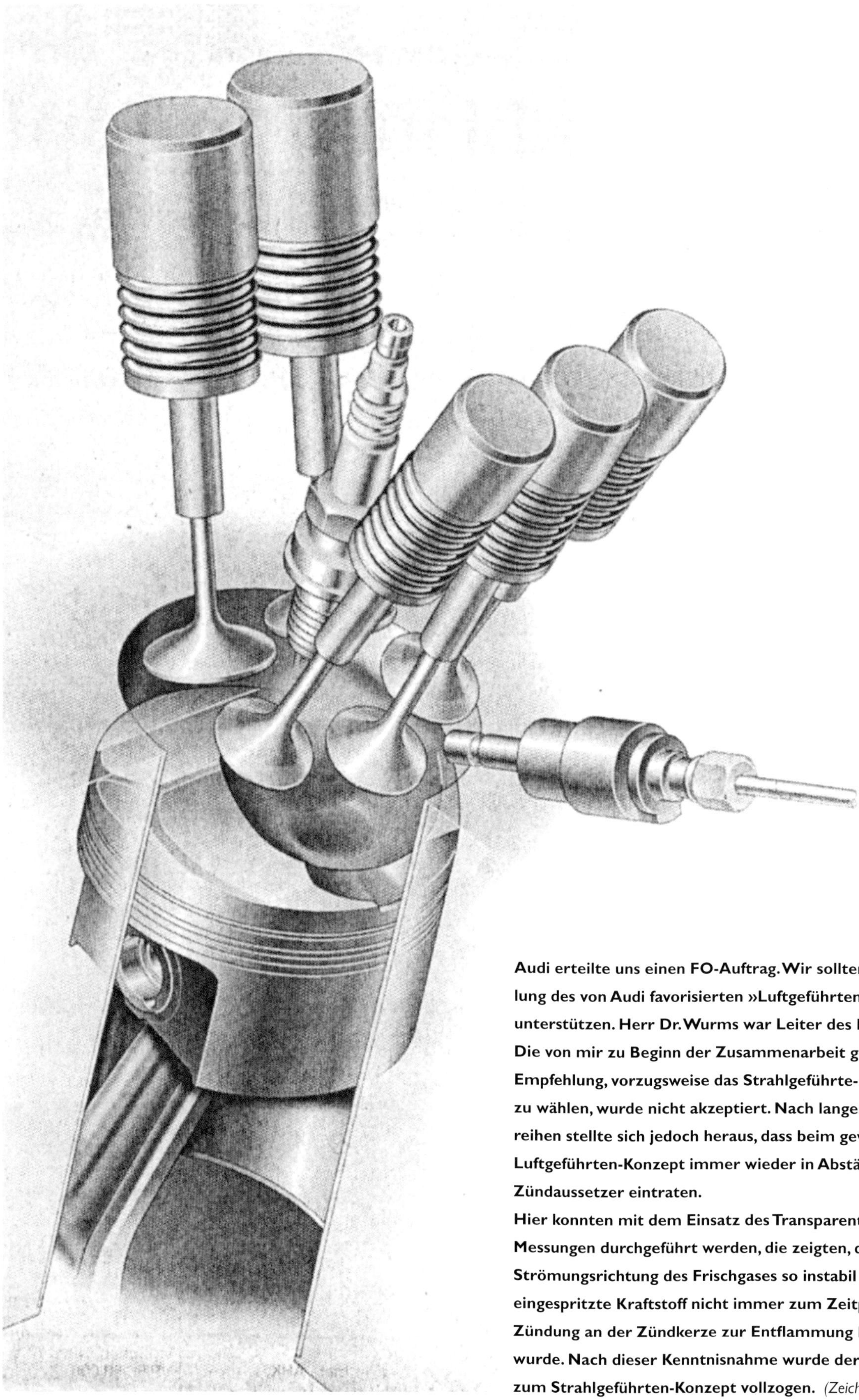

Audi erteilte uns einen FO-Auftrag. Wir sollten die Entwicklung des von Audi favorisierten »Luftgeführten Konzepts« unterstützen. Herr Dr. Wurms war Leiter des Projekts. Die von mir zu Beginn der Zusammenarbeit geäußerte Empfehlung, vorzugsweise das Strahlgeführte-Konzept zu wählen, wurde nicht akzeptiert. Nach langen Versuchsreihen stellte sich jedoch heraus, dass beim gewählten Luftgeführten-Konzept immer wieder in Abständen Zündaussetzer eintraten.
Hier konnten mit dem Einsatz des Transparentmotors Messungen durchgeführt werden, die zeigten, dass die Strömungsrichtung des Frischgases so instabil war, dass der eingespritzte Kraftstoff nicht immer zum Zeitpunkt der Zündung an der Zündkerze zur Entflammung herangeführt wurde. Nach dieser Kenntnisnahme wurde der Schwenk zum Strahlgeführten-Konzept vollzogen. *(Zeichnung: Audi)*

2.5 Öffentliche Präsentation des Transparentmotors

Abermals wurde ein Highlight aus der Ideenschmiede von VW vorgestellt. Im Anschluss der positiv aufgenommenen Veröffentlichung des Transparentmotors zeigten wir auch auf Motoren-Symposien einem breiten Fachpublikum Aufbau und Funktion dieses Motors.

Der damalige VW-Vorstandsvorsitzende Herr Dr. Carl Hahn ließ es sich nicht nehmen, diesen Transparent-Motor auf dem Prüfstand der Forschung auch dem damaligen Forschungsminister Dr. Heinz Riesenhuber zu präsentieren.

Der Transparentmotor fand viele Nachahmer. Aus keiner »Motorenschmiede« oder Institut weltweit war dieser Versuchsträger mehr wegzudenken. Selbst bei den Messtechnikern taten sich mit diesem Motor neue Tätigkeitsfelder auf.

Apropos Messtechnik

Es war für mich eine positive Erfahrung, dass über die Abteilungsgrenze hinweg eine Zusammenarbeit interdisziplinär möglich ist. Mit der Inbetriebnahme des Transparentmotors wurde eine Zusammenarbeit mit der Messtechnikabteilung ins Leben gerufen.

Dr. Stoffregen war der erste Messtechniker, der die Strömungsabläufe und kurze Zeit später, als wir mutiger geworden waren, auch die Verbrennungsabläufe aus dem Brennraum visuell herausgeholt hatte. Was aus einer guten kooperativen Zusammenarbeit für Synergieeffekte möglich sind, zeigt beispielhaft dieses Miteinander.

Visualisierung von Kraftstoffeinspritzung und Verbrennung

Alsbald kam Herr Dr. Hentschel hinzu. Nicht nur, dass er die Messtechnik mit vorangetrieben hat, nein, er handelte nach der Devise: Tu Gutes und sprich bzw. schreib darüber. Das Team der Messtechniker wurde durch die Herren Dr. Block und Dr. Ohmstede noch schlagkräftiger und einfallsreicher.

Am Transparentmotor wurde u. a. mit Hilfe der Hochgeschwindigkeitskamera sichtbar gemacht:

- die Einströmung des Frischgases,
- die Verteilung des eingespritzten Kraftstoffes bis zu dessen Entflammung

Neuentwickelte Rechenprogramme erleichterten die Analyse dieser Bilder. Auch die Varianten des Einspritzgesetzes von einer einmaligen Einspritzung bis zu einer mehrfach unterteilten Einspritzung pro Zyklus erbrachten signifikante neue Erkenntnisse.

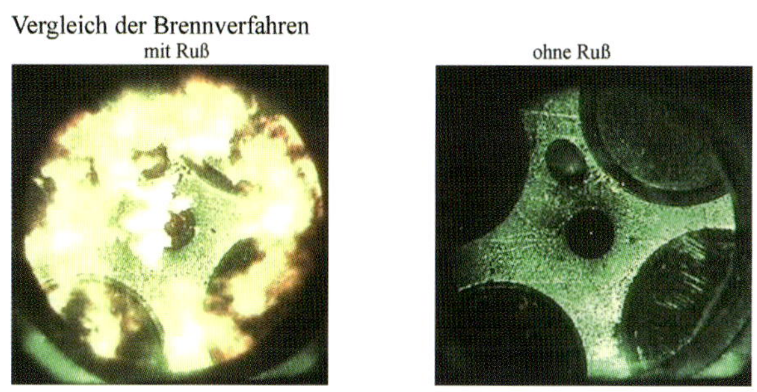

Volllast mit Rußverbrennung und Teillast ohne Rußverbrennung. *(Fotos: Messtechnik)*

Dr. Hahn, Dr. Riesenhuber und Prof. Ulrich Seiffert am Transparentmotoren-Prüfstand. *(Foto: W. Oppermann)*

Die Messmethoden wurden erweitert

Prof. Dr. Andresen mit mehreren Doktoranden von den Unis Göttingen und Bielefeld involvierten sich in den immer größer werdenden Bereich der Messungen auf der Basis dieses Versuchsträgers. Es wurden zahlreiche Berichte über die neuen Messmethoden an dem Transparentmotor veröffentlich und den Fachinteressierten weltweit zur Kenntnis gebracht.

Eine kleine Zusammenstellung dieser Veröffentlichungen ist in dem Band nachzulesen, der mir zur Verabschiedung in den Ruhestand von den Herren Messtechnikern überreicht worden ist. Titel: »Veröffentlichungen der Volkswagen AG, Wolfsburg mit Winfried Oppermann, Messtechnik und Motorenforschung, Wolfsburg, Juni 2002«.

Das Team der Messtechnik: Dr. Ohmstede, Herr Dukiewitz, Dr. Stoffregen, Dr. Beeck, Dr. Hentschel, Dr. Block, Herr Pilz und ein Diplomand. *(Foto: VW Messtechnik)*

Prof. Dr. Andresen erhielt einen Forscherpreis aufgrund seiner neuen Messmethoden. Seine Anmerkung nach der Verleihung des Preises: Ohne den Transparentmotor wäre ich wohl nicht der Preisträger geworden. Einige seiner Doktoranden hatten nach ihren Dissertationen ein Start-up erfolgreich gegründet. Sie fertigten neue Messgeräte auf der Basis eben dieser neuen Messmethoden und konnten weltweit Kunden gewinnen und beliefern.

Die Ergebnisse aus der Untersuchung dieses »Transparent DI-Benziners«, mittels dieser neuen Messverfahren, haben die Simulationsberechnungen stark beeinflusst. Es mussten einige Korrekturen der Rechengrößen vorgenommen werden. Danach konnten die Ergebnisse der Simulationsberechnungen entscheidend an die Versuchsergebnisse herangeführt werden und wurden aussagekräftig. Die Herren Winkler und Thiele haben die Rechenprogramme überarbeitet und die Berechnungen durchgeführt.

Wie bereits erwähnt, wurde der Transparentmotor permanent weiterentwickelt. Durch den Einsatz verschiedener Laser konnte neuerdings die Entstehung der unterschiedlichen Abgaskomponenten, herausgelesen, gemessen und analysiert werden, und das während des Verbrennungsvorganges.

25 Jahre später

Mit Unterstützung von BOSCH

INTRO

Saubere Sache

Moderne Benziner haben kaum noch Einfluss auf die Luftqualität. Und Bosch macht sie jetzt sogar noch sauberer.

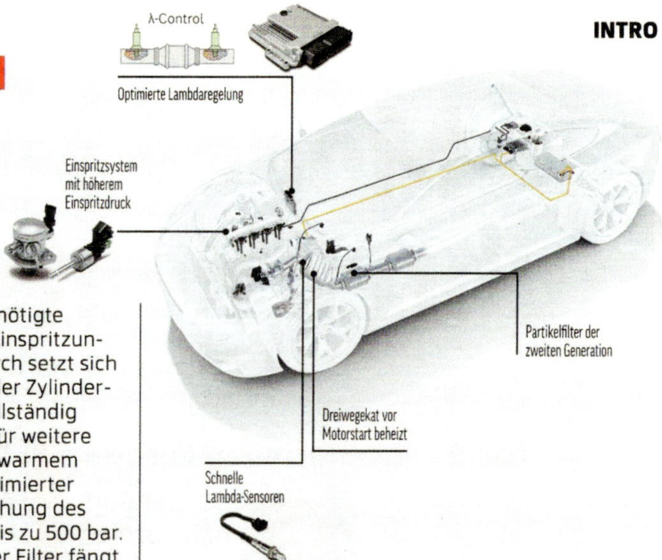

Verbrennungsmotoren erzeugen Abgasemissionen, klar. Aber bereits heute stoßen moderne Verbrenner dank ausgefeilter Technik kaum noch Schadstoffe aus. Ihr Einfluss auf die Luftqualität ist damit vernachlässigbar. Dazu trägt unter anderem die Einführung des Partikelfilters auch bei Benzinern bei. Wie schon beim Diesel zeigt Bosch nun auch beim Ottomotor an einem Versuchsträger, dass sich Emissionen ausgehend vom heute erreichten niedrigen Niveau in der Zukunft noch deutlich weiter senken lassen. Hierfür kommt innovative Technik zum Einsatz, die aktuell in der Prototypenphase ist.
Den Partikeln rückt Bosch schon im Motor auf den Leib: Beim Kaltstart wird der benötigte Kraftstoff auf sechs Einspritzungen aufgeteilt. Dadurch setzt sich kaum noch Sprit an der Zylinderwand ab, wo er unvollständig verbrennen würde. Für weitere Verbesserungen bei warmem Motor sorgen ein optimierter Injektor und die Erhöhung des Einspritzdrucks auf bis zu 500 bar. Ein weiterentwickelter Filter fängt schließlich mehr als 90 Prozent der verbleibenden Partikel ein. Darüber hinaus wird der Katalysator vor Motorstart beheizt, sodass er seine Betriebstemperatur schneller erreicht. Eine weiterentwickelte Lambda-Regelung überwacht den Katalysatorzustand und stellt das Kraftstoff-Luft-Gemisch vorausschauend ein.

Damit liegen die Emissionen selbst bei tiefen Temperaturen und hochdynamischer Fahrweise rund 80 Prozent unter den Euro-6-Grenzwerten. Mittels Hybridisierung wird sich der Kraftstoffverbrauch weiter verringern, und mit Einsatz von E-Fuels lässt sich auch der Verbrenner klimaneutral betreiben.

(Quelle: auto motor und sport, 2020)

2.6 Das HCCI-Verfahren (Homogenous Charge Compression Ignition)

Die Idee, mittels eines kombinierten Motorenkonzepts die Vorteile des DI-Diesel und DI-Benziner zusammenzuführen, reifte im Laufe der Zeit. Aber welches weitere Potenzial steckt im DI-Dieselmotor mittels einer Fremdzündung?

Ich erinnerte mich an H. Gospodars konsequentes Vorgehen, dass man eine gute Idee auch durchsetzen muss. Darum habe ich den Gedanken, dass der Dieselmotor noch nicht am Ende seines Potenzials angelangt ist, immer wieder unseren Führungskräften vorgetragen. Ich modifizierte Motoren, an denen die Ideen erprobt werden konnten.

In der Motoren-Entwicklung war zu beobachten, dass die Verdichtung an den Dieselmotoren immer höher wurde. Begründung: besserer Kaltstart. Die Marke von $\varepsilon = 19$ wurde überschritten.
Meine Idee war:

- niedrig verdichteter DI-Dieselmotor ($\varepsilon < 16$)
- dadurch geringere Reibleistung und somit geringerer Verbrauch
- getaktete Mehrfacheinspritzung
- dadurch geringere Spitzendrücke und Temperaturen während der Verbrennung
- somit geringere NOx-Bildung
- geringere Geräusche bei einem Druckgradienten < 3 bar pro °KW,
- geringeres Nickmoment; verursacht durch die Normalkraft-Komponente des Kurbeltriebs
- dadurch geringeres Schütteln des Motors, besonders im Leerlaufbetrieb,
- und für einen guten Kaltstart, trotz niedrigerer Verdichtung: z. B. mit einer Zündkerze fremdgezündet.

Mittels der getakteten Mehrfacheinspritzung pro Arbeitszyklus erschließt sich die Möglichkeit, von der »Gleichraum- zu einer Gleichdruckverbrennung« zu gelangen. Von einer »Gleichraumverbrennung« kann man sprechen, wenn der Kraftstoff mit einer Einspritzung pro Zyklus in den Brennraum im Bereich des OT's eingespritzt wird. Die Folge ist:

- ein sehr großer Druckanstieg während der Entflammung
- somit eine sehr hohe Temperatur
- gleichbedeutend eine sehr hohe NOx-Bildung im engen Bereich des oberen Totpunktes.

Tatsache ist: In diesem Bereich hat der Kurbeltrieb noch keine Auslenkung und somit noch keinen Anstieg des Drehmomentes. Ein gewisser Anteil der freigesetzten Verbrennungsenergie »testet« lediglich die Stabilität des Kurbeltriebs im OT-Bereich und trägt nicht zur Steigerung des Wirkungsgrades bei.

Das Ziel sollte eine »Gleichdruckverbrennung« sein. Unter Verwendung einer elektronisch gesteuerten Mehrfacheinspritzung kann die Einbringung des Kraftstoffes in den Bereich von kurz vor OT, über den OT hinweg bis hinein in den Arbeitstakt so dosiert werden, dass ein wesentlich geringerer Druckanstieg im Bereich des OT und ein anschließender geringer werdender Druckabfall bis > 90° KW nach OT erreicht werden kann.

Die bis zu dieser KW-Position größer werdende Auslenkung des Kurbeltriebs vergrößert das Drehmoment und somit den Wirkungsgrad infolge des geringer werdenden Druckabfalls. Dadurch werden die zuvor erwähnten geringeren Drücke, Temperatur und Abgaswerte während der Verbrennung erreicht.

Eine Veröffentlichung von BOSCH zeigt, dass die Bildung von NOx nach einer Temperatursteigerung von ca. 140° C um eine Größenordnung zunimmt. Die Affinitätsgrenze von NOx liegt bei ca. 1.800 °C. Daraus folgt:

- steigt die Verbrennungstemperatur um eine Größenordnung auf ca. 1.940° C,
- liegt der Wert von NOx bei etwa 10 ppm,
- und bei ca. 2.220° C (3. Größenordnung) bereits bei etwa 1.000 ppm.

Die Anregung, die Verdichtung des Dieselmotors zu verringern und für den Kaltstart eine Fremdzündung zu verwenden, fand kein Gehör. Die Resonanz für eine Darstellung eines solchen Motorenkonzeptes einschließlich der Verwendung einer Zündkerze war ernüchternd.

Die Meinung »ein Diesel mit Zündkerze sei unvorstellbar«, bringt mich zur Abwandlung des Satzes von Gorbatschow: »wer zu spät kommt, den bestraft das Leben« – oder eben: »wer zu früh kommt, der findet kein Gehör«.

Auch eine Dissertation an der TU Braunschweig über den positiven Einfluss auf die Entflammung und eine Diplomarbeit über den positiven Effekt der Fremdzündung für den Kaltstart änderte leider nichts an der Ablehnung.

Es kam wieder einmal der Zufall zum Tragen

Ich hatte die Gemischaufbereitung und die Entflammung bei einem simulierten Kaltstart (ca. –25° C) im Transparentmotor, mit Unterstützung der Messtechniker, visualisiert und wir konnten unseren Fachleuten aus dem Motorenversuch zeigen, wie sich der eingespritzte Kraftstoff bei diesem Kaltstart verhält. Bis zu etwa 10 Zyklen waren keine Entflammung des eingespritzten Diesels zu erkennen. Es ist nur eine Vernebelung (Waschkücheneffekt) sichtbar. Der Kraftstoff verlässt den Brennraum ohne Verbrennung (abträglich für den Abgastest). Erst danach setzt die Verbrennung allmählich ein.

Herr Richard Dorenkamp konnte sich noch daran erinnern, als er noch als BOSCH-Angehöriger dem Versuch beiwohnte, wie ich den Versuch in der Kältekammer bei –35° C mit dem DI-Benzin Motor habe durchführen lassen.

Es wurde statt Benzin der Kraftstoff Diesel eingespritzt. Das Ergebnis: Sobald die Nadel in der Einspritzdüse angehoben, der Kraftstoff eingespritzt und die Zündung durch dieses Triggersignal ausgelöst wird, startete der Betrieb des Motors. Auch das Hochfahren der Drehzahl erfolgte ohne Verzögerung.

2.7 Das CCS-Verfahren

Nach dieser Darstellung des Kaltstarts am Transparentmotor beauftragte mich H. Dorenkamp einen FO-Auftrag zu schreiben und das Thema »DI-Diesel mit Fremdzündung« wurde aktuell.

(Foto: Volkswagen/Sammlg. AutoMuseum)

Features des CCS-Motors

- Basis Serien-2,0-L-TDI
- 3 Ventile/Zylinder
- 103 kW/140 PS
- besserer Zugang für Messtechnik
- Hoch- und Niederdruck-AGR
- Portliner-Katalysatoren
- frühe Einspritzung
- Zeit zur Homogenisierung durch hohe AGR-Rate und abgesenkte eff. Verdichtung

Ein Motorenkonzept sollte dargestellt werden, das die Vorteile des Diesels und des Benziners kombiniert. Das Konzept fand bei den Herren Dr. Ulrich Eichhorn, Leiter der Forschung, und Hauptabteilungsleiter Dr. Wolfgang Steiger offene Ohren. Das Budget, das H. Dorenkamp mir bewilligen konnte, fand nicht die Begeisterung von meinem HA Dr. Steiger. Sein Kommentar: »Da darf nicht gekleckst werden, es muss geklotzt werden.«

Gemeinsam kreierten Dr. Steiger und Dr. Karl-Heinz Neumann einen mehrfach höheren Forschungs-Auftrag mit dem Ziel, ein Kombiniertes-Verbrennungs-System zu erforschen. Das Kind bekam einen neuen Namen: Combined Combustion System.

Die ersten Schritte in dieses Verbrennungssystem (CCS) zeigt das Schnittmodell des Transparentmotors mit dem DI-Dieselmotor, der noch eine Lochdüse und die »Omega-Brennraummulde« mit einer Zündkerze als Fremdzündung statt einer Glühstiftkerze hat.

Der DI-Benzinmotor hatte, wie zuvor beschrieben, eine »Nach außen öffnende Einspritzdüse« und den zuvor skizzierten Brennraum. Dieses Konzept des DI-Benzinmotors stand als Nächstes zur Erprobung für den Betrieb mit dem Dieselkraftstoff an.

Um dieses Konzept mit der nötigen Power voranzutreiben, wurde Herr Dr. Schumacher beauftragt, dieses Forschungsvorhaben zu koordinieren. Neben mehreren Motorenleuten waren zur Unterstützung auch Fachleute aus anderen Abteilungen (z.B. synthetische Kraftstoffe) beteiligt.

Meine berufliche aktive Zeit näherte sich zu diesem Zeitpunkt dem Ende, Mitte 2002 war Beginn meiner Passivzeit. Im Rentnerdasein ist mir ein Artikel unter die Augen gekommen. Hier konnte ich lesen, dass der VW-Vorsitzende Herr Dr. Winterkorn in einem Interview das Konzept »CCS« als Meilenstein hervorgehoben hat mit dem Zusatz, dadurch habe VW einen Vorsprung vor anderen Autobauern. Was aber aus dem CCS geworden ist, entzieht sich meiner Kenntnis.

2.8 Der GADI-Motor – erfolgreiches Zusammenspiel mit der Forschung

Von Henrik Meyer und Dr. Herbert Schäpertöns

Forschungsarbeiten an der Otto-Direkteinspritzung unter Nutzung von Diesel-Einspritztechnologie, d.h. Verteiler-Einspritzpumpen und mechanische Hochdruck-Injektoren, liefen seit Jahren an verschiedenen Instituten und bei vielen Herstellern. Sie waren auch Gegenstand der Studienarbeit und Diplomarbeit von Henrik Meyer an der RWTH Aachen.

Mit dieser Technologie war es möglich, Ottomotoren mit dieselähnlichen Verbräuchen darzustellen. Leider hatten diese DI-Ottomotoren aber auch die Nachteile der Dieselmotoren: geringere spez. Leistung wegen Rußbildung, hohe Stickoxidemissionen und hohes Verbrennungsgeräusch. Bei wandanlagernder Einspritzung zusätzlich noch hohe HC-Emissionen. Die Arbeiten hierzu hat Herr Oppermann beschrieben.

Danach versuchte Dr. Schäpertöns zunächst ein Nachfolge-Projekt mit neuer Einspritztechnik in der Forschung zu platzieren. Er fand hierfür aber »keine Sponsoren«. Daher beantragte er 1993 Fördermittel von der EU. Aufgabe dieses Projektes war es, mit einem verbrauchsgünstigen Benzin-Direkteinspritzer 15 % weniger Verbrauch zu erreichen.

Dr. Schäpertöns hat das europäische Projekt »GADI« 1994 begonnen, das die Basis für die spätere Unterstützung der Serienentwicklung von Brennverfahren mit magnetisch gesteuerten Direkt-Einspritzdüsen lieferte. Er hatte VW-seitig die Projektleitung inne. Teilnehmer an diesem Projekt außer VW waren: AVL, Daimler-Benz, Siemens, Fiat, Renault. Die Arbeitspakete dieser Firmen wurden von der EU zu 50 % gefördert (Summe 2,3 Mio. €).

Es wurden in diesem Projekt Methoden und ein Brennverfahren entwickelt, so dass 1996 zwei Protoypmotoren allen Teilnehmern für eigene Prüfstandsuntersuchungen zur Verfügung gestellt werden konnten. Nach dem Wechsel von Dr. Schäpertöns zu Audi (1996) übernahm Herr Meyer die Leitung des GADI-Projektes.

Während des GADI-Projektes erfolgte die Veröffentlichung des Benzin-Direkteinspritzers von Mitsubishi 1995 mit elektronisch angesteuerten Magnetventilen und Hochdruckpumpe zur Rail-Versorgung. Dies zeigte allen Motoren-Entwicklern das Potential des Brennverfahrens mit Mager-Verbrennung durch Ladungsschichtung auf. Dadurch konnte der Teillastverbrauch deutlich gesenkt werden. Bei hoher Last lief der Motor mit stöchiometrischem Gemisch (Lambda = 1) und erreichte die gleiche spez. Leistung wie die konventionellen Ottomotoren mit äußerer Gemischbildung. Allerdings blieb auch hier das Problem der Stickoxidemissionen erhalten wie beim Diesel.

Der GADI-Motor (Gasoline Direct Injection) 1995. *(Foto: H. Meyer)*

Die Methoden (Transparentmotor, 3D-Berechnungen, Laseroptische Messverfahren) wurden für die Entwicklung genutzt ebenso wie Personal aus der Forschung (z.B. Herren Meyer, von Homburg, Thiele, Winkler).

In dieser Zeit wurde zusätzlich eine Einspritzdruckkammer aufgebaut, um die Qualität und Ausbreitung der Tröpfchen / Strahlen bei Gaszuständen, wie sie zum Zeitpunkt der Einspritzung im Brennraum herrschen, zu beobachten und zu messen. Das Know-how bzgl. Transparentmotoren konnte für EA 111-Motoren eingesetzt werden und die Berechnungsunterabteilung für die dreidimensionalen Strömungs-, Einspritzungs- und Verbrennungsberechnungen wurde unter Herrn Axel Winkler ausgebaut.

So war die VW-Motorenforschung in der Lage, alle erforderlichen Parameter für eine optimale Verbrennung zu simulieren und diese mit den Ergebnissen aus der Druckkammer, dem Transparentmotor und dem Vollmotor zu validieren. Die Forschung konnte so aus dem »Stand« heraus die VW-Vorentwicklung (Dr. Spiegel) unterstützen.

Herr Meyer war der Projektmanager für die Zusammenarbeit in der Forschung, seine Mitarbeiter waren A. Winkler, R. Schulz, G. Jakobs, M. Holz, F. Schulze, Dr. Hupfeld, V. Richter, Dr. Grote, Dr. Standt, U. Kammann, M. Krüger, M. Lauerhaas, J. Hilscher, G. Suck, M. Gottschling, R. Krause und U. Oetjens. Für die vorbildliche Zusammenarbeit innerhalb der Forschung und mit der Entwicklung gab es dann den Forschungspreis 2000 für das Team FSI-Motor.

2.9 Wir hätten beim DI-Otto die Ersten sein können

Von Dr.-Ing. H. Oetting

Promoviert habe ich an der Technischen Hochschule Braunschweig über »klopfende« Verbrennung im Ottomotor. Das ist eine anomale motorische Verbrennung bei Benzinmotoren, deren Auftreten man als »Klopfen« oder Klingeln hören kann und die insbesondere bei den langsam laufenden großvolumigen Motoren, wie sie im Zweiten Weltkrieg zunächst hauptsächlich in Flugzeugen verwendet wurden, große Probleme machte. Die Motoren konnten innerhalb von Sekunden zerstört werden.

Klopfen tritt aber auch bei Automobilmotoren auf, vor allem wenn man bei niedrigeren Drehzahlen hohe Zugkraft realisieren möchte. Ein anzustrebendes Ziel, weil der Kraftstoffverbrauch in der Regel sinkt, wenn man die erwünschte Leistung mit geringerer Drehzahl erreicht.

Die Beschäftigung mit dem Klopfen in der Fachwelt war eigentlich mit dem Krieg zu Ende gegangen. Es gab kaum neuere Veröffentlichungen, denn Kraftstoffverbrauch war zwar ein Thema, aber im Vordergrund stand die Emissionsbekämpfung. Ich war mehr oder minder zufällig an das Thema geraten und wurde dank der von mir entwickelten Messtechnik der erste überhaupt, der Klopfen objektiv messen konnte.

Ein Ergebnis meiner Beschäftigung mit der einschlägigen Literatur war (ich selbst habe dazu keine Messungen gemacht), dass Vorreaktionen notwendige Voraussetzung für das Auftreten von Klopfen sind. D.h. es müssen in der Geschichte des Gemisches, das im Brennraum gezündet wird, Radikale als Zündzentren gebildet worden sein, z.B. in der Zeit, in der der Kraftstoff mit dem Sauerstoff der Luft im Saugrohr verweilt und/oder während des Einströmvorgangs und noch während der Kompression.

Dr.-Ing. Hermann Oetting
Geboren 27.03.1937,
ab 1956 Studium Maschinenbau an der TU Braunschweig,
anschließend Dissertation,
01.09.1969 zu Volkswagen,
zunächst Unterabteilungsltr. Verbrennungstechnik,
1968–1971 Ratsmitglied Stadt Braunschweig, 1971–1976 MdB,
1987–1995 Aggregatechef Volkswagen

Hermann Oetting
(Foto: Kittler)

Einfache Schlussfolgerung daraus: Wenn man also Kraftstoff und Luft erst möglichst spät vermischt, d.h. den Kraftstoff direkt in den Brennraum einspritzt, verhindert man das Klopfen. All die anderen Möglichkeiten, Klopfen zu vermeiden oder zu mindern, erhöhen den Kraftstoffverbrauch, machen den Kraftstoff teurer (Oktanzahl), mindern das Drehmoment oder sind unpopulär wie Wassereinspritzung (zusätzlicher Tank, eine zusätzliche Einspritzapparatur, destilliertes Wasser usw.).

Nach Abschluss meiner Dissertation war mir natürlich der Ausweg über die Direkteinspritzung klar. Auch wusste ich aus Veröffentlichungen, dass das Pentagon bei GM Arbeiten mit direkteinspritzenden Ottomotoren in Auftrag gegeben hatte, warum wusste ich nicht.

Ich war damals also schnell bei einem Patentanwalt. Aber der erklärte mir, »das ist zwar sicherlich eine neue Lehre, was Sie da erzählen, aber wie wollen Sie das darstellen, ohne auf längst bekannte Hardware zurückzugreifen, z.B. auf die von Daimler mit seinen Sechszylindermotoren gleich nach dem Krieg und auf die von GM mit seinen jüngsten Arbeiten. Sie haben nur eine Möglichkeit: Darauf hoffen, dass die das mit dem Klopfen nicht wissen und nicht drüber reden, bis Sie so einen Motor fertig haben und ihn einem Motorenproduzenten vorstellen können, um ihm den zu verkaufen.«

Als ich dann im November 1969 zu VW kam, hatte ich den DI zwar im Kopf, konnte ihn aber nicht machen, denn ich hatte von Dr.-Ing. Gerhard Choné, dem damaligen Chef der Aggregateentwicklung Wolfsburg einen eindeutigen Auftrag: »Kümmere Dich ganztags, wenn notwendig auch in der Nacht, um das Thema Emissionen.« Ich selbst hatte mich bis dahin nur insofern mit Emissionen befasst, als sie in der Lehre von Prof Dr.-Ing. Kurt Löhner, meinem Doktorvater, vorkamen, an der wir mitzuwirken hatten, und weil alle Kollegen im Institut, bis auf Peter Schrick und mich, an dem Thema Emissionen arbeiteten. Schrick arbeitete über Ventilsteuerung.

Sobald ich Anfang 1979 in der VW-Forschung die Möglichkeit hatte, so ein DI-Otto-Projekt anzuschieben, versuchte ich das. Aber da saß ein älterer Mitarbeiter, Dipl.-Ing. Gospodar, der ganz andere Vorstellungen hatte als ich. Er wollte Schichtladung, um die Drosselklappe entfallen zu lassen, d.h. um dem Motor den Ladungswechsel zu erleichtern, was natürlich letztlich im unteren Lastbereich zu einer deutlichen Verbesserung des Verbrauchs hätte führen müssen. Insofern hatte Herr Gospodar schon Recht.

Mir dagegen war der Wegfall der Drosselklappe ziemlich gleichgültig, d.h. ich selbst hatte den Gedanken daran sogar völlig fallengelassen, als wir in der Emissionsbekämpfung einen

Riesenfortschritt gemacht hatten. Der bestand darin, dass es Anfang der 1970er-Jahre möglich wurde, die Schadstoffemissionen HC, CO und NOX bei stöchiometrischem Luft-Kraftstoffgemisch gleichzeitig am sogenannten »3-Wege«-Katalysator, zumindest im Warmbetrieb, zu eliminieren. Stöchiometrisches Luft-Kraftstoffgemisch bedeutet aber, es ist exakt so viel Luft im Zylinder wie zur vollständigen Verbrennung des dort auch befindlichen Kraftstoffs erforderlich ist, nicht mehr und nicht weniger. Ohne Drosselklappe könnte man das aber nur im Vollastbereich des Motors aufrechterhalten, im ganzen Teillastbereich wäre das Gemisch zu kraftstoffarm. Deshalb bekämpfte ich die Hartnäckigkeit von Gospodar, bis ich das irgendwann entnervt aufgab.

Den Gedanken an den DI gab ich aber überhaupt nicht auf, denn Dr.-Ing. W. Lee und ich hatten längst beschlossen, den »Transparent«-Motor zu machen und hatten dafür das Okay unserer Oberen, nämlich von Prof. Dr. Seiffert und Prof. Dr. Fiala. Der Transparentmotor ist ein ziemlich exotischer Einzylinder-Motor, keineswegs von uns erfunden, sondern in der Motorforschung nicht unüblich, bei dem man durch einen durchsichtigen Kolbenboden die Bewegung der Luft im Zylinder, den Einspritzvorgang, die Zündung durch den Zündfunken, Entflammung des Luft-Kraftstoff-Gemisches und das Durchbrennen studieren kann.

Was hatte ich bei dem DI im Hinterkopf? Kein Klopfen mehr und kleine Motoren mit wenig Reibung so sehr mit mechanischen oder Turbo-Ladern aufzuladen, dass man mit ihnen größere und unwirtschaftlichere Motoren ersetzen kann.

Den Auftrag, den DI-Otto-Motor zu entwickeln, erteilten Lee und ich dem Dipl.-Ing W. Oppermann und Herrn Grabe.

Die Arbeiten gestalteten sich von Anfang an schwierig, kein vernünftiges Einspritzequipment für Benzin, die Kombination von Direkteinspritzung und Kerzenzündung usw. Wir waren in der Forschung keineswegs fertig, als ich in der zweiten Hälfte der 1980er Jahre in die Aggregateentwicklung versetzt wurde.

Über deren Problemen – Ottomotoren, Dieselmotoren, Emissionen, Automatikgetriebe, Schaltgetriebe, Wandler, Kupplung – verlor ich den DI-Otto aus den Augen, bis ich erfuhr, dass die Forschung darüber Ende der 1980er- oder Anfang der 1990er-Jahre ein SAE-Paper gemacht hatte. Darüber habe ich dann öfter hämisch geredet, vor allem nachdem 1997 Mitsubishi mit einem DI-Otto auf den Markt kam.

Erst bei einem Spaziergang im Harz im Jahr 2016, als ich mich wieder über den DI und die VW-Forschung ausließ, hat mir mein ehemaliger Mitarbeiter Dipl.-Ing. Michael Willmann die Augen geöffnet. »Nein«, hat er gesagt, »so war das nicht. Der Motor war keineswegs fertig, als ihn uns die Forschung präsentierte, aber das Problem lag bei uns in der Entwicklung. Ich habe noch Papiere darüber. Davon schicke ich Ihnen Kopien.«

Die kamen und bewiesen mir eindeutig, dass die VW-Forschung Ende 1988 kein perfektes, aber ein passables Forschungsergebnis vorgestellt hatte. Ich war zwar nicht dabei, habe das aber im Januar 1989 zur Kenntnis genommen, wie eine handschriftliche Notiz von mir beweist. Ich hätte also dafür sorgen müssen, dass sich bei uns eine schlagkräftige Truppe dieses Motors annahm. Damals beherrschten mich aber offenbar all die anderen Probleme so, dass ich es versäumt habe. Also hat die Forschung ihre Ergebnisse veröffentlicht und nach wenigen Jahren war Mitsubishi in Serie.

2.10 »Einvernehmliche Arbeitsverweigerung«

Von Michael Willmann

Meine Sicht zum GDI-Projekt:

1. Dr. Oetting hatte mich und Karl-Heinz Neumann im Januar 1989 beauftragt, den 1,7-Liter-GDI-Motor von der Forschung zu übernehmen, weil er »mehr Ähnlichkeit mit Diesel als mit Otto« hat.

2. In der MTZ 9/1989 wird der 1,7-Liter-Motor mit G40-Lader, Oxikat, Zweistufenantrieb für einen Teil der Nebenaggregate und Verdampfungskühlung mit den o. a. Volllastwerten beschrieben. Daraus ergeben sich eine spez. Leistung von 35,3 kW/L und ein maximaler Mitteldruck von 11,8 bar. Und das bei einer Rußzahl von 4! Zum Vergleich die Werte des 1,9-Liter-TDI-Serien-Motors: 34,7 kW/L und 12 bar, Rußzahl < 3,0.

3. Die von der Forschung angegebene Mileage lag deutlich über damaligen Benzinmotoren, erreichte aber den direkteinspritzenden VW TDI nicht. Durch die überwiegend wandanlagernde Einspritzung ergaben sich trotz Katalysators im Vergleich zum Diesel hohe CO-, HC- und Partikel-Werte, siehe Tafel.

4. Herr Dr. Schäpertöns wollte im Januar 1989 »fünf Motoren des letzten Baustandes aufbauen und vermessen«, laut Schreiben vom 10.01.1989 an Dr. Oetting.

5. Herr Dipl.-Ing. Uwe Stark aus unserer Abteilung MV-DS hatte Kontakt zur Forschung aufgenommen, um den Entwicklungsstand festzustellen und ggf. den Motor zu übernehmen. In seinem Bericht vom April 1989 stellte er fest:

Emissionen DI-Otto

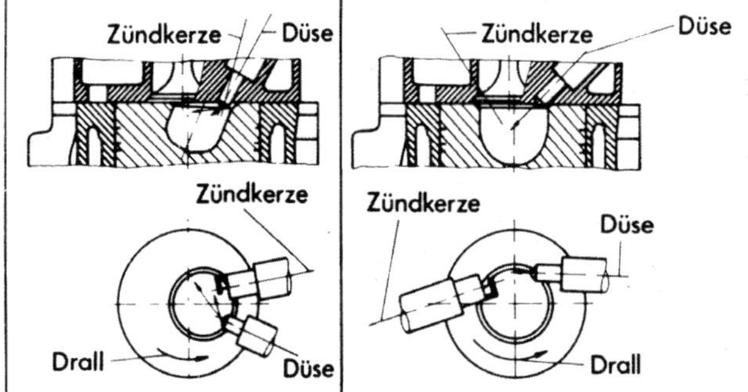

	Benzin (ROZ 91) ε 16	Benzin (ROZ 91) ε 18	TDI 1991
be [mpg]	38.30	38.00	43
CO [g/mi]	2.80	2.20	< 1
HC [g/mi]	2.45	0.55	0,2
NO_x [g/mi]	1.90	1.10	0,8
Partikel	0.24	0.40	0,15
Geräusch	wie hochverdicht. Ottomot.	wie hochverdicht. Ottomot.	

Grenzwerte gemäß Anl. 23 StVZO: NOx 1,0 g/mi, Part. 0,2 g/mi, HC 0,41 g/ mi. Zum Vergleich sind rechts die Werte des Audi Diesel-Direkteinspritzers im B4 aufgetragen. Die Werte zeigen, dass die Abgasemissions-Vorschriften nicht eingehalten wurden. *(Quelle: Sammlg. Oppermann)*

»Gemäß Abstimmung soll MV-DS ein Fahrzeug mit abgestimmtem Motor noch vor dem Werksurlaub 1989 erhalten ...« Wir hatten uns sorgfältig auf eine evtl. Übernahme vorbereitet. Wir haben weder einen Motor noch ein Fahrzeug erhalten.

6. Die Besprechung bei Dr. Schäpertöns am 05.04.1991 ergab, dass die Abgaswerte (NOx/HC) nicht zur Erfüllung künftiger Gesetze reichen. Große Schritte werden von der Forschung nicht gesehen. Ich sagte, dass ich das Projekt übernehmen würde, wenn die Abgaszielwerte erreicht wären. (Ich war nicht bereit, nach den Erfahrungen mit dem G-Lader noch einmal ein Projekt in so einem Zustand von der Forschung zu übernehmen.) Die Forschung präsentierte keinen Plan, wie der GDI-Motor so zu verbessern sei, dass er die damaligen Abgaswerte erfüllt. Wegen fehlender Einspritzausrüstung gab es nur einen Motor aktuellen Baustands und den bräuchten die Forscher für das IRVW 4 Futura. Die Forscher würden das Projekt einstellen. Meine Aussage: »Der Motor-Versuch übernimmt den Motor in diesem Zustand nicht.«

7. Ich berichtete Herrn Neumann und Dr. Oetting über dieses Gespräch und meine Entscheidung, das Projekt nicht zu übernehmen. Meine Chefs akzeptierten das. (Ich war damals noch voll mit dem TDI-Diesel und dem G-Lader beschäftigt.)

8. Wir dürfen auch die Kostensituation nicht ignorieren. Eine kostengünstige Einspritzausrüstung für mindestens 150 bis 200 bar war seinerzeit nicht verfügbar. Die Zeit war nicht reif. Der GDI-Motor mit modifizierter Dieselpumpe wäre nicht wesentlich kostengünstiger als der DI-Diesel geworden. Ein Benziner zu den Kosten eines Diesels mit höherem Verbrauch wäre schwer vermittelbar gewesen.

Fazit: Natürlich sind auch wir heute schlauer als damals. Auch wir haben Fehler gemacht. Als Entwickler haben wir seinerzeit in diesem Punkt nichts Wesentliches falsch gemacht, auch aus heutiger Sicht nicht. Das Thema hätte von der Forschung weiter bearbeitet werden müssen, bis die Zielwerte erreicht sind, ggf. mit Konzeptänderung, d. h. Ableitung vom kostengünstigeren Benzinmotor, wie es seit Mitsubishi alle gemacht haben. Um die HC-Werte zu senken, hätte die Wandanlagerung vermeiden werden müssen.

Alternativ wäre das ein Projekt für die Otto-Vorentwicklung gewesen. Das Konzept des vom Diesel abgeleiteten Benziners ist nicht ausgereizt. Mit heutiger Technik bietet es noch Potenzial. Aber es wird bis zum Ende der Verbrenner kaum noch in der Konsequenz wieder angefasst, natürlich auch wegen der Kosten. Ähnlich sind die Mazda-Motoren mit Verdichtung 14, sowohl Benziner als Sauger und ATL-Diesel. Die Annäherung von Otto und Diesel (innere Gemischbildung, Qualitätsregelung, HCCI) ist ins Stocken geraten, bis auf Mazda.

Quellen

K.-D. Emmenthal, H.-J. Grabe, W. Oppermann, H. Schäpertöns: Motor mit Benzin-Direkteinspritzung und Verdampfungskühlung für das Forschungsauto IRVW-Futura, MTZ 9/1989

K.-D. Emmenthal, H.-J. Grabe, W. Oppermann, H. Schäpertöns: IRVW Futura: Volkswagen von morgen auf der IAA, Automobil Revue 37/1989G.

Hebermehl: Mazda Skyactiv-X, EXTRA Mazda 2017

auto motor und sport 21/2019

Teil 3

Entwicklungsgeschichte des VR-Motors von Volkswagen

Von Dieter Voigt

In den 1970er-Jahren vollzog sich im Volkswagenwerk der Wechsel von den erfolgreichen luftgekühlten Boxermotoren zu wassergekühlten Reihenmotoren, die auch bei Audi schon in Serie waren. Für die Motorkonstruktion standen erhebliche Umbrüche an, begleitet von Ängsten um eine ungewisse Zukunft. Der seit 1968 dort tätige Dr. Hermann Krüger machte sich Mitte der 1970er-Jahre erste Gedanken zu einem VW-Sechszylindermotor, der als kompakter Quermotor eine Komfortmotorisierung für den neuen Golf darstellen könnte.

3.1 Wie alles begann

Ansprache von Dr. Krüger an sein Team: »Wir müssen einen neuen Motor kreieren, der in den Golf passt, in der Leistung eine Ausnahmeerscheinung darstellt und Aufmerksamkeit erregt«. Es entstanden im Jahre 1977 erste Realisierungsvorschläge und Skizzen für einen **V**-Motor mit sehr kleinem **V**-Winkel, dessen Zylinder wie bei einem **R**eihenmotor von nur einem Zylinderkopf abgedeckt war. Für diesen sog. **RV**-Motor wurden nun im noch kleinen RV-Team mit Konstrukteur Hermann Deutsch und Frau Christiane Lilje (später Gebauer) erste Entwürfe und Zeichnungen erstellt.

Aufgrund interner Widerstände innerhalb der weitgehend noch konservativ ausgerichteten Motorkonstruktion gegen diesen neuen Entwicklungsansatz wurde ohne offiziellen Auftrag zunächst heimlich an verdeckten Zeichenbrettern gearbeitet. Wahrscheinlich durch einen Tipp von Gegnern des RV-Motors – der Hauptabteilungsleiter Motorkonstruktion Heinz Busch war abgeneigt, und der kommende Aggregate-Bereichsleiter Peter Hofbauer war skeptisch – entdeckte schließlich der damalige Entwicklungschef Prof. Ernst Fiala die abgedeckten RV6-Motorentwürfe bei einem Feierabendrundgang in der Motorkonstruktion. Anstelle eines erwarteten »Donnerwetters« war

Dr. Hermann Krüger
Jahrgang 1933,
Studium und Promotion an der TH Hannover,
ab 1968 bei Volkswagen,
ab 1969 Abteilungsleiter in der Motorkonstruktion,
Initiator und Vater der RV-Motoren und langjähriger Leiter der RV-Abteilung,
1988 Wechsel in die VW-Forschung,
Ruhestand 1994.

Hermann Krüger
(Foto: Kittler)

Hermann Deutsch
Jahrgang 1933,
Maschinenbau-Ausbildung und danach Studium an der Ingenieurschule Berlin,
1960 Beginn bei Volkswagen in der Motorkonstruktion,
langjähriger Chefkonstrukteur in der RV/VR-Abteilung von Dr. Krüger,
Ruhestand 1995,
anschließend weiterhin tätig für die W-Motoren.

Hermann Deutsch
(Foto: Kittler)

er jedoch sehr angetan von dem innovativen RV6-Motorkonzept und veranlasste dessen offizielle Weiterbearbeitung.

Es wurde daraufhin eine Styropor-Modellbaureihe vom VR2- bis zum VR6-Motor hergestellt. Es erfolgten Berechnungen zu den wichtigsten Daten, und es wurden die verschiedensten Anwendungsvarianten bis hin zum aufgeladenen Motor und zum Diesel-Triebwerk skizziert.

Aggregate-Bereichsleiter P. Hofbauer, der auch Anhänger des Wasserboxers war, förderte nun die RV-Idee und nutzte die Styropor-Modelle gern für Präsentationen. H. Deutsch erinnert sich: »Da mussten wir immer Klebstoff in der Hosentasche für die zerbrechlichen RV-Modelle haben.« Nachdem P. Hofbauer schließlich Dr. Krüger mit der Leitung einer ihm direkt unterstellten RV-Abteilung beauftragt hatte, nahm das RV-Motorprojekt endgültig Fahrt auf.

Für dieses vielversprechende RV-Motorkonzept war zunächst kein Vergleichsmotor bekannt. Bis 1976 hatte jedoch bereits Lancia ein ähnliches RV4-Motorprinzip in Serienanwendung, so dass von Volkswagen keine Patentanmeldungen zum RV-Prinzip mehr getätigt werden konnten. Patentrecherchen offenbarten schließlich erste RV-Konzeptansätze von Lancia um das Jahr 1915 für einen RV12-Flugmotor. Ab 1922 baute Lancia einen RV4- und einen RV8-Pkw-Motor in Serie. Auch die britische Motorradmarke Matchless brachte 1930 einen RV4-Motor. Die deutsche Marke Röhr folgte mit dem Modell 8 RA (RV8 mit 10° Bankwinkel).

Mögliche Motorenvarianten auf RV-Basis (Zusammenstellung von 1982)

Motor	RV2	RV3	RV4	RV5	RV6
Hubraum (cm³)	660	1.000	1.330	1.660	2.000
Zylinderzahl	2	3	4	5	6
Eigengewicht (kg)	63	70	81	95	110
Bohrung x Hub (mm)	75 x 75	75 x 75	75 x 75	75 x 75	75 x 75
Zylinderabstand (mm)	65	65	65	65	65
Leistung normal (kW/PS)	24/33	36/50	49/66	61/83	73/100
Leistung max. (kW/PS)	29/40	44/60	59/80	73/100	88/120
Nenndrehzahl (U/min)	6.000	6.000	5.500	5.500	5.500
Leistung max. (kW/PS)	50	75	103	130	155

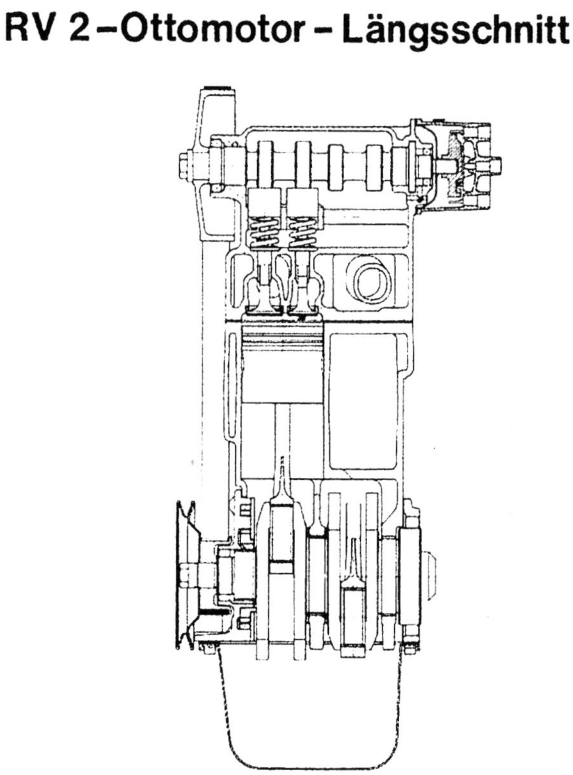

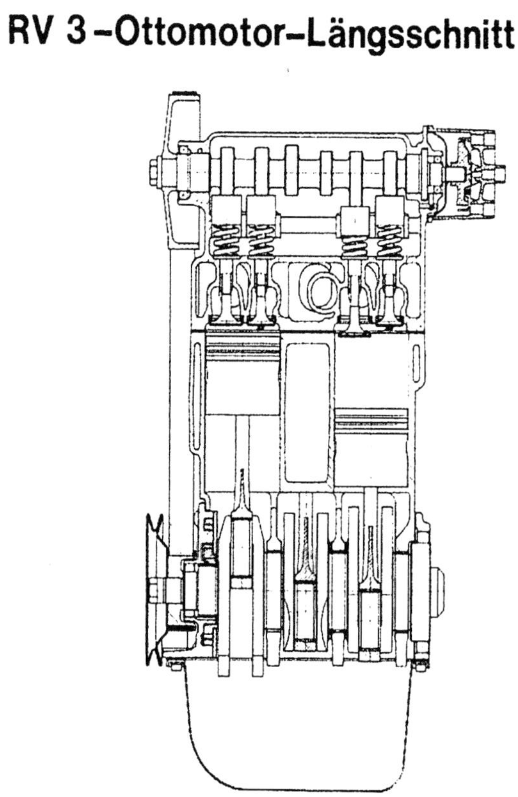

Einstiegsmotoren für die angedachte RV-Familie (Untersuchung von 1982). *(Zeichnung: Volkswagen/Sammlg. AutoMuseum)*

3.2 Vorentwicklung RV6-Motor mit Zweiventil-Brennraum

Konstruktion und Prototypherstellung

Mit offiziellem Konstruktionsbeginn im Jahre 1978 wurde in der noch kleinen Mannschaft von Dr. Krüger detailliert an der Realisierung des ersten RV6-Motors mit einem Hubraum von 2 Litern für den Quereinbau im Golf gearbeitet. Bei einem sehr kleinen V-Winkel von nur 8° und 65 mm Zylinderabstand passte der sehr kurze RV6-Motorblock gerade noch zwischen Getriebe und Fahrzeuglängsträger. Die leicht versetzten Zylinder des Motorblocks wurden von einem schmalen Zylinderkopf abgedeckt. Eine von einem Zahnriemen angetriebene obenliegende Nockenwelle betätigte über hydraulische Tassenstößel jeweils ein Einlass- und ein Auslassventil pro Zylinder.

Der eigentlich nicht mehr zuständige Hauptabteilungsleiter H. Busch wollte nun auch einen Beitrag leisten und ließ von der Motorberechnung eine Reibungsoptimierung durchführen. Hieraus resultierte für den ersten RV6-Motor ein asymmetrisch geschränkter Kurbeltrieb (+22 mm/–8 mm), der bei marginalen Reibungsvorteilen jedoch von den Konstrukteuren ungeliebt kleine Bank-Unterschiede bezüglich Pleuellänge bzw. Kolben-Kompressionshöhe auslöste. Da kurzfristig von der Elektrokonstruktion keine 6-Zylinder-Zündanlage bereitgestellt werden konnte, wurde für den RV6-Prototyp zunächst eine käuflich erworbene 6-Zylinder-Zündanlage von BMW vorgesehen.
Ein erster RV6-Prototyp wurde im Laufe des Jahres 1979 im VW-Versuchsbau hergestellt. Im Sommer 1979 wechselte der aus Wolfsburg stammende BMW-Versuchsingenieur Dieter Voigt – Hauptautor dieses Kapitels – in die RV-Abteilung, um die anstehenden Versuchsarbeiten in Angriff zu nehmen. Da nicht nur die Motorkonstruktion, sondern auch der Motorversuch von der direkt der Bereichsleitung unterstellten neuen RV-Abteilung nicht begeistert waren, gab es auch entsprechende Widerstände zur Bereitstellung eines Prüfstands für den neuen RV6-Motor.

Hierzu rief der für Prüfstände zuständige Abteilungsleiter Schädle in der RV-Abteilung an: »Ich möchte Herrn Feucht sprechen«. Die das Telefonat annehmende Fr. Lilje antworte: »Herrn Feucht gibt's hier nicht« und legte auf. Nach kurzzeitigem Rückruf wurde Herr Schädle dann aufgeklärt, dass Herr Voigt nicht »Feucht«, sondern »Vogt« ausgesprochen wird. Schließlich wurde für die

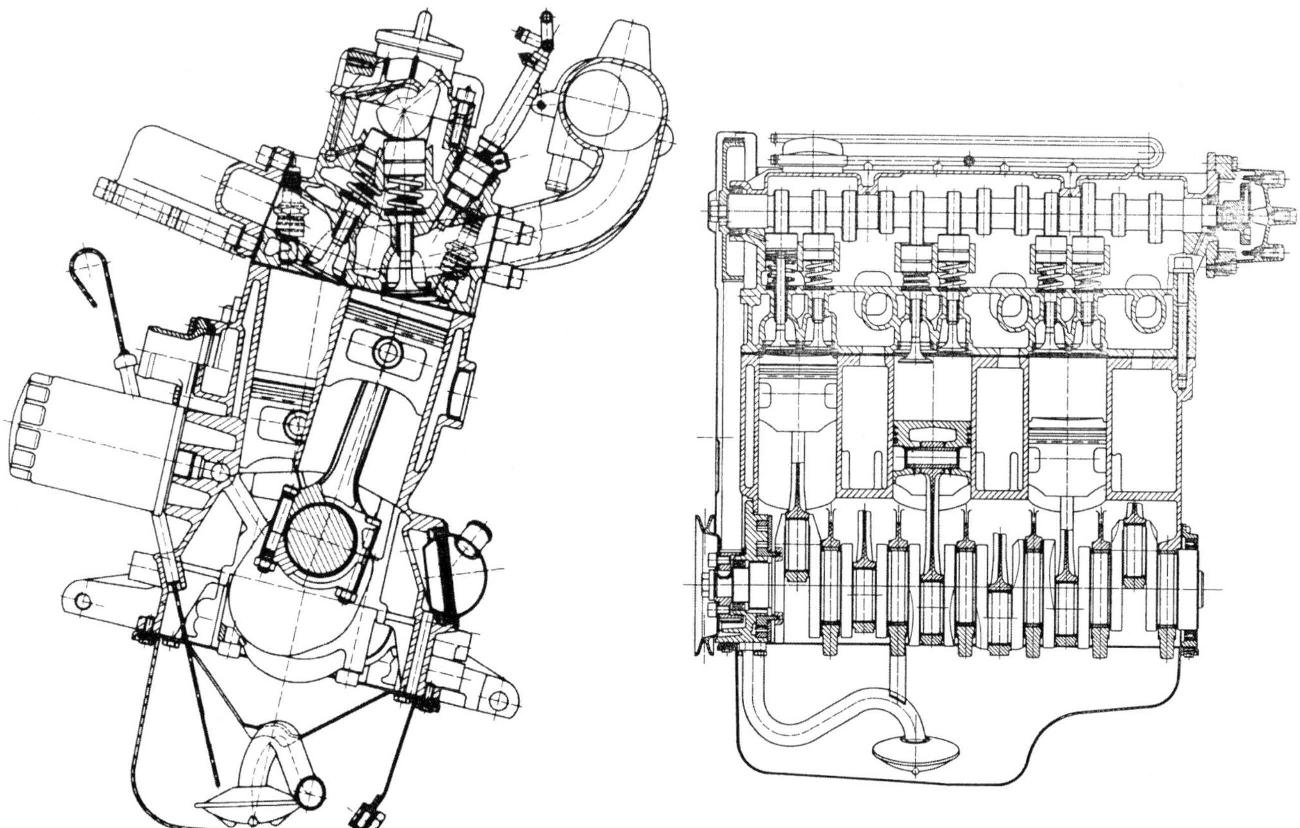

2.0 L-2V-RV6-Motor (Quer- und Längsschnitt).

(Zeichnung: Volkswagen/Sammlg. AutoMuseum)

anstehenden RV6-Motorversuche dann doch ein Prüfstand bereitgestellt.

Der erste RV6-Prototyp sollte unbedingt noch im Jahre 1979 am Prüfstand zum Leben erweckt werden. Mitte Dezember 1979 waren schließlich alle im Versuchsbau gefertigten und bei Zulieferern bestellten Motorteile verfügbar.

Nach eiliger Motormontage sollte der erste RV6-Motor dann noch am letzten Wochenende vor Weihnachten 1979 im Versuchsbau gestartet werden. Alle wesentlich am RV6-Motor Beteiligten standen gespannt um den RV6-Motor herum, als Dr. Krüger den Anlasser betätigte. Aus dem anlaufenden RV6-Prototyp schoss durch den sich aufbauenden Motoröldruck ein Ölstrahl direkt Dr. Krüger ins Gesicht. Das Öl tropfte von seinem Kinn und die Umstehenden blieben auch nicht unbefleckt. Ursache: Ein Mechaniker hatte einen Kugelstopfen im Zylinderkopf vergessen. Mit diesem kuriosen RV6-Auftakt gelang der Start für einen später über Jahrzehnte erfolgreichen Einsatz des RV-Motorprinzips bei Volkswagen.

RV6-Prüfstandserprobung und erstes RV6-Fahrzeug

Anfang 1980 begann dann die Prüfstandserprobung des ersten RV6-Motors. Nach sorgfältigem Motoreinlauf des Prototyps und kleineren Optimierungen konnte bald die erste Vollast-kurve gefahren werden. Das Ergebnis war sehr ernüchternd. Anstelle einer gewölbten Drehmoment**kurve** ergab sich eine mit der Drehzahl leicht ansteigende Volllast**gerade**, die bei

Dieter Voigt *(Foto: Kittler)*

Dipl.-Ing. Dieter Voigt
Jahrgang 1949,
1966 Kfz.-Techniker-Ausbildung bei Volkswagen,
1971 Fahrzeugtechnik-Studium an der FH Hamburg,
1973 Maschinenbau-Studium/Verbrennungsmotoren an der TU Braunschweig,
1979 Wiederbeginn bei Volkswagen in der RV-Abteilung,
1996 Wechsel in die Motorenvorentwicklung und 1998 in die VW-Forschung,
2001 Selbständigkeit mit Gründung des Ing.-Büros IFM Motorentechnik.

Der erste, sehr kompakte 2,0-L-2V-RV6-Motor.
(Fotos: Volkswagen/Sammlg. AutoMuseum)

5.500 U/min noch deutlich unter dem Zielwert von 74 kW/100 PS endete. Die Enttäuschung war entsprechend groß.

Ursächlich für den noch sehr unbefriedigenden Volllastverlauf waren wohl die zugunsten der Kompaktbauweise sehr kurz ausgebildeten Saugrohrlängen und die enge Abgasführung, was in den beiden vorhergehenden Bildern gut erkennbar ist.

Als schnelle Lösung wurde für einen verbesserten Drehmomentverlauf auf ein aus Blech gefertigtes Wickel-Saugrohr mit größerer Rohrlänge umgebaut. Durch weitere Optimierungen am Abgassystem und veränderten Steuerzeiten konnte schließlich eine nun deutlich verbesserte Drehmomentkurve mit einer Motorleistung von 74 kW/100 PS erreicht werden.

Es folgten erste Fahrversuche mit dem neuen RV6-Motor in einem angepassten Golf GTI. Bei neuer Getriebeauslegung und veränderter Abgasanlage konnten erste Fahreindrücke gewonnen werden.

Nach weiteren kleinen Verbesserungen am RV6-Golf fuhr dann Dr. Krüger mit Werkschutz-Begleitkommando zum Flughafen Braunschweig, um den montags aus Süddeutschland einfliegenden VW-Vorstandsvorsitzenden Toni Schmücker abzuholen. Es sollte möglichst ein RV6-Serienbeschluss erwirkt werden. Schmückers ernüchternde Reaktion: »Fährt schön, aber große Motoren können wir nicht gebrauchen«. Es wurde aber mit Optimismus für einen späteren Serienstart weitergearbeitet und das nötige Entwicklungsgeld durch »Umbuchungen« bereitgestellt.

Erster RV6-Motor im Golf I. *(Foto: Volkswagen/Sammlg. AutoMuseum)*

So war auch die vom GTI-Golf abgewandelte RV6-Abgasanlage verbesserungsbedürftig und sollte beim Abgasanlagen-Hersteller Gillet in Edenkoben für den Sechszylinderbetrieb abgeändert werden. Hierzu wurde H. Deutsch als verantwortlicher Chefkonstrukteur mit einem RV6-Golf auf den Weg zu Fa. Gillet geschickt. Zwei Stunden nach seiner Abfahrt kam von ihm per Telefonanruf die Hiobsbotschaft: »Kapitaler Motorschaden mit riesiger Dampfwolke an der Autobahnabfahrt Melsungen«. Am aus Hessen zurückgeholten RV6-Golf wurde eilig die Ursache für den Motorschaden gesucht. Eine Ventilfeder war gebrochen und hatte wie auf den nebenstehenden Fotos zu sehen Folgeschäden durch Wasserschlag ausgelöst (Pleuelverbiegung und Kolbenbruch).

Von der in Wolfsburg angelaufenen Entwicklung eines RV6-Motors war die Audi-Entwicklung in Ingolstadt wenig angetan. Dort verwies Direktor Ludwig Krauss auf seinen im Konzern vorhandenen Fünfzylinder-Reihenmotor sowie einen in Entwicklung befindlichen 90°-V6-Motor und lehnte einen RV6-Einsatz bei Audi ab. Hierzu kam es bei oberen VW/Audi-Führungskräften zu heftigen Diskussionen. Für die in Kompaktfahrzeugen bestehende Quermotorisierung wurde schließlich nach einer vergleichenden Crash-Bewertung eine Entscheidung zugunsten des schmalen RV6-Motors getroffen.

Kolben- und Pleuelschaden durch Ventilfederbruch.

(Fotos: Volkswagen/Sammlg. AutoMuseum)

3.3 Weiterentwicklung RV6-Motor mit Vierventil-Brennraum

Mehr Hubraum und Vierventil-Zylinderkopf

Ab 1982 wurden konstruktive Untersuchungen für einem RV6-Konzept mit 4V-Brennräumen und einer Hubraumsteigerung auf 2,2 Liter durchgeführt. Prämisse war: Der RV6-Motor muss dahin passen, wo auch der EA 827-4-Zyl.-Motor von Audi hinpasst. Bei dem weiterhin relativ kleinen RV-Zylinderabstand von 65 mm wies die Kurbelwelle nun nur noch vier Hauptlager auf, wodurch Reibungsvorteile erzielt werden sollten. Zwischen Zylindermitte und Pleuellagermitte wurde sogar ein geringer Versatz vorgesehen, um etwas größere Hauptlagerbreiten zu ermöglichen. Das für den neuen Vierventil-Zylinderkopf breiter ausgeführte Zylinderkurbelgehäuse hatte einen vergrößerten V-Winkel von 14° und die Kurbelwelle war motormittig mit symmetrischer Schränkung von ± 9,5 mm angeordnet.

Nun betätigten zwei Nockenwellen über hydraulische Tassenstößel die 24 Ventile. Während die Einlassnockenwelle weiterhin von einem Zahnriemen angetrieben wurde, sorgte wie ursprünglich beim EA 827-Motor vorgesehen ein zwischen beiden Nockenwellen angeordneter Zahnradtrieb für die Drehung der Auslassnockenwelle. Die unten abgebildeten Zeichnungen zeigen den neuen 2,2-L-4V-RV6-Motor im Detail.

Im Rahmen eines Entwicklungsgesprächs bei dem ab Anfang 1983 neuen VW-Vorstandsvorsitzenden Dr. Carl Hahn wurde vom Entwicklungsvorstand Prof. Fiala auch das RV-Konzept vorgestellt. C. Hahn war sehr interessiert und zeigte sich letztlich auch wegen des »RV-Alleinstellungsmerkmals« begeistert. Daraufhin wurde offiziell der Versuchsbau mit dem Bau des konstruktiv hierfür weitgehend vorbereiteten 2,2-L-4V-RV6-Motors beauftragt.

Mit zunehmendem Entwicklungsfortschritt wurde das RV-Team von Dr. Krüger personell erweitert. In der Konstruktion arbeiteten neben H. Deutsch und Fr. Lilje nun zwei weitere Konstrukteure. Versuchsseitig kam zu D. Voigt noch der Jungingenieur Ludwig Damminger hinzu.

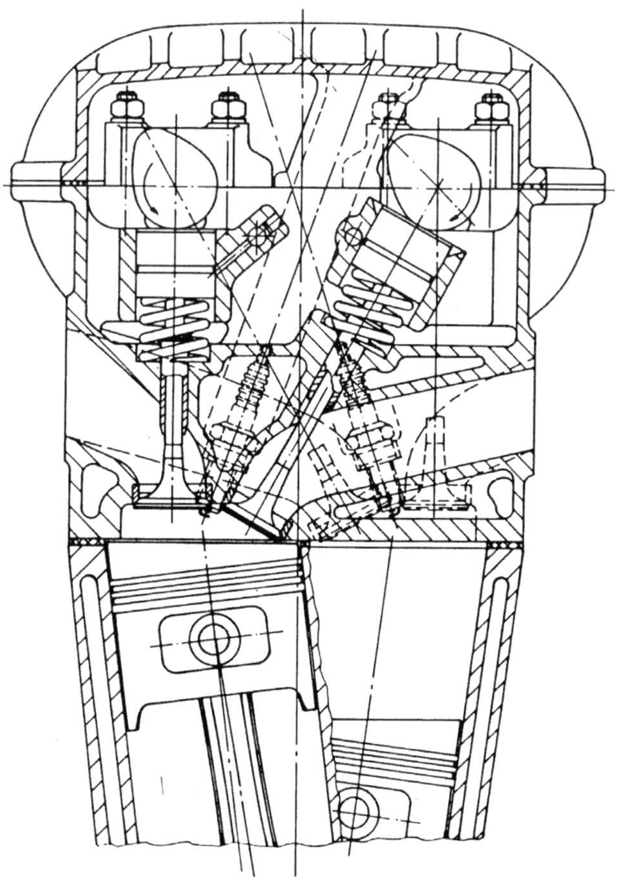

2,2-L-4V-RV6-Querschnitt. *(Zeichnung: MTZ 51 (1990) 10[1])*

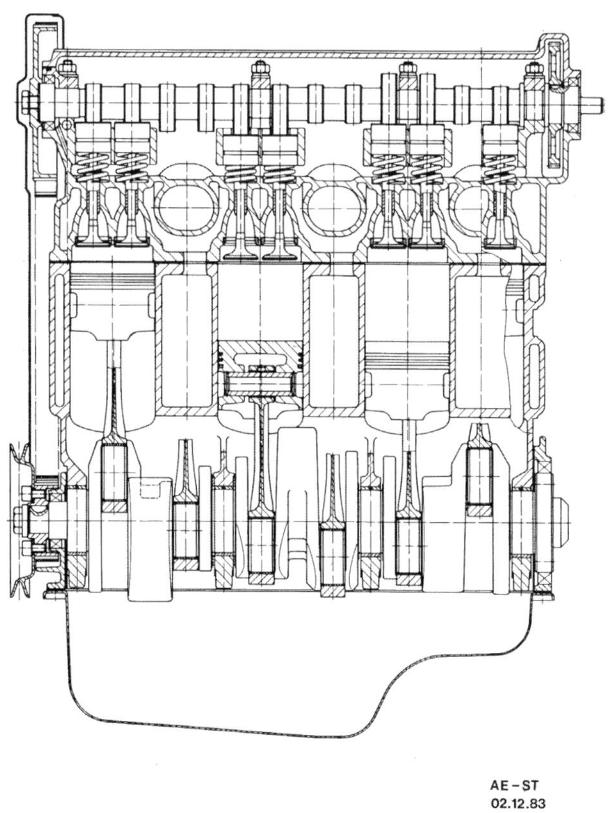

2,2-L-4V-RV6-Längsschnitt. *(Zeichnung: Volkswagen/Sammlg. AutoMuseum)*

Prüfstandserprobung und Fahrzeugeinsätze

Die im Versuchsbau hergestellten Motorteile des neuen 2,2-L-4V-RV6-Motors wurden mit den bestellten Zulieferteilen bereits im Sommer 1983 zusammengebaut. An nun zwei verfügbaren Motorprüfständen wurde ein umfangreicheres Erprobungsprogramm in Angriff genommen.

Die Erwartungen an den neuen RV6-4V-Motor waren sehr hoch, doch die anfängliche Euphorie wurde schnell durch aufgetretene Betriebsprobleme getrübt. Der Drehmomentverlauf war durch nicht ausreichende Füllung im unteren und mittleren Drehzahlbereich sehr unbefriedigend. Wegen des verfolgten Leichtbaus traten bereits nach wenigen Betriebsstunden auch noch Risse am Kurbelgehäuse und an der nur noch vierfach gelagerten Kurbelwelle auf. Es musste durch nachkonstruierte Verstärkungen eilig nachgebessert werden.

Parallel zum Prüfstandsbetrieb wurde der 2,2-L-4V-RV6-Motor auch im Golf erprobt. Bei vorn liegendem Saugrohr und hinterer Abgasanlage war er um 15° zur Spritzwand geneigt eingebaut.

Für eine notwendige Füllungsverbesserung zur Drehmomentsteigerung wurde schließlich externe Hilfe eingeschaltet. Der nun voll hinter dem RV-Projekt stehende Prof. Hofbauer knüpfte Kontakte zu den F1-Motorspezialisten von Cosworth. Hierzu kam der Cosworth-Miteigner und Konstrukteur des legendären Ford-V8-F1-Rennmotors Keith Duckworth nach Wolfsburg. Kommentar des früheren

2,2-L-4V-RV6-Motor im Golf II. *(Foto: MTZ 51/10)*

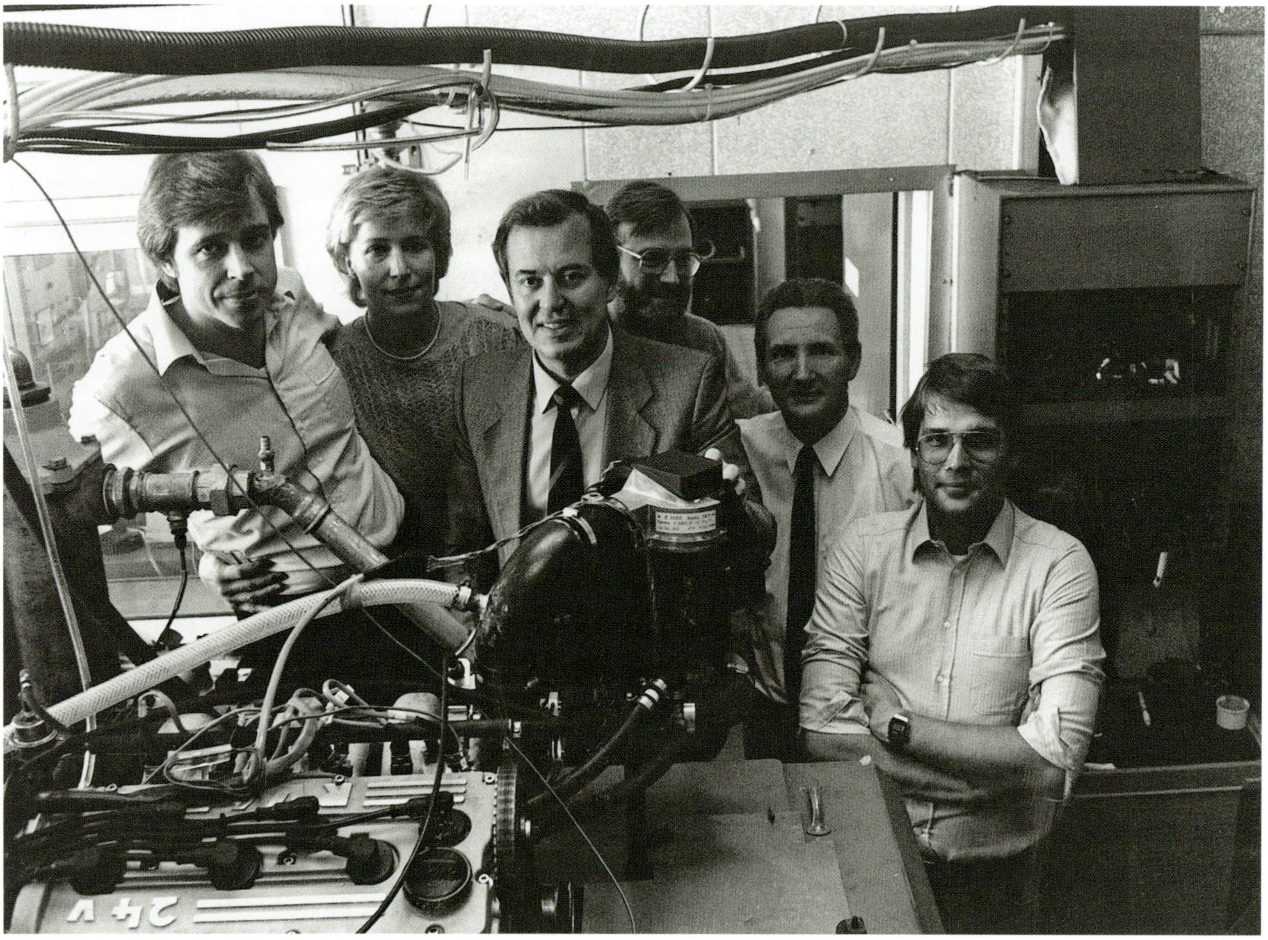

RV6-Mannschaft am Motorprüfstand 4 mit dem 2,2-L-4V-RV6-Motor: Dieter Voigt, Helma Krügel (Sekretariat), Prof. Peter Hofbauer, Hermann Deutsch (mit Bart), Dr. Hermann Krüger und Ludwig Damminger. *(Foto: privat/AutoMuseum)*

Kartfahrers und F1-Begeisterten D. Voigt: »Es war mir eine besondere Ehre, mit Keith Duckworth im RV6-Golf einige Runden auf der VW-Schnellbahn zu drehen«.

Cosworth erstellte dann Einlasskanal-Entwürfe mit reduzierten Querschnitten zur Erhöhung der Strömungsdynamik. Erste Stichversuche hierzu mit eingeklebten Kanaleinsätzen und durch abgekratzte Sandkerne angepasstem Saugrohr brachten am Motorprüfstand entsprechende Drehmomentvorteile. In der Motorkonstruktion wurden für die zweite RV6-Baustufe die vorgeschlagenen Kanalverengungen am RV6-Zylinderkopf und modifiziertem Saugrohr umgesetzt. Hierdurch wurden nach der Verfügbarkeit verstärkter Kurbelwellen und Kurbelgehäuse dann am Prüfstand deutliche Verbesserungen mit einer erzielten Motorleistung von 120 kW/163 PS und einem fülligeren Drehmomentverlauf mit einem Spitzenwert von 200 Nm erzielt.

Am Motorprüfstand fanden auch im Hinblick auf eine angestrebte Verbrauchsabsenkung sogenannte »Strip-Untersuchungen« zur Reduktion der Reibleistung statt. Hierbei wurden im Schleppbetrieb durch sukzessive Entfernung von Bauteilen deren Reibleistungsanteile ermittelt. In durchgeführten Dauerläufen wurden die nachträglich verstärkten Kurbelgehäuse und Kurbelwellen erfolgreich getestet.

Mit einem Ende 1984 verfassten Versuchsbericht mit guten Ergebnissen des 2,2-L-4V-RV6-Motors wurde der Weg für eine Weiterentwicklung des RV-Prinzips geebnet. Kommentar Dr. Krüger: »Nun wollten plötzlich alle mitreden«.

Obwohl in Ingolstadt keine Begeisterung für die RV6-Motoren bestand, ist bereits im Jahr 1982 ein 2,2-L-4V-RV6-Motor längs in einen Audi 100 eingebaut worden.

Auch eine Veräußerung des erfolgversprechenden Motorenkonzepts wurde erwogen. So gab es Mitte / Ende der 1980er-Jahre Gespräche mit den schwedischen Marken Volvo und Saab, wo Interesse an kompakten Komfortmotoren bestand. Auch mit Fiat wurden derartige Gespräche geführt, wobei es zunächst um eine Motorenfamilie von 2,2 bis 2,8 Liter, dann sogar von 2,5 bis 3,0 Liter gehen sollte. Mit dem Einstieg von GM bei Saab 1989 endeten alle Sondierungen hierzu.

2,2-L-4V-RV6-Motor längs eingebaut im Audi 100. *(Foto: Audi)*

3.4 Ansätze für RV-Hochleistungsmotoren

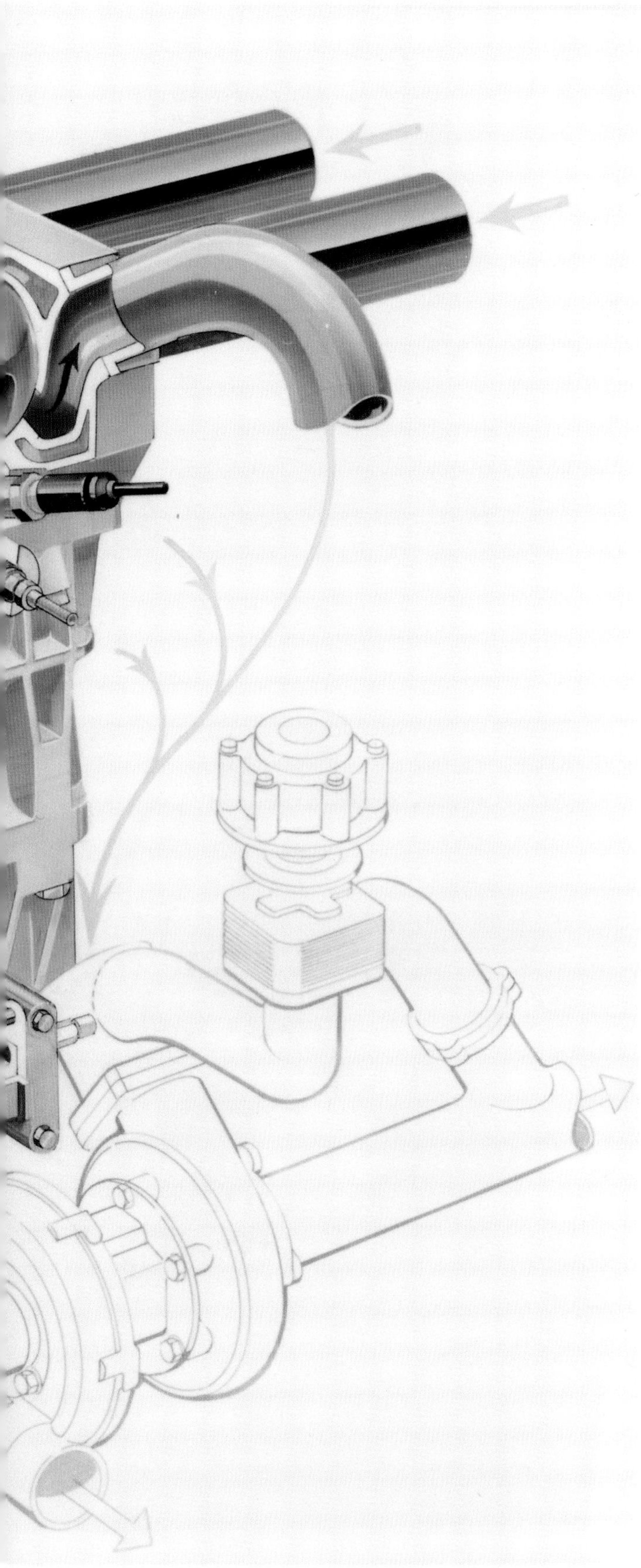

Überlegungen zu einem RV-Formel 1-Konzept

Prof. Hofbauer hatte die Idee, die RV-Zylinderanordnung in die Formel 1 zu bringen. Hierzu reisten sein Vertrauter Bernd Wiedemann, Dr. Krüger und L. Damminger zur englischen F1-Motorenschmiede Judd-Racing. Es resultierte ein RV8-F1-Entwurf, wobei sogar auto motor und sport über einen möglichen VW-RV8-F1-Rennmotor berichtete. Beim Judd-Gegenbesuch in Wolfsburg war auch der frühere F1-Weltmeister Jack Brabham als Judd-Miteigner zugegen. Wegen unzureichender Erfolgsaussichten und auch aus Kostengründen wurde der angedachte VW-F1-Einstieg mit einem RV-Rennmotor alsbald aber wieder aufgegeben.

RV6-Drehschiebermotor

Für einen RV6-Hochleistungsmotor wurde bei VW auch eine Variante mit einem Drehschieber-Zylinderkopf angedacht. Das nebenstehende Bild zeigt hierzu eine vielversprechende Darstellung mit der Bezeichnung ROTO POWER.

Während der Detailkonstruktion zeigten sich jedoch die generell bekannten Schwierigkeiten bei von Drehschiebern gesteuertem Ladungswechsel, wie nachteilige Schadräume im Brennraum und hohe Druckbelastung des Drehschiebers durch Beaufschlagung mit Brennraumdruck. Wegen dieser technischen Realisierungsprobleme wurde auch dieser interessante RV6-Hochleistungsansatz schließlich wieder aufgegeben.

2,2-L-RV6-»Walter-Motor«

Als Leistungsvariante wurde auch ein 2,2-L-4V-RV6-Motor mit zweifacher Aufladung aufgebaut. Ein großer Abgasturbolader (ATL) sorgte für die Höchstleistung im oberen Drehzahlbereich, während ein G40-Lader im unteren Drehzahlbereich hohes Drehmoment erzeugte. Ab 3.000 U/min musste der ins Schnelle übersetzte G-Lader über eine magnetische Schaltkupplung abgekoppelt werden, um nicht durch Überdrehzahl zu bersten. Die Abgastemperatur lag bei einer Höchstleistung von 160 kW/220 PS schon bei beträchtlich hohen 1.000 °C, wodurch der am Motorprüfstand rotglühende ATL maximal gestresst war.

Mit diesem in einen Golf eingebauten RV6-Hochleistungsmotor erreichte D. Voigt auf der VW-Versuchsbahn in Ehra-Lessien eine beachtliche Höchstgeschwindigkeit von

Darstellung des RV6-Hochleistungsmotors »ROTO POWER«. *(Grafik: Schlenzig/Sammlg. AutoMuseum)*

»Walter-Motor« mit G-Lader und Turbolader im Golf II.
(Fotos: Volkswagen/Sammlg. AutoMuseum)

»Walter-Motor« im Golf-Motorraum. *(Foto: Volkswagen/Sammlg. AutoMuseum)*

241 km/h. Immer dabei den im Prüfstandsversuch rotglühenden ATL vor Augen und Schweißperlen auf der Stirn; danach sein Kommentar: »Aus Angst vor einem kapitalen Motorschaden war mir ein weiterer Höchstgeschwindigkeitsversuch in Gegenfahrtrichtung zu heikel«.

Generell gab es mit diesem im Jahr 1985 aufgebauten RV6-Leistungs-Golf diverse Betriebsprobleme durch thermische Belastungen der den Motorraum maximal ausfüllenden Ansauganlage. Die Frischluft wurde vom Luftfilter über einen Luftmengenmesser und eine Drosselklappe, alle karosseriefest angeordnet, über einen Schlauch zum Turbolader geleitet. Von hier aus strömte die verdichtete Frischluft über eine Rückschlagklappe zu einem Ladeluftkühler und über einen flexiblen Druckschlauch schließlich zum Saugrohr.

Der parallel zur Rückschlagklappe angeordnete G-Lader wurde nur bei Hochlastbetrieb im unteren Drehzahlbereich wegen der hier noch unzureichenden ATL-Leistung zugeschaltet. Die dabei sich schließende Rückschlagklappe verhinderte eine Frischgasrückströmung zur Ansaugseite des G-Laders. Das große Frischgasvolumen zwischen Drosselklappe und Einlassventilen führte zu entsprechend träger Reaktion beim Lastwechsel.

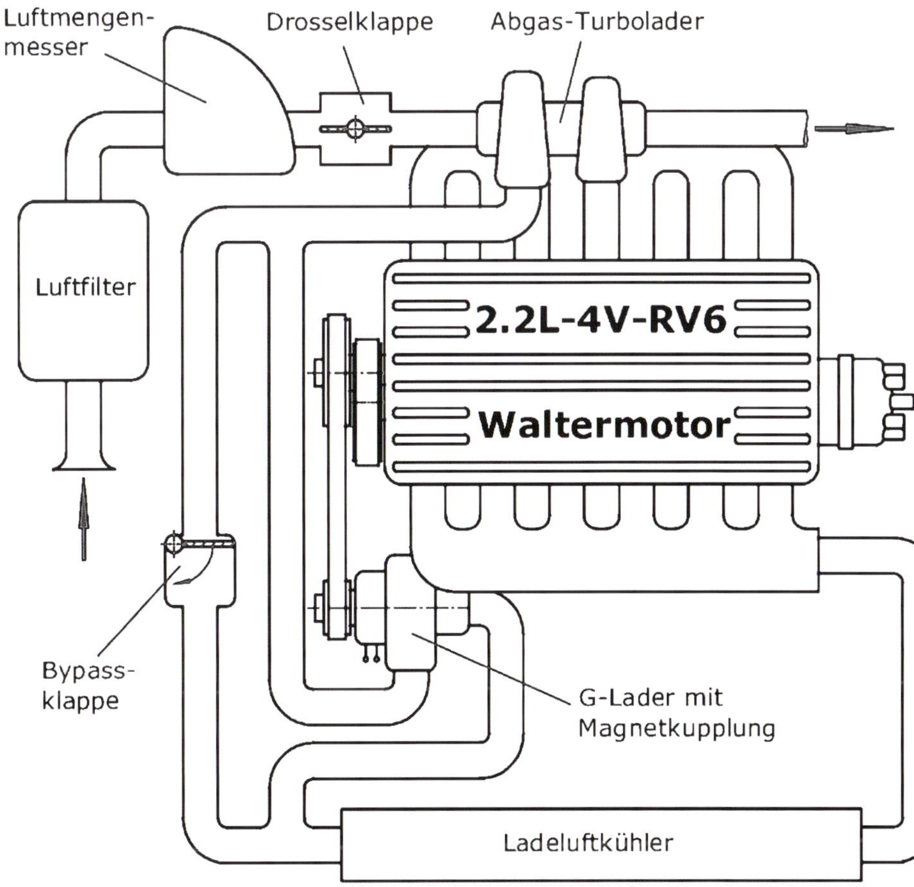

Frischluftanlage und Volllastdiagramm des »Walter-Motors«.
(Zeichnung: Voigt)

Bei einer Autobahnfahrt von D. Voigt platzte bei ca. 200 km/h der durch Ladedruck, hohen Motorraumtemperaturen und Motorbewegungen belastete Druckschlauch zum Saugrohr mit lautem Knall. Sein Kommentar: »Nach dem Auskuppeln gingen alle Kontrollleuchten an und der Motor stand still. Beim Weiterrollen konnte ich jedoch nach vorsichtigem Einkuppeln den Motor bei bestimmter Gaspedalstellung wieder zum Leben erwecken, so dass das RV6-Fahrzeug noch ins VW-Werk gerettet werden konnte«.

Bald darauf folgte noch ein weiterer Motorausfall wiederum durch abgerissenen Druckschlauch. Daraufhin wurde der doppelt aufgeladene RV6-Motor durch L. Damminger auf »Walter-Motor« getauft, abgeleitet von der damaligen Fernsehserie »Unser Walter, Leben mit einem Sorgenkind«. Das »Walter-Projekt« wurde letztlich nicht mehr weiterverfolgt.

3.5 2,4-L-4V-RV6-Motor für den geplanten Serieneinsatz

Neue Motorauslegung

Noch im Jahre 1984 wurde ein Serieneinsatz mit einem 2,4-L-4V-RV6 für den Passat B3 angestoßen. Erstmals sollten die Motoren im Passat wie beim Golf quer eingebaut werden, so dass für die Höhermotorisierung nicht mehr auf die zu langen Audi-Fünfzylindermotoren zurückgegriffen werden konnte. Als Zielwerte des RV6-Motors wurden 125 kW/170 PS und 220 Nm festgelegt. In der nun mit der Motorentwicklung beauftragten Serienentwicklung wurde für die Baustufe 1 die Hubraumerhöhung auf 2,4 Liter durchkonstruiert.

Für den neuen 2,4-L-4V-RV6 wurde eine nach vorn geneigte Fahrzeug-Einbaulage mit Auslass vorne gewählt, die sich bei Konzeptuntersuchungen als vorteilhaft herausgestellt hatte. Die nachfolgende Darstellung zeigt die crashrelevante Kompaktheit des RV6-Konzepts gegenüber einem konventionellen V6-Motor.

Die bisherige Vierfachlagerung der Kurbelwelle wurde beibehalten, weil man sich davon Reibleistungsvorteile versprach. Im Sinne einer kürzeren Motorbaulänge wurde der Steuertrieb radikal geändert. Statt eines vorne liegenden Zahnriementriebs wurde nun schwungradseitig ein zwei-

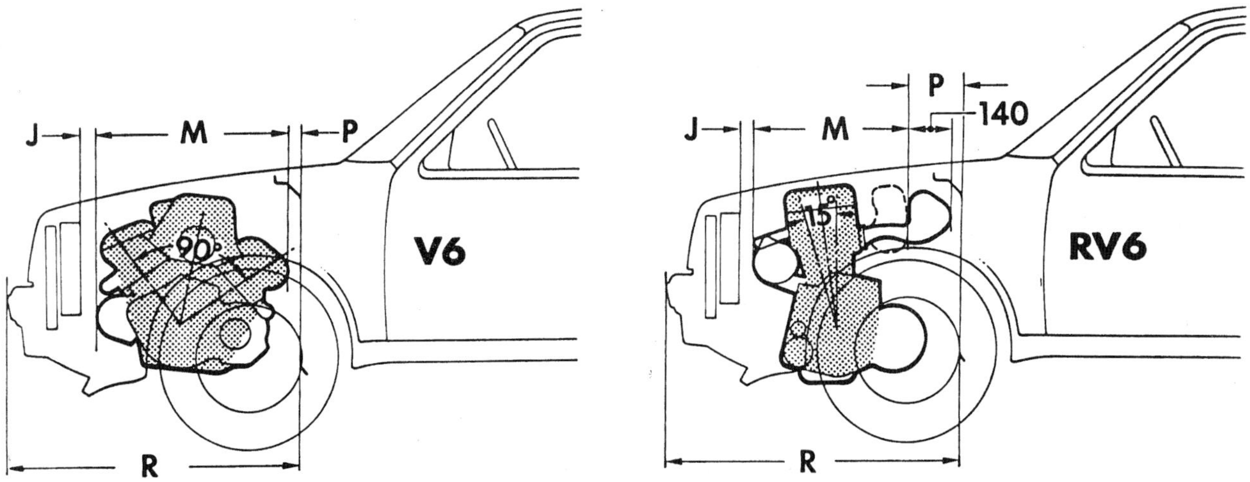

Maße gelten für:
- MQ-Getriebe
- mit Klimakompressor
- mit Kompakt-Generator beim RV6

* bei 140 mm Deformationsweg nach dem Crash

Typ	Maß(mm)	R	J	M	P
A-2	RV6	995	29	565*	203
	V6		75	650	55
B-3	RV6	1095	49	565*	203
	V6		75	650	55
Taifun	RV6	1069	29	565*	203
	V6		75	650	55
Honda Legend	V6	1225	135	620	140

Vergleich Quer-Einbausituation 2,5-L-V6 (Honda) vs. 2,4-L-RV6 (Volkswagen). Taifun meint den Corrado. *(Skizze: Sammlg. AutoMuseum)*

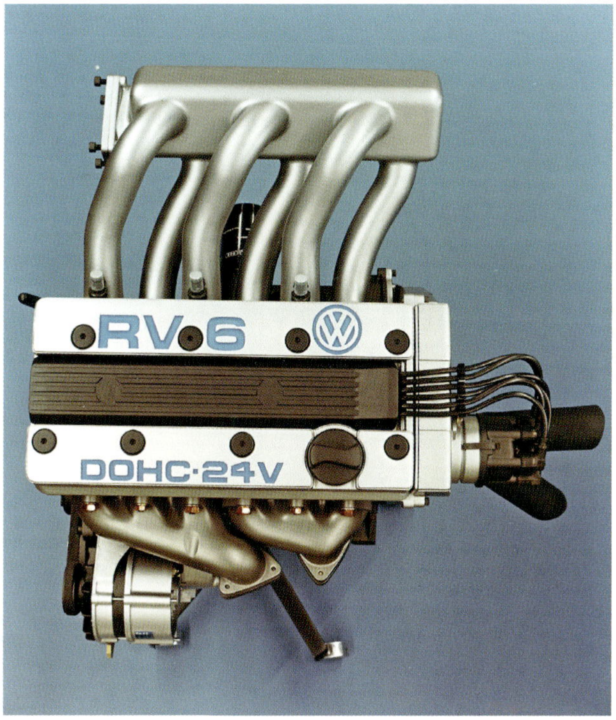

stufiger Antrieb der Nockenwellen angeordnet. Eine Kette zwischen Zylinder 6 und Schwungrad trieb eine mit halber Motordrehzahl laufende Nebenwelle an, auf der auch eine hochliegende Ölpumpe angeordnet war.

Von der Nebenwelle aus wurden über einen Zahnriementrieb die beiden obenliegenden Nockenwellen angetrieben. Gegenüber eines vorne am Motor angeordneten Steuertriebs konnten deutlich geringere Drehschwingungen für den Nockenwellenantrieb erwartet werden. Zwecks minimierter Motorhöhe klein gewählter Zahnriemen-Scheibendurchmesser traten erhöhte Zugkräfte im Zahnriemen auf. Das sollte eine Baustelle bei der weiteren Entwicklung des neuen Motors werden.

Motorerprobung

Bereits bei Beginn der Prüfstandserprobung des neuen 2,4-L-4V-VR6-Motors gab es erste Probleme. Nach nur kurzer Laufzeit traten Zahnriemenspringer am oberen Ventilantrieb

2,4-L-4V-RV6-Holzmodell für Präsentationsfilm. *(Fotos: Volkswagen/Sammlg. AutoMuseum)*

auf. Die Folge war ein kapitaler Motorschaden durch Kontakt der Ventile mit den Kolben.

Als schnelle Abhilfe wurde daraufhin eine zusätzliche Andrückrolle zwischen Nebenwelle und Einlass-Nockenwelle angebracht, die die Problematik etwas entschärfen konnte. Bei der beibehaltenen Vierfachlagerung der Kurbelwelle vom 2,2-L-RV6 zeigte sich alsbald, dass die erwarteten Reibleistungsvorteile nicht auftraten. Die »biegeweiche« Vierfachlagerung führte in bestimmten Bereichen zu unerwünschtem Mischreibungsbetrieb, so dass der theoretische Reibungsvorteil der geringeren Lageranzahl nicht wirksam wurde.

Mit 115 kW/156 PS waren die ersten Motoren zudem noch weit von der geforderten Zielleistung entfernt, so dass für die nächste Baustufe schließlich eine konstruktive Überarbeitung unumgänglich war.

2,4-L-4V-RV6-Motor.
(Fotos: Volkswagen/Sammlg. AutoMuseum)

Konstruktive Nachbesserungen und Umbenennung in VR-Motor

Zur Sanierung des Zahnriementriebes wurden die Riemenscheiben mit größeren Durchmessern ausgeführt und der Zahnriemen bei nun verkleinerter 8-mm-Teilung von 19 auf 25 mm verbreitert. Da auch schon an Konzeptmotoren einer RV6-Diesel-Variante mit Siebenfachlagerung der Kurbelwelle gearbeitet wurde, konnte auf deren Kurbelgehäuse und Kurbelwellen kurzfristig für die nächste RV6-Otto-Baustufe zurückgriffen werden. Zur Leistungsanhebung wurde ein neues Saugrohr mit verkürzten Rohrlängen vorgesehen.

Durch das neue Saugrohr wurden am Prüfstand die Leistungszielwerte fast erreicht, das Drehmoment brach aber insbesondere im unteren Drehzahlbereich ein. Die Forschung versuchte damals auch eine Lösung für diesen mangelhaften Drehmomentverlauf des 2,4-L-4V durch eine Einlass-Kanaltrennung mit Kanalabschaltung zu finden, was aber nicht übernommen wurde. Die hochliegende Ölpumpe führte beim Heißstart zu einem unzureichenden Öldruckaufbau, so dass für spätere Baustufen eine tiefere Ölpumpenanordnung unumgänglich erschien.

Die ursprüngliche Bezeichnung RV6-Motor wurde alsbald auf Betreiben des Vertriebs in VR6-Motor umgewandelt, denn unter der bisherigen Bezeichnung **RV** hätte in Amerika wenig vorteilhaft für VW auch **R**ecycling **V**ehicle (Müllwagen) verstanden werden können.

VR6-Taskforce

Da der Entwicklungsfortschritt des 2,4-L-4V-VR6-Motors nicht zufriedenstellend war, wurde schließlich eine VR6-Taskforce, nun wieder unter Führung von Dr. Krüger, eingerichtet. Hierbei wurden ihm alle VR-Mitarbeiter aus der Serienentwicklung fachlich zugeordnet.

Die erste Aktion der VR6-Taskforce war die Konstruktion einer Baustufe 2, um kurzfristig Schwachstellen der Baustufe-1-Motoren zu beseitigen. Das Ölpumpenproblem wurde durch eine nun unten im Ölsumpf angeordnete Pumpe gelöst, die von einer schrägstehenden Welle über einen Schraubtrieb an der Nebenwelle angetrieben wurde.

1987 übernahm Prof. Ulrich Seiffert die Aggregate-Bereichsleitung. Auf sein Betreiben hin wurde die Versuchsmannschaft verstärkt, um der nach wie vor schwachen Performance des Motors auf den Grund zu gehen. Erstmals wurden VR-Motoren nun auch indiziert. Die Messungen zeigten nicht unbeträchtliche Unterschiede im Brennverfahren zwischen den Zylindern 1, 3, 5 und 2, 4, 6, wofür neben ungleichen Einlasskanälen auch noch verschiedene Brennraumgeometrien ursächlich waren. Durch das gewählte Konzept mit zwei Nockenwellen und Ventilbetätigung über Tassenstößel waren die Brennräume aber kaum noch zu optimieren. Es blieben somit nur Modifikationen an den Kolben, die die generelle Problematik aber nicht beseitigen konnten.

Mit einem crashoptimierten Saugrohr sollte der nun weitgehend optimierte 2,4-L-4V-VR6-Motor in Serie gehen. In der Pilothalle wurden hierzu bereits die ersten Passat B3-VR6 aufgebaut. Der 2,4-L-4V-VR6-Motor stand also bereits kurz vor dem Produktionsstart. Doch es sollte dann doch alles anders kommen.

2,4-L-4V-VR6-Motor in seriennaher Ausführung im Motoren-Kabinett des Auto-Museums. *(Foto: Kittler)*

3.6 Serienentwicklung eines 2,8-L-2V-VR6-Motors

Etwa 1986 gab es einen Gremien-Beschluss, dass auch der Audi 100 (C4) ab 1990 einen VR6-Motor statt des von Audi gewünschten V6-Motors bekommen sollte. Mit diesem Ansatz hätte der Konzern dann mit nur einem Sechszylinder-Einheitsmotor auskommen können. Wie das zu ersetzende 2,8-L-2V-V6-Audi-Triebwerk sollte der nun für Audi-Fahrzeuge

2,8-L-2V-VR6-Motor im Passat »Goldenes Kalb«.
(Foto: Volkswagen/Sammlg. AutoMuseum)

2V-VR6-Tassenstößel-Zylinderkopf.
(Foto: Volkswagen/Sammlg. AutoMuseum)

Dipl.-Ing. Franz Hauk
Jahrgang 1925,
1948 Studium an der TH München,
Konstrukteur von Henschel- u. Mercedes-Nutzfahrzeugmotoren,
ab 10/1964 bei Audi als Leiter der Motorkonstruktion,
1981 Bereichsleiter Audi-Motorentwicklung,
1987 Ltr. Aggregateentwicklung Volkswagen Konzern,
1997 Ruhestand,
12.04.2020 verstorben.

Franz Hauk
(Foto: Audi)

vorgesehene VR6-Einheitsmotor ebenfalls ein 2,8-L-2V-VR6-Motor sein.

Er hatte schon den vorab gezeigten 2V-Tassenstößel-Zylinderkopf ohne Brennraummulde, ähnlich wie beim allerersten 2,0-L-RV6-Motor. Der für Baulänge und Drehschwingungen vorteilhafte Nockenwellenantrieb saß an der Motorschwungradseite. Für den im Audi-Längseinbau stehend eingebauten VR6-Motor musste die Zylinderkopfhaube vorne abgeflacht und für die bei Audi in Fahrtrichtung rechts angeordnete Abgasanlage auch der VR6-Zweiventilzylinderkopf entsprechend „gedreht" werden. Der Zylinderkopf war wie beim ersten RV6-Motor wieder ohne Zylinderkopf-Brennraummulden ausgeführt.

Der beschlossene VR6-Audi-Einsatz wurde jedoch bald wieder zu Gunsten des Audi-90°-V6 im Audi C4 zurückgenommen. Doch vom 2,8-L-2V-VR6-Motor waren bereits einige Prototypen hergestellt worden. In Wolfsburg entstand daraufhin die Idee, einen 2,8-L-2V-VR6 für den Quereinbau passend zu machen und ihn in einen Passat B3 einzubauen. Hierzu war ein auf die Schnelle gefertigtes Überkopfsaugrohr (»Bratpfanne«) erforderlich. Das Ergebnis auf dem Prüfstand ergab zwar nur ca. 115 kW/156 PS in der Spitzenleistung bei jedoch sehr bulligem Drehmoment mit einem Maximalwert von 256 Nm. Bei Vergleichsfahrten rund um Wolfsburg mit dem 2,4-L-4V-VR6 und dem hubraumstärkeren 2,8-L-2V-VR6 konnte Letzterer trotz des Leistungsdefizites voll überzeugen.

Das »Goldene Kalb«, wie dieser Passat wegen seiner Außenfarbe genannt wurde, sorgte dann schließlich für die sofortige Beendigung des 2,4-L-4V-VR6-Projektes. Nun sollte bei Volkswagen mit dem 2,8-L-2V-VR6 letztlich doch ein Zweiventiler in Serie gehen.

RV6- bzw. VR6-Motoren von VW bis 1988

12/1979	2,0-L-2V, 75 x 75 mm, V-Winkel 8°, 73 kW/100 PS, 115 kg
1981	Projekt ausgelaufen
7/1983	2,2-L-4V, 75 x 82,8 mm, V-Winkel 14°, 118 kW/160 PS, 128 kg
1984	2,4-L-4V, Entwicklung Prototyp
12/1984	2,2-L-4V mit G-Lader und Turbolader, 160 kW/220 PS
2/1985	2,2-L-4V im Audi 100 Allrad
6/1986	2,4-L-4V, 78 x 82,8, V-Winkel 16°, 125 kW/170 PS, 186 kg
2/1987	2,8-L-2V, Entwicklung Prototyp
5/1987	2,4-L-4V, 78 x 82,8 mm, V-Winkel 15°, 4V, 125 kW/170 PS, 170 kg
1/1988	2,8-L-2V, 81 x 90,3 mm, V-Winkel 15°, 128 kW/174 PS

Fritz Naumann (links), in Bildmitte Hermann Deutsch, rechts Frau Lilje, zunächst Technische Zeichnerin, dann Konstrukteurin. *(Foto: Sammlg. Lilje)*

Dipl.-Ing. Fritz Naumann

Jahrgang 1936.
Maschinenbau-Ausbildung und Studium,
bis 1988 Hauptabteilungsleiter bei Audi.
1989 Wechsel zu VW als VR-Abteilungsleiter.
1995 Ruhestand.
29.10.2014 verstorben.

Der langjährig für die Audi-Motorentwicklung verantwortliche Franz Hauk war inzwischen zum Konzern-Aggregatechef ernannt worden und hat durch regelmäßige Anwesenheit bei Volkswagen auch die VR-Weiterentwicklung vorangetrieben. So wurde vor dem geplanten Serienanlauf des 2,8-L-2V-VR6-Motors noch die »Schwachstelle Zahnriemenantrieb« der Nockenwellen durch einen Wechsel auf Doppelkettenantrieb von der Nebenwelle saniert.

Während die bisherigen 2,4-L-4V-VR6-Motoren noch mit dem VW-eigenen Digifant-Motorsteuerungssystem ausgerüstet waren, wurden die 2,8-L-2V-VR6 nun auf die fortschrittliche Bosch-Motronic 2.7 mit Luftmassenmesser umgestellt.

1988 ist die Taskforce durch den neuen Bereichsleiter Dr. Hermann Oetting wieder aufgelöst worden.
Die neu geschaffene VR-Konstruktionsabteilung wurde ab 1989 von Fritz Naumann geleitet. Er führte die Weiterentwicklung des 2,8-L-2V-VR6-Motors bis hin zur Serienreife fort.

3.7 Serieneinsatz des VR6-Motors

Serienanlauf mit 2,8-L-2V-VR6-Motor in Passat und Golf

Nach über zehnjährigem Vorlauf erfolgte schließlich im Mai 1991 der langersehnte Serienanlauf des VR6-Motors. Mit einer Nennleistung von 128 kW/174 PS und max. Drehmoment von 240 Nm wurde er erstmals im Passat B3 und danach auch im Golf III und im Vento eingesetzt.

Für Passat / Golf-Allradvarianten wie auch für den Corrado folgte eine 2,9-L-2V-VR6-Version (im Corrado erkennbar an roten Zündkabeln und roter Beschriftung) mit auf 140 kW/ 190 PS gesteigerter Leistung und 245 Nm Drehmoment. Hierbei handelte es sich um die »Endstufe« der zwei mit aufgebohrten Zylindern vorgesehenen Reparaturstufen des VW-Kundendiensts.

Beginnend bei VR6 waren erstmals Designer im Einsatz, um die Motoren ansehnlicher zu gestalten. Die Motorenentwickler sahen das zunächst mit gemischten Gefühlen. Sie plädierten zwar für ansprechende Technik im Motorraum, aber nicht unbedingt für »Plastik-Abdeckungen« mit simulierten Saugrohrsträngen. Aber gerade die Technikerriege um Piëch hatte Freude an gutaussehenden Triebwerken, wie der spätere VR-Entwicklungschef Dr. Metzner berichtete. Später wurden auch alle anderen Motoren äußerlich entsprechend verschönt.

In der Zeit vom Serieneinsatz des ersten VR6-2V-Motors 1991 bis zu seiner Ablösung durch einen Vierventil-VR6-Motor ab Mitte 1999 wurde der Zweiventil-Motor auch für weitere Anwendungen in den verschiedensten Fahrzeugmodellen

2,8-L-2V-VR6-Motor für den ersten Serieneinsatz.
(Grafik: MTZ 51(1991)10)

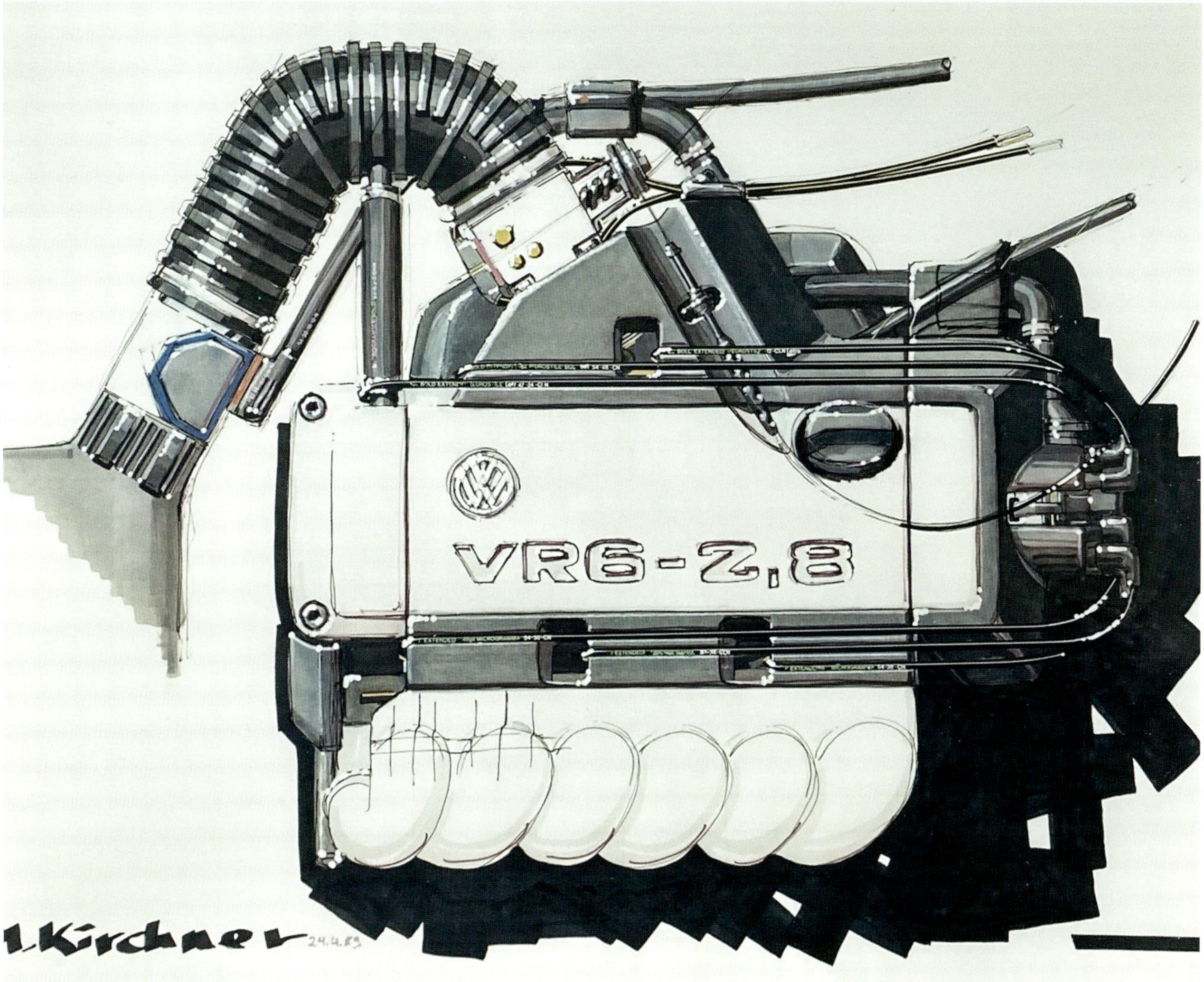

Eine von mehreren Varianten, die Designer M. Kirchner für den 2,8-VR6 gezeichnet hatte. *(Zeichnung: Volkswagen/Sammlg. AutoMuseum.)*

ständig weiter optimiert. So erhielt der 2,8-L-2V-VR6-Motor in allen Versionen ab Modelljahr 1993 eine ruhende Hochspannungs-Zündverteilung.

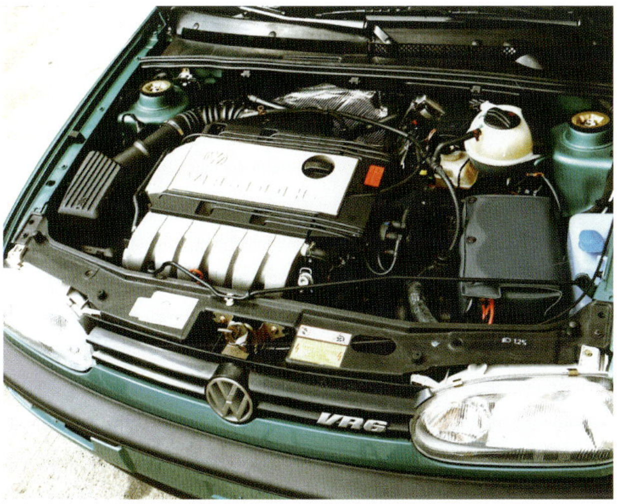

2,8-2V-VR6-Motor im Golf III. *(Foto: MTZ 52 (1991) 9[5])*

Serienanlauf in Sharan & Co

Im Jahre 1994 erfolgte ein weiterer VR6-Serieneinsatz im Sharan. Durch eine Kooperation zwischen Volkswagen und Ford wurde der 2,8-L-2V-VR6-Motor ab 1994 auch im weitgehend mit dem VW-Sharan baugleichen Ford-Galaxy als »V6-Motor« verwendet.

VR6-Motoren serienmäßig im T4

Auch für den VW Bus T4 Caravelle wurde der VR6-Motor vorgesehen. Aufgrund der wesentlich anderen Einbaulage musste hierzu der VR6-Motor hinsichtlich Motorperipherie und fahrzeugspezifischer Drehmomentcharakteristik abgeändert werden. Mit einer Leistung von 103 kW/140 PS ging der 2,8-L-2V-VR6-T4-Motor dann im Februar 1996 in Serie. Aggregatechef Dr. K.-H. Neumann holte zu diesem Zeitpunkt den jungen Dr. Frank-Thomas Metzner ins Team.

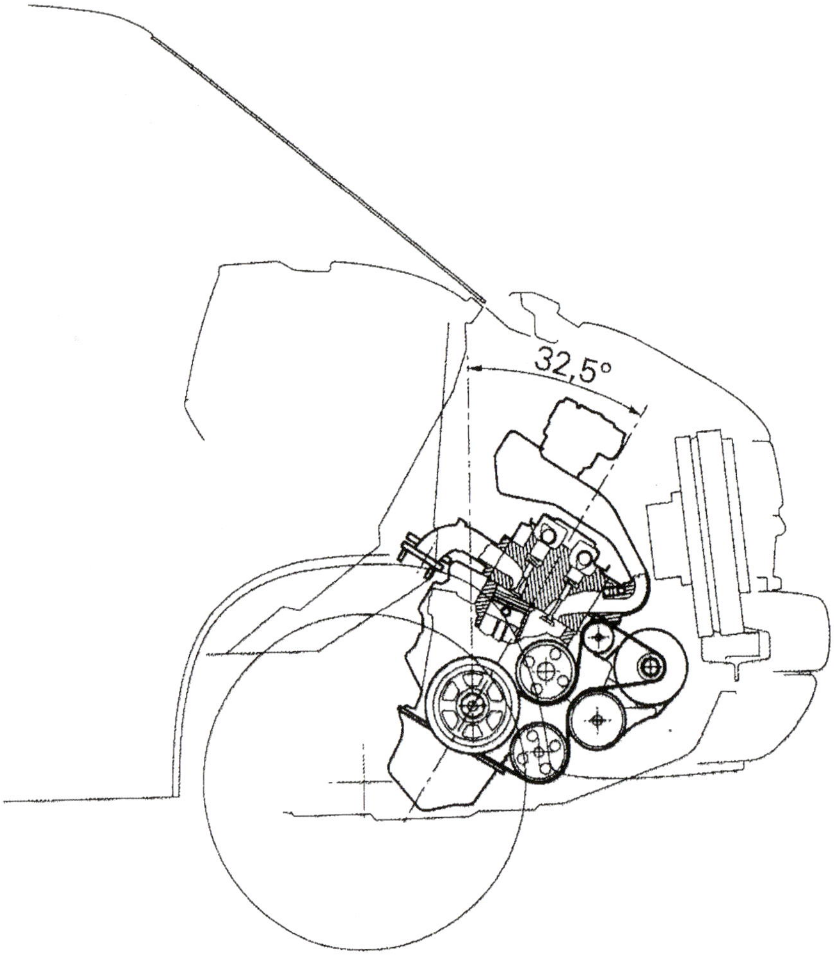

2,8-L-2V-VR6-Motor für den T4 (1996–2000). *(Grafik: MTZ Sonderdruck 58 (1997) 2[10] Foto: Volkswagen/Sammlg. AutoMuseum)*

Der Volkswagen VR6 bei Mercedes

Mitte der 1990er-Jahre bahnte sich in einer Kooperation zwischen Volkswagen und DaimlerChrysler auch eine Verwendung des 2,8-L-2V-VR6-Motors für die Daimler-Chrysler-V-Klasse an. Für den querliegenden und um 8° nach vorn geneigten VR6-Motor wurde ein spezielles Saugrohr benötigt, um den Einbau in dem begrenzten Bauraum der V-Klasse zu erfüllen. Für diesen Einsatzfall wurde seitens der VR-Entwicklung ein neues, mehrteilig ausgebildetes Saugrohr entwickelt, das die Einspritzdüsen und deren Kraftstoffversorgung crashsicher kapselte. Erstmals kam beim VR6 eine Ölwanne aus Aluminium-Druckguss zum Einsatz.

2,8-L-2V-VR6-Motor für die DaimlerChrysler-V280-Klasse.
(Foto: MTZ 60 (1999) 2[16]) / Daimler-Benz)

Der VR6-Serieneinsatz in der DaimlerChrysler-V280-Klasse erfolgte von 1997 bis 2001 unter der Bezeichnung »Mercedes-Benz V6« (M108 E28), wobei das VW-Vierstufen-Automatikgetriebe AG4 verwendet wurde. Eberhard Kittler, Mitherausgeber dieses Buches und damals bestens informierter Journalist der Zeitschrift mot: »Das Mercedes-Projekt lief unter der internen Bezeichnung ‚Rittersporn', und der Motoren-Tarnname war ‚Edelweiß'. 10.555 dieser Motoren sind ausgeliefert worden.«

Von einem hochrangigen Motorenentwickler erfuhr er: »Der V6-Schriftzug auf der Abdeckung soll Ferdinand Piëch – so die Saga – zur sofortigen Umbenennung der VW-Motoren veranlasst haben.«

VR6 für Nordamerika

Nur für den nordamerikanischen Markt gab es für den Golf IV / Jetta IV (= Bora) eine Weiterentwicklung des Basismotors. Er erhielt ab 1998 u.a. ein längenschaltbares Kunststoff-Saugrohr. Die Nennleistung stieg nur wenig auf 130 kW/177 PS, aber der Drehmomentverlauf wurde wesentlich fülliger. In den USA wurde der Motor nie zum V-Motor umgetauft.

VR6 mit Schaltsaugrohr für die USA (Sammler neben dem VR6-Emblem). Im Vergleich zum Einsatz im Golf II verlief der Drehmomentverlauf fülliger.
(Foto: MTZ 60 (1999) 5[17])

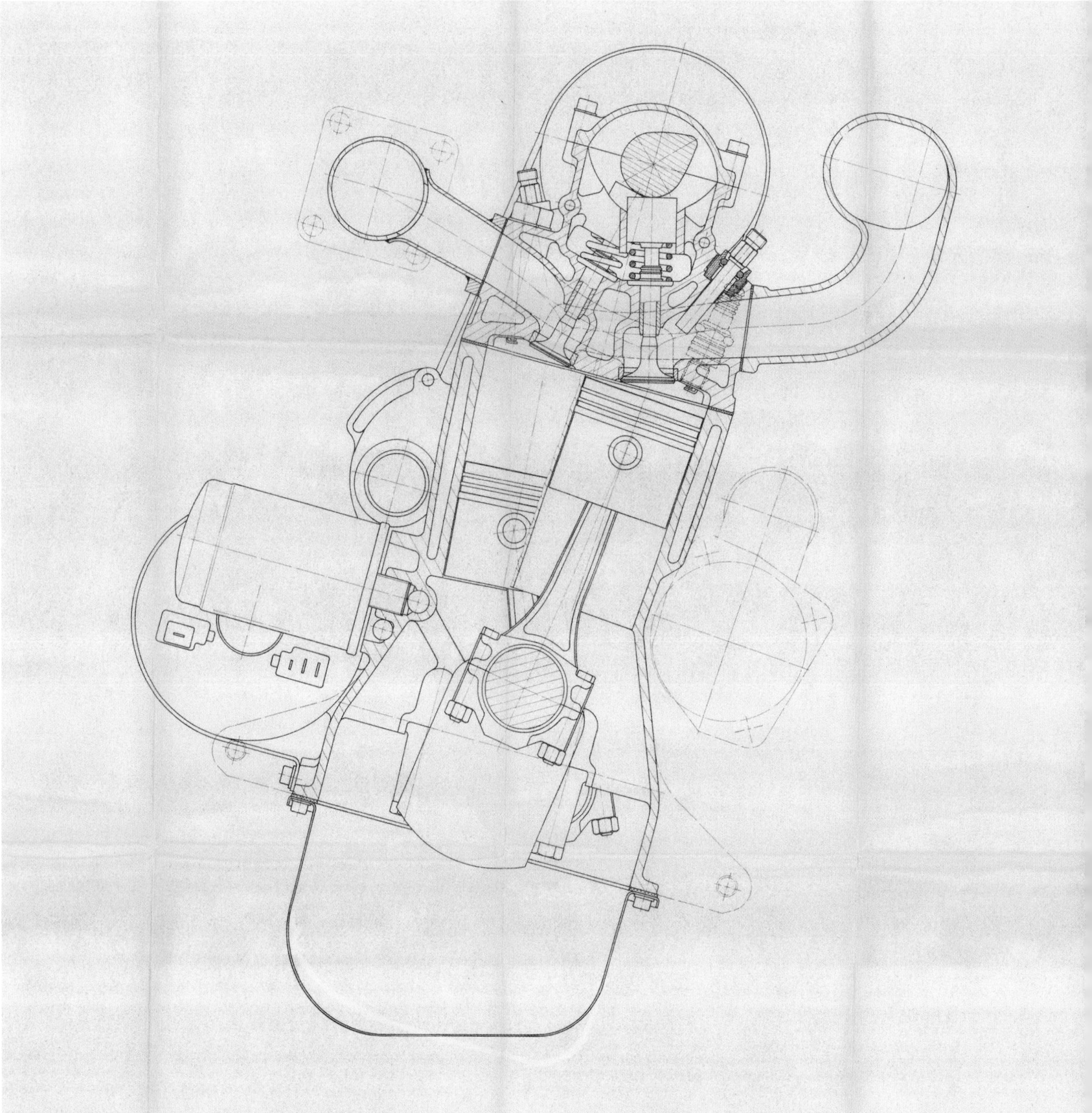

3.8 Der 2,3-L-2V-VR5-Serienmotor

Erste Studien zum Fünfzylinder

Bereits in den RV-Anfängen hatte es 1978 bei Dr. Krüger auch Überlegungen für eine RV-Baureihe gegeben, wobei neben den angelaufenen RV6-Arbeiten von Fr. Lilje auch der oben gezeigte 1,7-L-RV5-Entwurf erstellt wurde.

Der 2,3-L-VR5-Serienmotor

Unter anderem für die fünfte Generation des Passats (B5), die wieder längs eingebaute Motoren bekam, wurde ein aus dem VR6-Motor abgeleiteter VR5-Motor entwickelt. Dieser war im Längenvergleich nicht nur kürzer als der Audi-Fünfzylindermotor, sondern sogar auch kürzer als der Vierzylinder-Serienmotor (EA 827).

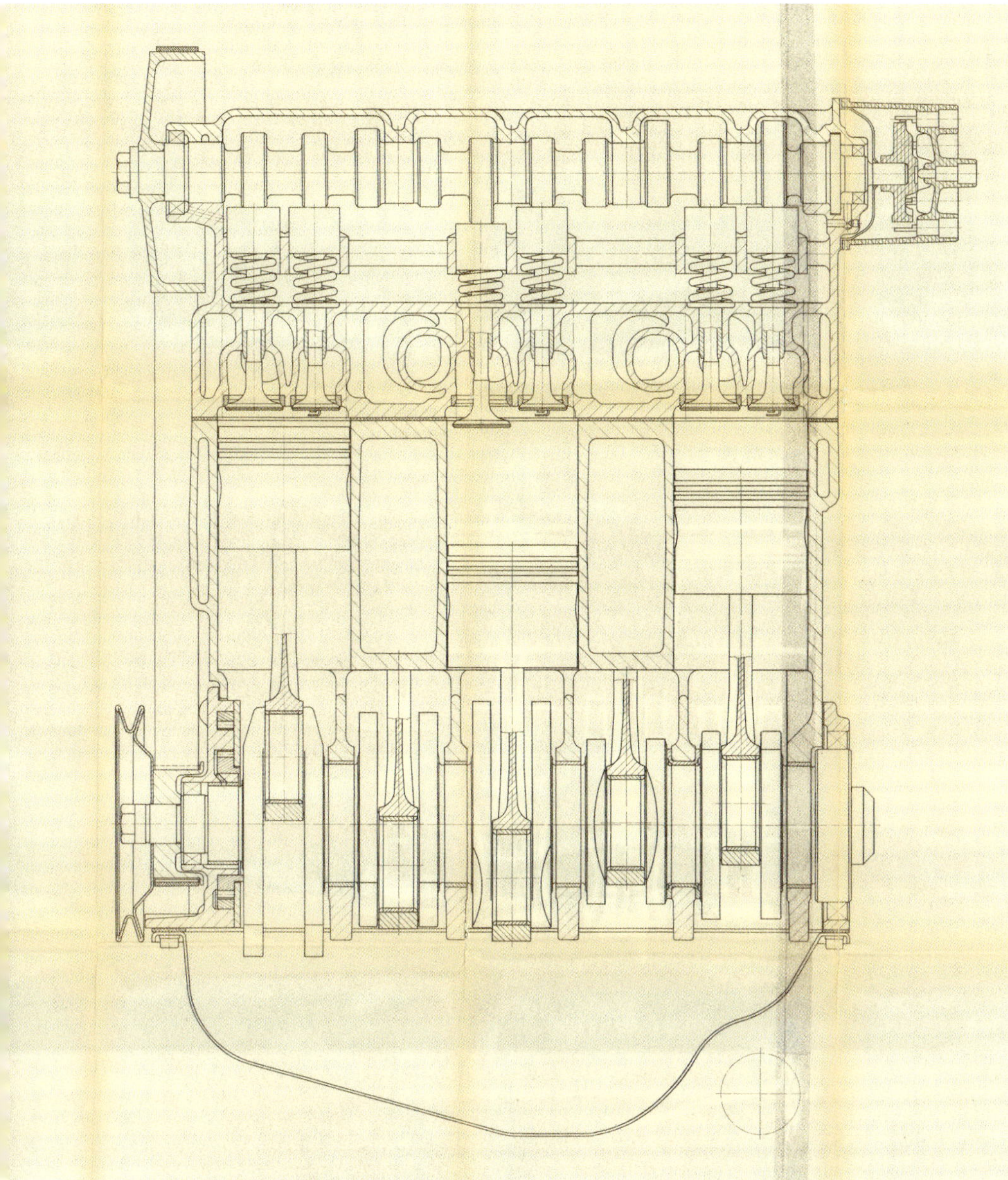

Erster Entwurf eines RV5-Motors aus dem Jahre 1978. *(Zeichnung: Lilje/Sammlg. AutoMuseum)*

Vergleich Kurbelwelle VR5 (unten) und Fünfzylinder-Reihenmotor (Audi). *(Foto: MTZ 59 (1998)[15])*

Hauptbauteile wie Kurbelgehäuse, Zylinderkopf und Nockenwellen konnten auf gleichen Fertigungslinien mechanisch bearbeitet und montiert werden. Aus diesen Gründen entstand der VR5 auch durch den Entfall des ersten Zylinders des VR6-Motors.

Die Zahl der zum VR6 unterschiedlichen Komponenten sollte möglichst gering gehalten werden.

Während für den ebenfalls vorgesehenen VR5-Quereinbau (Golf, Bora) vom VR6 die sehr kompakte Anordnung aller Nebenaggregate mit geringen Modifikationen übernommen

VR5-Kurbelgehäuse.
(Foto: MTZ 59 (1998) 2[15])

Längenvergleich VR5 vs. R4, R5, VR6 und V6 (Quelle: Wiener Motorensymposium 1997)

Bauart	Hubraum (L)	Zylinderzahl x Zylinderabstand (mm)	Blocklänge (mm)	Motorlänge (mm)	Delta (mm)
R4	2.0	352	379	429	–130
R5	2.5	440	475	559	0
VR5	2.3	325	407	416	–143
VR6	2.8	390	460	466	–93
V6	2.8	282**	320	416	–143

** Getriebeflansch bis 1. Rille Keilrippenriemen; ** incl. Bankversatz*

werden konnte, waren für die andere Motorperipherie beim Längseinbau im Passat viele VR5-Bauteile neu zu entwickeln (Saugrohr, Abgaskrümmer, Motorstützen, Anordnung der Nebenaggregate). Das erstmals bei VR-Motoren vorgesehene längenschaltbare Saugrohr wurde wie beim VR6 als Überkopfsaugrohr ausgebildet. Aufgrund des eingeschränkten Bauraums war das Sammlervolumen in einen Haupt- und einen Leistungssammler aufgeteilt.

Der VR5-Motor wies sowohl freie Massenkräfte als auch freie Massenmomente auf. Die Schwingungs-Amplituden wurden weiterhin von drehmomentabhängigen Schwingungen überlagert, die durch eine optimal gewählte Zündfolge minimiert werden konnten.

Aufgrund von Ölverschäumung traten während der Entwicklung Schwächen im dynamischen Verhalten des Ventiltriebs auf. Zur Optimierung wurden Schwallbleche in die Ölwanne integriert und insbesondere die Schnorchellage der Ölpumpe so abgestimmt, dass für Längs- und Quereinbau gleichermaßen stabile Verhältnisse vorlagen. Die Wirkung der Maßnahmen wurde in extremen Fahrversuchen und im Rhönrad am Gesamtfahrzeug abgesichert. Und: Der VR5 hatte eine ruhende Hochspannungsverteilung und eine Hochspannungsverteilung mit einzelnen Zündkerzen/Zündspulen.

Die Serienproduktion des 2.3 L-2V-VR5-Motors erfolgte ab 1997 mit einer Leistung von 110 kW/150 PS zunächst längs für den Passat, dann quer für Bora und Golf.

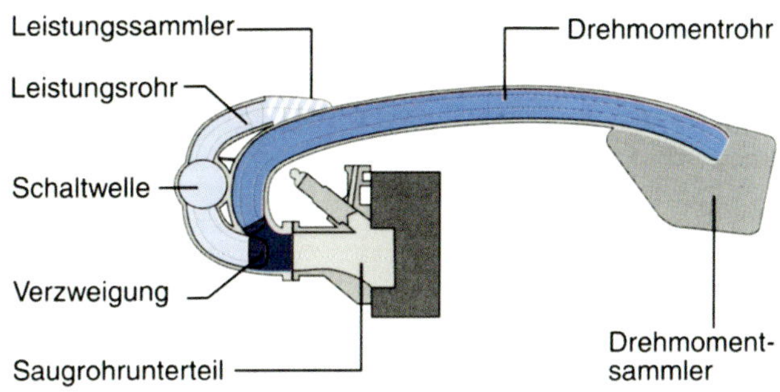

Funktionsprinzip des Schaltsaugrohr. *(Grafik: MTZ 59 (1998) 1[14])*

VR5-2V-Zylinderkopf.

(Foto: mot)

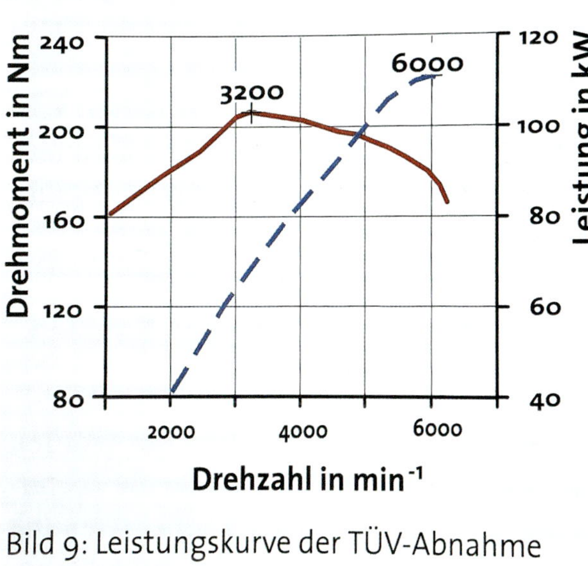

Sehr füllige Drehmomentkurve dank Schaltsaugrohr für den VR5-2V. *(Zeichnung: MTZ 59 (1998) 2[15])*

2,3-L-2V-VR5-Motor für Passat B5 und Golf IV.

(Foto: MTZ 59 (1998) 1[14])

Das hier gezeigte Einbaufoto des Fünfzylinders in einem Passat Variant entstand unter fast schon tragischen Umständen: Angesichts des spritzigen Vorwärtsdrangs des Autos ließen sich die Tester der Zeitschrift mot während eines Vorabtermins im Sommer 97 dazu verleiten, als erstes dynamische Fahrfotos zu machen. Prompt wickelte sich der Wagen in einer viel zu schnell absolvierten 90°-Kurve bei Klein-Steimke um einen einsamen Chausseebaum. Weil so schnell kein zweites Vorserienexemplar des Passat VR5 zur Verfügung stand, mussten die Technik-Detailfotos im zerstörten Testwagen gemacht werden – und kein Leser hat's gemerkt.

Anders als im VR5-Passat liefen im Bora und im Golf IV die VR5-Motoren schon unter der neuen offiziellen Typenbezeichnung V5.

Zeitversetzt zu den Entwicklungsarbeiten an Vierventil-VR6-Motoren mit Serieneinsatz im Jahre 1999 wurde auch die Entwicklung von VR5-Motoren mit vier Ventilen pro Brennraum vorangetrieben.

2,3-L-2V-VR5-Motor im Passat B5, 1997. *(Foto: Augustin/mot)*

Überambitioniert bewegter Passat VR5 vs. Chausseebaum. *(Foto: Augustin/mot)*

3.9 Zielführende Entwicklungsansätze für VR-Vierventilmotoren

Studie Vierventil-Zylinderkopf mit drei Nockenwellen

Der in der VR-Weiterentwicklung tätige D. Voigt verfolgte neue Entwicklungsansätze für VR-Vierventil-Motoren. So wurde ab 1990 ein neuer Tassenstößel-Zylinderkopf mit drei Nockenwellen (NW) konstruiert. Hierbei wurde erstmalig ein für das Brennverfahren vorteilhafter VR-Dachbrennraum realisiert. Während die eine äußere NW sechs Einlassventile und die andere äußere NW sechs Auslassventile betätigte, hatte die mittig angeordnete Nockenwelle sowohl sechs Einlass- wie auch sechs Auslassventile zu bedienen. Durch die mittige Nockenwellenlage mussten die bisher in Kurbelgehäusemitte befindlichen Zylinderkopfschrauben jedoch nun schräg angeordnet werden, um noch deren Zugänglichkeit ohne Ausbau der mittleren Nockenwelle zu ermöglichen.

Beim Bau der VR6-3NW-Motoren im Versuchsbau wurden zur Vermeidung des Zylinderverzugs infolge eng benachbarter Zylinderkopfschrauben bei der Zylinderbearbeitung erstmalig eine mit dem Kurbelgehäuse verschraubte Honbrille verwendet. Hierdurch waren nach erfolgter Zylinder-Rundhonung und Entfernung der Honbrille die nun unverspannten Zylinder bis zu 0,05 mm unrund. Bei jedoch montiertem Zylinderkopf lag die max. Zylinder-Rundheitsabweichung bei nur noch 0,01 mm. Hierdurch war eine hervorragende Kolbenringabdichtung hinsichtlich minimalem Blowby und Ölverbrauch gewährleistet.

Bei den ersten Prüfstandsversuchen mit 2,8-L-4V-3NW-VR6-Motoren wurden durch das erstmalig dachförmige VR-Brennraumkonzept schon sehr zufriedenstellende Ergebnisse erzielt.

Dieses vielversprechende 3NW-Konzept war jedoch aufgrund der gemischt mit je sechs Einlass- und sechs Auslassnocken bestückten mittleren NW für eine zukünftig erforderliche Einlass-Steuerzeitverstellung nicht geeignet. Das jedoch hinsichtlich hoher Zylinderrundheit vorteilhafte Brillen-Honverfahren wurde für spätere VR-Motoren durchgehend übernommen.

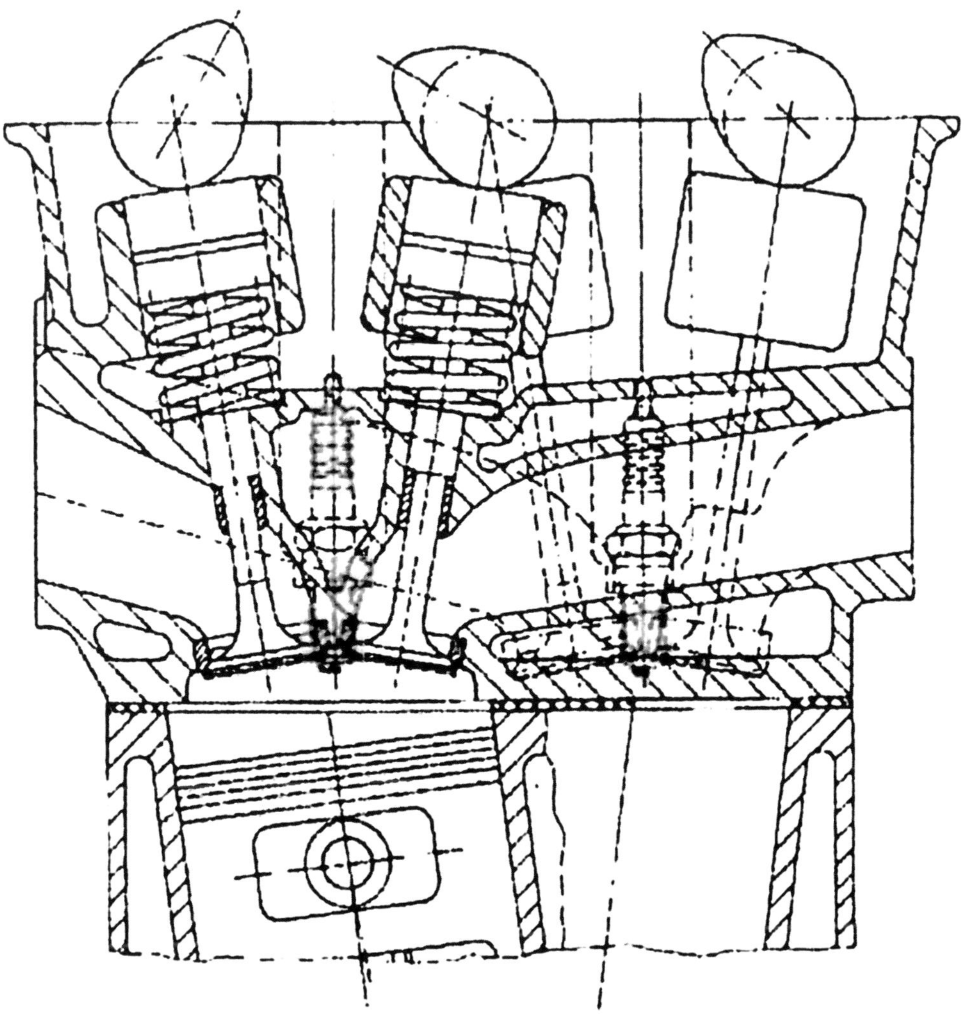

Querschnitt des 3NW-4V-Zylinderkopfs. *(Zeichnung: MTZ 51 (1990) 10[1])*

Vierventil-Zylinderkopf mit zwei Nockenwellen und Rollenschlepphebeln

Auf Betreiben von F. Hauk wurden Ende 1991 weitere Zylinderkopf-Konzeptentwicklungen im Hinblick auf einen serientauglichen VR6-Vierventilmotor durchgeführt. Aus mehreren konstruktiven Konzeptansätzen wurden ab Sommer 1992 erste Vorentwürfe von Konstrukteur Horst Hilderts erstellt, die in Zusammenarbeit mit D. Voigt in eine detaillierte Zylinderkopf-Konstruktion mit **Dachbrennraum** umgesetzt wurden.

Von den beiden Nockenwellen wurden die 24 Ventile über reibungsarme **Rollen-Schlepphebel** betätigt, wobei ein im Kettentrieb zwischen den Nockenwellen angeordneter **NW-Versteller** variable Einlass-Steuerzeiten ermöglichte. In der VW-Gießerei Hannover erfolgten dann wegen des filigranen Zylinderkopf-Guss-Modells unter Verwendung von australischem Quarzsand die Zylinderkopf-Abgüsse.

Der neue V6 4V-Motor von VOLKSWAGEN
Rollenschlepphebelkopf (Zylinder 2, 4, 6)

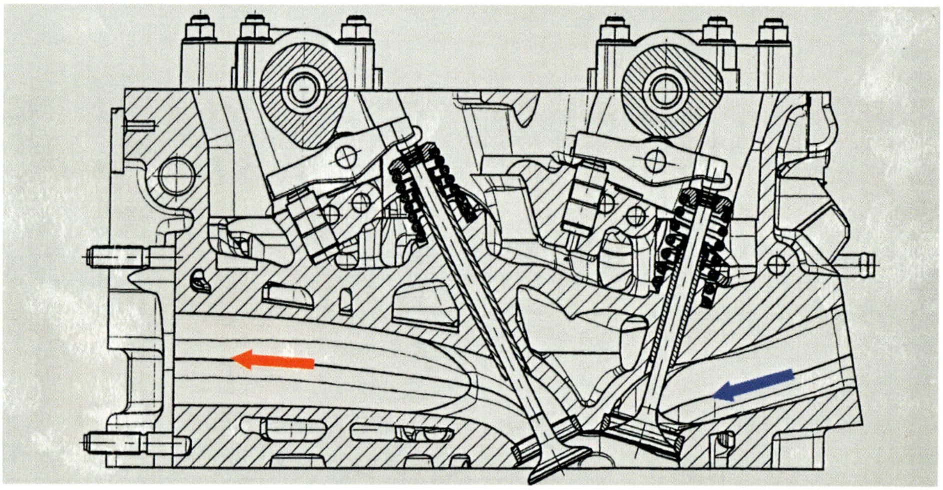

Der neue V6 4V-Motor von VOLKSWAGEN
Rollenschlepphebelkopf (Zylinder 1, 3, 5)

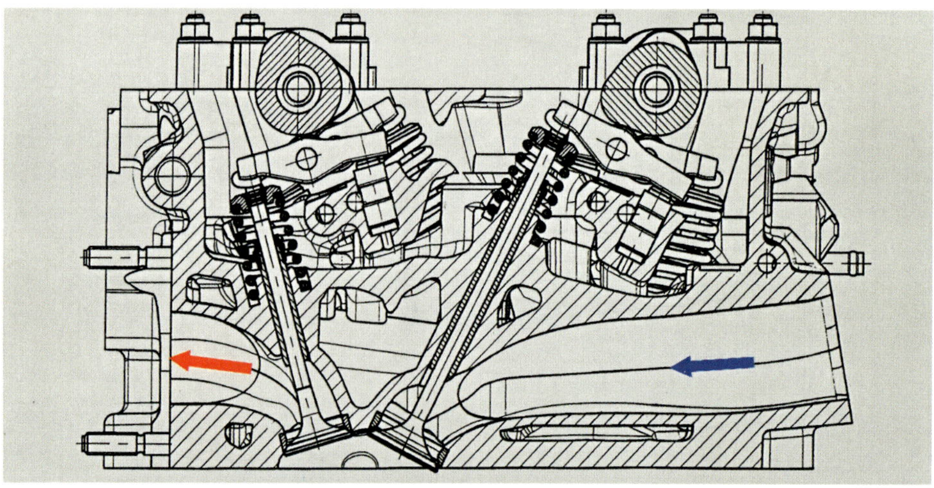

Querschnitt des neuen 2NW-4V-Zylinderkopfs mit Rollenschlepphebeln. Oben der kurze Einlasskanal mit dem zugehörigen langen Auslasskanal für Zylinder 2, 4 und 6, unten die Konfiguration für die Zylinder 1, 3 und 5 (hier langer Einlasskanal und kurzer Auslasskanal). *(Zeichnung: Wiener Motorensymposium 1999[18])*

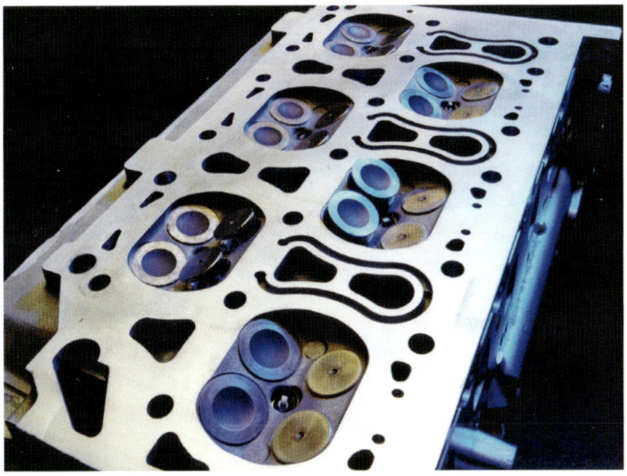

4V-Zylinderkopf mit Dachbrennräumen.

(Foto: MTZ 60 (1999) 11[20])

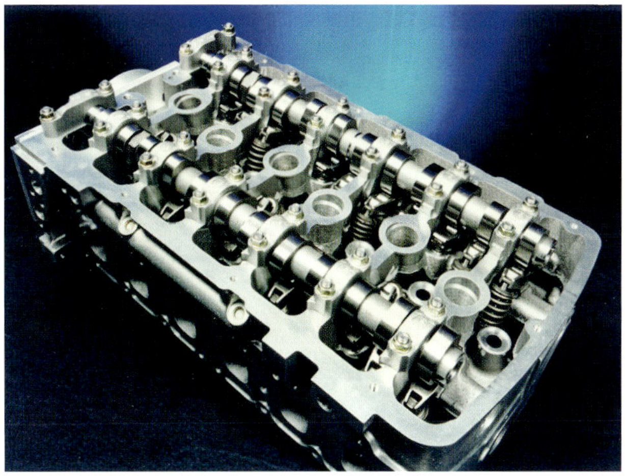

4V-Ventiltrieb mit Rollenschlepphebeln.

(Foto: Volkswagen/Sammlg. AutoMuseum)

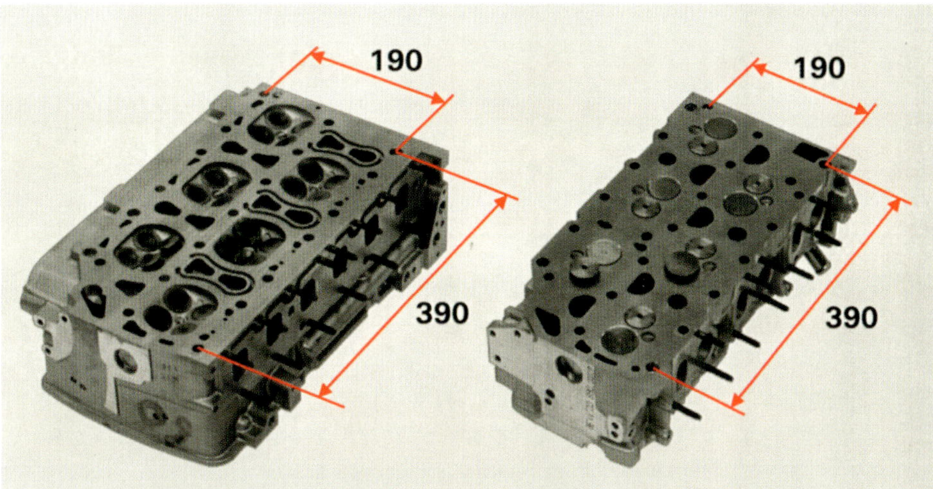

Zylinderköpfe 4V- und 2V-Version im Vergleich.

(Grafik: Metzner/Volkswagen[18])

Konstrukteur Horst Hilderts
Jahrgang 1938,
Maschinenbau-Ausbildung,
ab 1965 in der Volkswagen-Motorkonstruktion,
1988 Konstrukteur in der VR-Taskforce und ab 1991 in der VR-Abteilung,
1996 Wechsel in die Motorenvorentwicklung,
2001 Ruhestand.

Horst Hilderts

(Foto: Kittler)

Im Bild mit einem holzgeschnitzten, funktionsfähigen VR-Modell (ausgestellt im Motoren-Kabinett des AutoMuseums), das ihm von F. Naumann zum Abschied geschenkt wurde.

Nach der Zylinderkopf-Bearbeitung im Versuchsbau wurde dann das neue 4V-VR6-Triebwerk montiert. Dessen Inbetriebnahme am Motorprüfstand ab Juli 1993 zeigte von Anfang an vielversprechende Ergebnisse und erzeugte viel Euphorie hinsichtlich des ersten Serieneinsatzes eines Vierventil-VR6-Motors.

Der nunmehrige Konzernchef Dr. Ferdinand Piëch wünschte einen neuen VR-Entwicklungsansatz mit der bei Audi etablierten Fünfventil-Brennraumausbildung. Daraufhin wurde die Weiterentwicklung des Vierventil-VR6-Motors zurückgestellt. Auf Basis der inzwischen begonnenen Entwicklung einer VR-Fünfzylindervariante (siehe Kapitel 3.8) wurde ein Fünfventil-Zylinderkopf konstruiert und dann ein 2,3-L-5V-VR5-Motor gebaut. Dieser war zwar besser als der bisherige Zweiventiler, konnte jedoch am Prüfstand nicht mit überzeugenden Werten aufwarten.

Der inzwischen als Nachfolger von F. Naumann eingesetzte Abteilungsleiter Dr. Frank-Thomas Metzner erinnert sich,

Dr. Piëch den 5V-VR5-Motor ausgeredet zu haben – und damit war der Weg zum 4V endlich frei. Metzner: »Am 17.1.1996 trug ich Piëch meine gut durchdachten Argumente vor, das Ganze dauerte gerade mal eine Minute und überzeugte ihn sofort. Sowohl Zwei- als auch Fünfventiler hatten Nachteile. Nur der Vierventiler punktete mit einem Package wie ein Reihenmotor, war als Basis für den künftigen W-Motor geeignet (Gleichteile der künftigen V/W-Motorenbaureihe!), hätte sich aufladen lassen und ermöglichte eine Doppelnockenwellenverstellung. Sowohl Fünf- als auch Zweiventiler hatten das Problem gemischt agierender Nockenwellen bzw. ungünstig platzierte Ein- und Auslässe.«
Daraufhin wurde das gegenüber dem Fünfventil-VR-Konzept hinsichtlich Kosten, Leistung und Verbrauch doch vorteilhaftere Vierventil-VR-Konzept für die Serienentwicklung (Kap. 3.11) freigegeben.

Dr. Frank-Thomas Metzner

(Foto: mot)

Jahrgang 1958.
Studium Maschinenbau TU Braunschweig bis 1/1982, Promotion Universität d. BW 12/1985, 7/1987 Fachreferent Vorentwicklung Ottomotoren bei Volkswagen, anschl. Assistent Bereichsleiter Aggregate-Entw., 9/1991 Hauptabteilungs-ltr. Aggregate-Versuch (Autolatina Brasilien), 1/1995 Abtltr. VR-Motoren-Entwicklung, 10/2000 Leiter V-/W-Motoren-Entw., 8/2002 Stv. Ltr. Hauptabtl. Ottomotoren-Entw., ab 9/2004 Hauptabtlltr. versch. Hauptabteilungen, 1/2018 Ruhestand.

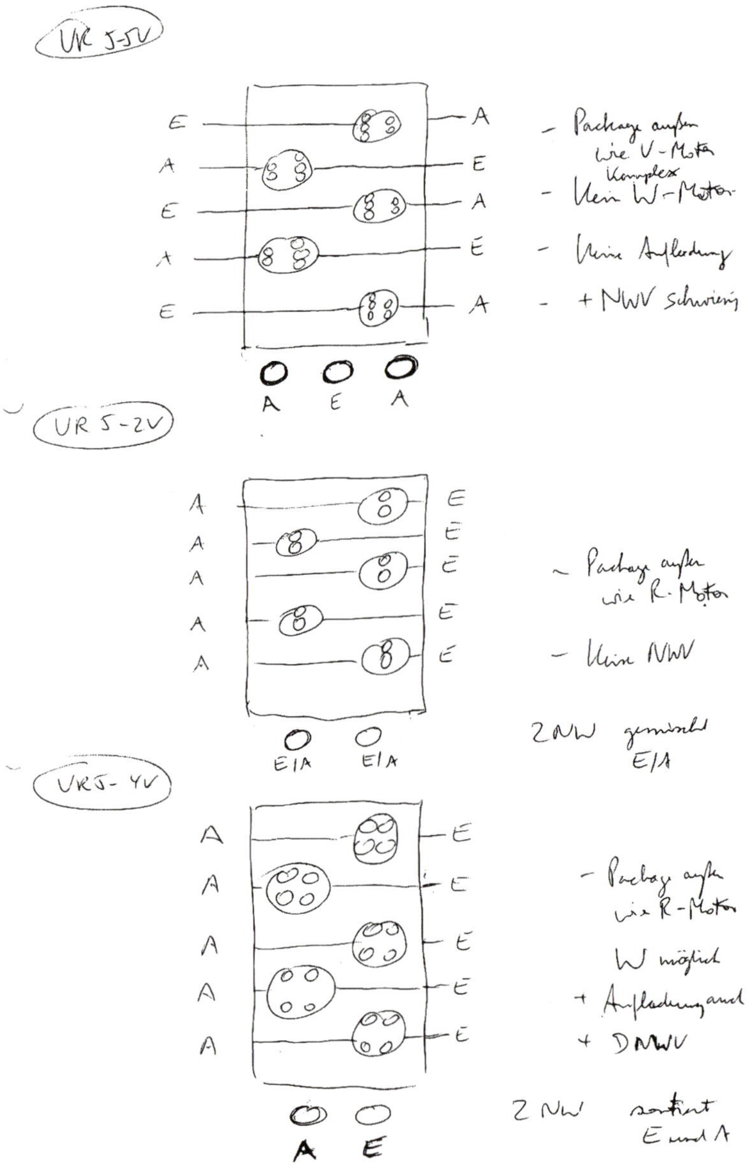

Argumentationspapier von Dr. Metzner, das er für seinen kurzen Vortrag bei Piëch aus der Tasche zauberte.
(Quelle: Metzner)

3.10 Ideen für eine VR-Motorenbaureihe

1,9-L-VR4-Motor und 3,8-L-VR8-Motor

Nach der angelaufenen Serienentwicklung des 2,3-L-2V-VR5-Motors (siehe Kap. 3.8) und dem 1993 erfolgversprechenden Erstbetrieb des 2,8-L-4V-VR6-Motors (siehe Kap. 3.9) wurden Überlegungen zu einer Vierventiler-VR-Baureihe angestellt.

Hierzu wurden zunächst eine VR4- und ein VR8-Motor in Angriff genommen. Der neue 4V-VR6-Zylinderkopf mit reibungsarmen Rollenschlepphebeln und NW-Verstellung sollte hierzu als Basis dienen. Es wurde die Fa. **SWR** (**S**chrick-**W**illeke-**R**emscheid) beauftragt, aus bei VW inzwischen verfügbaren VR6-Alu-Kurbelgehäusen, 4V-VR6-Zylinderköpfen und weiteren VR6-Motorenteilen einen VR4- und einen VR8-Motor herzustellen. Bei der beachtlichen SWR-Bauteilbearbeitung wurden Zylinderköpfe, Zylinderblöcke und Kurbelwellen in Teilsegmente zersägt, um daraus durch Zusammenschweißen entsprechende VR4- bzw. VR8-Bauteile anzufertigen. Für den relativ kurzen VR4-Motor konnte die Serienölpumpe aus Platzgründen nicht mehr verwendet werden, so dass eine neukonstruierte Regelölpumpe verwendet wurde.

Der 1,9-L-4V-VR4-Motor und der 3,8-L-4V-VR8-Motor liefen bei SWR am Prüfstand. Der VR4-Motor hatte eine Leistung von 110 kW/150 PS und wurde in einen Golf eingebaut – dort und im Polo sollte er eigentlich zum künftigen Volumenmotor werden, wie die Zeitschrift mot herausgefunden hatte.

Wegen seiner relativ langen Kurbelwelle wurde der VR8-Motor bei SWR sicherheitshalber zunächst nicht auf Leistung getrimmt. Er wurde bei der VW-Fahrzeugentwicklung für Demozwecke quer in einen Bora eingebaut. Aufgrund der VR8-Baulänge waren am Bora jedoch stärkere Modifikationen, wie beispielsweise Getriebeversatz und Längsträger-Nacharbeit unumgänglich.

Im Rahmen von Interviews mit Dr. Piëch und Dr. Winterkorn hatte die Motorzeitschrift mot[29] erfahren, dass der VR8 mit bis zu 220 kW/ 300 PS ab dem Jahr 2000 im Bora

VR4-Motorteile – beachtenswert die extrem kurze Kurbelwelle. *(Fotos: Sammlg. AutoMuseum)*

3,8-L-4V-VR8-Motor im Bora. *(Fotos: Volkswagen/Sammlg. AutoMuseum)*

kommen könnte – mit 270 PS bei 3,8 Liter Hubraum oder unter Ausnutzung des gesamten Potenzials mit 300 PS bei max. 4,3 Liter.

Wegen den bei VW/Audi in unterschiedlichen Hubraumausführungen etablierten Reihen- und V-Motoren wurde der zunächst mit den ausgeführten VR4- und VR8-Motoren angedachte Baureihenansatz jedoch bald wieder aufgegeben. Außerdem belegte der ab 2001 angebotene W8-Motor genau die Leistungslücke, die sich der VR8 sichern sollte.

4,8-L-4V-VR12-Motor

Mitte der 1980er-Jahre brachte BMW einen 12-Zylinder-V-Motor in Serie. Hierauf veranlasste Prof. Fiala bei Dr. Krüger einen 12-Zylinder-Vorentwurf, bei dem zwei VR6-Motoren durch Zahnrad-Koppelung deren Kurbelwellen zusammengefügt wurden.

Hieraus entwickelte sich schließlich etwa 1995 die Idee, die beiden VR6-Zylinderbänke mit jeweils 15°-V-Winkel in einem gemeinsamen 12-Zylinder-Kurbelgehäuse mit 72°-V-Winkel zueinander anzuordnen und deren nun 12 Kolben auf eine gemeinsame Kurbelwelle wirken zu lassen. Das war die Geburtsstunde des W-Motors, dessen Bezeichnung sich aus dem zweifachen VV = W zweier zusammengefügter VR-Motoren ableitet.

An diesem aus VR-Motoren hervorgegangenen W-Motorkonzept zeigte Dr. Piëch großes Interesse. Hierzu wird im nachfolgenden Kapitel 4 ausführlich die Entwicklungsgeschichte der W-Motoren dargelegt.

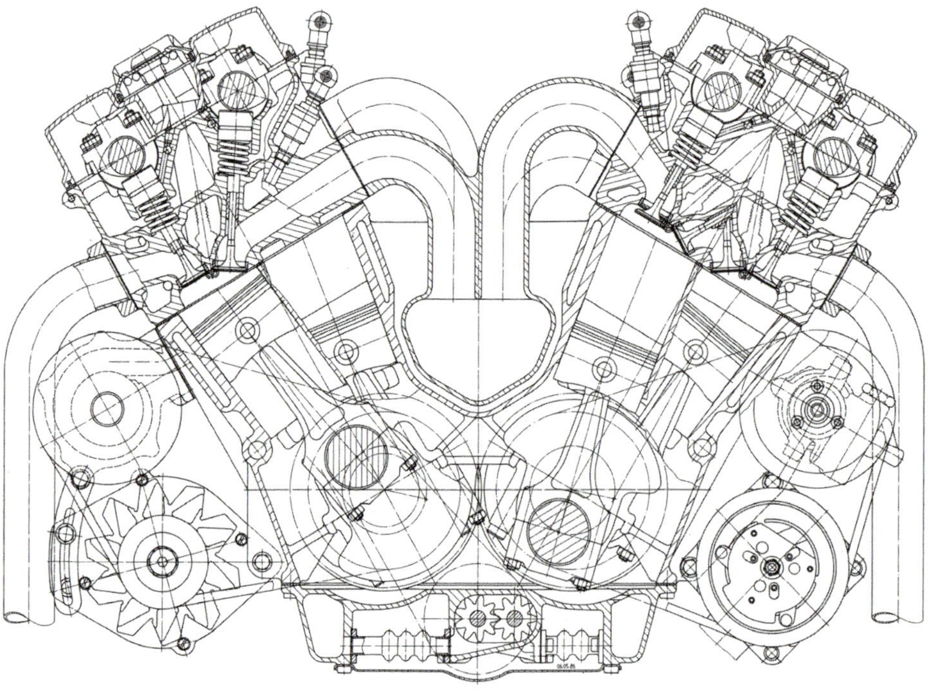

Entwurf eines VR12-Motors von 1985, beim dem zwei VR6-Motoren über Zahnräder verbunden wurden. *(Zeichnung: Lilje/Sammlg. AutoMuseum)*

3.11 Serieneinsatz von VR-Vierventilmotoren

Erster 4V-VR6-Motor im Golf

Die 1993 entstandene, vorteilhafte Ausführung eines Vierventil-VR6-Zylinderkopfs mit Dachbrennräumen, Ventilbetätigung durch Rollenschlepphebel und Einlass-NW-Verstellung wurde ab 1996 zur Serienreife entwickelt. Wie im hier darunter stehenden Bild erklärt und gezeigt, erfolgte der Antrieb der Nockenwellen durch einen dreistufigen Kettentrieb. Nach Antrieb der Nebenwelle von der Kurbelwelle wurde über einen Mitteltrieb die Auslassnockenwelle in Drehung versetzt. Über eine die Einlassnockenwelle antreibende Koppelkette konnte durch einen auf sie wirkenden Nockenwellensteller eine Einlass-Steuerzeitverstellung um 30° KW vorgenommen werden. Der Nockenwellensteller übernahm gleichzeitig die Funktion des Kettenspanners.
Der Einsatz der Rollenschlepphebel verringerte die Reibungsverluste des Ventiltriebs erheblich. Nach zusätzlichen Detailarbeiten und optimierter Motorsteuerung konnte der Leerlaufverbrauch um 15 % und der Teillastverbrauch um bis zu 9 % reduziert werden. Weiterhin wurden viele Motorbauteile grundlegend überarbeitet.

Zugunsten einer Drehmomentsteigerung kam ab sofort stets ein Schaltsaugrohr zur Anwendung (beim Passat noch aus Alu, alle anderen aus Kunststoff). Die Schaltstellungen des Saugrohrs und der Nockenwellenverstellung wurden so aufeinander abgestimmt, dass ein maximal möglicher Drehmomentverlauf ohne merkliche Übergänge bei Umschaltungen erreicht wurde. Drehmoment und Leistung wurden gegenüber dem Zweiventilmotor deutlich gesteigert.
Wann der Vierventiler in Serie gehen würde, daraus machte Volkswagen – natürlich – ein großes Geheimnis. Noch Anfang 1999 antwortete Motorenchef K.-H. Neumann auf die Frage des mot-Journalisten E. Kittler: »Das wäre eine echte Herausforderung. So viel Uhrmacher könnte ich gar nicht einstellen …« Tatsächlich konnten die Herausforderungen angesichts beengter Bauraumverhältnisse jedoch gelöst werden. Jedenfalls erfolgte im Juli 1999 der erste Serieneinsatz des 2,8-L-4V-VR6-Motors mit einer Leistung von 150 kW/204 PS im Golf IV.

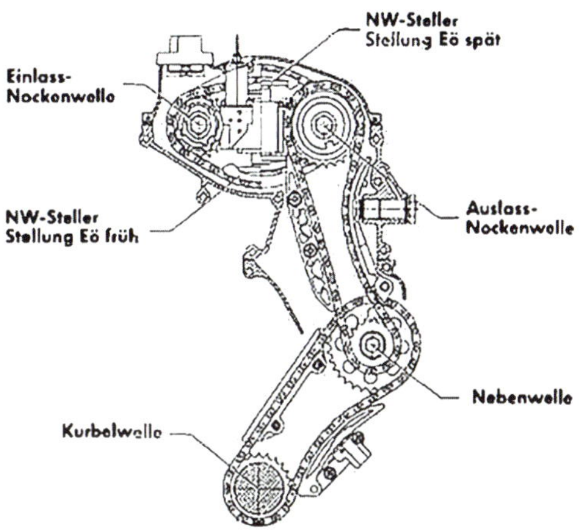

Kettentrieb des 4V-VR6-Motors mit Einlassnockenwellen-Verstellung. *(Skizze: MTZ 60 (1999) 11[20])*

Weiterentwicklung der Vierventilmotoren mit Doppelnockenwellen-Verstellung

Bereits ein Jahr nach dem Serienanlauf des 2,8-L-4V-Motors im Golf ging im Jahr 2000 die nächste Entwicklungsstufe mit der Umstellung auf eine zusätzliche Verstellung der Steuerzeiten der Auslassnockenwelle in Produktion. Zur NW-

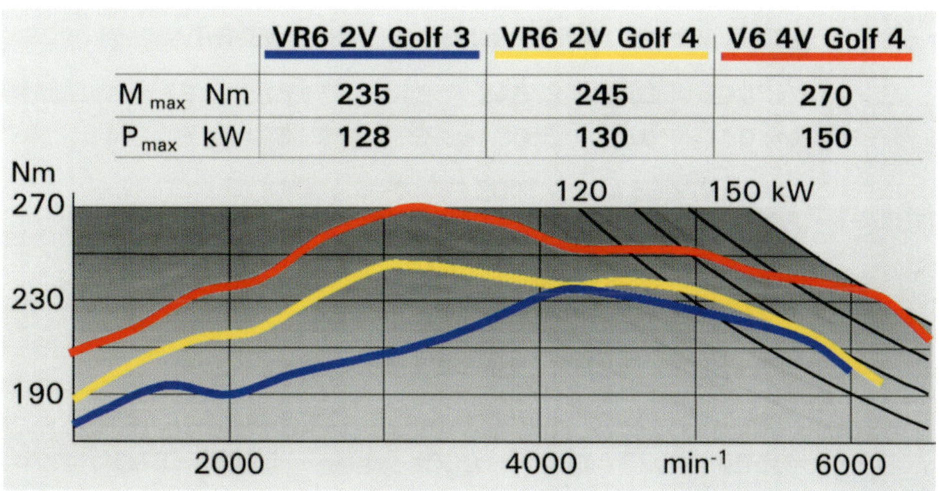

Der neue V6 4V-Motor von Volkswagen – Drehmomentverlauf. *(Zeichnung: Volkswagen/ Sammlg. AutoMuseum)*

Verstellung wurden in beiden NW-Antriebsrädern hydraulische Schwenkmotoren angeordnet. Der Vorteil des neuen Systems war die kompakte Bauweise und die nun kontinuierlich mögliche Verstellung beider Nockenwellen. Ferner konnte der Kettentrieb ähnlich wie beim Zweiventilmotor wieder nur zweistufig ausgeführt werden. Die bisherige Ausführung mit ruhender Doppelfunkenzündung wurde durch Einzelzündspulen mit integrierter Steuerungselektronik ersetzt, die jeweils direkt über den Zündkerzen untergebracht waren.

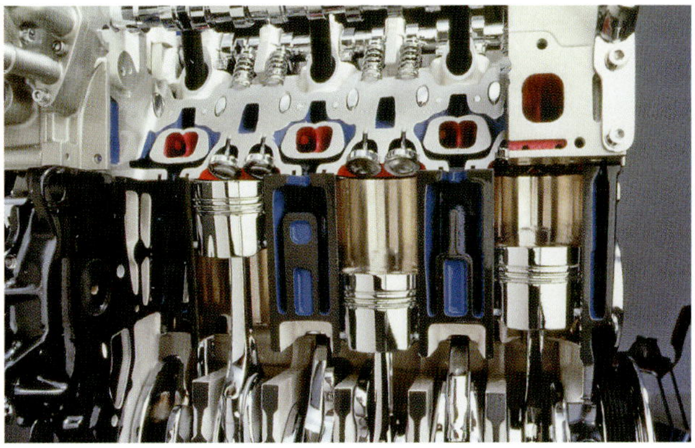

Schnittmodell vom 2,8-L-4V-VR6-Motor.
(Foto: Volkswagen/Sammlg. AutoMuseum)

Um den Zeitaufwand für Prüfstandserprobungen zur Ermittlung der Wirkung der zahlreichen Einflussgrößen zu begrenzen, wurde eine Optimierung des Versuchsprogramms mit der Methode »Design of Experiments« durchgeführt. Aus einer Basis an Versuchspunkten wurden mit statistischen Methoden mathematische Modelle entwickelt, mit denen der Zusammenhang zwischen Einflussgrößen (z. B. Stellung Schaltsaugrohr, Stellungen Ein- und Auslassnockenwellen) und Zielgrößen (z. B. Kraftstoffverbrauch, Abgasemissionen) ermittelt wurden. Dieser weiterentwickelte Vierventilmotor ersetzte die Zweiventilmotoren auch im Passat, im Sharan (sowie in seinen Derivaten Seat Alhambra und Ford Galaxy), im Seat Leon und im T4 Caravelle (2000–2003). Auch bei Audi wurden nun die 4V-VR6-Motoren verwendet.

2,8-L-4V-VR6-Motor mit neuer Einlass- und Auslass-Nockenwellenverstellung.
(Grafik: MTZ 61 (2000) 12[22])

Konsequenterweise wurden auch die VR5-Motoren auf Vierventiltechnik umgestellt. Diese wurden gleich mit Einlass- und Auslass-Nockenwellenverstellung ausgestattet. Im Passat-Längseinbau erhielt der VR5-Motor als Besonderheit ein geteiltes Saugrohr mit Schnellverschluss, um die Zugänglichkeit zum Zündgeschirr im Wartungsfall mit geringem Aufwand zu ermöglichen.

Die Umstellung der Fünfzylindermotoren auf Vierventiltechnik führte zu einer Anhebung der Nennleistung auf 125 kW/ 170 PS bei 6.200 U/min und einem maximalen Drehmoment von 220 Nm bei 3.200 U/min. Die VR5-4V-Fertigung in Salzgitter begann Ende 2000, wodurch ab sofort nur noch Vierventil-VR-Motoren in Serienproduktion waren.

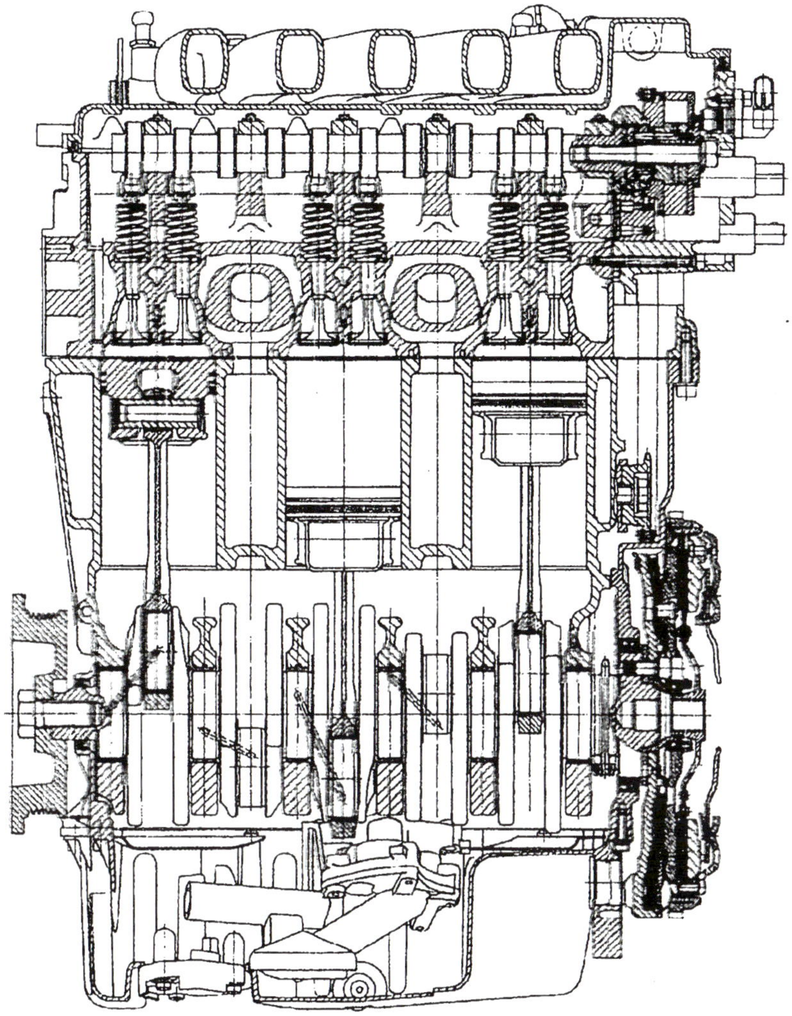

Der VR5-Vierventiler in Schnittdarstellung für den New Beetle. *(Zeichnung: Volkswagen)*

New Beetle mit VR5-4V-Motor. *(Foto: Volkswagen)*

Nach der ursprünglichen Kennzeichnung der Zweiventiler mit silbernen Ziffern erschien für den Vierventiler nunmehr die Typenkennzeichnung mit rot eingefärbter Zylinderzahl. *(Fotos: Volkswagen)*

Mit dem Serienstart des 2,8-L-4V-VR6-Motors im Golf (1999–2003) und dem bald darauf folgenden 2,3-L-4V-VR5-Motor (2000–2003) hatte sich das sehr kompakt bauende VR-Motorprinzip mit reibungsarmem Rollenschlepphebel-Zylinderkopf, Nockenwellen-Verstellung und Schaltsaugrohr als moderner Antriebsmotor im VW-Konzern endgültig durchgesetzt.

In der Übergangszeit zu den neuen Vierventilern änderte sich – wie bereits erwähnt – die offizielle Motorenbezeichnung von VR-Motor in **V-Motor**. VW sprach nun also bei seinen quereingebauten kompakten Mehrzylindern von einem V5 oder V6. Bei den neuen Vierventilern wurde die Zylinderzahl in der Typenbezeichnung rot eingefärbt.

Dr. Winterkorn hatte dies im mot-Interview im Rahmen des Beitrags »Das große Motoren-Vestival« (mot 3/1999) so erklärt: »Mit unseren V6-Vierventilern steht eine neue Motorengeneration bereit, die im Sommer 1999 debütiert. Die bisherige Bezeichnung VR stand für den Zweiventilmotor mit um 15 Grad versetzten Zylinderbänken, dessen Laufruhe und Verbrauchsverhalten anfangs Probleme bereiteten. Inzwischen sind alle diese Motoren derart modifiziert worden, dass wir sie mit der Bezeichnung V-Motor adeln können.«

Tatsächlich aber war – wie im Unterkapitel Fünfzylinder dargestellt – bereits in der Endphase der Zweiventiler für Golf IV- und Bora-Motoren die Kurzform V5 bzw. V5 eingeführt worden. Winterkorn fügte, in Hinsicht auf die Vorteile, hinzu, »Die Vierventiltechnik wird letztlich allen Motoren zugutekommen. Auf bestimmten Märkten bieten wir aber weiterhin Zweiventiler wie den VR6 mit 130 kW/177 PS an.«

2,3-L-4V-VR5-Motor im Passat B5 (offizielle Bezeichnung nunmehr V5) mit teilbarem Saugrohr. *(Fotos: AutoMuseum, oben: MTZ 61 (2000) 12[22])*

3.12 Zehn Jahre VR-Serienmotoren

Autostadt Wolfsburg
31.05.2001 im TachoMeter

Festvortrag.

Einladung

10 Jahre VR-Motoren

Heute vor 10 Jahren, am 05. März 1991, war der Serienstart des VR6-2V Motors in Salzgitter.

10 Jahre Serie mit 510826 Motoren sind ein Grund zum Feiern!

Anläßlich der Markteinführung am 31. Mai 1991 möchten wir Sie

am 31. Mai 2001 um 20.00 Uhr in die Autostadt ins Restaurant „Tacho"

zu einem Empfang einladen.

Wir bitten um Antwort bis zum 04.05.01 unter
Tel.: 05361-93 71 02 oder Fax: 05361-93 70 34

Einladung.

10 Jahre VR-Motoren in Serie

Die VR-Motoren, die es nur bei Volkswagen gibt, sind am 05.03.2001 seit 10 Jahren in der Serienproduktion und seit 31.05.1991 im Handel erhältlich !

Broschüre.

Nach dem VR6-Serienanlauf am 5. März 1991 im Motorenwerk Salzgitter wurde im Jahre 2001 das zehnjährige Jubiläum mit bis dahin 510.826 gefertigten VR-Motoren gefeiert. Anlässlich der Markteinführung am 31. Mai 1991 wurde – veranlasst durch Dr. Metzner, der nunmehr in Doppelfunktion die VR- und die W-Abteilung leitete – zum Empfang am 31. Mai 2001 in das Restaurant »Tacho« der gerade erst eröffneten VW-Autostadt – eine der größten und spannendsten Attraktionen Wolfsburgs – eingeladen.

Es kamen zahlreiche Gäste von Volkswagen, von Audi wie auch aus dem Motorenwerk Salzgitter. Aus der über zwanzigjährigen Entwicklungsgeschichte waren Exponate ausgestellt, an denen manche Erinnerungen wiederbelebt wurden. Manche davon finden sich heute im AutoMuseum wieder – so auch der erste 2,0-Liter, ein 2,2-Liter-Vierventilkopf, verschiedene Bauformen des 2,4-Liters sowie ein völlig überraschender VR6-Diesel.

Was im Alltagsgeschäft viel zu häufig untergeht, wurde hier im Rahmen des Empfangs formvollendet in Szene gesetzt – der Dank an die beteiligten Kollegen, die sehr engagiert um den Serienanlauf gekämpft hatten. Das Ganze geschah nicht staatstragend und bierernst, sondern war mit Humor gewürzt. So wurde in einem schmalen Begleitheft kurz und bündig erklärt, wie ein VR-Motor ensteht: "Man nehme einen V6 (will man eigentlich nicht, weil zu breit), man nehme einen R6 (will man eigentlich nicht, weil zu lang) und mische aus beiden eine neue Bauform zusammen... Verständlicher kann man es wohl nicht herüberbringen!

Jubiläumsfeier »Zehn Jahre VR-Serienmotoren«. Hinter dem ersten 2,0-L-RV6-Motor aus dem Jahre 1979 (genannt »Oma«, heute im Motoren-Kabinett des Auto-Museums) folgende frühere RV6-Mitarbeiter von links: Dieter Voigt, Helma Krügel (Sekretariat), Horst Hilderts, Hermann Deutsch, Dr. Hermann Krüger und Ludwig Damminger. *(Foto: Lilje)*

			Hubraum [dm³]	Ventile pro Zyl.	Fahrzeuge	Schaltsaugrohr	Nockenwellenverstell.
1991	MAI	VR6	2.8	2	B3	nein	nein
1991	OKT	VR6	2.8	2	A3	nein	nein
1991	OKT	VR6	2.9	2	Corrado	nein	nein
1994	SEP	VR6	2.8	2	B4	nein	nein
1994	NOV	VR6	2.8	2	MPV	nein	nein
1996	FEB	VR6	2.8	2	T4	nein	nein
1997	OKT	V5	2.3	2	A4, B5	ja	nein
1998	AUG	VR6	2.8	2	A4 NAR	ja	nein

			Hubraum [dm³]	Ventile pro Zyl.	Fahrzeuge	Schaltsaugrohr	Nockenwellenverstell.
1999	JUN	V6	2.8	4	A4	ja	E
2000	JUN	V6	2.8	4	MPV, T4	ja	E+A
2000	SEP	V6	3.2	4	NB	ja	E
2000	OKT	V5	2.3	4	A4, B5	ja	E+A
2001	MAI	W12	6.0	4	A8	nein	E+A
2001	JUN	V6	2.8	4	A4	ja	E+A
2001	AUG	W8	4.0	4	B5	nein	E+A
2001	NOV	V6	3.2	4	D1	ja	E+A

VR- und W-Serienanläufe bis 2001 *(Quelle: Metzner, Jubiläumsvortrag 31.05.2001)*

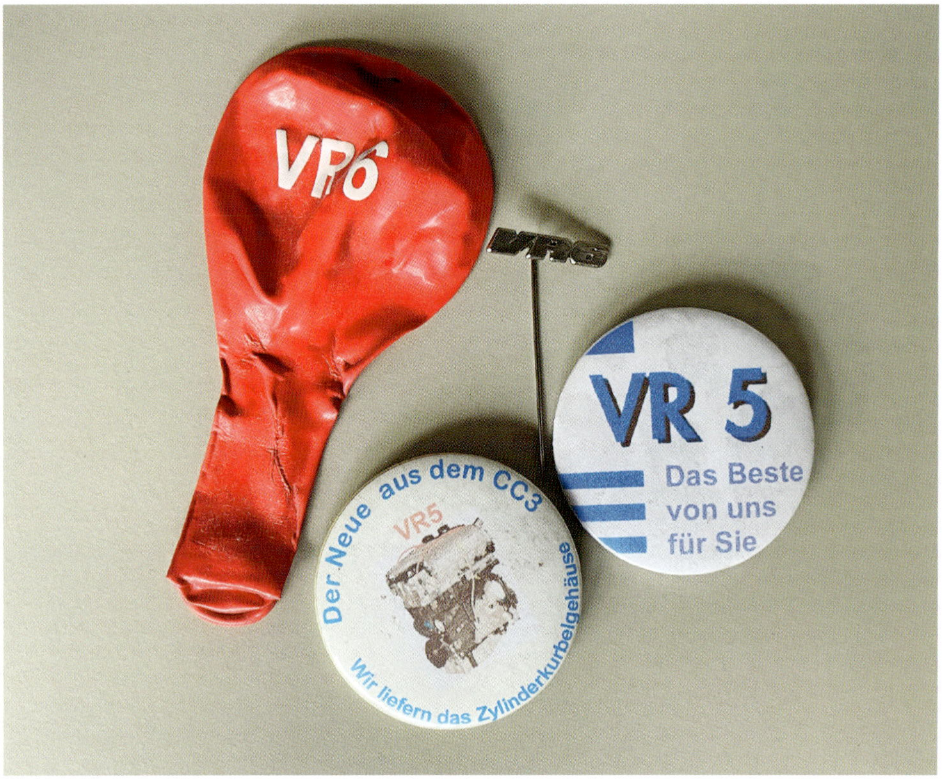

"Devotionalien" aus dem VR-Umfeld, die als Giveaways verteilt wurden.

Zylinderkurbelgehäuse im Maßstab 1 : 10, wie sie ebenfalls verschenkt worden sind. *(Fotos: Kittler)*

3.13 Weiterentwicklung zum 3,2-L-VR6-Serienmotor

3,2-L-Sonderserie im New Beetle RSi

Im New Beetle, der auf der Golf IV-Plattform aufbaute, wurde ja der VR5-Motor angeboten. Im Jahr 2001 legte Volkswagen überraschenderweise eine Sonderserie von 250 New Beetle mit VR6-Motoren und Allradantrieb auf – besser ausgestattet 249 in Silber, einer in Blau plus zwei Cabrio-Unikate.

Auf Basis des ersten Vierventilmotors mit Einlassnockenwellen-Verstellung wurde diese Sonderserie mit größerem Hub und größerer Bohrung ausgestattet. So wurde ein Hubvolumen von 3,2 Litern und eine Leistung von 165 kW/224 PS erreicht.

Messeexponat auf der Detroit Motorshow, erkennbar an Detailunterschieden im Vergleich zur Serienversion. *(Foto: Kittler)*

Motor mit großflächiger Abdeckung im Messeexponat von Detroit

3,2-L-V6 mit Schaltsaugrohr und Einlassnockenwellen-Verstellung im New Beetle RSi, Serienausführung. *(Fotos: Kittler)*

Serienversion des RSi. Das einzige Exemplar in dieser Sonderfarbe und mit aufgewerteter Ausstattung war als »Innovationsfahrzeug« im Einsatz. *(Foto: Kittler)*

3,2-L-Serienmotor

Die Fahrzeuge wurden schwerer, und die Fahrzeugpalette des VW-Konzerns umfasste nun auch größere Fahrzeuge (Phaeton, Touareg und Audi Q7). Der hierfür auf 3,2 Liter vergrößerte Sechszylindermotor wurde nun erstmals längs eingebaut.

Der für große Stückzahlen vorgesehene 3,2-L-Motor hatte einen Hub von 95,9 mm und eine Bohrung von 84,0 mm. Es waren eine vollständige Überarbeitung des Motors mit zahlreichen neuen Bauteilentwicklungen und Detailverbesserungen sowie jeweils fahrzeugspezifische Anpassungen erforderlich. Die Erhöhung der Leistung auf 177 kW/240 PS wurde neben der Hubraumsteigerung durch vergrößerte Ventildurchmesser und eine komplette Neuauslegung des Ansaugsystems erreicht. Serienmäßig war nun auch die beidseitige NW-Verstellung.

Der Ersteinsatz erfolgte im neuen Volkswagen Phaeton, danach kam der Golf IV R32 mit 177 kW/240 PS und erstmals mit DSG. Kurz danach erhielten auch der Golf V R32, der Audi TT (2003–2006/2006–2009) und der Audi A3 (2003–2009) den 3,2-L-MPI-Motor, nun mit 184 kW/250 PS und natürlich mit Direktschaltgetriebe (DSG). Vom R32 waren nur wenige Tausend Exemplare prognostiziert worden, tatsächlich verkauften sich aber insgesamt rund 15.000 Einheiten. Auch der Eos wurden mit 184 kW/250 PS angeboten. Gleichermaßen wurde die VW T5 Caravelle (2003–2009) mit einem 3,2-L-Motor bestückt, dort aber mit nur 173 kW/235 PS Nennleistung.

R32-Motor im Golf IV, der leistungsgesteigert auch im Golf V (oben) installiert wurde, nunmehr mit Doppelnockenwellen-Verstellung und Schaltsaugrohr.
(Fotos: Volkswagen)

Eine neue Herausforderung waren die vorgesehenen Einsätze im VW Touareg I und II, dem Audi Q7 (Gen. I) und dem Porsche Cayenne I und II. Für diese Fahrzeuge musste der Motor auf Dauerbetrieb in 45° Schräglage in Gefälle und Seitenneigung ausgelegt sein. Der Ölrücklauf aus dem Zylinderkopf, die Ölansaugung und die Ölabscheidung aus den Blowby-Gasen wurden zunächst am Schwenkprüfstand durch intensive Detailarbeit optimiert und in umfangreichen Geländetests verifiziert.

Zur Simulation von Wasserdurchfahrten bis 500 mm Tiefe wurden Tests im Tauchbecken durchgeführt. Durch möglichst große Umschlingungswinkel des siebenrilligen Riemens an den einzelnen Nebenaggregaten wurde die einwandfreie Funktion bei voller Belastung in der Wasserdurchfahrt gesichert.

Damit sich der Porsche Cayenne I besser vom VW Touareg I (240 PS) abhob, überarbeitete Porsche den Fahrzeug-Ansaugtrakt und konstruierte ein eigenständiges Schaltsaugrohr mit Porsche-Schriftzug. Als vielgefragtes Einstiegsmodell wurde der V6-Porsche-3,2-L-Motor mit 184 kW/250 PS zugelassen.

3,2-L-V6-Motor für Audi. *(Foto: Audi[24])*

Audi TT quattro und Eos mit quereingebautem 3,2-L-Motor. *(Fotos: Audi/Volkswagen)*

3,2-L-V6-Motor mit 184 kW/250 PS als Basismotor im Porsche Cayenne. *(Grafik/Foto: Porsche)*

Phaeton mit 3,2-L-V6-Motor, anfangs wahlweise sogar mit Handschaltgetriebe und Frontantrieb. *(Fotos: Kittler)*

Der 3,2-L-Motor mit Aufladung im YES!

Zwischen 2001 und 2006 stellte die Fa. FUNKE & WILL im sächsischen Großenhain ca. 20 YES!-Sportwagens her, dessen 1,8-L-Reihenvierzylinder-5V-Turbo längs vor der Hinterachse saß. 2007 startete die zweite YES!-Serie, für die der 3,2-Liter-VR6 appliziert wurde (255 PS/330 Nm). Spitzenversion war der YES! Roadster 3.2 Turbo mit 355 PS/485 Nm. Volkswagen hatte das Thema Aufladung ebenfalls geprüft (Kap. 3.15), aber verworfen. Mitte 2008 wurde der 3.2 Turbo S mit 415 PS angekündigt. 2010 ging das ambitionierte Unternehmen nach etwa 150 Sechszylindern in Insolvenz. Designer Oliver Schweizer berichtet von einer „deutlich dreistelligen Absatzzahl".

Der kompakte YES!-Roadster der zweiten Serie erhielt wahlweise einen ängs installierten, aufgeladenen 3,2-L-VR6-Mittelmotor mit HGP-Lader (Ladedruck 0,8 bar) und Ladeluftkühlung. Die Ansaugbrücke mit integriertem Wärmetauscher war eine Eigenentwicklung.
(Foto: Kittler)

FUNKE & WILL nannten 255 km/h für den Roadster 3.2 und 281 km/h für den 3.2 Turbo. Der in Mittelmotorbauweise längs verbaute Motor war mit einer Sechsgangschaltung gekoppelt, angedacht war auch eine Automatik. Die 3,80 m kurzen Fahrzeuge wogen rund 1.000 kg. Das Design stammte von Oliver Schweizer.
(Foto: FUNKE & WILL)

3.14 Serieneinsatz des VR6-Motors mit Benzin-Direkteinspritzung

Basisentwicklung

Im Jahr 2000 brachte Volkswagen erstmals den R4-Ottomotor mit Direkteinspritzung und Magerbetrieb auf den Markt, womit bei exzellenten Fahrleistungen auch Verbrauchsvorteile erzielt wurden.

Die VR-Motoren wurden zur Erfüllung steigender Anforderungen grundlegend überarbeitet. Schwerpunkte der Entwicklung waren die Einführung der Benzindirekteinspritzung und zunächst speziell für den US-Markt die Erhöhung des Hubvolumens auf 3,6 Liter. Die Direkteinspritztechnik eröffnete erweiterte Möglichkeiten zur Beherrschung zukünftiger Abgasgrenzwerte und zur Reduzierung des Kraftstoffverbrauchs.

Für die Hubvolumensteigerung wurde die Bohrung von 84 mm auf 89 mm und der Hub von 95,9 mm auf 96,4 mm vergrößert. Zur Einhaltung ausreichender Restwandstärken zwischen den Zylindern wurde der V-Winkel von 15,0° auf 10,6° reduziert und die Schränkung des Kurbeltriebs von ± 12,5 mm auf ± 22,0 mm vergrößert.

Für eine geometrisch optimierte Motorauslegung wurden umfangreiche Finite-Elemente-Berechnungen durchgeführt. Das Gewicht des Kurbelgehäuses reduzierte sich bei verbesserter Steifigkeit um ca. 8 kg bzw. 15 % gegenüber dem Vorgängerbauteil. Durch gewichtsoptimierte Kolben mit verkürzten Kolbenbolzen und Verwendung von Trapezpleueln konnte eine Erhöhung der oszillierenden Massen vermieden werden.

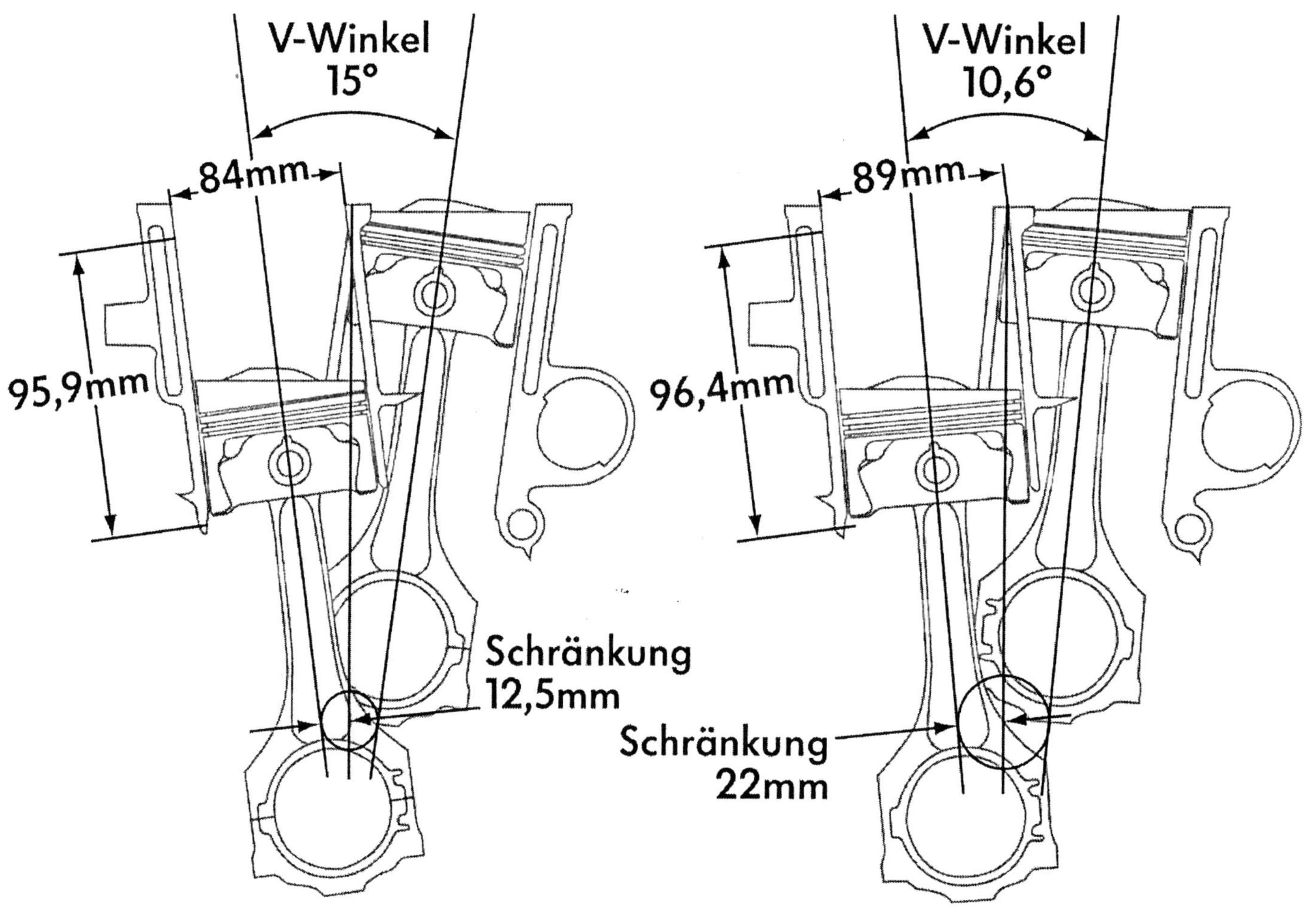

Vergleich 3.2 MP vs. 3.6 FSI. *(Zeichnung: Wiener Motorensymposium, 2005)*

Zur Erfüllung der hohen spezifischen Werte des Motors wurde das Ansaugsystem über begleitende Ladungswechsel- und Strömungsrechnungen neu abgestimmt. Insbesondere das Zusammenwirken zwischen Saugsystem und Einlasskanalform war ein Schwerpunkt der Betrachtungen. Zur Ergänzung und Verifikation der Strömungsberechnung wurden umfangreiche Messungen der Strömungsfelder vollzogen.

Durch die Visualisierung der Zylinderinnenströmung konnte die gewünschte Interaktion zwischen Saugsystem, Einlasskanal und der Direkteinspritzung des Kraftstoffes erreicht werden. Der Entwicklungsschwerpunkt lag dabei auf der Ausbildung und Optimierung der Tumble-Strukturen und der wandnahen Strömungsbereiche. Im Ergebnis übertrafen beide Einlasskanäle das schon hohe Durchflussniveau des Saugrohreinspritzer-Motors.

Unter dem neuen Abteilungsleiter für V- und W-Motoren Dr. Jürgen Strobel erfolgte im Herbst 2005 der Serieneinsatz des 3,6-L-4V-FSI mit 206 kW/280 PS im Passat B6 für den amerikanischen Markt. »In der Entwicklungspraxis erwies sich der 3,6-L FSI-Motor als eine echte Herausforderung unter hohem Zeitdruck«, entsinnt er sich. Die aus dem 3,6-Liter abgeleitete 3,2-L-FSI-Europa-Variante folgte – eine Besonderheit! – für den B6 im März 2006 (nunmehr mit 10,6°-Bankwinkel) mit 184 kW/250 PS bei 6.200 U/min und 330 Nm bei 2.500–3.000 U/min. Der Motorblock war ein Gleichteil, welches in der 3,2-L-Variante aber eine verkleinerte Bohrung von 84 mm (statt 89 mm) aufwies. Zusammen mit dem kleineren Kurbelhub von 89,5 mm durch eine andere Kurbelwelle ergab sich daraus das geringere Hubvolumen.

(Foto: Kittler)

Dr.-Ing. Jürgen Strobel
Jahrgang 1958,
bis 1984 Maschinenbau-Studium an der TU Hannover,
anschl. Wissensch. Mitarbeiter, 1992 Promotion,
1990 Beginn bei VW als Sachbearbeiter Entwicklung Dieselmotoren,
1993–1996 Qualitätssicherung Salzgitter,
1996–1999 Unterabteilungsleiter VR-Entwicklung,
1999–2002 Ltr. Aggregateentwicklung Seat,
2002–2004 Projektltr. Bugatti Engineering,
2004–2018 Entwicklungsleiter VR- und W-Motoren,
2020 Leiter Aggregateentw. Volkswagen Mexiko.

Die Ablösung der MPI-Motoren vollzog sich nahezu zeitgleich mit einer kleinen Überlappung – sowohl im Quer- als auch im Längseinbau. So blieb es im Golf R32 und im Eos beim bisherigen 3,2-L-4V-MPI-Motor. Im Passat B7 saß ein 280-PS-3,6-Liter mit FSI und Längenschaltrohr (206 kW/280 PS), der auch im Skoda Superb II (2008–2010) und im Audi Q7 (2008–2015) zum Einsatz gelangte. 2009 kam es im Rahmen eines weiter verbrauchsreduzierenden CO_2- und Robustheitspakets. zu einer nochmaligen Optimierung des VR6.

Ein Sonderfall war ein hubraumreduzierter Motor für den chinesischen Markt. Als dort eine Hubraumsteuer für Motoren mit einem Hubraum größer 2,5 Liter und für größer 3,0 Liter eingeführt wurde, ließ man sich in Wolfsburg etwas einfallen. Der in die Jahre gekommene 3,6-L-Phaeton verkaufte sich in China noch so gut, dass auf Basis der früheren Triebwerksgeometrie mit 15°-V-Winkel ein 3,0-L-Motor abgeleitet wurde. Bereits 2011 konnte zunächst der China-Passat (Magotan) mit diesem 184 kW/250 PS-Aggregat (Quereinbau) angeboten werden, der Phaeton folgte Anfang 2013 (Längseinbau).

Dieser 3,0-L-VR6 für China hatte aber noch einen ganz anderen Hintergrund, wie Dr. Strobel berichtete: »Wir arbeiteten damals auch an Konzepten für VR6-TSI-Motoren und am W12 TSI für die Marke Bentley. Hieraus entstand die Idee, die VR6- und W12-Entwicklung enger miteinander zu verzahnen. Um Synergien, z.B. beim Brennverfahren zu nutzen, sollten beide Motorreihen mindestens in ihren verfahrensbestimmenden Hauptgeometrien identisch werden, d.h. gleicher Zylinderdurchmesser und gleicher Hub.«

Die angedachten VR6-Turbomotoren sollten also quasi »halbe« W12 TSI-Motoren mit 3,0 Liter Hubraum sein. Damalige Konzeptbetrachtungen zeigten aber, dass die „Verdoppelung" des VR6 mit 3,2 oder 3,6 L auf einen 6,4- oder gar 7,2 Liter großen W12-Motor zu unzulässig geringen Wanddicken in kritischen Bereichen des Kurbelgehäuses des W12-Motors geführt hätten. Strobel: »Deshalb also der Ansatz 6,0-L-TSI-W12 und daraus abgeleitet ein eventueller 3,0-L-VR6-TSI. Der tatsächlich realisierte 3,0-L-VR6-Motor für China war aus diesem Grund von der Belastbarkeit des Kurbelgehäuses und des Kurbelbetriebs her ‚Turbo-tauglich' ausgelegt.«

Leistungsdaten der VR5-/VR6-V4-Serienmotoren bei Volkswagen (Quellen: mot/2005, Wikipedia, Informationen Dr. Metzner)

	2.8–2V MPI VR6	2.8–4V MPI VR6	2.3–2V MPI VR5	2.3–4V MPI VR5	3.2 MPI VR6	3.6 FSI VR6	3.6 FSI (300 PS)
	Golf III (1991–97)	Golf IV (1999–03)	Golf IV (1997–00)	Golf IV (2000–03)	Golf IV R32 (2002–04)	Passat NMS (2011–18)	Passat R36 (2008–10)
	Vento (1992–98)	Bora (1999–03)	Bora (1998–01)	Bora (2000–02)	Golf V R32 (2005–08)	Pass. B6 (2005–10)	Passat B7 (2010–15)
	Sharan (1995–00)	Sharan (2000–10)		New Beetle (00–05)	New Beetle RSi (2000–03)	Eos (2009–10)	(Passat) CC (2008–14)
	Corrado (1991–95)	Seat Leon 1 (00–04)	Seat Toledo II (1998–01)	Seat Toledo II (2001–03)	Phaeton (2001–08)	Phaeton (2008–15)	
	T4 (1996–00)	T4 (2000–03)	Passat B5		Eos (2006–09)	Touareg I (2005–10)	
	Passat B3 (1991–93)				T5 (2003–09)	Touareg II (2010–13)	
	Passat B4 (1993–97)				Touareg I (2002–04)	Porsche Cayenne I (2007–10)	
					Audi TT I (2003–09)	Porsche Cayenne II (2010–16)	
					Audi A3 II (2003–09)		
					Audi Q7 (2006–10)	Skoda Superb II (2008–13)	Audi Q7 I (2006–10)
					Porsche Cayenne I (2002–07)		
Hubraum (cm³)	2.792 (Golf/Pass. syncro / Corrado: 2.861)	2.792	2.324	2.324	3.189	3.597	3.597
Bohrung/Hub (mm)	81,0/90,3 (2.9: 82,0/90.3)	81,0/90,3	81,0/90,3	81,0/90,3	84,0/95,9	89/96,4	89/96,4
Verdichtung	10,0	10,5–10,75	10,2	10,8	10,85–11,25	12,0	12,0
Leistung (kW/PS/ Drehzahl)	128/174/ 5.800 T4: 103/140/ 4.500 2.9: 140/190/ 5.800	150/204/ 6.200	110/150/ 6.000	125/170/ 6200	Golf IV R32+Phaeton: 177/240/ 6.200 Golf V R32+Audi TT/A3 184/250/ 6.300 NBeetle RSi 165/224/ 6.200, T5: 170/230/ 6.200; ab 2003: 173/235/ 6.200 Touareg I: 162/220/ 5.400, ab 2004: 177/240/ 6.200	Eos + Superb: 191/260/ 6.000 Phaeton+Touareg I/II+ Q7: 206/280/ 6.200 Cayenne I 213/290/ 6.200 Cayenne II 220/300/ 6.300	220 /300/ 6.600
Drehmoment (Nm/ Drehzahl)	Sharan 235/ 4.200 T4 240/ 3.000–3.400 2.9: 245 /4.200	270/ 3.200 Sharan 265/ 3.400 T4: 245/ 2.500-5.500	205/3.200	220/3.300 Toledo 225/3.500	Golf IV/R32 320/ ab 2.800 Golf V/R32 320/ ab 3.500 Phaeton: 315/ 2.400 Touareg: 305/ 3.200 ab 2004: 310/ 3.200 T5: 315/ 2.950 NBeetle RSI 320/ 3.000 Cayenne: 310/ 2.500–5.500 Audi TT: 320/ 2.800–3.200 Audi A3 320/ 2.500–3.000	Eos+Superb 350/ 2.500–4.000 Phaeton: 370/ 3.500 Touareg+Q7: 360/ 2.500–5.000 Cayenne I: 385/ 3.000 Cayenne II: 400/ 3.000	350/ 2.400–5.300

Leistungssteigerung beim 3,6-L-Motor

Ein Weiterentwicklungsauftrag der R GmbH für den Passat R36 forderte für den 3,6-L-Motor eine Zielleistung von 221 kW/ 300 PS, wobei die Leistungssteigerung über eine höhere Nenndrehzahl erreicht werden sollte. Tatsächlich kamen noch einige andere konstruktive Maßnahmen zum Tragen – beispielsweise neue, leichtere Schmiedekolben und eine geschmiedete Stahl-Kurbelwelle. Das bisherige Saugrohr wurde nun durch ein sog. Resonanzsaugrohr ersetzt: Mittels einer Klappe konnten bis zu mittleren Drehzahlen lange Rohrlängen für ein hohes Drehmoment genutzt werden, während im oberen Drehzahlbereich durch kurze Rohrlängen eine Leistungssteigerung ermöglicht wurde.

Die Produktion startete im Passat B6 schließlich im Januar 2008, auch der CC und der Passat B7 bekamen den 300-PS-Motor. Einen Golf VI R36 als Nachfolger der beliebten R32-Modelle, wie er immer wieder von der Presse gefordert

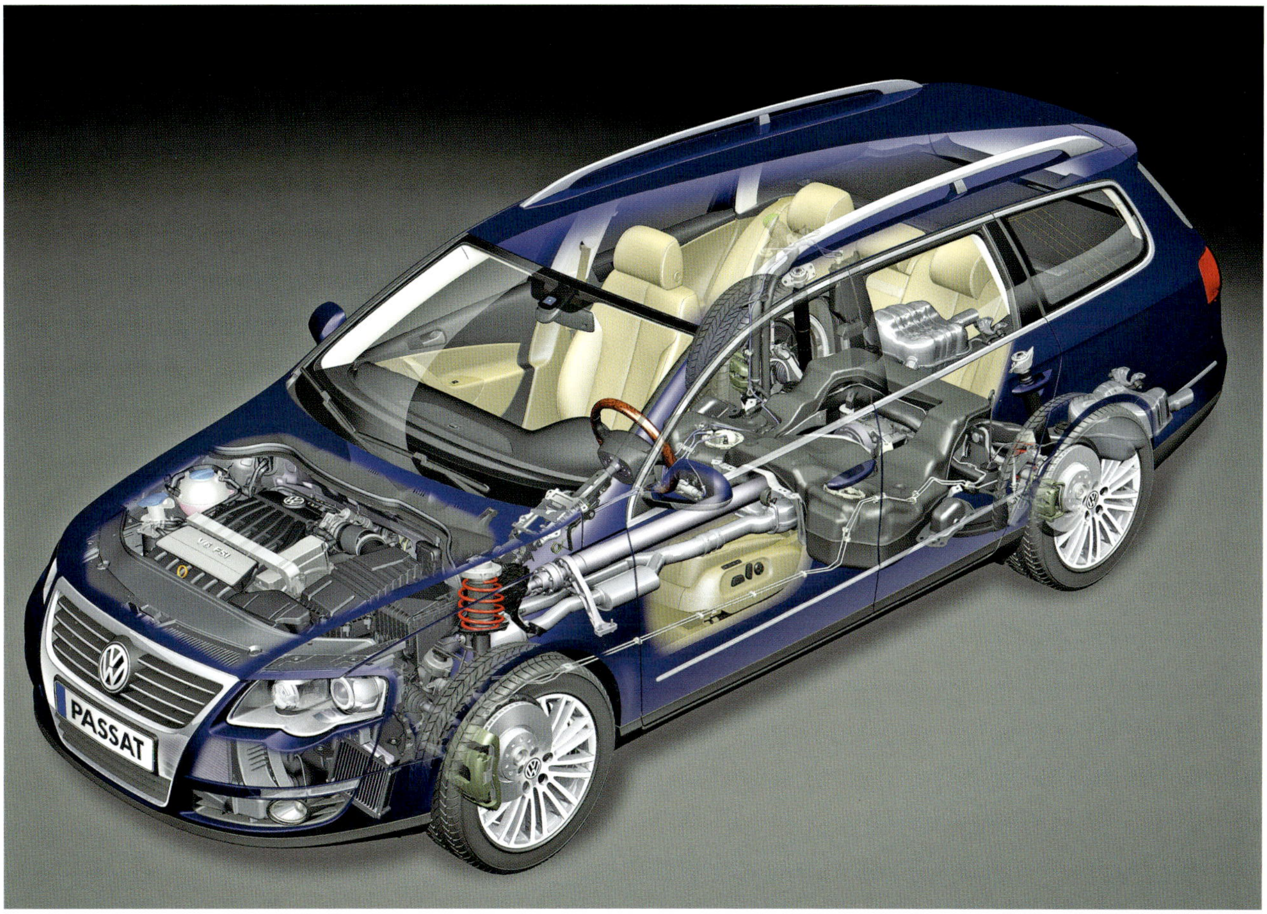

Den Passat B6 gab es mit 250 PS starkem 3,2-L-FSI und mit leistungsgesteigertem 3,6-L-FSI als R36. *(Grafik: Volkswagen)*

VR6-Vierventil-Motoren ab dem 3,2-Liter (Quelle: MotorReviewer.com)

	3.2 MPI/FSI	**3.6 FSI**	**2.5 TSI (China)**	**3.0 FSI (China)**
MK-Buchstabe	BFH, BML, BDB, BHE, BMJ, BPF, BUB; AXZ	CDVA, BLV, BWS	DDKA, DPKA	CNGA
Bauzeit	2003–2010	seit 2005	seit 2016	2011–2017
Bohr x Hub	84 x 95,9 mm	84 x 95,9 mm		84 x 95,9 mm
Hubraum	3.189 ccm	3.598 ccm	2.492 ccm	2.975 ccm
Verdichtung	11,3 : 1	12,1 : 1	9,5 : 1	10,5 : 1
max. Leistung	173–184 kW/ 235–250 PS bei 6.200–6.300 U/min	191–221 kW/ 260–300 PS bei 6.000–6.600 U/min	220 kW/300 PS bei 6.000 U/min	184 kW/250 PS bei 6.400 U/min
max. Drehmoment	315–320 Nm bei 2.500–3.000 U/min	350–400 Nm bei 2.500–5.300 U/min	500 Nm bei 2.750–3.500 U/min	310 Nm bei 3.500 U/min

wurde (wofür auch der damalige Motorjournalist E. Kittler heute um Nachsicht bittet), gab es in einer Serienversion allerdings nicht. Denn der R-Golf wurde nun mit einem 2,0-L-TSI-R4-Motor ausgestattet.

Im Längseinbau ersetzte 2005 beginnend der 3,6-L-FSI mit Schaltsaugrohr die bis dahin verbauten 3,2-L-Motoren im Touareg, Q7 und Phaeton sowie im Porsche Cayenne I. Mit dem größeren Hubvolumen gaben diese schwereren Fahrzeuge ein harmonischeres Bild ab als mit dem Vorgängermotor. Porsche entwickelte auch für den 3,6-L-Motor im Cayenne II ein eigenes Saugrohr (2010–2016). Damit wurden dann 220 kW/300 PS und 400 Nm als Bestwerte erzielt.

3,6-L-FSI im Passat B6 als leistungsstärkerer R36.
(Foto: Volkswagen)

3,6-L-Motor mit eigenem Saugrohr und 300 PS im Porsche Cayenne II. *(Foto: Porsche)*

Bauteile des 3,6-L-FSI-Motors für den B6 R36 mit Resonanzschaltsaugrohr und 300 PS.
(Grafik: Sonderdruck ATZ / MTZ »Der neue Passat«, April 2005)

Der 3,6-L-FSI bei Artega

Das 3,6-L-VR6-Triebwerk mit 300 PS wurde auch im Artega GT des Automobilzulieferes und Kleinserienherstellers paragon AG aus Delbrück/Ostwestfalen eingesetzt. Der Motor saß quer im Heck des nur 1.285 kg leichten Sportcoupés und war mit einem Doppelkupplungsgetriebe gekoppelt. Der bekannte Designer Henrik Fisker (z.B. BMW Z8) wirkte an der Formgestaltung mit. Seine Premiere feierte der Artega GT auf dem Genfer Autosalon 2007, er machte anschließend auch im Rennsport eine gute Figur. Von 2009 bis 2012 entstanden indes nur 153 Exemplare, dann wurde das Unternehmen in die Insolvenz gedrängt.

Artega GT mit 3,6-L-VR6-Motor. *(Fotos: Artega)*

3.15 Aufladung bei VR-Motoren

Schon Anfang der 1980er Jahre gab es erste Überlegungen zur Aufladung von RV6-Motoren. 1985 wurde der damalige 2,2-L-4V-RV6-Motor versuchsweise auch als Aufladevariante ausgeführt, wobei im Parallelbetrieb mit einem ATL auch ein G-Lader verwendet wurde. Hierzu wurde bereits im Kapitel 3.4 über den sog. »Walter-Motor« berichtet.

Die Aufladung von VR-Motoren wurde kurzzeitig 1990 und dann 1997 wiederbelebt. Aus neuen Konstruktions-

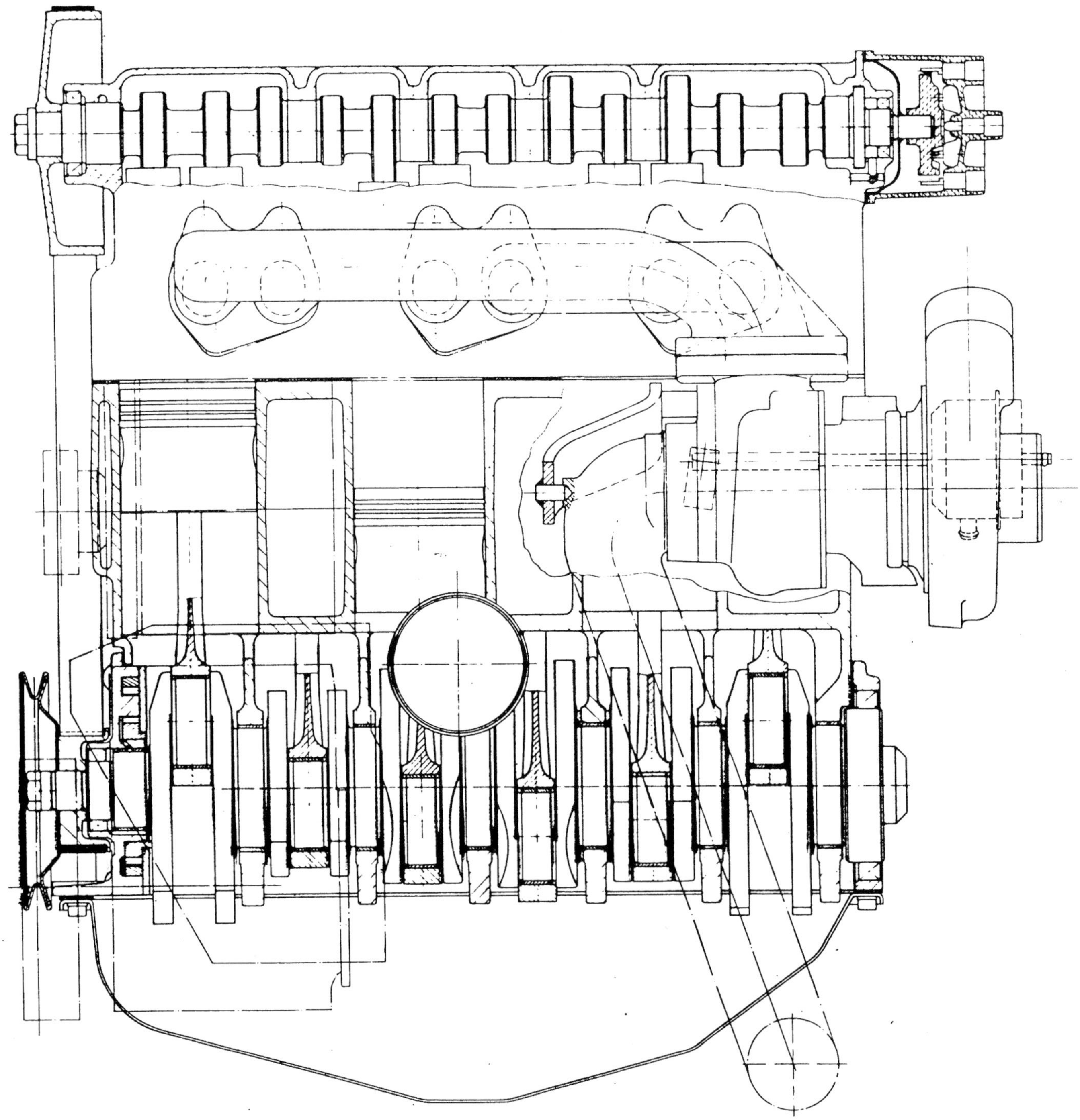

Erste Idee von einem aufgeladenen RV-Motor von 1982. *(Skizze: Sammlg. AutoMuseum)*

entwürfen entstand ein 2,8-L-4V-VR6-Biturbomotor. Je ein KKK-Turbo war für drei Zylinder zuständig. Allerdings gab es hier Probleme bei Package und Abgasgegendruck angesichts der beiden hinter dem Motor platzierten Lader.

Auch Tuner beschäftigten sich mit der Auflade-Idee. Ein 2,9-L-2V-VR6-Turbomotor mit 297 kW/403 PS wurde in einen Golf IV syncro eingebaut und schließlich bei Volkswagen vorgestellt. Später wurden von einem kanadischen Partner des Tuners auch einige nach Nordamerika gelieferte Fünfzylinder-Bora / Jetta auf Biturbo-Betrieb umgebaut.

Der damalige VW-Entwicklungschef Dr. Martin Winterkorn hatte im Januar 1999 im Interview mit mot zu den Chancen eines aufgeladenen VR geäußert: »Denkbar ist ein Biturbo-VR6 als Sahnehäubchen obendrauf«.

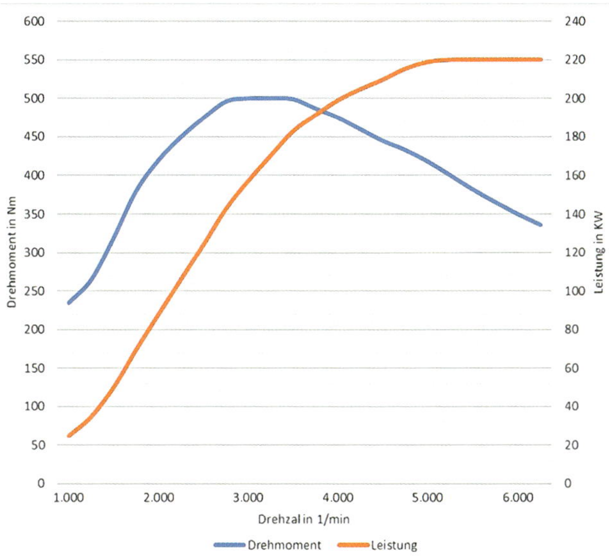

2,5-L-TSI-Motor, Leistungsdiagramm.
(Foto: Volkswagen/Sammlg. AutoMuseum)

Mit Verfügbarkeit des neuen FSI-Motors wurde das Thema Aufladung erneut aufgegriffen. Für den chinesischen Markt wurde der VW Teramont mit einem 2,5-L-FSI-Turbomotor ausgestattet. Dieser ging Anfang 2017 dann mit 220 kW/ 300 PS als erster und einziger aufgeladener Motor der VR-Baureihen in Serie. Für den amerikanischen Markt gab es dagegen einen äußerlich nahezu identischen SUV namens Atlas, den der bekannte der 3,6-L-FSI antrieb.

2,5-L-TSI-Motor mit Doppelkupplungsgetriebe im VW Teramont 530 V6. *(Fotos: Kittler)*

3.16 Verdieselung von VR-Motoren

Erste Ideen zur Verdieselung von VR-Motoren wurden schon sehr früh angestellt. Bereits 1978 hatte P. Hofbauer den jungen Entwicklungs-Ingenieur Michael Willmann zu Dr. Krüger geschickt, um eine Verdieselungsfähigkeit des neuen RV-Konzepts zu erkunden. Nach ernsthaften Überlegungen zu einem Diesel-RV ab März 1982 lief dann 1986 der erste 2,8-L-RV6-Dieselmotor. Ein noch nicht aufgeladener 2,4-L-VR6-Wirbelkammermotor mit siebenfach gelagerter Kurbelwelle und Verteilereinspritzpumpe von 1988 ist im Motoren-Kabinett des AutoMuseums ausgestellt (Konstrukteur Raffael Hartung).

Von dem 1989 in die Forschung gewechselten Dr. Krüger wurden auch Weiterentwicklungen an VR-Dieselmotoren unternommen. Bereits bei der Forschungsfahrt 1991 wurde ein aufgeladener VR6-Dieselmotor mit Direkteinspritzung vorgestellt.

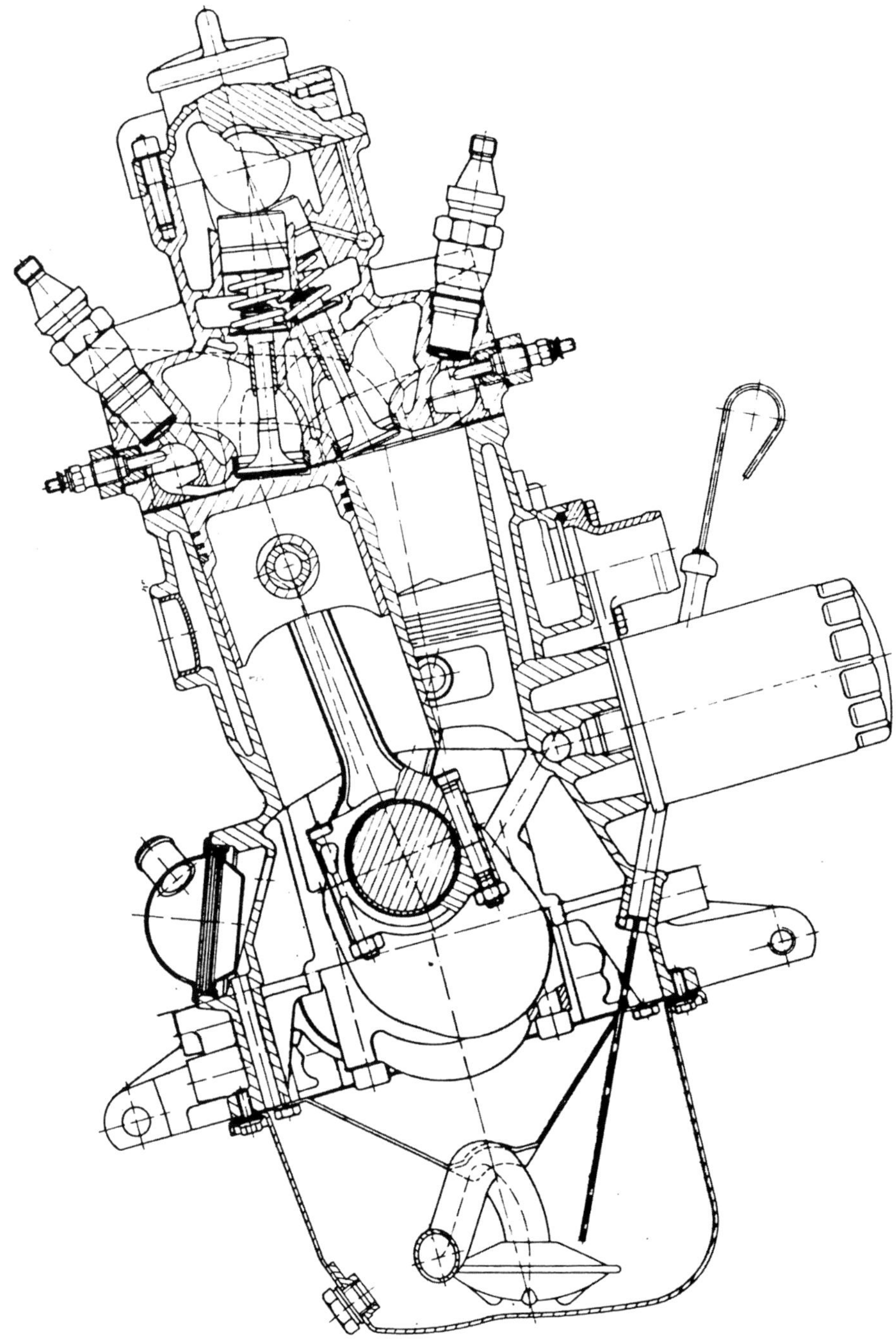

Skizze eines Wirbelkammer-Diesels (Querschnitt) von 1982. Alternativ wurde auch die Entwicklung eines DI-Diesels erwogen.
(Skizze: Sammlg. AutoMuseum)

Aufgrund der kompakten VR-Motorbauweise und insbesondere wegen der im unteren Zylinderbereich sehr geringen Zylinderwandstärken war eine Verdieselung natürlich eine ganz besondere Herausforderung. Denn die bei Dieselmotoren unumgängliche Turbo-Aufladung mit enorm hohen Verbrennungsdrücken erfordert eine sehr robuste Motorauslegung.

Im Jahre 1993 lief dann ein in der Forschung entwickelter 2,8-L-VR6-TDI in einem Passat mit zufriedenstellender Probefahrt durch Dr. Piëch. Es zeigte sich jedoch bald, dass eine Verstärkung des Kurbeltriebs mit möglichst breiteren Lagerstühlen notwendig war. Wegen zu hoher Investitionskosten und den im VW-Konzern in Serie etablierten Dieselmotoren wurde jedoch das VR-Dieselprojekt nur noch schleppend weiterverfolgt.

Dr. M. Winterkorn hatte Anfang 1999 dem mot-Autor Eberhard Kittler auf die Frage nach einem VR-Diesel geantwortet: »Wahrscheinlich nie. Unsere Reihenmotoren sind dafür besser geeignet.«[29]

Dennoch gab es ab 2003 einen weiteren VR6-Dieselansatz, um den wieder auf Motorquereinbau umgestellten Passat auch mit einem Sechszylinder-Dieselmotor anbieten zu können. Unter Leitung von Herrn Stolte wurde hierzu ein 3,0-L-2V-VR6-TDI-Motor mit Common-Rail-Hochdruckeinspritzung

2,4-L-VR6-Dieselmotor von 1988 im Motoren-Kabinett des AutoMuseums. *(Foto: Klaus Gottschick/AutoMuseum)*

in Angriff genommen. Die Abbildungen unten zeigen einen derartigen VR6-TDI-Motor, der 2007 von den Wolfsburgern auch in einen Audi TT eingebaut wurde. Das Auto ist erfolgreich gelaufen und gehört aktuell zum Bestand der Stiftung AutoMuseum Volkswagen.

Der damalige FE-Chef Dr. U. Hackenberg (»Hacki«) hatte erst im März 2008 gegenüber mot-Interviewer E. Kittler das Aus für den Motor angedeutet: »Der VR6 TDI liegt weiter auf Eis. Aber wir arbeiten an einem R4 mit Doppelaufladung.« Die Vorstellung, auch einen VR-Dieselmotor in Serie zu bringen, wurde trotz all der vielen Ansätze hierzu letztlich nie umgesetzt. Gegenüber dem diffizilen VR-Konzept waren die robusteren Reihen- und V-Dieselmotoren des VW Konzerns wohl doch im Vorteil.

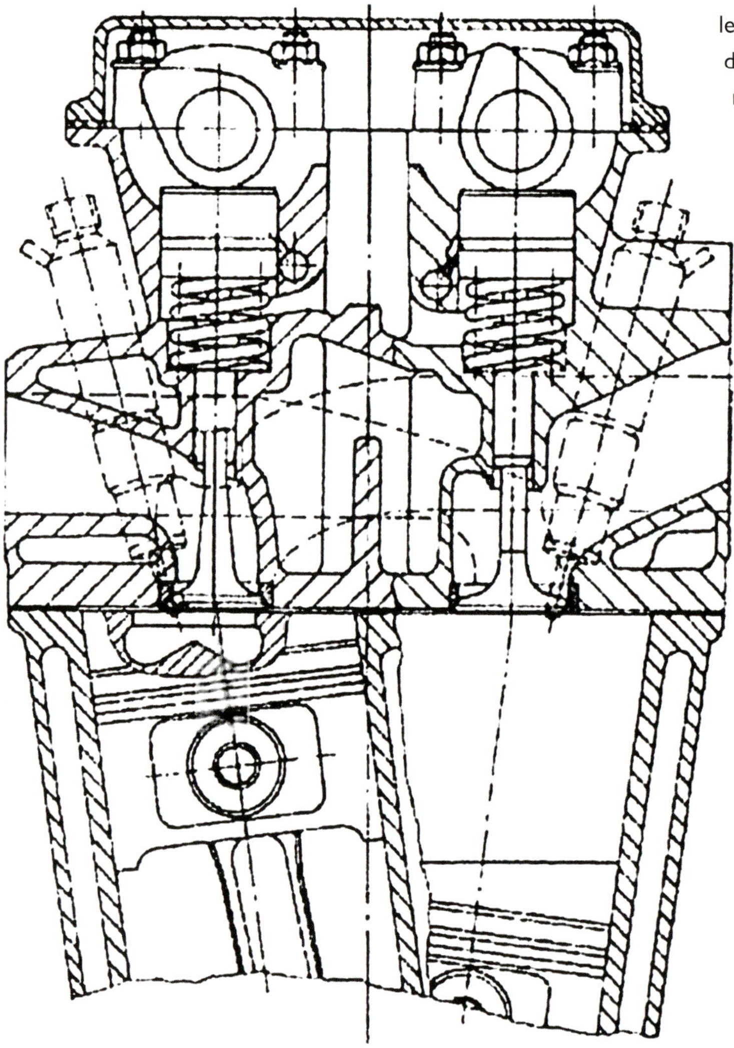

Querschnitt des VR6-TDI-Dieselmotors. *(Zeichnung: MTZ 51 (1991) 10[1])*

3,0-L-2V-VR6-TDI-Motor in einem Audi TT aus dem Bestand des AutoMuseums. *(Fotos: Kittler)*

3.17 VR6-Industriemotoren in Serie

Volkswagen blickt schon seit der Käfer-Ära auf eine lange Tradition beim Bau von Industriemotoren zurück. Seit 2004 wurde auch ein auf LPG-Betrieb ausgelegter 3,2-L-V6-Motor angeboten und in Gabelstaplern der Hersteller Linde, Still und Jungheinrich verbaut. Für größere Stapler wurde auch der 3,6-L-V6-Motor mit 80 kW/ 109 PS bei 3.000 U/min eingesetzt. Ein solches 3,6-L-Exponat befindet sich im Motoren-Kabinett des Wolfsburger AutoMuseums (Foto rechts).

Bis zu 1.500 V6-Industriemotoren jährlich verließen die Werkshallen in Salzgitter. Auch noch 2020 befand sich der 3,6-L-Industriemotor im Angebot von Still und Linde.

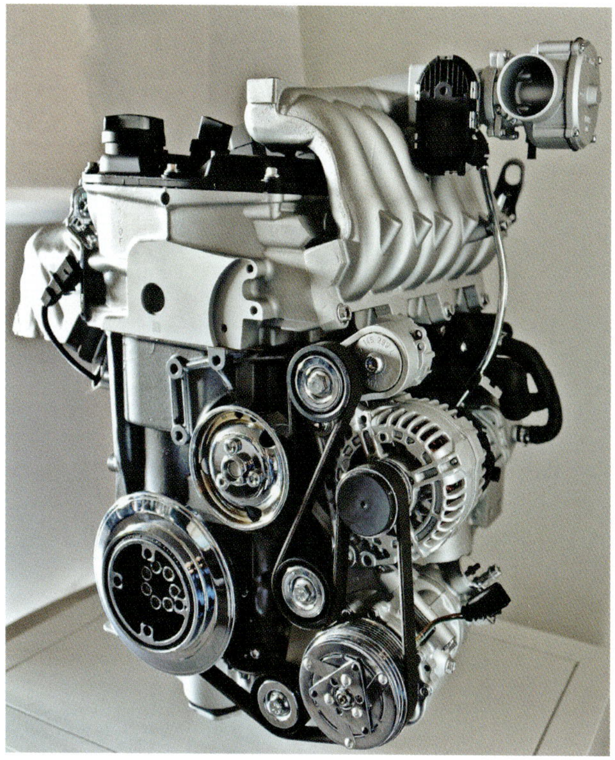

3,6-L-Motor mit Gasbetrieb im Motoren-Kabinett des AutoMuseums, eingesetzt in Gabelstaplern. *(Fotos: AutoMuseum / Forum Gabelstapler)*

3.18 VR6-Motorrad-Motor in Serie

Auch ein 2011 präsentiertes Horex-VR6-Motorrad verwendet das kompakt bauende VR-Prinzip. Die Horex GmbH in Augsburg startete eine Wiederbelebung der historischen Motorradmarke (Produktionsende 1959), wonach 2016 die Horex Motocycles GmbH das Unternehmen fortführte. In kleiner Stückzahl wurde ein schweres Motorrad mit 1,2-L-3V-VR6-Motor mit 15°-V-Zylinderwinkel und Dreiventiltechnik gebaut, das 120 kW/163 PS erreichte.

Die von Horex eigenständig durchgeführte Entwicklung eines kleinen VR6-Motors mit 3NW-3V-Zylinderkopf wurde von Volkswagen mit informeller Beratung unterstützt. Dass die neue Horex-Firma dem VW-Imperium zugeschlagen werden sollte, ist allerdings lediglich ein Gerücht.

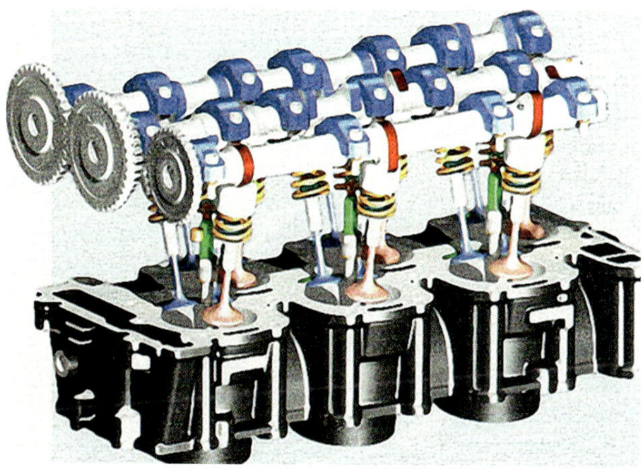

VR6-3V-Ventiltrieb. *(Grafik: Horex)*

VR6-Horex des TV-Stars Horst Lichter (im PS.SPEICHER Einbeck). *(Foto: Kittler)*

VR6-Horex in Fahrt. *(Foto: Motorrad)*

3.19 Respektables Ergebnis

Mit der weltweit erforderlichen Absenkung der CO_2-Emissionen entwickelte sich im Automobilmarkt ein zunehmender Trend zum Downsizing. Bei reduzierten Hubräumen mit leistungskompensierender Turboaufladung wurden auch die Zylinderzahlen reduziert. Hierdurch wurde auch die durchaus erfolgreiche Ära der VR-Motorisierung von VW allmählich eingebremst, ungeachtet der großen Vorteile des VR-Motors hinsichtlich Kompaktheit und Laufruhe.

Gebaut wurden die im Volkswagen Konzern genutzten VR-Motoren ausschließlich im Werk Salzgitter, dem Motorenleitwerk von Volkswagen. Seit 1970 sind dort bis 2020 insgesamt 61 Millionen VW-Motoren verschiedener Bauarten entstanden. Ab 1991 wurden rund 1,7 Millionen VR-Motoren (einschließlich W-Motoren) in insgesamt 38 Modellen verbaut. Konstruktion und Mechanikversuch für die VR-Motoren wird seit 2018 von Dr. Mathias Dreyer verantwortet.

VR6-Produktion im Motorenwerk Salzgitter. *(Foto: Volkswagen/ Sammlg. AutoMuseum)*

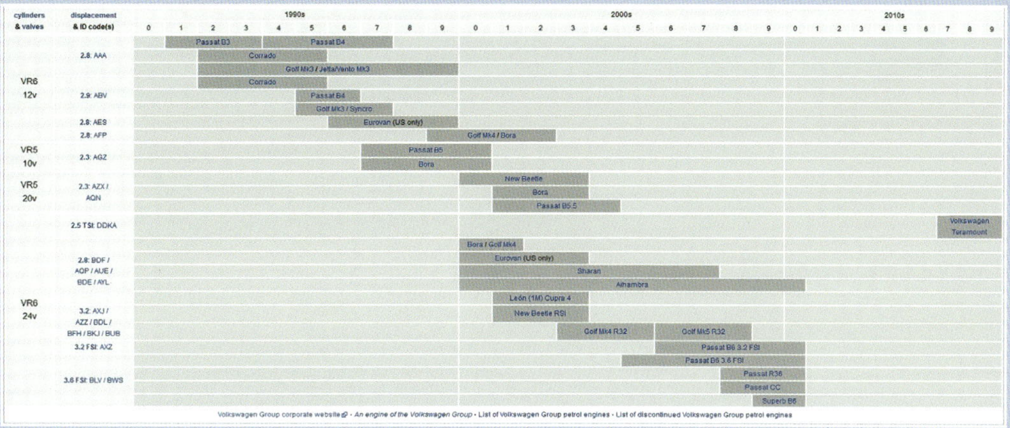

VR5- und VR6-Einsätze.
(Quelle: Wikipedia)

Quellen, Literaturverzeichnis VR5- und VR6-Motoren

[1] Krüger, H.: Sechszylindermotoren mit kleinem V-Winkel. In: MTZ 51 (1990), Nr. 10, S. 410–418

[2] Naumann, F.; Voigt, D.; Deutsch, H.: Der neue VR6-Motor von Volkswagen. In: MTZ 52 (1991), Nr. 3, S. 100–105

[3] Erdmann, H. D.; Aschoff, G.; Börner, I.; Damminger, L.: Der neue VR6-Motor von Volkswagen. Entwicklungsschwerpunkte Motormechanik, Thermodynamik und Steuerung. In: MTZ 52 (1991), Nr. 4, S. 196–205

[4] Schuster, H.; Deister, J.: Der Volkswagen Passat mit Sechszylinder-Motor. In: ATZ 93 (1991), Nr. 4

[5] Kuck, H.-A.; Dziggel, R.; Pundt, D.: Die Motoren des neuen VW-Golf. In: MTZ 52 (1991), Nr. 9, S. 408–417

[6] Krüger, H.: Der Massenausgleich des VR6-Motors. In: MTZ 54 (1993), Nr. 2, S. 96–101

[7] Seiffert, U.: Automobiltechnischer Fortschritt demonstriert am Volkswagen Golf. In: ATZ 97 (1995) Nr. 3, S. 126–138.

[8] Schuster, H.; Balk, A.; Oehlschlaeger, H.: Der Sharan. Die Großraumlimousine von Volkswagen. In: ATZ 97 (1995), Nr. 7/8, S. 400–415

[9] Balk, A.; Oehlschlaeger, H.: Neue Produktversionen vom Volkswagen Transporter/Caravelle. In: ATZ 98 (1996), Nr. 4

[10] Hoffmann, T.; Metzner, F.: Der VR6-Motor in der neuen Produktversion der Volkswagen-Caravelle-Baureihe. In: MTZ 58 (1997), Nr. 2, S. 72–80

[11] Metzner, F.; Ebel, B.; Endres, H.; Uphoff, K.: Der neue 5-Zylinder-Motor aus der VR-Baureihe von Volkswagen. 6. Aachener Kolloquium Fahrzeug- und Motorentechnik, 20.–22.10.1997

[12] Balk, A.; Oehlschlaeger, H.: Neue Produktversionen vom Volkswagen Transporter / Caravelle. In: ATZ 98 (1997) Nr. 4

[13] Der neue Golf. Sonderheft der ATZ/MTZ 1997.

[14] Ebel, B.; Metzner, F.-T.; Kirsch, U.: Der neue Fünfzylindermotor von Volkswagen Teil 1: Konstruktion und Motormechanik. In: MTZ 59 (1998), Nr. 1, S. 8–25

[15] Metzner, F.T.; Uphoff, K.; Hofmann, R.; Nick, G.: Der neue Fünfzylindermotor von Volkswagen. In: MTZ 59 (1998), Nr. 2, S. 100–106

[16] Citron, P.; Ebel, B.; Henrich, S.; Keiser, P.; Metzner; F.T.: Der VR6-Motor von Volkwagen für die V-Klasse von Daimler Chrysler. In: MTZ 60 (1999), Nr. 2, S. 100–103

[17] Reschke, F.; Aschoff, G.; Metzner, F.T.: Der neue 130 kW-VR6-Motor von Volkswagen in der USA-Version des Golf / Jetta. In: MTZ 60 (1999), Nr. 5, S. 322–324

[18] Metzner, F.-T.; Keiser, P.: Der neue V6 4V-Motor von Volkswagen. 20. Internationales Wiener Motorensymposium, Wien 06.05.–07.05.1999

[19] Metzner, F.T.: Innovative Technik im neuen V6 4V-Motor. Vortrag an der TU Braunschweig, 29.09.1999

[20] Aschoff, G.; Ebel, B.; Eissing, S.; Metzner, F.T.: Der neue V6-Vierventilmotor von Volkswagen. In: MTZ 60 (1999), Nr. 11, S. 756–766

[21] Metzner, F.-T.; Flebbe, H.: Doppel-Nockenwellenverstellung an V-Motoren. 8. Aachener Kolloquium Fahrzeug- und Motorentechnik, 1999

[22] Ebel, B.; Metzner, F.T.: Die neuen V-Motoren von Volkswagen mit Doppelnockenwellenverstellung. In: MTZ 61 (2000), Nr. 12, S. 838–841

[23] Szengel, R.; Metzner, F.T.; Kirsch, U.; Lieske, S.; Ebel, B.: Der neue V6-3.2L-Motor im VW Phaeton. In: Sonderheft der ATZ/MTZ Juli 2002, S. 42–47.

[24] Kirsch, U.; Reschke, F.; Ebel, B.; Lieske, S.: Der V6-3.2L-Motor im neuen Audi A3. In: Sonderheft der ATZ/MTZ April 2003, S. 92–98.

[25] Metzner, F.T.; Kirsch, U.; Demmelbauer-Ebner, W.; Ebbinghaus, W.; Ebel, B.: Der 3.2L-V6-Motor von Volkswagen – Ein Motor für unterschiedlichste Anwendungsfälle. »24. Internationales Wiener Motorensymposium 15.–16.05.2003, VDI Fortschrittberichte, Reihe 12 Fahrzeugtechnik / Verkehrstechnik, Band 539, Seite 125–138, VDI-Verlag GmbH, Düsseldorf, 2003.«

[26] Metzner: Neue Motoren aus der V/W-Baureihe von Volkswagen, Vortrag an der TU Darmstadt, 04.12.2003

[27] Szengel, R.; Kirsch, U.; Ebel, B.; Kuhn, S.; Lieske, S.; Reschke, F.: Die neue V6-Motorengeneration mit Direkteinspritztechnik. In: Sonderheft der ATZ/MTZ April 2005, S. 54–65.

[28] Szengel, R.; Kirsch, U.; Ebel, B.; Lieske, S.; Reschke, F.: Die neue V6-Motorengeneration mit Direkteinspritztechnik von Volkswagen. »26. Internationales Wiener Motorensymposium 28.–29.04.2005, VDI Fortschrittberichte, Reihe 12 Fahrzeugtechnik / Verkehrstechnik, Band 595, Seite 114–132, VDI-Verlag GmbH, Düsseldorf, 2005.«

[29] Kittler / Blumenstock: Das große Motoren-Vestival, mot 3/1999

Teil 4

Volkswagen und der W-Motor

Von Eberhard Kittler

4.1 Frühe W-Motoren

W-Motoren gab es schon lange, bevor Volkswagen sich in den 1990ern dieser Bauform widmete. Es handelt sich dabei um Triebwerke mit drei Zylinderreihen, wobei hier gelegentlich von der »Y-Bauform« gesprochen wird. Beispielsweise ein Motorrad-Rennmotor der französischen Marke ALCYON von 1904 und ein Curtis-Motorrad von 1907 wurden von W-Motoren angetrieben. Mit einem W12 kam der Napier Lyon, und Isotta Fraschini brachte gar zwei unterschiedlich große W18-Motoren. Auch den legendären Rumpler-Tropfenwagen aus den frühen 1920ern trieb anfangs ein W6 an. Selbst im Formel-1-Rennmotorenbau (1990 Life Racing F35) versuchte man sich an W-Motoren, was aber grandios scheiterte.

Kaum bekannt ist, dass die japanische Marke Mazda in den frühen 1990ern für ihre für den US-Markt vorgesehene Luxusmarke Amati einen 3.981 ccm großen W12 mit drei Vierzylinder-Bänken kreierte – vorgestellt auf der Tokyo Motorshow 1989. Der in der Limousine Amati 1000 untergebrachte Leichtmetall-Motor sollte 206 kW/ 276 PS und 371 Nm bringen. 1992 wurde die Submarke Amati aber aus wirtschaftlichen Gründen gestrichen, und das ambitionierte Projekt endete. Nicht einmal in der Mazda-Werkssammlung ist ein entsprechend motorisiertes Fahrzeug ausgestellt – vermutlich wurde alles verschrottet.

4.2 Audi-Projekte Avus und ASF

Im Volkswagen-Konzern erschien der erste »richtige« W-Motor – ein Zwölfzylinder – in der Audi Studie Avus Quattro, die 1991 auf dem Automobilsalon Tokio gezeigt wurde. Der frühere Audi-Vorstandsvorsitzende Dr. Franz-Josef Paefgen erinnert sich, dass die Idee auf ein italienisches Schiffsmagazin zurückgeht, in dem Ferdinand Piëch einen W18-Bootsmotor entdeckt hatte. Die von J Mays gezeichnete Fahrzeugstudie, aufgebaut von der süddeutschen Firma LORENZ & RANKE, war zunächst reine Phantasie, fahrbereit war sie nie. Die erste Konzeptzeichnung für deren W12 entstand in Neckarsulm bei den Audi-Ingenieuren Dr. Stock, Hans-Werner Pölzl und Armin Bauder. Man ging zunächst von einem Hubraum von 5,4 Liter aus, um schließlich bei 6,0 Liter zu landen. Die zusammen mit der Fa. FICHT erstellte Motorenattrappe für das Showcar bestand aus Holz und Kunststoff.

Der kurze W12-Motor mit den in drei Reihen à 60° versetzten Vierzylindern sollte 374 kW/509 PS bei 5.800 U/min auf die vier Räder bringen. Das maximale Drehmoment war mit 540 Nm bei 4.000 U/min errechnet worden. Jeweils fünf Ventile pro Zylinder waren Audi-typisch vorgesehen, drei für den Einlass, zwei für den Auslass – betätigt von Tassenstößeln über je zwei Nockenwellen (Nockenverstellung auf Einlassseite). Kurbelgehäuse, Zylinderköpfe und Ölwanne sollten aus Alu bestehen, die Stahlkurbelwelle führte auf jeder ihrer vier Kröpfungen drei Titanpleuel.

Audi-Motorenbiograf Uwe Handke schreibt: »Wichtig war die Bauraumuntersuchung im engen Zwickel zwischen der stehenden und einer der geneigten Zylinderreihen, in welcher Auspuffkrümmer und Saugrohre untergebracht werden mussten. Außerdem waren die Motorschwingungen durch Anbringung von drei Ausgleichswellen zu unterbinden.«[1]

In Weiterführung des Projekts wurden im Anschluss in Zusammenarbeit mit der AVL List GmbH in Graz auch lauffähige Motoren hergestellt und in einen »A8« (tatsächlich: ein Audi 100 C4) eingebaut, behauptet Uwe Handke. Dr. Franz-Josef Paefgen löst das Rätsel, wurde doch 1993 in Tokio ein bordeauxroter Luxuswagen auf C4-Grundlage mit einem weiterentwickelten W12 auf EA 827-Fünfventil-Basis à la Audi Avus präsentiert – ein A8 war das also noch nicht. Das bedingt fahrbereite Auto namens ASF »Tokyo« (Audi Space Frame) befindet sich heute in der Sammlung von Audi Tradition in Ingolstadt. Sein 4,8-Liter-W12 mit zwei Ausgleichswellen soll 260 kW/354 PS bei 6.300 U/min geleistet haben, das maximale Drehmoment lag bei 480 Nm bei 3.500 U/min. Das Motorgewicht wurde mit 250 kg angegeben.

Mit den sich abzeichnenden Möglichkeiten, einen kurz bauenden Zwölfzylinder aus der VR-Baureihe von Volkswagen abzuleiten, wurde das Audi-Projekt dann aber eingestellt. Erst mit der fertig entwickelten VW-Konstruktion kam so später doch noch ein W-Motor bei Audi in Serie – nunmehr aber in Doppel-VR-Bauform.

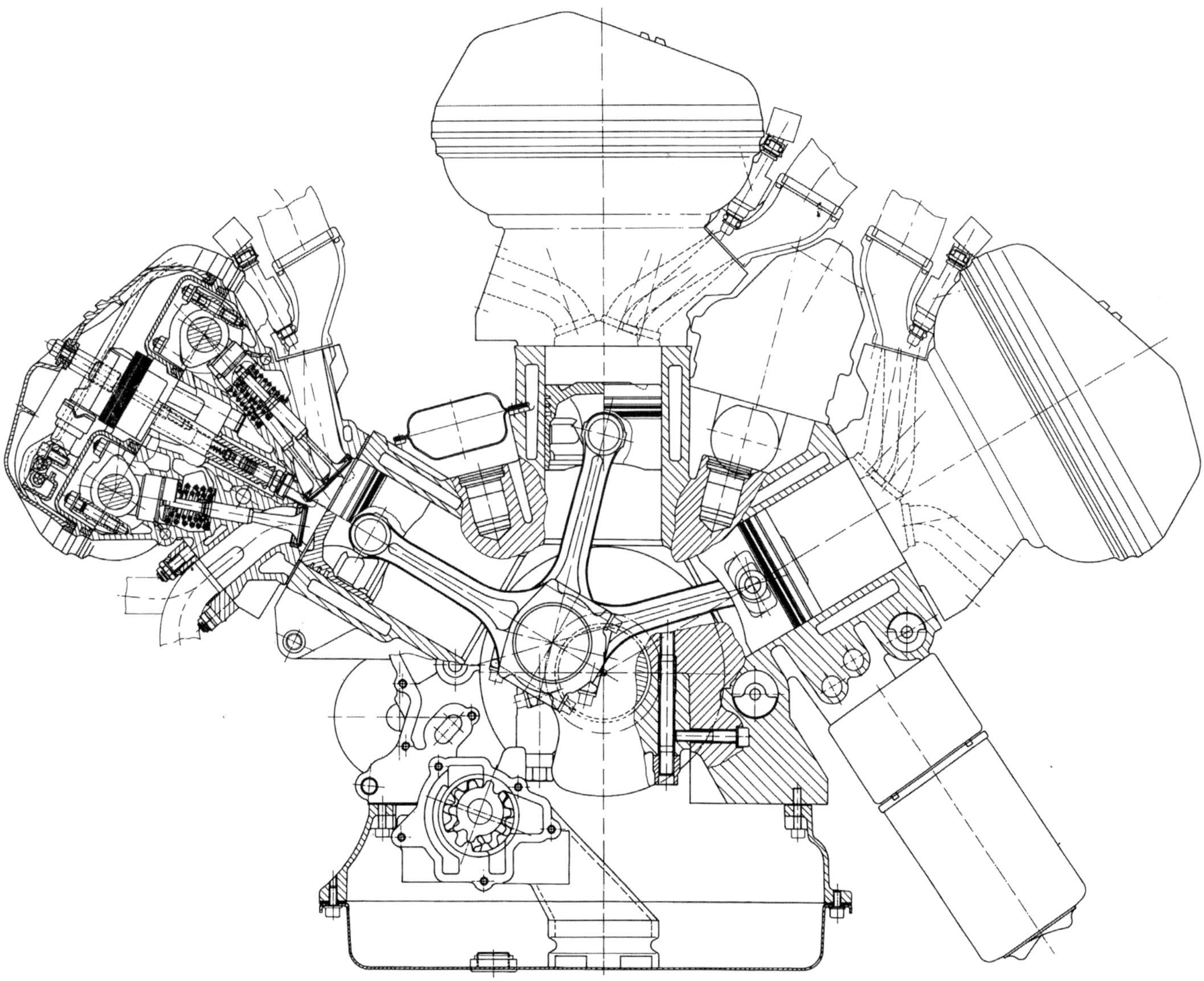

5,4 Liter großer W12-Motor mit drei im 60°-Winkel zueinander versetzten Vierzylindern im allradgetriebenen Showcar Audi Avus Quattro von 1991. *(Zeichnung: Audi)*

Allradgetriebenes Showcar Audi Avus Quattro von 1991 mit W12-5V-Mittelmotor. *(Zeichnungen: Audi)*

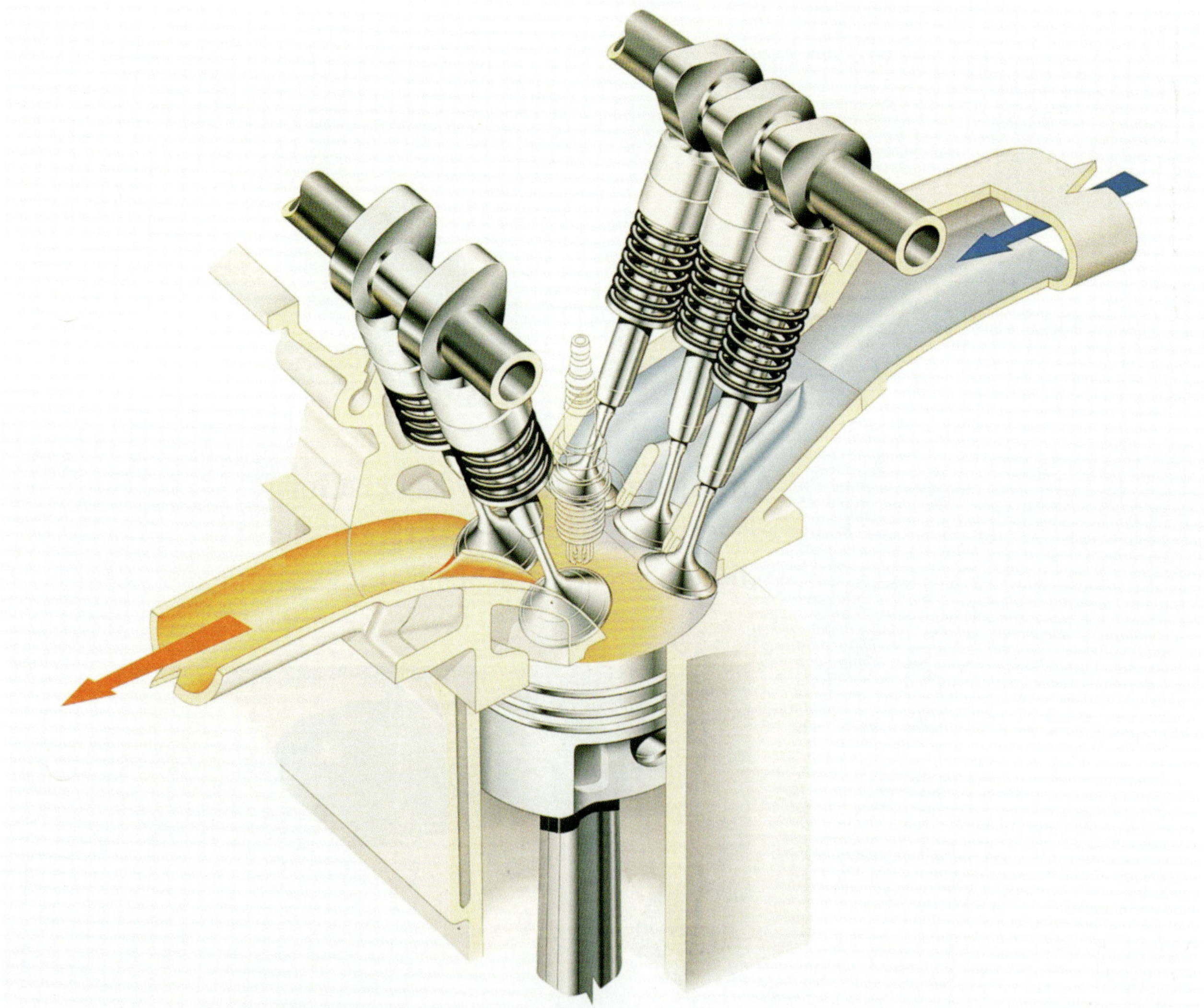

Fünfventiltechnik für den W12 des Audi-Showcars. *(Grafik: Audi)*

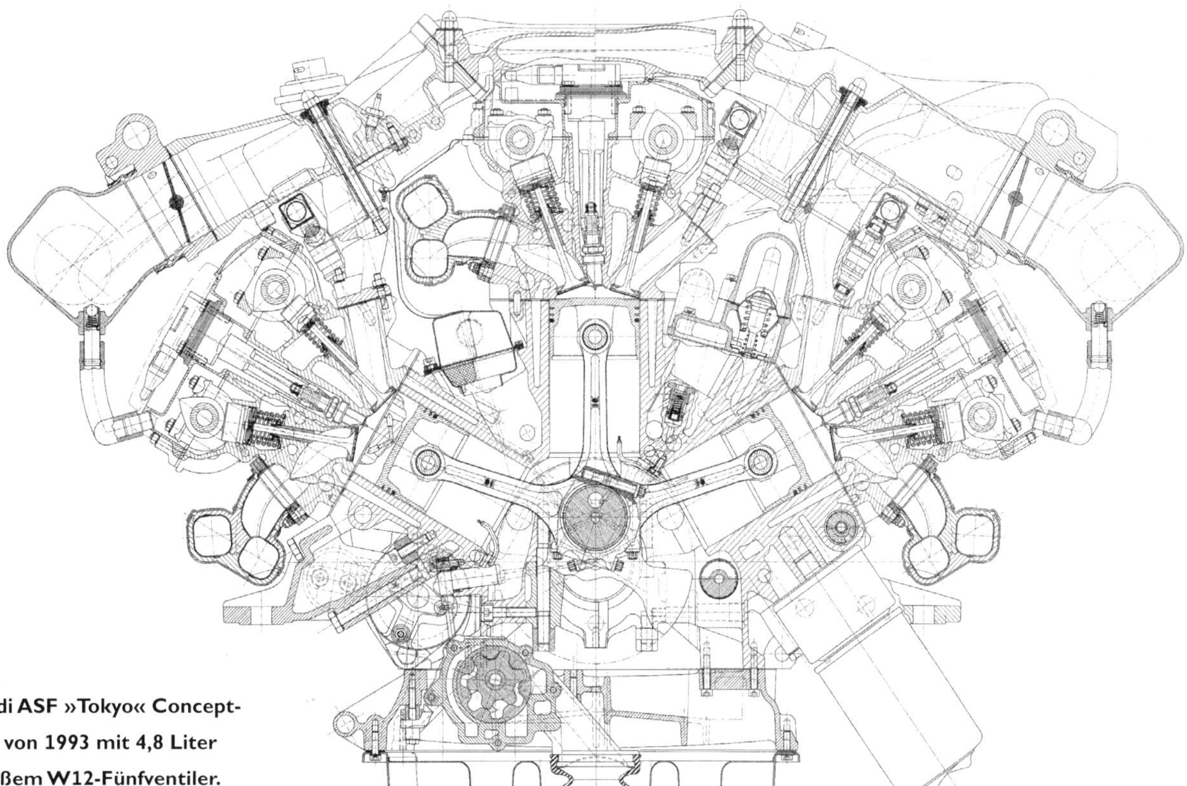

Audi ASF »Tokyo« Concept-car von 1993 mit 4,8 Liter großem W12-Fünfventiler.
(Foto/Zeichnung: Audi)

4.3 W12-Konzeptmotoren bei Volkswagen

Erste Überlegungen zum W12 bei Volkswagen

Anfangs ohne ernsthaften Hintergrund wurde bei der Marke Volkswagen schon 1986 in der VR-Motorkonstruktion als Vorentwurf ein Doppel-VR6-Motor dargestellt, der zwei gekoppelte Kurbelwellen aufwies (Kap. 3.9).

Dazu gab es 1986 die in Kapitel 3 gezeigte erste Tuschezeichnung eines W12 von Frau Lilje, die jahrelang im Arbeitszimmer von Fritz Naumann – ab 1989 Nachfolger von VR-Pionier Dr. Krüger – hing. Dieser »RVW«-Motor war quasi die Vorstufe zum tatsächlich realisierten W-Motor, dessen Entwicklung im Folgenden dargestellt wird.

Startschuss der Vorentwicklung

Spötter behaupteten später, Volkswagen hätte nur deshalb am Konzept spitzwinkliger V- und darauf aufbauender W-Motoren festgehalten, weil das daraus resultierende Modellfamilien-Kürzel »VW« so gut zum Firmennamen passe, plauderte die Zeitschrift mot aus der Schule.

Tatsächlich zeigte Dr. Piëch als Verfechter technischer Sonderwege sehr großes Interesse an der Idee des W-Motors und der damit verbundenen Motoren-Modellfamilie. Die vielleicht etwas irreführnede Konzeptbezeichnung erklärte er mit einem Augenzwinkern: »Zweimal V ergibt W!«

In der Folge lief dann das W-Motoren-Projekt an – von Anfang an bei konkurrierenden Teams sowohl in der Forschung als auch in der Aggregate-Entwicklung. Nachdem dort Ergebnisse vorlagen, durften sie sich – ungewöhnlich genug – miteinander austauschen, um schneller voran zu kommen.

Als Startschuss gilt eine Besprechung im September 1995 bei Dr. Piëch und Dr. Karl-Heinz Neumann, als Dr. Frank-Thomas Metzner (ab 1995 Abteilungsleiter VR, berichtete an Dr. Helmut Endres) mit einer VR5-Kurbelwelle bei Dr. Piëch erscheinen musste. Der VW-Chef betrachtete die Welle und befand: »Das müsste gehen« – und meinte damit, dass hier die Basis für einen Doppel-V-, also einen W-Motor, bereitstünde. Daraus erwuchs dann die Idee einer gemeinsamen Motorenfamilie.

Während dieser Besprechung wurde auch der Einsatz eines Anlenkpleuels diskutiert – und schließlich verworfen. Die Aggregate-Entwicklung fand im Folgenden zu einer besseren Lösung (je zwei Pleuel à 13 mm Breite teilten sich einen versetzten Hubzapfen). Kolben-/Pleuel-Gestaltung und Bankversatz, wie sie dann beispielhaft beim W8 herausgearbeitet wurden, schufen Grundlagenerkenntnisse gleichermaßen für den W12 – der eigentlich als Doppel-VR bezeichnet werden müsste.

Zwei Teams, ein Ziel

Für den erfolgreichen Fortgang der Vorentwicklung kamen zwei Teams zum Einsatz. Das eine gehörte zur Aggregate-Entwicklung (Gesamtleitung Ottomotorenentwicklung Dr. Helmut Endres, VR-Abteilungsleiter Dr. Metzner (ab 1995), Projektleiter Dr. Frank Meyer-Hessing (1996–1998).

Dieses Team hatte sich das Wolfsburger Ingenieurbüro Gerhartl ins Boot geholt. Dort konnte man glücklicherweise den soeben in Rente gegangenen Herrmann Deutsch (vorher VR-Team) als freien Mitarbeiter gewinnen, der am Beispiel des W8 sehr schnell die erwähnte Lösung für den Fünfketten-Antrieb eines W-Motors ersann.

Und dies nicht am Computer, sondern mit Zeichenbrett, Papier und Bleistift! Parallel erarbeitete Meyer-Hessing mathematisch-analytisch die dem späteren Patent zugrundeliegende Skizze des Kurbeltriebs.

Peu à peu kristallisierten sich Eckdaten wie 72°-Bankwinkel, 15°-VR-Winkel innerhalb einer Bank, fünf Ketten hinten mit Zweipunkt-Verstellern der Einlass-Nockenwellen sowie 4V-Köpfe wie bei den neuen VR6 heraus.

Wobei schon 1995 von einem »VRX« (»X« für »10«) gesprochen worden ist. Und jene 10-Zyl.-Konstruktion gab den 72°-Bankwinkel vor, der sich aus Packagezwängen und letztlich auch aus produktionstechnischen Gründen als vorteilhaft erwies – mussten doch die Motoren beim Einbau von unten durch die Längsträger hindurchgefädelt werden.

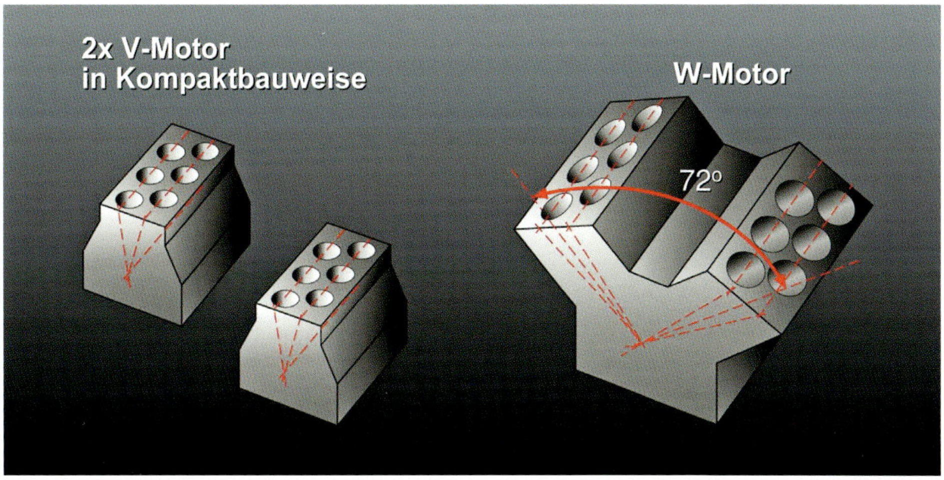

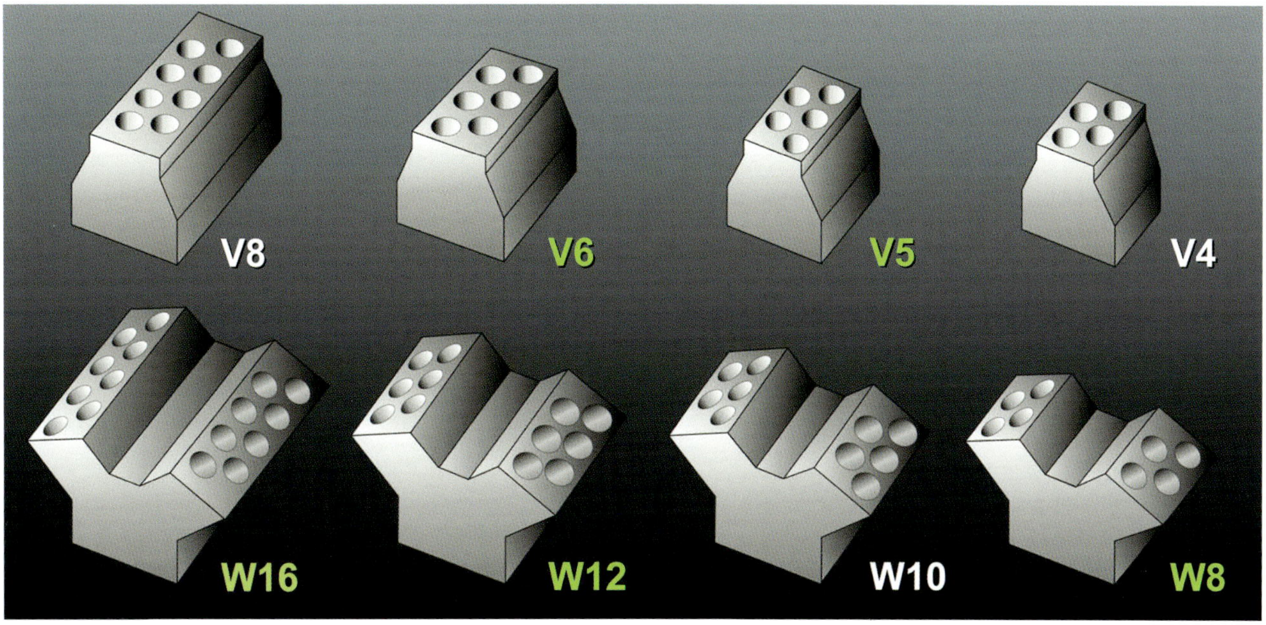

Angedachte Motorenfamilie VR/W, Wiener Motorensymposium 2002. Alle diese Motoren sind als Unikate aufgebaut worden, einige kamen in Serie (in Grün). *(Zeichnungen: Metzner/Volkswagen)*

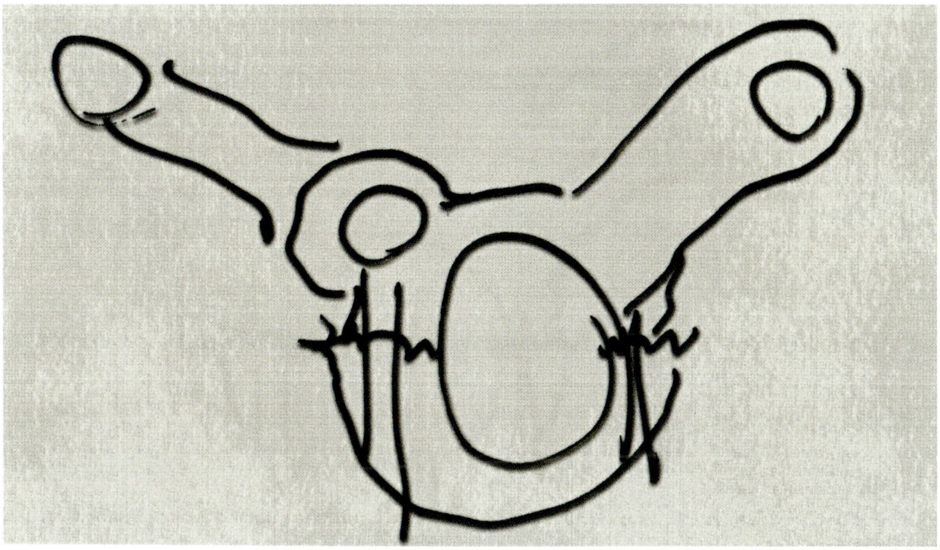

Der Anlenkpleuel, ähnlich wie er im Schiffsmotorenbau eingesetzt wird. *(Zeichnung: Dr. Piëch, 23.08.1995)*

Das Patent

Am 3. November 1997 war von den Autoren Metzner/ Meyer-Hessing/Deutsch ein Patent für eine »Hubkolbenbrennkraftmaschine (W-Motor«) – international W01997040267, national DE 000019716274 – angemeldet worden. Als Prioritätsdatum galt bereits der 23. April 1996. Die Idee dafür kam tatsächlich von Ferdinand Piëch. Am 30. Oktober wurde die Schrift veröffentlicht, die Patenterteilung selbst erfolgte am 3. November 1999.

Darin heißt es: »Für eine kompakte Anordnung einer vergleichsweise großen Anzahl von Zylindern (Z1 bis Z8) wird vorgeschlagen, zwischen zwei V-förmig zueinander angeordneten Reihen (R1 und R2) eine dritte Reihe (R3) und außerhalb des zwischen den Reihen R1 und R2 ausgebildeten V-Raumes eine vierte Reihe (R4) von Zylindern vorzusehen, wobei die dritte und viertes Reihe (R3 und R4) ebenfalls V-förmig zueinander stehen und alle Zylinder (Z1 bis Z8) der Brennkraftmaschine auf eine gemeinsame Kurbelwelle wirken."[2]

(Foto: privat)

Dr. Frank Meyer-Hessing
geboren 1955 in Hannover,
Maschinenbaustudium an der Universität Hannover,
Wissenschaftlicher Mitarbeiter am Institut für Kolbenmaschinen der Universität Hannover (Prof. Dr.-Ing. Dr. h.c. K. Groth),
Promotion auf dem Gebiet der Hubkolben-Verbrennungskraftmaschinen,
1990 Wechsel zur VW-Entwicklung und zuerst Fachreferent in der Motorkonstruktion der EA111-Motoren,
1992 Wechsel zur neugeschaffenen Motoren-Vorentwicklung,
1996 Wechsel zu VW Motorsport und Projektleiter Prototypenentwicklung W8-Motor,
1998 Wechsel zu einem süddeutschen Baumaschinenhersteller als Forschungs- und Entwicklungsleiter, jetzt privatisierend.

Konstrukteur Kai Bohnstedt
geboren 18. April 1965,
Studium Gesamthochsch. Kassel, Dipl.-Ing. Maschinenbau),
gehörte von Anfang an zur W8/W12-Gruppe.
Vorher bei Firma Schrick in Remscheid,
war 1996 zu VW gekommen und arbeitete bis 2020 in der VR- und in der W-Entwicklung.

(Fotos: Sammlg. Bohnstedt)

Christian Gerhartl
geboren am 10. Dezember 1955 in Wien,
ab 1977 bei AVL,
eigenes Ingenieurbüro in Wolfsburg ab 1981, dort Aufträge vor allem für die Volkswagen Aggregate-Entwicklung. Später Mitarbeit an diversen Projekten wie W-Motor und Direkteinspritzung.

Christian Gerhartl, hier am ersten W8 mit 3,7 L (im Zentrum zu sehen der Schwingungstilger). *(Foto: Kittler)*

Ingenieurdienstleister Gerhartl (bereits in Kap. 1 näher vorgestellt als überzeugter Polo-G40-Fahrer) bekam den Auftrag, den restlichen Motor als W8, W10 und W12 (in der Entwicklungsphase zunächst noch WR genannt) zu konzipieren – und fünf Prototypen des W8 zu realisieren. Die Firma baute zu Anschauungszwecken dafür Pappmodelle auf. In der Folgezeit kamen weitere Mitarbeiter ins Team, darunter Zeitzeuge Kai Bohnstedt (der auch beim W-Projekt involviert war). Sie saßen zunächst bei VW Motorsport in Hannover, die Mannschaft wurde von Meyer-Hessing geleitet. Erst im August 1998 erfolgte der Umzug nach Wolfsburg (zunächst Fallersleben, ab März 1999 im »Container« im FE-Gelände – dort residiert heute noch die VR/W-Entwicklung).

Das andere Team war in der Forschung (Leitung Dr. Friedrich Quissek, 1996–1999) angesiedelt. Die Federführung hatte Rudolf-Helmut Strozyk, der bereits 1980 den Weltrekord-Einsatz des ARVW geleitet hatte und später u.a. für den Motor des Einliter-Autos verantwortlich zeichnete. Er beschäftigte sich in der Folgezeit intensiv mit einer W12-Variante und einem damit bestückten Automobil. Schon relativ früh unterstützte dabei die in Kapitel 3 erwähnte Firma SWR in Remscheid (auch Prüfstandsläufe W12), namentlich Wolfram Willeke. Dort arbeitete man bereits früh mit computergestützten Konstruktionsprogrammen (CAD, CAM). Technische Unterstützung bekam die Forschung durch die Zulieferung von VR6-4V-Zylinderköpfen, die von der Aggregate-Entwicklung zur Verfügung gestellt wurden.

W12

Eine erste Präsentation der angedachten W-Familie, damals noch im Zeichnungsstadium, war Ende 1995 in Dresden über die Bühne gegangen. »Laut unserer Vorgabe durfte der Zwölfzylinder nicht länger sein als ein bereits existierender Achtzylinder, um keine tiefgreifenden Änderungen am Fahrzeug vornehmen zu müssen«, entsinnt sich Herr Strozyk (gemeint war zunächst der große Audi), »und hier waren wir tatsächlich um einige Millimeter kompakter.«[3] Die Firma Gerhartl konzentrierte sich nun auf den W8 und einen möglichen W10, bis deren Weiterentwicklung direkt von der W-Aggregate-Entwicklung übernommen wurde.

Ende 1996 lud Strozyk Entwickler und Management bis zum Vorstand zum Prüfstandslauf des damals noch 5,6 Liter großen W12-Motors ein. Das horizontal geteilte Zylinderkurbelgehäuse (Unterteil als Lagertraverse mit eingegossenem Ölhobel) bestand damals noch aus untereutektischem Aluminium (Siliziumanteil geringer als 12,5 %). Eingesetzt wurden Grauguss-Laufbuchsen. Die Wasserpumpe saß vorn und wurde über eine Welle im V-Raum vom Kettentrieb betätigt.

Nachdem der Motor erfolgreich lief, reifte die Idee zu einem aufsehenerregenden Showcar – dem W12 Sportwagen. Als Projektleiter wurden Rudolf-Helmut Strozyk als Leiter der Aggregatekonstruktion in der Forschung sowie die Formgestalter Giorgetto und Fabrizio Giugiaro

Ursprünglicher W8-Konzeptmotor mit 3,7 Liter Hubraum, 72°-Bankwinkel, fünf Ketten und räumlicher Kurbelwelle. Ausgleichswellen hatte er noch nicht. Erstmals inoffiziell präsentiert worden war der Motor zum 60. Geburtstag von VW-Chef Ferdinand Piëch am 17. April 1997 – eingebaut in einen Passat B5. *(Foto: Kittler)*

berufen. Designchef des VW-Konzerns war Hartmut Warkuss, der später anmerkte, dass die Form des W12 Coupé auch als Alternative für einen kommenden Bugatti gesehen worden sei.

W8

Eine »schwierigere Kindheit« (so ein Entwickler) durchlief der W8 – der W12 hatte tatsächlich zeitlich etwas Vorsprung. Aber der Achtzylinder war extrem wichtig, sollte er doch die Basismotorisierung der neuen Luxusliner von Volkswagen bilden. Die Firma Gerhartl trieb die Entwicklung maßgeblich voran, die Prüfstandsläufe erledigte zunächst Volkswagen Motorsport in Hannover. Dort erlebte der W8 seinen Jungfernlauf im vierten Quartal 1996. Einige Prüfstandsuntersuchungen für W8 und W12 erfolgten später bei der Firma Schrick in Remscheid, Konkurrent des bis 2013 existierenden Dienstleisters SWR.

Beim W8 handelte sich ursprünglich um einen 200 kW/272 PS bei 6.000 U/min starken 72°-Motor mit 3.723 ccm (Bohrung/Hub 81,0/90,3 mm), sein maximales Drehmoment lag bei 360 Nm. Genau wie beim W12 blieb es beim W8 bei vier Ventilen pro Zylinder und beim ebenfalls horizontal geteilten Zylinderkurbelgehäuse aus übereutektischem Aluminium (Siliziumanteil über 12,5 %).

Das ZKG-Unterteil war als Lagertraverse mit eingegossenen Grauguss-Hauptlagerdeckeln ausgeführt. Die Zylinderlaufbahnen bestanden aus Alusil. Und die Wasserpumpe vorn wurde über einen Riemen angetrieben. Für die Kurbelwelle gab es mehrere Entwürfe für eine zunächst räumlich ausgeführte und die später tatsächlich realisierte flache Ausführung à la Ferrari.

Noch vor der Präsentation des VW-Sportwagens bereiteten die Motoren-Entwickler der Forschung und der Aggregate-Entwicklung eine Geburtstagsüberraschung zum Sechzigsten von Ferdinand Piëch am 17. April 1997 vor. Sie führten – intern – einen großen Audi mit 5,6-L-W12, einen schwarz lackierten VW Passat mit 3,7-L-W8 (mit zwei dekorativen Doppelendrohren) sowie einen weiteren Audi mit V8 TDI vor.

Für die Serienentwicklung der W-Baureihe bot die Firma Schrick an, bereits vorliegende W8- und W12-Zeichnungen zu überarbeiten. Vorentwickler Gerhartl widmete sich derweil zunächst dem V10 TDI und dem kommenden W18, und das Remscheider Unternehmen bekam von der Aggregate-Entwicklung den W-Auftrag.

Nur als Einzelstücke realisiert wurde in Zusammenarbeit mit SWR ein schon früh angedachter 5,0-Liter-W10 mit 73 mm Stichmaß (wegen der breiteren Pleuel) wie später beim W16. Piëch wollte den W10 eigentlich als »Basismotor« im Phaeton, aber auch im Touareg haben, wie er dem Autor dieses Kapitels anvertraute. Der lernte auch den Projektleiter Jens Kießling kennen, zu einem vertiefenden Gespräch kam es leider nie, weil um 2004/2005 das Projekt endete. Eine Serienumsetzung erlebte der W10 nie.

4.4 Der W12-Sportwagen von Volkswagen

Wie ein Paukenschlag wirkte die Messepräsentation des Volkswagen W12 syncro im Oktober 1997 in Tokio, der unter strengster Geheimhaltung entstanden war. Er trug besagten 5,6 Liter großen W12-Konzeptmotor längs vor der Hinterachse, der zunächst 309 kW/420 PS bei 5.800 U/min und 530 Nm bei 3.000 U/min freisetzte. In Aussicht gestellt wurde eine Spitze von über 300 km/h. Und der Motor lief – Ferdinand Piëch hatte ihn 1997 trotz offiziellen Verbots der Japaner zur allgemeinen Verblüffung am Messestand angelassen (eine Übung, die künftig bei allen großen Modellvorstellungen weltweit beibehalten wurde – wie der Autor mehrfach miterleben durfte). Um eine gewisse Familienähnlichkeit zu erzeugen, hatte Piëch dem bei Ital Design aufgebauten Sportcoupé übrigens Golf-Scheinwerfer und Lupo-Instrumente implantieren lassen.[4]

Kompakter 5,6-L-W12-Motor für die neuen Sportwagen: 510 mm lang, 700 mm breit. *(Foto: Ital Design)*

Im März 1998 folgte die Roadster-Version des W12-Sportwagens auf dem Genfer Automobilsalon, bestückt ebenfalls mit einem 5,6-L-W12. Zudem waren die unterschiedlichsten Vorab-Muster entstanden, die sich aktuell in der Ital Design-Sammlung in Moncalieri bei Turin befinden.

Die zentral im Alu-Zylinderkurbelgehäuse angeordnete, siebenfach gelagerte W12-Kurbelwelle war eine besondere Herausforderung. Sie wies wegen der beiden im 72°-Winkel gegenüberstehenden VR6-Zylindereinheiten für insgesamt zwölf Pleuel nur sehr schmale Lager auf, die wegen der hohen spezifischen Belastungen als sogenannte Sputter-Lager ausgeführt werden mussten. Je zwei Pleuel teilten sich einen der versetzten Hubzapfen, typisch für die bei Volkswagen gewählte Bauart. Die Zylinderlaufbahnen waren plasmabeschichtet. Von Anfang an handelte es sich beim W12 um einen Vierventiler. Er verfügte über zwei Drosselklappen-Steuerungen.

W12 syncro (Coupé) vom Herbst 1997 und W12 Roadster vom Frühjahr 1998. *(Foto: Ital Design)*

Motor-Einbausituation des W12 syncro. *(Foto: Ital Design)*

W12-Prototypmotor des Showcars von Tokyo 1997. *(Foto: Kittler)*

W12 Roadster auf dem Genfer Salon 1998. *(Foto: Ital Design)*

Designstudie des W12-Sportwagens in der Ital Design-Sammlung in Moncalieri bei Turin. *(Foto: Kittler)*

4.5 Träumen von Le Mans

In Zusammenarbeit mit der Firma SWR war Ende der 1990er – als Alternative beauftragt von der Technischen Entwicklung – ein alternativer W12 mit einem Bankwinkel von 72°, wobei das Stichmaß 70 statt 65 mm betrug. Insgesamt acht Nockenwellen rotierten in den Köpfen. Das Triebwerk war offensichtlich als ein möglicher Rennmotor für den Le-Mans-Einsatz gedacht – eingebaut zunächst in ein Lola-Chassis. Das Präsentationsmodell trägt die Aufschrift: »W12 Le Mans – Entwicklungsdauer 4,5 Monate von der Idee bis zum Start des ersten Motors 23-12-1998, 630 PS bei 6.300 U/min, 706 Nm bei 3.300 U/min«.

Dieser W12 war also stärker als das später in Nardo eingesetzte Rekord-Triebwerk. Mit einem Serienmotor hat dieses sportive Hochdreh-Triebwerk nichts zu tun, wie auf den ersten Blick zu sehen ist. Er ist heute im Showroom der Firma Gerhartl ausgestellt, zumindest dieses Schaustück ist allerdings nie gelaufen.[5]

W12 »Le Mans«-Schaumotor der Fa. SWR mit 72°-Bankwinkel und 70 mm Zylindermittenabstand. *(Foto: Kittler)*

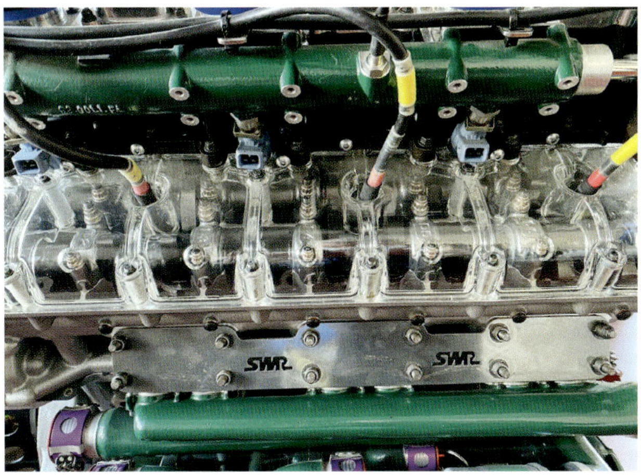

Nockenwellenbetätigung und Kettentrieb des »Le Mans«-Schaumotors. *(Fotos: Kittler)*

Ferdinand Piëch hatte immer wieder einen Volkswagen-Einsatz in Le Mans angekündigt. Im Gespräch mit der Zeitschrift mot[6] ließ er Anfang 1999 durchblicken, dass der Konzern bei der 2001er Auflage starten würde – vermutlich aber eher mit einem offenen Prototyp von Bugatti mit W18. Auch der Einsatz eines W12-Boliden, wahrscheinlich in einem Bentley, werde noch geprüft. Umgesetzt wurde dies nie. Wägt man all die damit verbundenen Aufwendungen ab, wird klar, wie fraglich das Thema W12-Sportwagen in Le Mans bereits zum Zeitpunkt dieses Interviews gewesen sein dürfte.

Piëch mochte die kleine Stuttgarter Fachzeitschrift, die immer im Schatten der großen Schwester auto motor und sport stand – und sich darum umso mehr und mit Erfolg bemühte, der Sinnhaftigkeit automobiler Entwicklungen nachzuspüren. Der Autor dieses Kapitels hatte das Privileg zahlloser Gespräche und erlebte stets einen aufgeschlossenen, sehr mitteilsamen Interviewpartner. Sein technischer Tiefgang und seine Kompetenz nötigten Respekt auf, und selbst dem unter Motorjournalisten gängigen Running-Gag von der innenbeleuchteten Kurbelwelle wusste er ein Schmunzeln abzugewinnen.

Idee für einen offenen Prototyp für Le Mans, hier im Bugatti-Outfit. *(Quelle: mot/Carvision)*

Dr. Ferdinand Piëch im Gespräch mit dem damaligen mot-Chefredakteur Hermann Reil und dem Autor dieses Kapitels, Eberhard Kittler. Im Hintergrund VW-Kommunikationschef Klaus Kocks. Der VW-Chef mochte das Wortspiel von den V- und W-Motoren, woraus sich »VW« ergab. Anfangs nannte er die W- noch WR-Motoren. *(Quelle: mot/Emmerling)*

4.6 Der »Nardo«-W12-Rekordwagen

Denn Volkswagen hatte eigentlich etwas ganz anderes im Sinn – nicht den »profanen« Motorsport, sondern glaubhafte Kompetenzbeweise: Im Gefolge der Höherpositionierung der Marke sollte die neue Antriebstechnik bekanntgemacht werden, welche die künftigen Spitzenmodelle beflügeln würde. »Um das Potenzial des Motors zu beweisen, kamen wir auf die Idee einer Rekordfahrt«, erklärt Strozyk. Für die Weltrekordversuche wurde im Laufe des Jahres 2001 der Hubraum von 5,6 auf 6,0 L erhöht, alle anderen Technikfeatures behielt man im Wesentlichen bei. Aufgebaut wurde das Rekordauto bei Ital Design, getestet wurden die W12-Module einschließlich des Ricardo-Getriebes in einem Lamborghini auf dem Kurs von Ehra-Lessien.

Das nunmehr 441 kW/600 PS starke Mittelmotor-Coupé mit Kohlefaserbeplankung stellte am 13./14. Oktober 2001 im Beisein von Ferdinand Piëch, Dr. Martin Winterkorn und Dr. Ulrich Eichhorn (Chef Konzernforschung 2000–2003), auf dem Hochgeschwindigkeitskurs von Nardo binnen 24 Stunden eine Reihe von Rekorden auf: Geleitet wurde der Einsatz von H Strozyk und Karl-Heinz Goldstein, Technischer Direktor Volkswagen Motorsport (vorher Opel Motorsport). Über 20 Mitarbeiter umfasste ihr Team.

Das sechsköpfige Fahrerteam bestand aus VW-Fahrerlegende Dieter Depping, dem ehemaligen Formel-1-Piloten Emanuele Naspetti (Italien), Sportwagen-Weltmeister Mauro Baldi (Italien), Rallye-Ass Marc Duez (Belgien), Lamborghini-Testfahrer Giorgio Sanna (Italien) und Tourenwagen-Spezialist Jean-François Hemroulle (Belgien).

295,24 km/h Durchschnittstempo wurden am Ende erreicht, angepeilt waren eigentlich 300 km/h. Grund für die »Panne« waren die Schwingungstilger am Riementrieb, die jeweils alle acht Stunden defekt waren. Piloten und Management waren sich schnell einig, dass noch mehr drin sei – und Piëch ermutigte zu einem zweiten Versuch.

Am 23./24. Februar 2002 wurden die Rekorde dann nochmals verbessert – mit dem gleichen Team, wobei Naspetti vom österreichischen Rallyefahrer Raimund Baumschlager ersetzt wurde. Dank der geänderten Zündfolge liefen die W12-Motoren wie Uhrwerke. Nach jedem Turn – nach einer Stunde 20 min – gab's neue Reifen und Sprit, 320 Liter flossen dann in die beiden Kraftstofftanks. Als Backup startete parallel der bei Testfahrten verwendete Versuchsträger auf dem Chassis des nagelneuen Lamborghini Murcielago mit italienischen Fahrern und unter Leitung von VW Motorsport Italien – beide Teams nutzen jeweils eigene Boxen.[7]

Resultat waren sechs Weltrekorde und zwölf internationale Klassenrekorde. Die Dauergeschwindigkeit über 24 Stunden lag bei 322,891 km/h, wobei über 350 km/h erreicht wurden. »Nach den 24 Stunden sind wir einfach weitergefahren«, so Strozyk, »und haben gleich noch den 5.000-Meilen-Rekord gebrochen.« Einige Rekorde sind bis heute nicht gebrochen worden.[8]

W12-Zylinderkurbelgehäuse und -Kopf, wie sie im Nardo-Rekordfahrzeugs zum Einsatz kamen. *(Foto: Kittler)*

Rekordwagen Nardo von 2001. *(Foto: Autostadt)*

Weltrekord-Versuch in Nardo 2001. *(Foto:VW Motorsport)*

LIST OF FIA ABSOLUTE WORLD RECORDS / LISTE DES RECORDS DU MONDE ABSOLU FIA

CAT.	GRP.	CL.	DISTANCE	START Départ	MPH	Km/h	VEHICLE Véhicule	CONSTRUCTOR Constructeur	DATE dd/mm/yyyy	VENUE LIEU	COUNTRY Pays
							LIST OF FIA ABSOLUTE WORLD RECORDS				
C	TH	JE	1 km	FS	760.343	1'223.657	Thrust SSC	Thrust	15.10.1997	Black Rock Desert	USA
C	TH	JE	1 M	FS	763.035	1'227.985	Thrust SSC	Thrust	15.10.1997	Black Rock Desert	USA
D	I	11	1/8 M	SS	138.931	223.588	Pennzoil Top Fuel Dragster	Pennzoil / Eddie Hill	07.09.1992	Indianapolis Raceway Park	USA
D	I	11	1/4 M	SS	185.242	298.118	Pennzoil Top Fuel Dragster	Pennzoil / Eddie Hill	07.09.1992	Indianapolis Raceway Park	USA
C	TH	RT	1/2 km	SS	207.739	334.324	Ky Michaelson Rocket Car	Ky Michaelson Rocket Car	07.07.1977	Bonneville	USA
C	TH	RT	1 km	SS	234.775	377.834	Pollution Packer	Pollution Packer	30.09.1972	Bonneville	USA
A	XV	10	1 M	SS	97.693	157.221	BMW H2R	BMW	19.09.2004	Miramas	F
A	I	9	10 km	SS	199.101	320.422	Mercedes-Benz Turbo	Mercedes	05.05.1979	Nardo	I
A	I	9	10 M	SS	208.316	335.252	Mercedes-Benz Turbo	Mercedes	05.05.1979	Nardo	I
A	I	9	100 km	SS	233.291	375.445	Mercedes-Benz Turbo	Mercedes	05.05.1979	Nardo	I
A	I	9	100 M	SS	228.152	367.175	Mercedes-Benz Turbo	Mercedes	05.05.1979	Nardo	I
A	III	8	500 km	SS	214.530	345.253	Volkswagen Diesel Turbo	VW	18.10.1980	Nardo	I
A	II	10	500 M	SS	203.431	327.390	Volkswagen W12	Volkswagen	23.02.2002	Nardo	I
A	I	8	1'000 km	SS	202.818	326.404	Audi	Audi	02.04.1988	Nardo	I
A	II	10	1'000 M	SS	202.482	325.863	Volkswagen W12	Volkswagen	23.02.2002	Nardo	I
A	II	10	5'000 km	SS	201.852	324.850	Volkswagen W12	Volkswagen	24.02.2002	Nardo	I
A	II	10	5'000 M	SS	200.727	323.039	Volkswagen W12	Volkswagen	24.02.2002	Nardo	I
A	II	9	10'000 km	SS	170.761	274.813	Oldsmobile Aerotech Aurora V8	Oldsmobile	06.12.1992	Firestone Test Center	USA
A	III	8	10'000 M	SS	156.366	251.647	Mercedes Benz Diesel	Mercedes	14.06.1976	Nardo	I
A	II	9	25'000 km	SS	158.386	254.898	Oldsmobile Aerotech Aurora V8	Oldsmobile	09.12.1992	Firestone Test Center	USA
A	I	8	25'000 M	SS	153.944	247.749	Mercedes Benz 201	Mercedes	12.08.1983	Nardo	I
A	I	8	50'000 km	SS	154.062	247.939	Mercedes Benz 201	Mercedes	12.08.1983	Nardo	I
B	III	11	50'000 M	SS	140.092	225.456	Mercedes-Benz E320 CDI	Mercedes-Benz	16.04.2005	Laredo (ATP)	USA
B	III	11	100'000 km	SS	140.370	225.903	Mercedes-Benz E320 CDI	Mercedes-Benz	19.04.2005	Laredo (ATP)	USA
B	III	11	100'000 M	SS	139.699	224.824	Mercedes-Benz E320 CDI	Mercedes-Benz	01.05.2005	Laredo (ATP)	USA
A	III	8	1 H	SS	219.598	353.409	Volkswagen Diesel Turbo	VW	18.10.1980	Nardo	I
A	II	10	6 H	SS	202.309	325.584	Volkswagen W12	Volkswagen	23.02.2002	Nardo	I
A	II	10	12 H	SS	201.869	324.876	Volkswagen W12	Volkswagen	24.02.2002	Nardo	I
A	II	10	24 H	SS	200.635	322.891	Volkswagen W12	Volkswagen	24.02.2002	Nardo	I
							THE OUTRIGHT WORLD RECORD				
C	TH	JE	1 M	FS	763.035	1'227.985	Thrust SSC	Thrust	15.10.1997	Black Rock Desert	USA

RECORD DU MONDE EN CIRCUIT FERMÉ / WORLD CLOSED COURSE RECORD

CAT.	GRP.	CL.	DRIVER/Pilote	MPH	Km/h	VEHICLE Véhicule	CONSTRUCTOR Constructeur	DATE dd/mm/yyyy	VENUE Lieu	COUNTRY Pays
A	I	7	A. J. Foyt	257.123	413.799	Oldsmobile Aerotech LT	Oldsmobile Division of General Motors	27.08.1987	Ft. Stockton Test Center	USA
A	I	9	Hans Liebold	251.020	403.978	Mercedes-Benz C111-IV	Mercedes-Benz	05.05.1979	Nardo	I

Globale Geschwindigkeits-Weltrekorde. *(Quelle:Wikipedia)*

Präsentation des Rekordautos in Detroit. *(Foto: Kittler)*

WORLD RECORD 24 h

24 hours	**322,891**	**Km/h**	**200,6780609**	**mph**	**world record in all classes**
6 hours	325,584	Km/h	202,3517713	mph	world record in all classes
12 hours	324,876	Km/h	201,9117464	mph	world record in all classes
1000 miles	325,863	Km/h	202,5251709	mph	world record in all classes
5000 miles	323,039	Km/h	200,7700435	mph	world record in all classes
5000 km	324,850	Km/h	201,8955873	mph	world record in all classes
1 hour	328,16	Km/h	203,9527657	mph	international record for the class
100 km	322,464	Km/h	200,4126787	mph	international record for the class
100 miles	325,593	Km/h	202,3573648	mph	international record for the class
500 km	324,672	Km/h	201,7849596	mph	international record for the class
500 miles	327,39	Km/h	203,4742076	mph	international record for the class
1000 km	325,28	Km/h	202,1628341	mph	international record for the class

ITALDESIGN - GIUGIARO S.P.A.

VIA A. GRANDI 25 • 10024 MONCALIERI (TORINO) • ITALY • TEL. (+39) 011 6891611 • FAX (+39) 011 6470858
http://www.italdesign.it

Rekordmarken des W12-Wettbewerbsfahrzeugs in Nardo. *(Quelle: Ital Design[9])*

4.7 Auf dem Weg zur Kleinserie

Piëch hatte durchaus eine Serienumsetzung im Sinn: Schon im Frühjahr 1998 hatte er im Interview mit der Zeitschrift mot eine Kleinserie von ca. 300 Coupés angekündigt[10], die nach dem Jahr 2001 kommen sollte. Ende 2001 vertröstete das gut informierte Blatt nach der Premiere des Vorserienwagens in Tokio auf 2004. Für das damals gezeigte rundum überarbeitete Coupé war der Roadster von 1998 weiterverwendet worden.

Wie der Rekordwagen hatte das seriennahe Auto einen 239 kg schweren, längs eingebauten 6.0 L W12. Ohne Aufladung sollte er 441 kW/600 PS bei 7.000 U/min und 620 Nm bei 5.800 U/min leisten – genau die Angaben, die auch für den Nardo-Sprinter genannt worden waren. Die Eckwerte für die Doppelnockenwellen-Steuerung: Der kontinuierliche Verstellbereich der Einlasswellen betrug 52°, der entsprechende Wert für die Auslasswellen umfasste einen Bereich von 22°.

Weitere Technikfeatures: Alukurbelgehäuse, Ventildeckel und Steuerkettenabdeckungen bestanden aus Magnesium. Zentral im Dachbrennraum positionierte Kerzen, durchflussoptimierte Einlasskanäle, und zweiflutiges Magnesiumschaltsaugrohr. Für die Kraftübertragung sorgte weiterhin ein sequenziell schaltbares Sechsganggetriebe von Ricardo.

Zur Serienumsetzung des ca. 1.200 kg leichten Autos kam es letztlich aber nicht. Insgesamt entstanden also lediglich ein

W12-Motor im 2001er Vorserienmodell.

(Foto: Ital Design)

Coupé (1997), ein Roadster (1998, neu aufgebaut als Coupé von 2001) sowie der Nardo-Rekordwagen nebst des Ersatzfahrzeugs. Den 2001er-Neuaufbau (»mögliche Serienausführung«) und ein Rekordfahrzeug hatte Volkswagen während der Tokyo Motorshow ab dem 24. Oktober 2001 gezeigt. Und darauf verwiesen, dass »ein Zwölfzylinder mit 600 PS ab Frühjahr 2002 in einer neuen, intern Projekt D1 genannten Luxuslimousine und in einem Premium-Geländewagen bei VW eingesetzt« wird – jeweils »angepasst an die Einsatzanforderungen«. Mehr noch, es wurde in Aussicht gestellt, dass »**alle** Volkswagen der Ober- und Luxusklasse künftig unter anderem die drehmomentstarken W-Motoren erhalten«.[11/12/13/14]

W12 Coupé Vorserie 2001 mit Projektleiter Rudolf-Helmut Strozyk im AutoMuseum Volkswagen. *(Foto: Kittler)*

TECHNICAL DATA.

	W 12 Syncro	W 12 Roadster	W 12 World Record	W 12 Nardò
Unveiling	Tokyo 1997	Geneva 1998	Tokyo 2001	Tokyo 2001
ENGINE				
Engine Type	Twelve-cylinders in W form	Twelve-cylinders in W form	Twelve-cylinders in W form	Twelve-cylinders in W form
Capacity	5,600 cm^3	5,600 cm^3	5,998 cm^3	5,998 cm^3
Valves	48 (4 per cylinder)	48 (4 per cylinder)	48 (4 per cylinder)	48 (4 per cylinder)
Output	420bhp at 5,800 rpm	420bhp at 5,800 rpm	440 kw/600bhp at 7,000 rpm	440 kw/600bhp at 7,000 rpm
Torque	560 Nm at 3,000 rpm	560 Nm at 3,000 rpm	620 Nm at 5,800 rpm	620 Nm at 5,800 rpm
Compression	11:1	11:1	12:1	12:1
Maximum speed over	>300 Km/h	>300 Km/h	350 Km/h	350 Km/h
0-100 km/h in less than	4.0 seconds	4.0 seconds	3.5 seconds	3.5 seconds
Exhaust emission norm of standard version	EU-4	EU-4	EU-4	EU-4
DRIVE /WHEELS				
Trasmission	5 speed	5 speed	6 speed manual sequential gearbox	6 speed manual sequential gearbox
Drive system	4 WD	rear final drive	rear final drive	rear final drive
Front tyres	255/40 ZR 19	255/40 ZR 19	255/35 ZR 19	255/35 ZR 19
Rear Tyres	285/35 ZR 19	285/35 ZR 19	275/40 ZR 19	275/40 ZR 19
BODY				
Length	4,400 mm	4,400 mm	4,603 mm	4,550 mm
Width	1,920 mm	1,920 mm	1,920 mm	1,920 mm
Height	1,000 mm	1,000 mm	1,080 mm	1,100 mm
Wheelbase	2,530 mm	2,530 mm	2,630 mm	2,630 mm

W12-Technikdaten der W12-Unikate von 1997, 1998 und 2001. *(Quelle: Ital Design)*

W12 Vorserien-Coupé von 2001, zu erkennen an den neu gestalteten Rückleuchten und Scheinwerfern.
(Foto: Ital Design)

Die geplante Vorserienausführung von 2001 wurde von Ital Design intern als "Typ Nardo" bezeichnet (hier das schwarze Exemplar im italienischen Werksmuseum). *(Fotos: Ital Design)*

4.8 Serienentwicklung der Motorenbaureihe W8 / W12

Im Laufe der Serienentwicklung, die in den Händen der Aggregate-Entwicklung lag (Dr. K.-H. Neumann, Dr. H. Endres sowie Herr Dieter Brennecke / bis Okt 2000 / bzw. Dr. F. Metzner / ab 2000 /), musste eine Reihe von Problemen gelöst werden. Das betraf vor allem die Ölverschäumung, die Steifigkeit des großen Pleuelauges, die Festigkeit der Hauptlagerstühle und der Kurbelwelle, die Standfestigkeit der Haupt- und Pleuellager sowie die gleichmäßige Kühlung aller Zylinder.

Konzeptionell wurden vor allem drei Punkte geändert, auch wenn viele Details der bisherigen W8- und W12-Triebwerke beibehalten wurden:

- **Hubraumerhöhung** durch vergrößerte Zylinderbohrung von 81 auf 84 mm, was beim W8 zu 4,0 statt 3,7 L und beim W12 zu 6,0 statt bisher 5,6 L führte.
- **Flache** Kurbelwelle für den Serien-W8, deren freie Massenkräfte sich dank zweier gegenläufiger Ausgleichswellen abstellen ließen. Dank gleichmäßiger Zündabstände ergaben sich thermodynamische Vorteile. Die bisher favorisierte räumliche Kurbelwelle hatte Aggregateschwingungen (freies Moment um Kurbelwellenlängsachse) aufgewiesen, die für die angepeilte Positionierung nicht hinnehmbar waren.
- **Nockenwellenantrieb über drei Ketten** mit kontinuierlichen Verstellern für alle vier Nockenwellen (Doppel-Nockenwellenversteller) statt bisher fünf Ketten mit Zweipunktverstellern.

Die Serien-Entwicklungsarbeiten an W8 /W12 erfolgten über ein gemischtes Team aus Volkswagen Aggregate-Entwicklung (EAOR), Firma Schrick aus Remscheid und Audi. Daraus entstand nun die heute beispielhaft im Motoren-Kabinett des AutoMuseums gezeigte Baureihe EA 398 mit diesen einheitlichen Features – Ziel war immer ein Serien-Baukasten mit möglichst vielen Gleichteilen:

- **ZKG aus übereutektischem Aluminium** (bis in die Gegenwart hinein gegossen im Niederdruck-Verfahren von KS ATAG in Neckarsulm).

Aggregatechef Karl-Heinz Neumann und Ottomotoren-Chefentwickler Helmut Endres im Gespräch mit dem Autor dieses Kapitels. *(Foto: Augustin/mot)*

- **Chemisch freigelegte Zylinderlaufbahnen (Alusil)**, dafür wurden in Salzgitter in einer 50 m langen Edelstahlwanne die Kurbelgehäuse gesäubert, um dann die Laufbahnen mechanisch bis zur Freilegung der Siliziumkristalle abzutragen.
- **Horizontale Teilung des ZKG**, Unterteil als Lagertraverse mit eigegossenen Grauguss-Hauptlagerdeckeln und Ölhobel.
- **Zahnradölpumpe vorn** von Kurbelwelle via Kette angetrieben (wie Audi V8).
- **Untenliegender Hauptölkanal** zwischen Lagertraverse und Ölwannenoberteil.
- **Wasserpumpe** vorn an ZKG **über Riementrieb** betätigt
- **normale, aber hochpräzise gefertigte Haupt- und Pleuellager** von TAIHO.[15/16]

Pleuel des W8-Motors mit zwei seitlich daneben gegenläufig rotierenden Ausgleichswellen. *(Zeichnung: Volkswagen/Sammlg. AutoMuseum)*

4.9 Der Serien-W8 im VW Passat

2001 debütierten sowohl der W8 (im Passat) als auch der W12. Beide mit Vierventiltechnik versehenen W-Motoren verstanden sich als eine Baureihe (Generation 1) mit 72° Zylinderbankwinkel, Nasssumpfschmierung und identischem Riementrieb. Alle Einzelteile konnten auf den gleichen Maschinen hergestellt werden, ein hoher Gleichteil-Anteil wurde angestrebt. Und die Motoren konnten auf der gleichen Linie in Salzgitter montiert werden.

Der W8-Motor hatte nun 3.999 ccm und brachte 202 kW/275 PS bei 6.000 U/min. Es kam aber nie zu einer Version mit Direkteinspritzung oder Aufladung. Anders als bei W12 und beim folgenden W16 verfügte er über zwei Ausgleichswellen. Der längs vor der Achse installierte W8-Motor EA 398/8 verfügte – genau wie der W12 – über die von VR5/VR6 stammenden 65 mm Stichmaß.

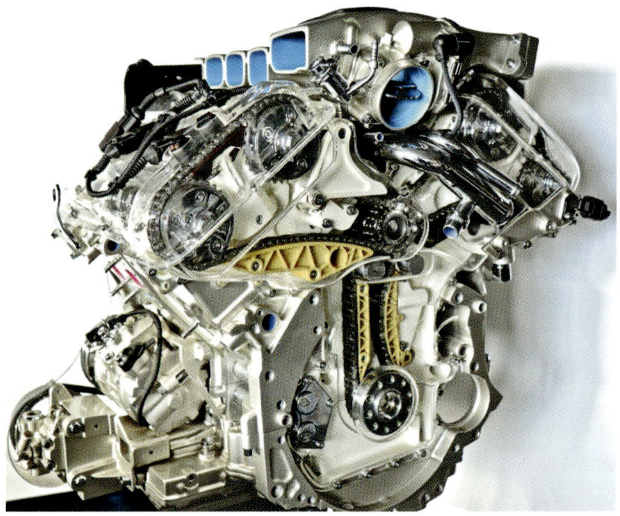

Der W8 sollte in verschiedene VW-Oberklasse-Modelle kommen, ging aber nur in den Passat B5 FL. Wie man an diesem Schaumodell aus dem Motoren-Kabinett des AutoMuseums sehen kann, trieb eine Kette die Zwischenwelle an, während Ketten 2 und 3 auf die Nockenwelle wirkten – analog zur kontinuierlichen Doppel-Nockenwellenverstellung beim VR6. *(Grafik: Volkswagen/Sammlg. AutoMuseum; Foto: Klaus Gottschick/AutoMuseum)*

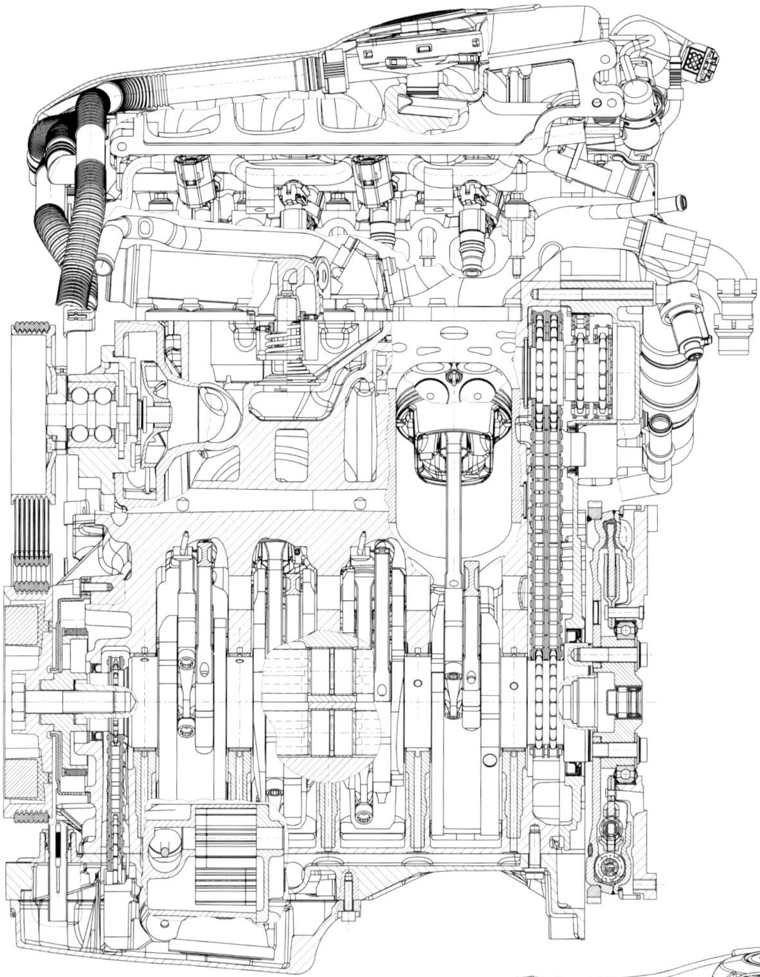

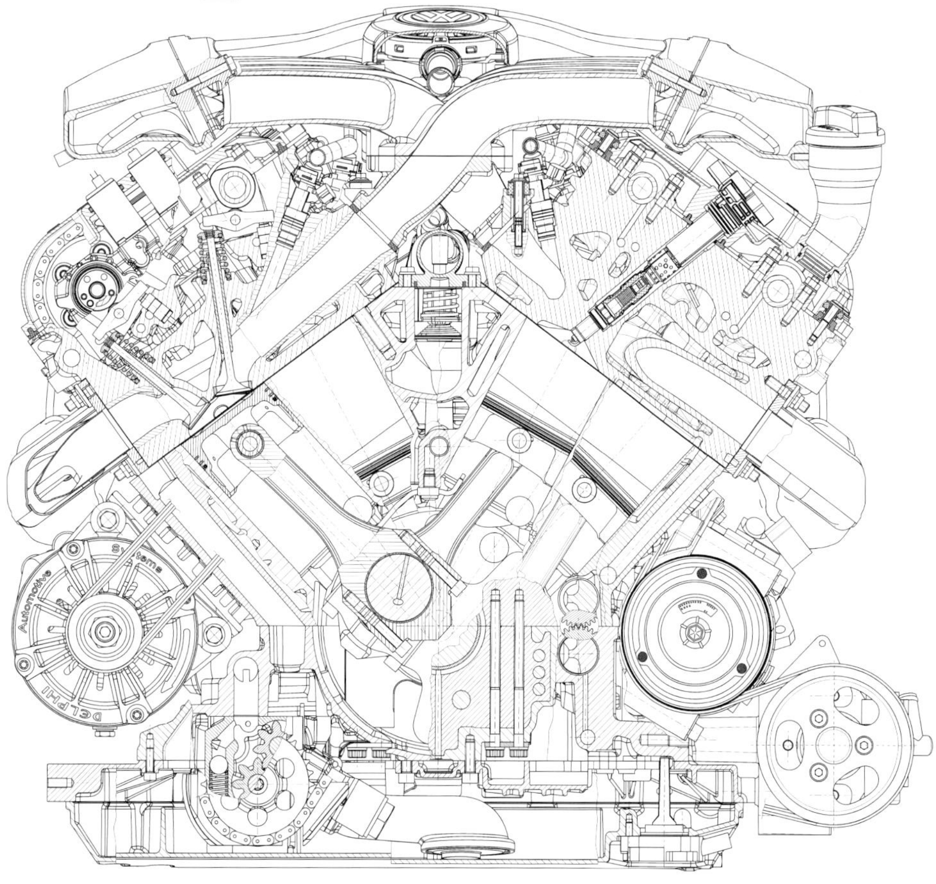

Schnittdarstellung des 420 mm kurzen W8. *(Zeichnung: Volkswagen/ Sammlg. AutoMuseum)*

Von 9/2001 bis 9/2004 wurde damit die ausschließlich allradgetriebene Luxusversion des sehr gründlich überarbeiteten Passat B5 GP ausgestattet. Offiziell vermeldet die Produktionsstatistik des Werks Salzgitter rund 14.000 Einheiten des 275-PS-Triebwerks für diese faszinierende und kostspielige Facelift-Version des Passat B5. Ferdinand Piëch überraschte eine Schar von Motorjournalisten während einer anderen Fahrzeugvorstellung auf Sardinien, indem er mit einer so motorisierten Limousine vorfuhr.

Präsentiert wurde sie dann wenig später in der Schweiz am Nobelkurort Gstaad, wohin der Autor zu Vergleichszwecken einen Mercedes E 420 mit Achtzylinder mitgebracht hatte. Und der Passat W8 GP machte dabei einen wirklich guten Eindruck. Der Wagen lief aber nur drei Jahre, zu einem Nachfolger kam es nicht. Mittlerweile gilt der Passat W8, den es übrigens auch mit Leichtpanzerung gab, als begehrtes Liebhaberfahrzeug, das heute meist in festen Händen und nicht mehr einfach zu finden ist.

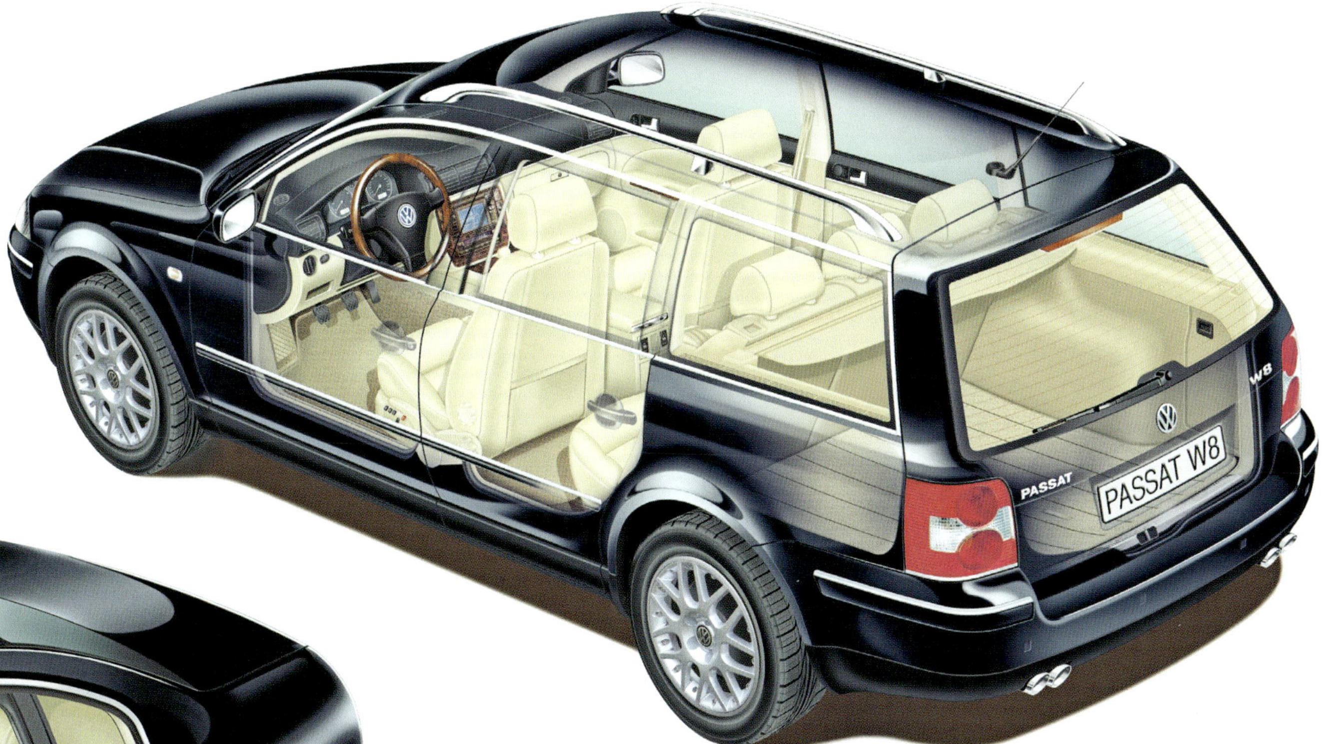

W8-Motor im Passat B5 FL, eingebaut in Limousine und Variant (ausschließlich in der Allradversion 4motion).
(Grafiken: Volkswagen/Foto: Kittler)

Aufgebaut wurde später ein W8-Phaeton-Unikat mit je einer Drosselklappe pro Bank mit 220 kW/300 PS und 450 Nm – allerdings erwies sich dies als enorm aufwändig. Der so ausgestattete Versuchs-W8 saß auch in einem Passat-Versuchsträger und überzeugte komplett – jedoch die Serien-Entwicklungsgenehmigung blieb aus. Er wurde auch in einen Audi A6 installiert, aber das Projekt ist nicht weiterverfolgt worden. Randnotiz aus der Bentley-Ecke: Später ist sogar ein W8 Biturbo-Prüfstandsmotor realisiert worden, mit dem Lagerverschleiß und Lagerstuhlfestigkeit im Zeitraffer gecheckt wurden, Serienabsichten dafür gab es aber nie.

Aus einem Einsatz des W8 bei Audi wurde nichts, auch wenn davon geträumt wurde. Während einer Vergleichsfahrt 2001 zeigten die Ingolstädter übrigens einen A4 mit einem 330 PS starken V8, dessen Geheimnis in dem nach hinten versetzten Nockenwellenantrieb bestand – im S4 ging dann dieser überlegene V8 tatsächlich in Serie.

Eine immerhin in 1 : 1 umgesetzte Alternative für den W8 hätte ein kompakter V10 sein können, der im Jahr 2000 aufgebaut und probeweise quer in den Golf IV gesetzt wurde: Seine Zylinderköpfe stammen vom EA 111, bei einem Gesamthubraum von 4,3 L kam er auf 250 kW/340 PS. Angedacht war der Einsatz im Passat B6, der wieder eine Querplattform nutzte – dorthinein hätte der W8 mit seinem breiten Kopf nicht gepasst und auch der in Kap. 3 erwähnte VR8 hätte aufgrund seiner Länge Probleme gemacht. Der von der einstigen W18-Mannschaft konsequent auf den Quereinbau getrimmte V10 mit 72° Bankwinkel wurde mit einem MQ300 Getriebe gekoppelt.

Dr. Frank-Thomas Metzner an einem Passat W8 Limousine mit Leichtpanzerung (»B7«), und serienmäßigem Allradantrieb, einem der Stars der 2021er AutoMuseum-Sonderausstellung »4 GEWINNT«. *(Foto: Kittler)*

Der kurze V10-Ottomotor war als Nachfolger des W8 im Passat B6 angedacht. Das Prototyp-Triebwerk befindet sich heute im Motoren-Kabinett des AutoMuseums Volkswagen. *(Foto: Klaus Gottschick/AutoMuseum)*

4.10 Der Serien-W12 im Audi A8 und im VW Phaeton

Generation 0 im Audi A8

Der anfangs 6,0 Liter große W12-Motor mit 4V-Technik – Entwicklungscode EA 398/12 – kam zuallererst ab Ende 2001 bis 2002 im Audi A8 (D2) in Serie. Der Autor dieses Kapitels gehörte zu den Motorjournalisten, die den Wagen auf der Autobahn A9 bei Ingolstadt voll ausfahren durften – die fulminante, aber unaufgeregte Kraftentfaltung und das markige Motorengeräusch (Resonanzschaltklappe) sind bei heute nicht vergessen.

Ein konventioneller V12 hätte von der Länge her nicht unter die Motorhaube gepasst.[17] Der Motor bekam sicherheitshalber eine Trockensumpfschmierung mit einer winzigen Ölwanne und zwei Saugpumpen, weil Ölverschäumung befürchtet wurde.[18]

Audi war an den Versuchen mit dem VW-Motor von Anfang an beteiligt, Versuchsleiter war Dr. Henning Hoffmann. Aus Neckarsulm stieß Robert Müller zum Team dazu (bis Ende 1998 Dienstsitz in Hannover). Als Lieferant für das zweiteilige Zylinderkurbelgehäuse aus Leichtmetall zeichnete KOLBEN-SCHMIDT (KS) in Neckarsulm verantwortlich.[19]

Der Audi A8 (D2) war erster Nutznießer des W12 von Volkswagen (2001). *(Foto: Audi)*

Generation 1 im VW Phaeton

VW Phaeton W12 ab 2002. *(Foto: Volkswagen)*

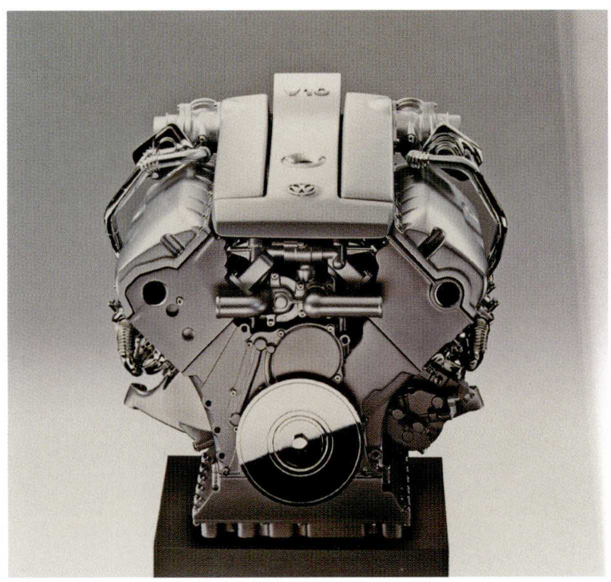

Der ursprüngliche Concept D von 1999, Vorläufer des Phaeton, hatte nicht nur ein gewagtes Heck, sondern auch einen ungewöhnliches Triebwerk. Er wurde nämlich nicht von einem W12-Ottomotor, sondern einem V10-TDI-Motor angetrieben. Dieser Motor kam dann tatsächlich in Serie und begeisterte durch seinen schiffsdieselartigen, unglaublich durchzugstarken Auftritt. *(Fotos: Volkswagen)*

Phaeton-W12-Lounge-Langversion von 2005. *(Foto: Kittler)*

Testbeschuss-Phaeton-W12 des hessischen Ministerpräsidenten im August-Horch-Museum Zwickau. *(Foto: Kittler)*

Dem A8 folgte der VW Phaeton mit 420-PS-Motor, der von 2002 bis 2016 in Salzgitter gebaut und in der Gläsernen Manufaktur Dresden montiert wurde. Im Unterschied zum A8 bekam er keine Trocken-, sondern sofort eine Nasssumpf-Schmierung, und der Riementrieb war ein Gleichteil zum W8.[20]

Generation 2 im Audi A8, im VW Phaeton und im VW Touareg

Der dann für Audi (ab dem 2002er D3 »Einheitsmotor«[19] mit Nassschmierung und 331 kW/450 PS komplett von Volkswagen)[21] und Phaeton gründlich überarbeitete Motor kam von 2004 bis 2009 sogar in den Touareg I. Davon entstand von August 2004 bis November 2005 eine auf 500 Einheiten limitierte Touareg W12-Sport-Sonderserie (die mit den Varianten W12 Sport Edition und W12 Executive bis Nov 2006 anschließend erweitert wurde – äußerlich erkennbar an den Doppelendrohren).

Der Touareg W12 (Serienausführung) mit 450-PS-Einheitsmotor.

6.0 W12-Leichtmetall-Motor EA 398/12, hier in der Motorenausstellung im Werk Salzgitter. Es handelt sich um die frühe Phaeton-Ausführung mit 309 kW/420 PS und Hauptölversorgung wie beim W8 von unten (links unten zwei Schläuche zum Ölkühler, der am Längsträger fixiert war). Beim späteren Einheitsmotor (Generation 2) war der Ölkühler motorfest montiert. *(Fotos: Kittler)*

Die Nockenwellen waren selbstverständlich gebaut (und nicht einfach nur gegossen). Als Vierventiler verfügte der W12 zunächst über eine MPI-Einspritzung, nur bei Bentley wurde der Generation-2-Motor aufgeladen (TMPI) – Näheres in Kapitel 4.11.

Generation 3 im Audi A8

Den größeren 6.3 L der Generation 3 gab es zwischen 2010 und 2017 tatsächlich nur im Audi A8 (D4), aber nicht mehr im VW Phaeton (ab 2011 nur noch für den chinesischen Markt zu bestellen). 368 kW/500 PS erreichte der rundum neu entwickelte Direkteinspritzer des Audi schließlich, der VR-Winkel der Bänke war hier übrigens von 15 auf 14° verringert worden. Zudem bekam der 6.3 TSI eine »Soft-ZAS«, wobei dank deaktivierter Zündung und Einspritzung eine Zylinderabschaltung simuliert wurde. Eine Aufladung wurde für Audi nicht mehr realisiert, erhielt doch der A8 (D5) ab 2017 keinen Zwölfzylinder mehr.

Sicher dürfte es bei Audi und Volkswagen entsprechende Versuchsfahrzeuge gegeben haben. Auch über das Unikat eines Phaeton W12 TSI war gemunkelt worden. Nie auch nur ansatzweise angedacht wurde allerdings die Verdieselung des W12.

Audi A8 (D3) mit dem W12-Einheitsmotor ab 2002. *(Foto: Audi)*

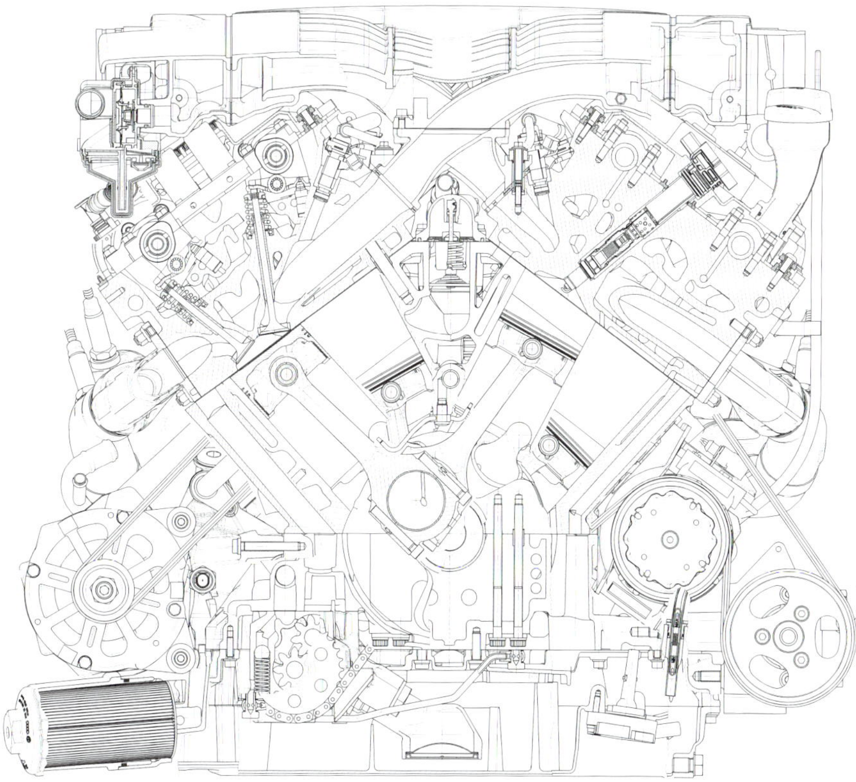

W12-Motor mit 450 PS im Audi A8 (D3). Beim nahezu baugleichen Einheitsmotor im Phaeton waren die Drosselklappen weiter nach hinten versetzt. *(Zeichnung: Audi)*

4.11 W12-Stückzahlkönig Bentley

Bentley war der Hauptnutzer des W12, weit über 100.000 Einheiten sind ausgeliefert worden, ausschließlich mit Aufladung.[22] Es blieb zunächst bei der 2003 eingeführten TMPI-Technologie (W12-Generation 2) mit Differenzial vor Wandler. Eingesetzt wurde sie bis 2018 in verschiedenen Modellen (Flying Spur, Continental GT / GTC; beide auf Phaeton / A8-Basis).

2016 gesellte sich der Bentayga mit weiterentwickeltem TFSI-Motor (Generation 4) mit bis zu 480 kW/650 PS hinzu. Er saß indes auf der MLB-evo-Plattform.[22a/22b]

Ab 2018 kamen Continental und Flying Spur auf der MSB-Plattform von Porsche zum Einsatz (neuer TFSI-Motor nun nicht mehr vor, sondern auf der Vorderachse). Bei den aufgeladenen Bentley-W12-Motoren (Turbolader für TMPI von Borg Warner, Twinscroll-Lader für TFSI von Bosch-Mahle) blieb es aber stets bei 6,0 Liter Hubraum.

In auto motor und sport 9/2021 hieß es: »Bentleys neues Topmodell Continental Speed bietet künftig die einzige Möglichkeit für EU-Bürger, den legendären W12-Motor zu erleben. Das Aggregat kommt mit 659 PS an den Start und liefert 24 Pferdchen mehr als der Standard-W12, der seit zwei Jahren hierzulande nicht mehr angeboten wird. Marktstart ist im dritten Quartal 2021«.[23]

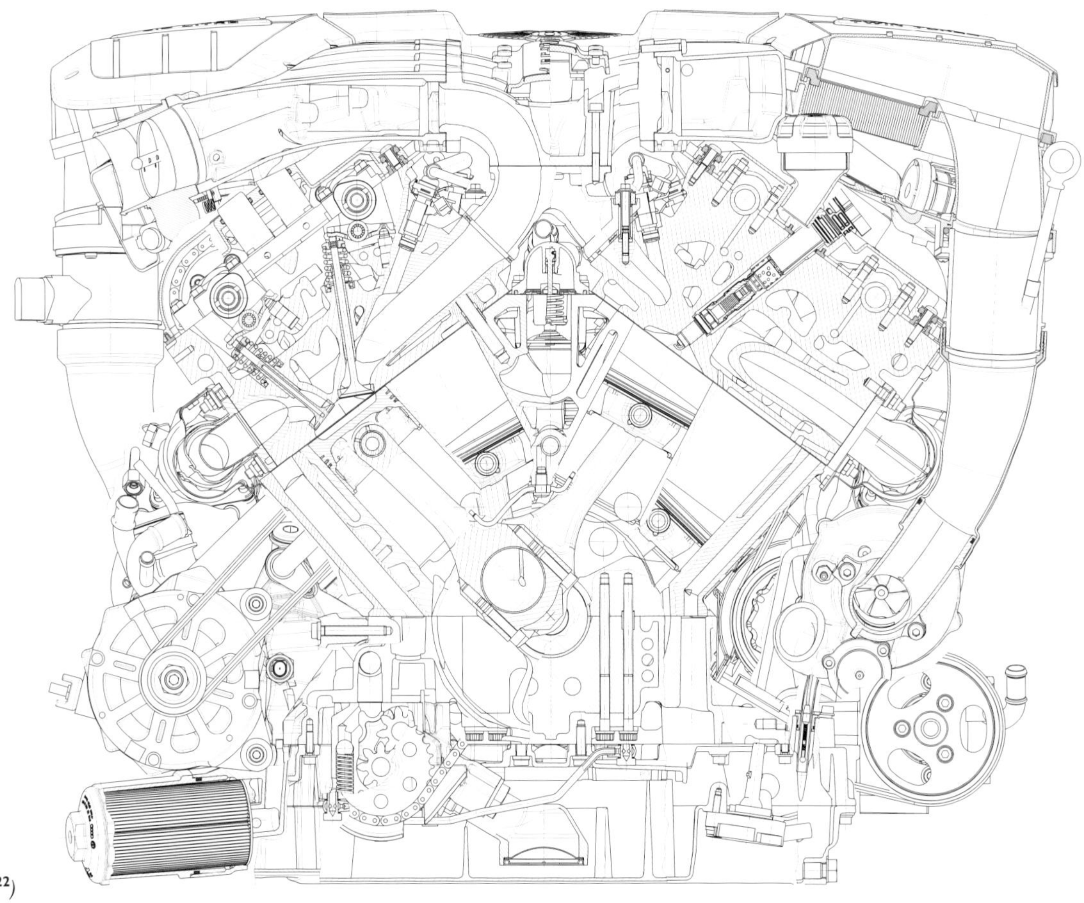

W12 Turbo-Einheitsmotor für Bentley (TMPI). *(Foto/Zeichnung: Bentley[22])*

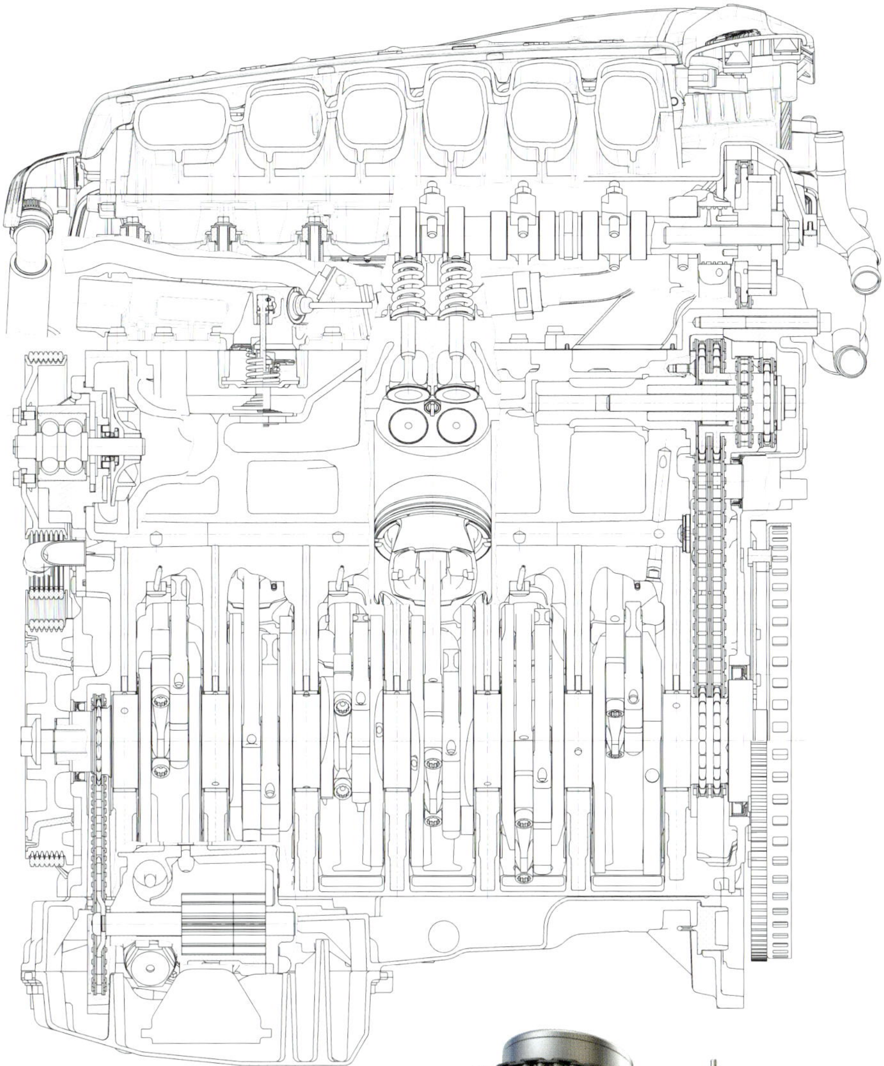

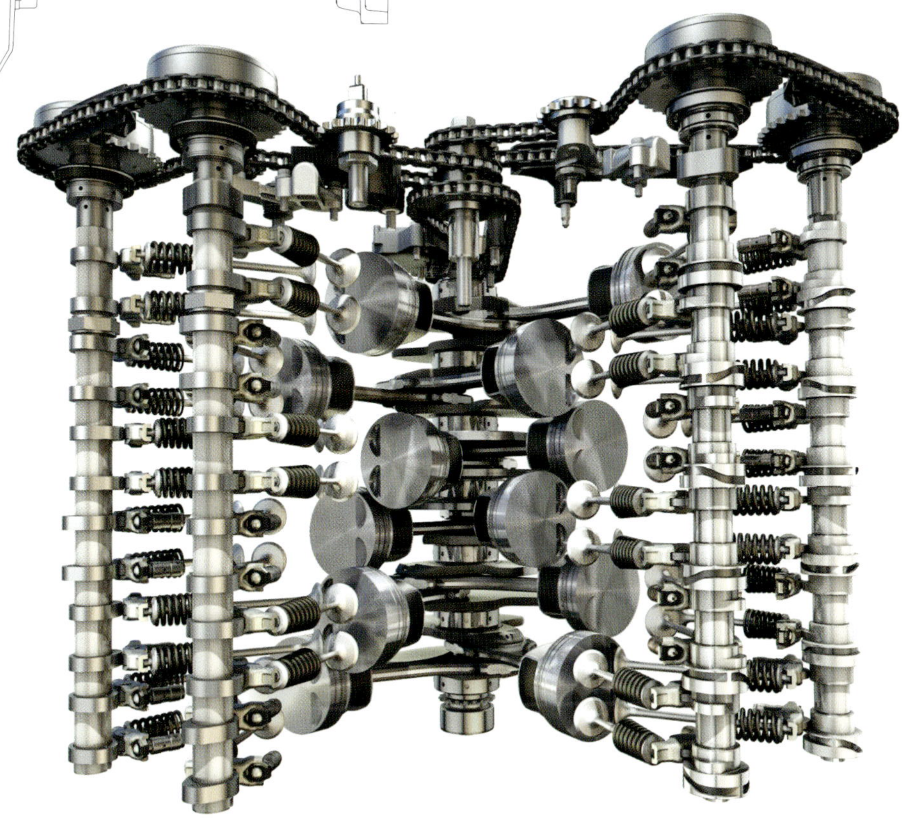

W12 TFSI-Version mit Schiebestücken zur Zylinderabschaltung (unten die bewegten Teile).
(Foto/Zeichnung: Bentley)

Bentley-Modelle New Continental GT, Flying Spur mit TMPI-Motoren 2003–2018. *(Fotos: Bentley)*

Bentley Continental GT mit TFSI-Motor (MSB-Baukasten) ab 2018. *(Foto: Bentley)*

Bentley Bentayga mit W12 Turbo und Speed-Motor (in Europa 2016 bis 2020 angeboten), rechts der zugehörige Bentley W12 6.0 TFSI in Continental und Flying Spur. *(Fotos: Bentley)*

11 WO

Das neue TFSI-Triebwerk – das sich auch in den anderen Modellen ab 2019/2020 fand – verfügte über diverse Neuentwicklungen (Motorblock, Zylinderköpfe, Krümmer, Kolben). Der wichtigste Unterschied betraf die Verwendung zweier unterschiedlicher Einspritzsysteme: eine Saugrohreinspritzung (6 bar Einspritzdruck), bei der der Kraftstoff noch vor dem Eintritt in den Zylinder der Ansaugluft beigemischt wird, sowie parallel eine Direkteinspritzung (200 bar Einspritzdruck), bei der zuerst die Luft in den Zylinder eintritt und dann dort mit frisch eingespritztem Kraftstoff zusammengeführt wird. Die Nutzung beider Einspritzverfahren reduziert vor allem die Partikel-Emissionen: Der Durchfluss der Hochdruckinjektoren konnte in Grenzen gehalten werden – was bei einer guten Gemischbildung hilft. Im Interesse einer höheren Effizienz hat der neue W12 zudem eine »echte« Zylinderabschaltung, die den Zwölfzylinder zeitweise zum VR6-Motor macht.[24]

4.12 Der W12-Motor in anderen Modellen

Nur in sehr kleiner Stückzahl sollen von 2004 bis 2007 W12-Motoren in die C12-Sportwagen der holländischen Marke Spyker verbaut worden sein (Platzbedarf wie beim V8-Zahnriemenmotor von Audi) – tatsächlich entstand dank Vermittlung von Volkswagen Industriemotoren Vermarktung wohl aber lediglich ein Unikat. Ebenfalls 2007 wurde – ebenfalls als Einzelstück – der Golf V GTI W12-650 mit aufgeladenem Mittelmotor (480 kW/650 PS) fertiggestellt.

Spyker C8 Double 12 S. *(Foto: Kittler)*

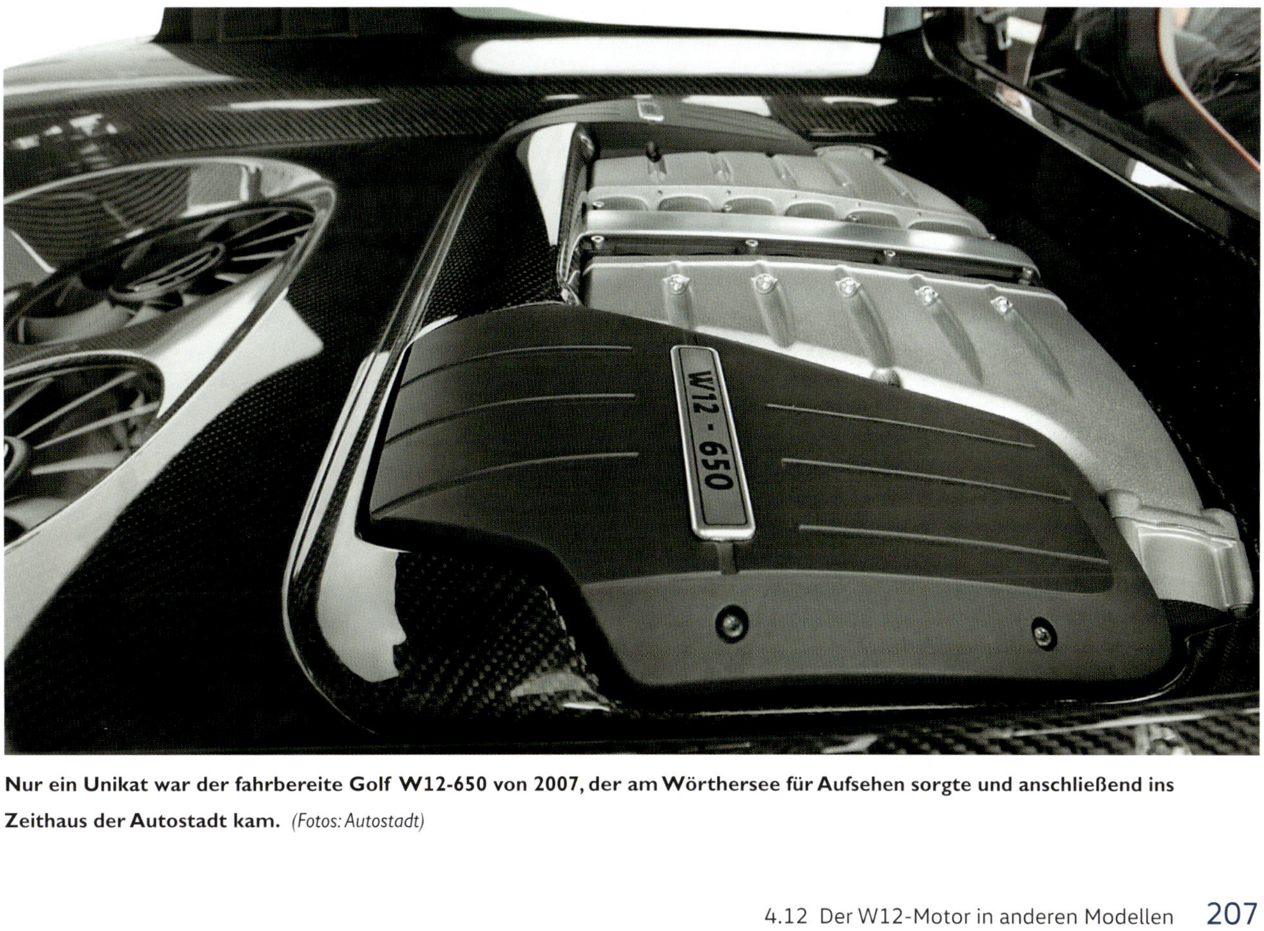

Nur ein Unikat war der fahrbereite Golf W12-650 von 2007, der am Wörthersee für Aufsehen sorgte und anschließend ins Zeithaus der Autostadt kam. *(Fotos: Autostadt)*

Innovationsfahrzeug Touareg I von 2005 mit aufgeladenem W12. *(Foto: Kittler)*

Es dürfte nicht ganz einfach gewesen sein, den W12 Biturbo in den Motorraum des Touareg zu quetschen. *(Foto: Volkswagen Classic)*

Zu Versuchszwecken wurden 2005 doppelt aufgeladene W12 in mindestens drei VW Touareg I installiert und gefahren. Eines der »Innovationsfahrzeuge« ist heute im Bestand von Volkswagen Classic. Sie nutzten den Biturbo-TMPI von Bentley, der mit 610 PS daherkam – wofür aufwändige Modifikationen nötig wurden. Das nicht elektronisch abgeregelte Fahrzeug erreichte locker 280 km/h, wie der Autor auf einem unvergessenen Autobahnritt auf der A2 feststellen durfte. Heute könnte man sagen, dass Volkswagen mit diesem Auto probehalber den Bentley Bentayga vorweggenommen hat.

4.13 Triebwerksproduktion in Salzgitter

Die Herstellung und Bearbeitung der Bauteile (beispielsweise Zylinderkopf, ZKG) erfolgte in Salzgitter, die Endmontage lief für Audi und VW in Salzgitter. Für Bentley erfolgte sie eigentlich immer in Crewe, abgesehen von rund 100 Einheiten, die ganz am Anfang in Salzgitter komplett fertiggestellt wurden. Offensichtlich war an eine Produktion des Audi-W12-Motors in England gedacht worden, allerdings soll dort nur eine überschaubare Probeserie des 6.3 FSI gelaufen sein. 2017 hat Bentley – als einzig verbliebener Nutzer des W12 – auch die entwicklungsseitige Motorenbetreuung übernommen. Beispielsweise die Kurbelwelle ist ein Kaufteil, das von außen zugesteuert wird.[25]

Insgesamt entstanden von 2001 bis 2017 rund 21.800 W12-Motoren für VW und Audi in Salzgitter – in unmittelbarer Nachbarschaft zur Fertigung der VR-Triebwerke. Dazu kamen wie erwähnt alles in allem weit über 100.000 W12 für Bentley. Eine Zeitlang hatte Salzgitter wöchentlich 150 bis 220 W12 gebaut. Die Kleinteile waren Übernahmeteile. Der Volkswagen-Konzern avancierte – mit jährlich rund 10.000 Einheiten – zum Weltmarktführer bei den Zwölfendern.

Leistungsdaten der W12-4V-Serienmotoren bei Volkswagen, Audi und Bentley[26]

	Phaeton D1	**Touareg I**	**Audi A8 L D2 / D3**	**Bentley Continental GT I Flying Spur I**	**Audi A8 L D4**
Bauzeit	12/2001-5/2005 5/2005-1/2011 (danach nur China)	8/2004- 11/2009	1/2001-9/2002 12/2003-7/2010	2003-2018	1/2011-9/2017
Hubraum (ccm)	5.998	5.998	5.998	5.998	6.299
Bohrung/Hub (mm)	84,0/90,2	84,0/90,2	84,0/90,2	84,0/90,2	86,0/90,4
Verdichtung 2001	10,75				
2004	11,0	11,0	10,75 / 10,75	9,0	11,8
Leistung (kW/PS/ Drehz.) 2001	309/420 b 6.000	331/450 b 6.000	309/420 b 6.000	412/560 b 6.100	368/500 b 6.200
2004	331/450 b 6.050			bis 463/630	
Drehmoment 2001	550 b 3.000–4.750	600 b 3.300	550 b 3.500–4.750	650 b 1.600–6.000	625 b 4.750
(Nm/Drehzahl) 2004	560 b 2.750–5.200		580 b 4.000–4.700		
Gemischbildung	MPI / MPI	MPI	MPI / MPI	MPI/Turbolader (1,6 bar Ladedruck)	FSI
Motorgewicht (kg)	244,5	253,0	240,2	265	

Techn. Daten Bentley Continental GT Coupé (Quellen: Wikipedia u. Metzner)[27]

	Continental GT (Mk1)			**Continental GT/Speed**			**Continental Supersports**	**Continental GT (Mk2)**
Bauzeit	2003–2007	2007–2011	2011–3/2018	2007–2011	10/2012–05/2014	06/2014–03/2018	2017–3/2018	ab 3/2018
Motor	W12 TMPI, 4V, Biturbo, vorn längs eingebaut							W12 TFSI, 4V, Biturbo, vorn lä.
Hubraum/ Bohrung x Hub	5.998 ccm, 84,0 x 90,0 mm							5.950
max. Leistung (kW/PS bei U/min)	412/560 b. 6.100		423/575 b. 6.000	449/610 b. 6.000	460/625 b. 6.000	467/635 b. 6.000	522/710 b. 6.000	467/635 b. 5.000–6.000
max. Drehm. (Nm bei U/min)	650 b. 1.600		700 b. 1.700	750 b. 1.750	800 b. 1.700	820 b. 1.700	1.017 b. 2.050–4.500	900 b. 1.350–4.500
Getriebe	6-Stufen-Automatic		8-Stufen-Automatic	6-Stufen-Automatic	8-Stufen-Automatic	8-Stufen-Automatic	8-Stufen-Automatic	Doppelkupplung
Kraft-verteilung v/h	50 : 50		40 : 60	50 : 50	40 : 60	40 : 60	40 : 60	40 : 60
Spitze (km/h)	318		318	326	329	331	336	333
Beschleunigung 0–100 km/h in s	4,8		4,5	4,5	4,2	4,2	3,5	3,7
Verbrauch (L/100 km)	17,1	16,6	14,5	16,6	14,5	14,5	15,7	12,2

4.14 Projekt Bugatti – zunächst mit W18

Ganz oben positioniert war zunächst der W18. VW-Chef Ferdinand Piëch diskutierte während einer Zugfahrt im Shinkansen zwischen Tokio und Nagoya mit dem damaligen Leiter der VW-Aggregate-Entwicklung Dr. Karl-Heinz »Yogi« Neumann die Idee eines 18-Zylinders mit drei Bänken. Das Ganze geschah im Umfeld der Tokio Motorshow im Oktober 1997, wo Piech den W12 Sportwagen präsentiert hatte. W18-Motoren-Projektleiter Dietmar Lagies sah die Skizze erstmals Anfang November 1997. Neben Lagies arbeitete Gregor Gries, heute Entwicklungschef von Bugatti, partnerschaftlich und verantwortlich am Projekt mit. Übrigens: Der Briefumschlag mit der groben Skizze eines 18-Enders hat als Kopie im Motoren-Kabinett des AutoMuseums überlebt.[28]

Dieser W18 wurde in W-Form gebaut, mit einer gemeinsamen Kurbelwelle, und trieb die ersten Showcars von Bugatti an. Porsche-Motorenkonstrukteur Hans Mezger half den Wolfsburger Kollegen, ein schier unerklärliches Bauteil auf der Skizze als Mittenabtrieb (Zahnradpaar, Hilfswelle) zu identifizieren – hatte doch Piëch in seiner Porsche-Zeit an ähnlichen Konzepten gearbeitet. Christian Gerhartl übernahm dann die Aufgabe, binnen eines Wochenendes aus sechs kleinen Otto-Reihenbenzinern eine erste Machbarkeitsstudie darzustellen. Denn selbst bei diesem Projekt sollte die Gleichteil-Strategie eine Rolle spielen – als Basismotor diente der damals weltweit erste moderne FSI-Motor der Baureihe EA 111.

Der Konzernchef bemühte sich parallel um eine exklusive Marke, die eines solchen Motors würdig war. Als Piëch dann im Osterurlaub auf Mallorca 1998 hörte, dass BMW bei der Versteigerung der Markenrechte Bentley/Rolls Royce den Zuschlag erhalten sollte, ertrotzte sich sein Sohn Gregor einen Bugatti Type 57 SC Atlantic in einem Souvenirladen und brachte damit seinen Vater auf die rettende Idee. »Ein drolliger Fingerzeig«, wie Piëch später in seiner *Auto.Biographie*[30] schreibt. Piëch kaufte für sich selbst ein zweites Modellauto des Atlantic und präsentiert diesen bei der ersten Vorstandssitzung nach seinem Urlaub Jens Neumann, dem damaligen Konzernvorstand für die Bereiche Konzernstrategie, Treasury, Recht und Organisation – mit der Bitte, die Rechte der französischen Marke zu prüfen und bestenfalls zu erwerben.

Piëch griff 1998 nach kurzen Verhandlungen zu und sicherte sich die Markenrechte an Bugatti, die zum Verkauf standen. Sie lagen seit 1987 in der Hand des italienischen Automobilimporteurs Romano Artioli, der allerdings 1995 aufgeben musste.[31] Seit dem 22. Dezember 2000 ist die Marke wieder aktiv, ihr Stammsitz befindet sich an traditioneller Stelle in Molsheim im Elsass. Erster Präsident des neuen Unternehmens wurde der bisherige VW-Motorenchef Dr. Karl-Heinz Neumann, der seinen ganzen Ehrgeiz als Triebwerksentwickler einbrachte und sich eine überaus engagierte Mannschaft aufbaute.

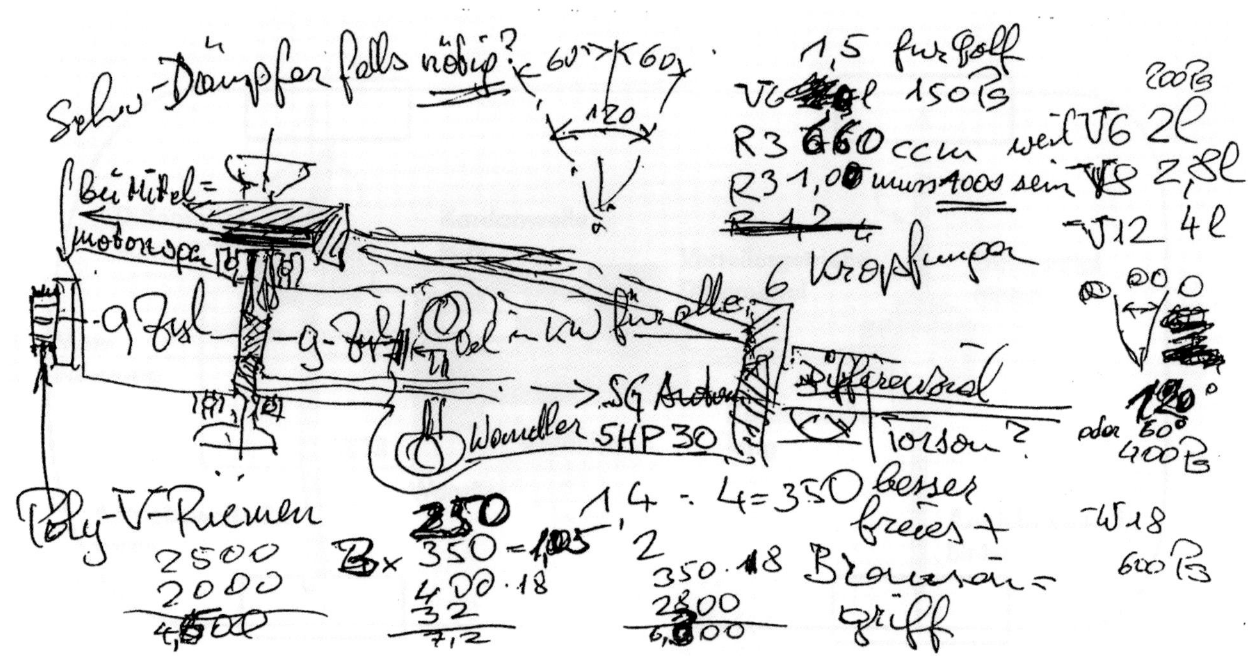

Die legendäre Skizze des Motors von Ferdinand Piëch auf einem Briefumschlag (und nicht auf einer Serviette, wie oft fälschlich behauptet). *(Foto: privat/Stiftung AutoMuseum Volkswagen)*

Der allererste Technikbeitrag über den W18 erschien nach einem Gespräch mit Ferdinand Piëch (»Die Blauen werden mir die Füße küssen«) während des Genfer Autosalons im Mai 1998 in der Automobilzeitschrift mot. Piëch sprach dabei bewusst in Rätseln, aber dem Blatt gelang es dank Grafiker Vito Ianniello die Konstruktion des großen Motors nachzuempfinden.[29]

Die Magie der Zahl

Ein Motor mit achtzehn Zylindern, erdacht bei Volkswagen in Wolfsburg, soll eines Tages die exklusivsten Automobile der Welt bewegen. Die geheime Entwicklertruppe arbeitet längst daran.

Von Hermann Reil mit Illustrationen von Vito Ianniello

Genug kann für Ferdinand Piëch niemals genug sein. Was der Chef des Volkswagen-Konzerns immer wieder sucht, ist mit dem Wort Herausforderung nur sehr unzureichend beschrieben – vor allem, wenn seine Passion Technik das Thema ist.

So braucht man sich seinem jüngsten und – bislang – kühnsten Wurf mit Begriffen wie Vernunft oder Notwendigkeit gar nicht erst anzunähern. Hier geht es um mehr – um den Beweis, daß absolute Spitzentechnologie inzwischen in Wolfsburg zuhause ist. Und um einen Markstein in der Automobilgeschichte.

In der geheimsten aller geheimen Ecken des Volkswagen-Entwicklungszentrums sitzt derzeit eine Handvoll der besten Motoreningenieure und konstruiert nach den Vorgaben ihres großen Chefs das größte Autotriebwerk aller Zeiten. Groß nicht in puncto Hubraum und schon gar nicht in puncto Abmessungen, sondern groß in der Zahl der Zylinder. Nicht weniger

Das Auto mit dem Hufeisengrill

Sollte es mit Bentley nicht klappen, wird Piëch den 18-Zylinder in einen neuen Bugatti packen.

Mit Fünfventilern hat Piëch inzwischen wenig am Hut. Beim Mega-Motor müssen deren vier pro Zylinder reichen, insgesamt sind es dennoch 72 – zuviel für unsere Darstellung. Vom Mittelabtrieb versprechen sich die VW-Ingenieure eine traumhafte Schwingungsruhe

als 18 Kolben arbeiten in dem Gehäuse, stolze 18 Pleuel übertragen die Kraft der zahlreichen Zündungen auf die Kurbelwelle.

Ein Mega-Motor mit 18 Zylindern entzog sich bislang der Imaginationskraft selbst der Technikkundigen Zeitgenossen. Doch Ferdinand Piëch möchte mit dem Volkswagen-Konzern alle Bereiche der automobilen Welt besetzen, von ganz unten bis ganz oben. Und für ganz, ganz oben braucht er das Fundament einer starken Marke und darauf ein Gebäude aus stilvollem Design und höchstklassiger Technik. Piëchs erste Wahl sind noch immer „die Engländer", Rolls-Royce und Bentley. Mit einem neuen Gebot versucht er Kauf-Konkurrent BMW weiterhin auszustechen, und seine Chancen stehen derzeit – überraschend – wieder sehr gut.

Die „Engländer" sind so etabliert in den Herzen einer zahlungskräftigen, aber eher konservativen Klientel, daß eine in Piëchs Augen konservativere Technik hier zunächst einmal ausreicht: Ein Zwölfzylinder und ein Turbo, aus der Wolfsburger Basis verfeinert und montiert vom mitzuerwerbenden Spezialisten Cosworth. Vielleicht bleiben einstweilen sogar die aktuellen BMW-Motoren in den neuen Rolls-Royce- und Bentley-Modellen.

Gehen die „Engländer" doch an BMW, wird Piëch gleich mit Plan B angreifen: Eine komplett neue Palette von Super-Luxusautos der wiederzuerweckenden Marken Horch und Bugatti. Horch wiederum als etwas konservativere Limousine, ähnlich einem Rolls. Seine Bugatti aber sieht Piëch als Vision von technologischen Überfliegern auf Rädern, die für viel Geld das Aufwendigste bieten, was je für ein Automobil erdacht wurde. Geht allerdings Bentley doch an Volkswagen, bleibt für den technischen Höhenflug etwas mehr Zeit. Doch Piëch wäre nicht Piëch, würde er seine schon sehr weit gediehenen Pläne nicht doch realisieren.

Denn nicht nur Stil, Design und Qualität machen für ihn die Anziehungskraft eines Autos aus, der wahre Wert definiert sich für den Techno-Visionär Piëch immer über den Inhalt – schon bei einem Lupo als Drei-Liter-Auto, erst recht bei einem Bentley oder Bugatti.

Und der Weg zu den Herzen der exklusiven Autobegeisterten führt über das Herz des Autos. Einen Achtzehnzylinder gab es noch nie. Nachmachen wird das so schnell auch keiner. Sechzehnzylinder fuhren schon in der 30er Jahren, und 1970 hatte Ferdinand Piëch selbst einen konstruiert (Seite 23). Also eigentlich ein alter Hut.

Und der Bogen hin zum Achtzehner eines künftigen Bentley/Bugatti spannt sich – man höre – über den Motor des Klein-Volkswagen namens Lupo in einer besonders sparsamen Version: Dessen Dreizylinder aus der Baureihe 111 bildet die konstruktive Basis des Kolben-Gebirges. Zwei der Dreier hintereinander bilden einen Reihen-Sechszylinder. Zwei dieser Sechser, im Winkel von 120 Grad

Im Rennmotor erfolgreich erprobt

Von einem Zahnrad auf der Kurbelwelle werden die Nockenwellen angetrieben – eine Idee, mit der Piëch im Porsche 917 schon Le Mans gewonnen hat.

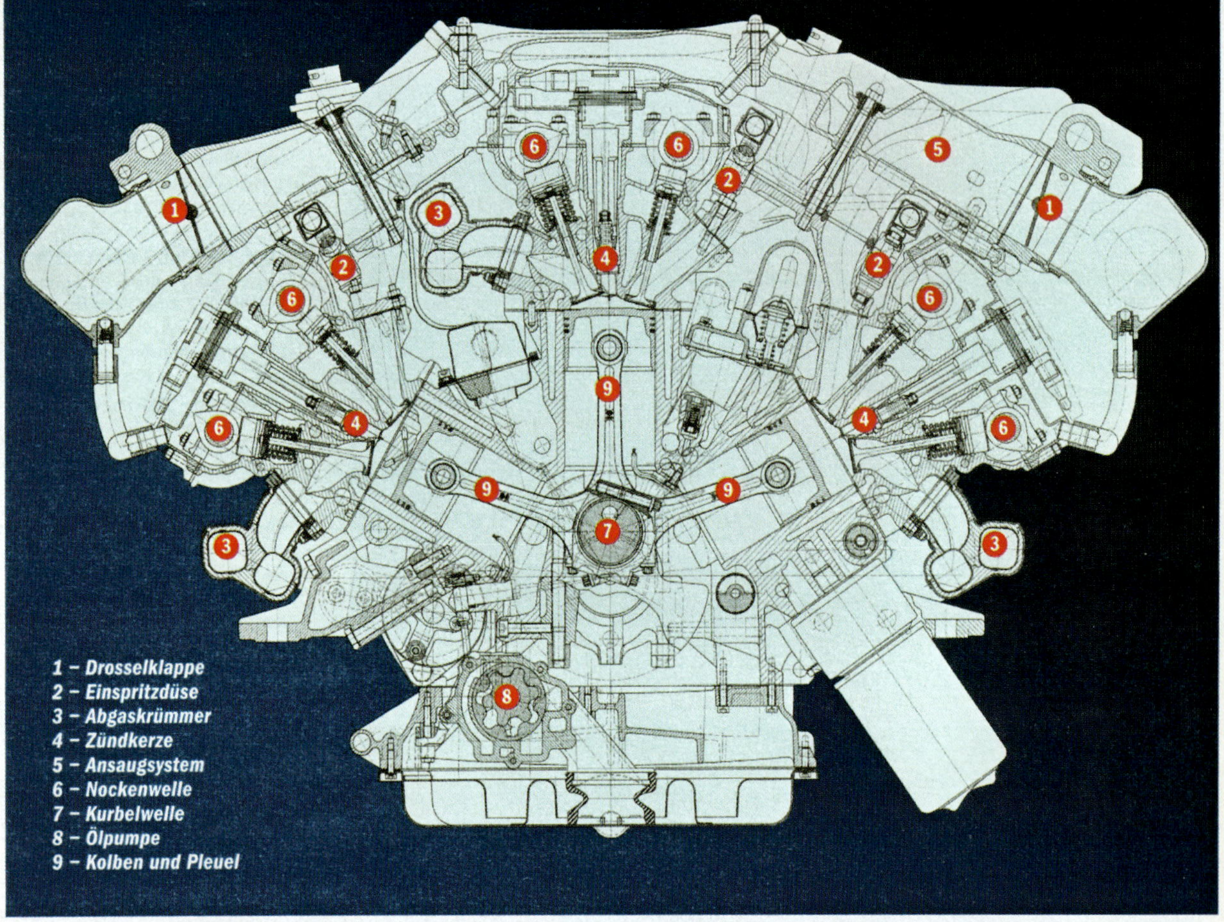

Der 18-Zylinder im Schnitt: Daß die Führung von Ansaugluft und Abgas hier nicht einfach ist, erkennt selbst der Laie. Zudem fehlt auf dieser Skizze noch die Abtriebswelle links oben von der Kurbelwelle

Der Vordenker

Ferdinand Piëch erdachte erst den Motor und begann dann nach den passenden Marken zu suchen.

zusammengesetzt, ergeben einen V12. Eine dritte Sechser-Reihe, genau in die Mitte gesetzt, addiert sich zur magischen 18.

Die Kurbelwelle samt Pleuel und Kolben, auf der vorigen Doppelseite von mot „nachkonstruiert", wirkt auch für den Laien noch halbwegs überschaubar. Eingebettet ist sie in einen Motorblock aus Aluminium. In den drei Zylinderköpfen rotieren jeweils zwei Nockenwellen, die wiederum vier Ventile je Zylinder betätigen – macht summa summarum 72 Ventile. Daß die Ansaugluftführung zu den drei Bänken wie auch die Wege des frisch verbrannten Gemischs nicht ganz einfach sind, vermag man sich ebenfalls leicht vorzustellen. Die Idee der drei Zylinderbänke hatte Piëch schon 1991 angedeutet, damals mit einem Zwölfzylinder-Konzept für die Sportwagenstudie Audi Avus.

Als wäre dieses Grundprinzip noch zu einfach, haben die VW-Konstrukteure inzwischen eine ganze Reihe technischer Finessen hineinkonstruiert. So wird die füllige Kraft der vielen Töpfe nicht – wie bei jedem „normalen" Motor – direkt von der Kurbelwelle an das Getriebe weitergegeben. Wie frühere Rennmotoren hat der W 18 einen Mittelabtrieb: In der Mitte der Kurbelwelle sitzt ein Zahnrad, das die Kraft auf eine parallel zu ihr verlaufende Abtriebswelle weiterleitet. Die mündet dann im Getriebe.

Dasselbe gilt für den Antrieb der Nockenwellen. Auch hier ist die übliche Kette an der Stirnseite des Motors ersetzt durch eine Steuerung über Zahnräder in der Mitte des Motors. Vorexerziert hat Piëch dies bereits bei den erfolgreichen Triebwerken des Porsche-Rennwagens 917. Ein kurzer Zahnriemen an der Stirnseite versorgt Nebenaggregate wie den Klimakompressor.

Als Vorteile des Mittelabtriebs versprechen die Konstrukteure eine traumhafte Schwingungsruhe des W18. Zudem geriet das Aggregat erstaunlich kompakt: Mit einer Länge von knapp 60 Zentimeter unterbietet der Mega-Motor jeden konventionellen V12 und ist nur acht Zentimeter länger als der extrem kompakte Zwölfer für die künftige Oberklasse-Limousine

Konstruktive Basis für den W 18 ist der künftige Dreizylinder des Spar-Kleinwagens VW Lupo. Sechs dieser Dreizylinder werden in drei Reihen angeordnet und in ein gemeinsames Kurbelgehäuse gegossen

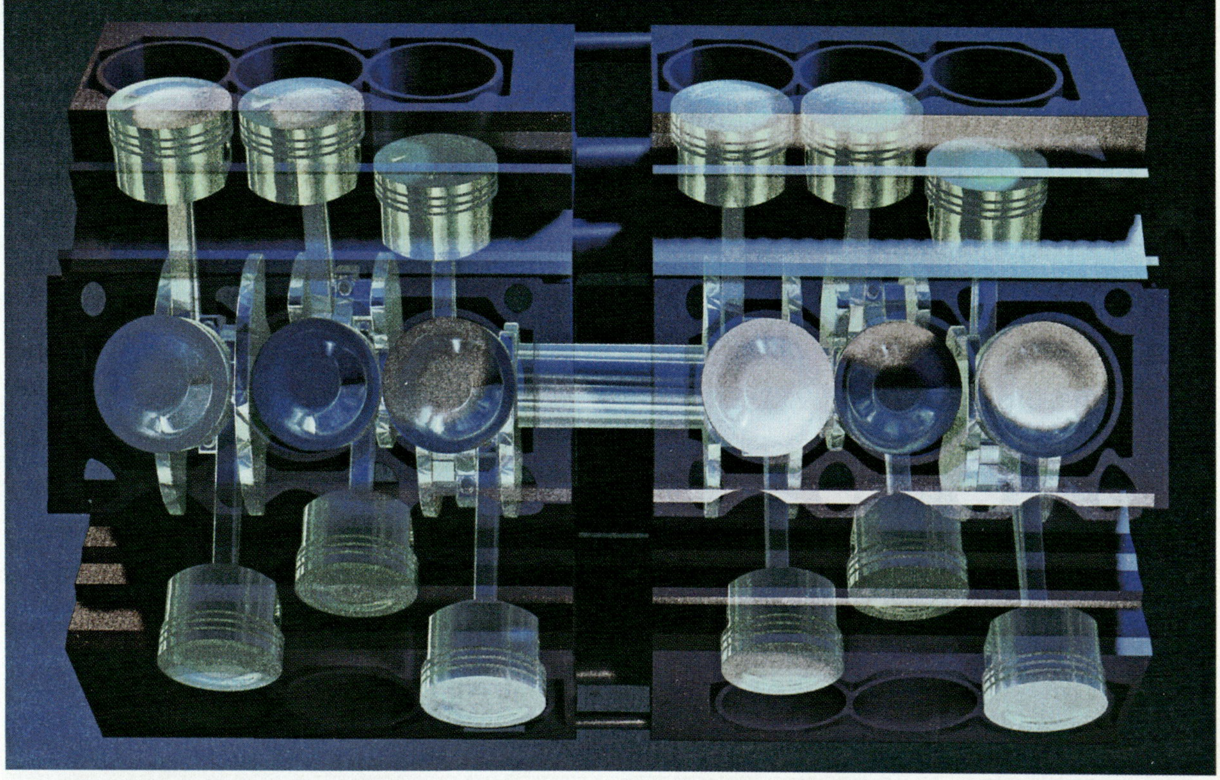

Der kleine Bruder: Bald in Serie

Der W 12 mit den versetzten Zylinderreihen wird bald den großen Volkswagen antreiben. Mit dem Achtzehner hat er konstruktiv aber wenig zu tun.

von VW. Damit hat auch der 18-Zylinder ideale Voraussetzungen für eine gute Einbaulage in Limousinen wie Sportwagen.

Und die Leistungswerte? Die existieren in einem solch frühen Entwicklungsstadium natürlich eher als Zielvorgaben denn als geprüfte Erkenntnis. Beim Hubraum soll der W 18 keine Rekorde brechen. Hier sind 6,2 Liter angepeilt, resultierend aus Bohrung und Hub von jeweils 76 Millimeter. Die Leistung wird jedoch bei rund 400 Kilowatt oder 540 PS liegen, als Drehmoment dürfte der Prüfstand eine Zahl in der Region von über 700 Newtonmeter ausdrucken. Werte also, die über jede Diskussion erhaben sind. Und die eine Dynamik garantieren, die dem fürstlichen Preis angemessen ist.

Zumal beim Bentley/Bugatti eine gewichtsgünstige Aluminium-Karosserie drumherum gebaut wird, dazu ein Fahrwerk aus Alu- und Magnesium-Teilen. Selbst mit allen denkbaren Luxusgütern an Bord und selbstverständlich mit Allradantrieb wird das Gesamtgewicht deutlich unter zwei Tonnen liegen. Und ein Leistungsgewicht von erheblich weniger als vier Kilo pro Pferdestärke unterbietet Ferrari-Niveau. Weniger Gewicht ist natürlich auch in dieser Klasse gut für relativ wenig Verbrauch. Schließlich sollen selbst die Kunden der teuersten Autos der Welt mit gutem Gewissen fahren.

Produzierbar ist der W 18 mit geringem Investitionsaufwand, mußte Piëch dem Volkswagen-Aufsichtsrat versprechen. Zumal es hier um eine kleine Serie mit einer dreistelligen Zahl von Motoren im Jahr geht, vielleicht „hand made by Cosworth". Einen Zwölfzylinder als Ableitung vom W 18 kann man sich auch vorstellen, parallel zum bereits gezeigten VW-Zwölfer. Bis dahin braucht die kleine, geheime Entwicklertruppe aber noch eine Menge Zuwachs. ❑

W18 für den EB 118, mit Blick auf die Nebenaggregate und den Riementrieb (Klimakompressor, Servopumpe, Schwingungsdämpfer, Generator). *(Foto: Kittler)*

Dr. Karl Heinz Neumann

Geb. 1938 in Königsberg
Studium Maschinenbau an der TU Braunschweig
ab 1965 bei VW,
1975 Abteilungsleiter Motorversuch,
1980 Hauptabteilungsleiter Aggregate-Konstruktion,
1989 Leiter Motorversuch Diesel,
1994 Leiter Aggregate-Entwicklung,
12/2000–2003 Präsident Bugatti Automobiles SAS.

Dr. Karl Heinz Neumann fuhr als Präsident der Marke Bugatti auch schon mal das automobile Tafelsilber aus – hier den legendären Royale. Noch als VW-Motorenchef war er verantwortlich für den W18, in neuer Funktion als Bugatti-Lenker brachten er und sein Team dann mit sehr viel persönlichem Einsatz den W16 zum Laufen. *(Foto: Kittler)*

Die Erwartungen an das Entwicklerteam waren groß, und die Herausforderungen riesig. Selbst der Einsatz eines offenen W18-Sportwagens in Le Mans war Mitte 1999 ein (kurzzeitiges) Thema (vgl. Kapitel 6) – liebte es Ferdinand Piëch doch, Freund und Feind mit immer neuen Herausforderungen auf Trab zu halten.

Der erste Prüfstandslauf erfolgte im August 1998. Installiert wurde der 6,3 Liter große W18-Vierventiler zunächst als Frontmotor (EB 118, Präsentation Paris September 1998, zweitürig) – dafür baute man ihn zuvor versuchsweise vorn in einen 7er-BMW ein. Dem Vernehmen nach soll auch ein Bentley Arnage als »Muletto« gedient haben – andere behaupten glaubhafter, in der englischen Luxuslimousine habe versuchsweise »nur« ein W16 gesessen (was Bugatti-Entwicklungschef Gregor Gries so bestätigt). Wenige Monate nach dem EB 118 erschien eine Bugatti Limousine mit Frontmotor und ebenfalls mit Allradantrieb (EB 218, Genf 1999, viertürig). Insgesamt wurden fünf W18-Motoren gebaut – drei für den Prüfstand und zwei für die beiden Showcars.

EB 118, vorn eingebauter W18-Motor. *(Fotos: Kittler)*

Bugatti EB 218 Limousine mit W18-Frontmotor, ZF-Getriebe, Allradantrieb und vier Türen.
(Foto: Bugatti/Kittler)

Zylinderkurbelgehäuse
Hauptlagerverschraubung

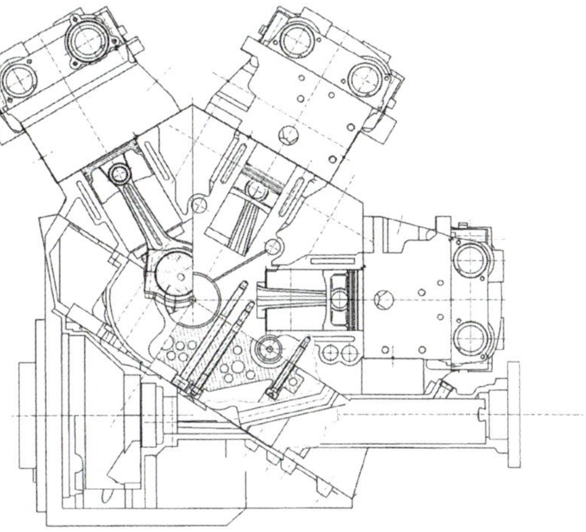

VOLKSWAGEN AG

Triebstrang
Frontmotor

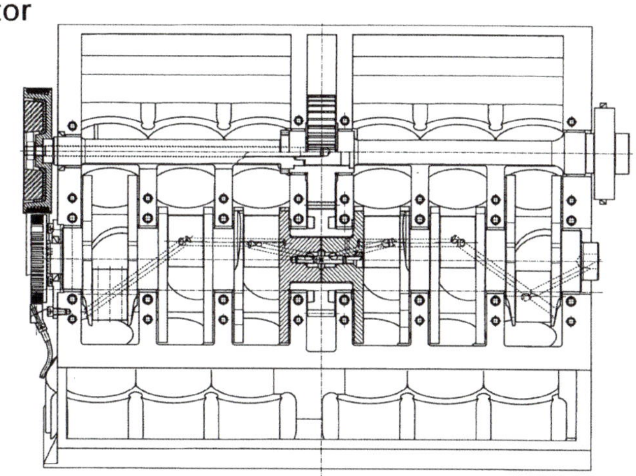

VOLKSWAGEN AG

Zylinderkurbelgehäuse und Triebstrang des W18-Motors (Frontmotor). *(Zeichnungen: Bugatti)*

Kurbelwelle - Abtriebswelle

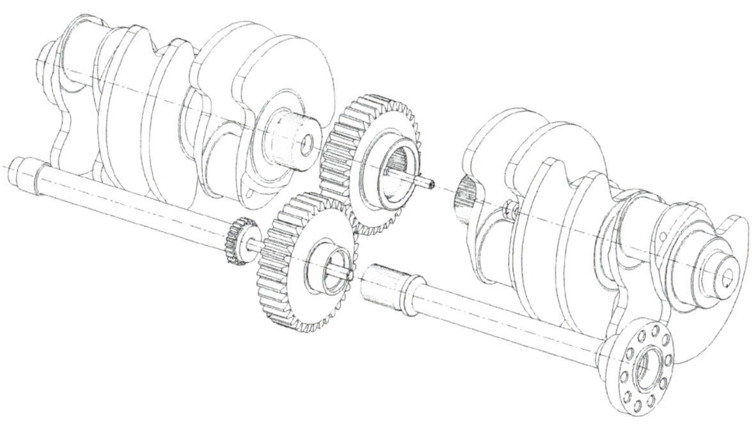

VOLKSWAGEN AG

Mittenabtrieb der Kurbelwelle beim W18. *(Zeichnung: Bugatti)*

Und schließlich kam der Sportwagen mit Mittelmotor (EB 18-3 Chiron, IAA 1999, zweitürig). Letzteres Projekt lief unter dem Namen »Lotus«, der Auftrag dafür wurde später erteilt. Alle drei von Giorgio und Fabrizio Giugiaro (Ital Design) geformten Wagen nutzten die gleiche Motorentechnologie (max. Leistung 408 kW/555 PS).

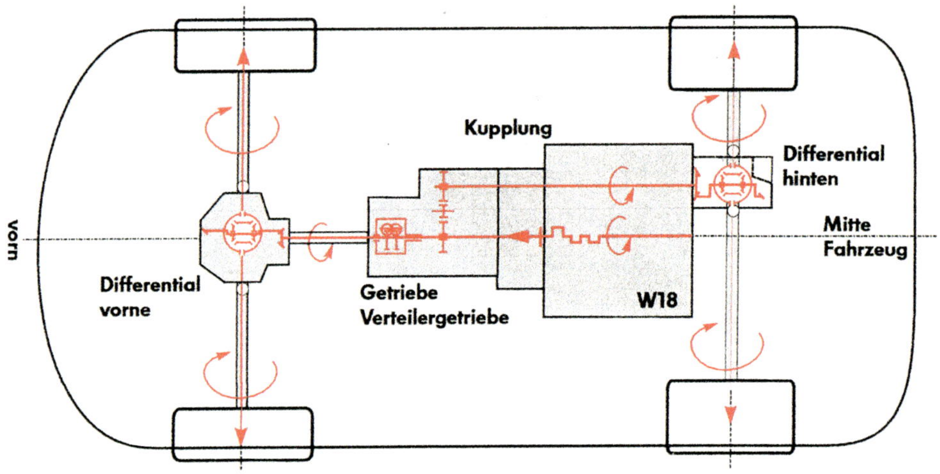

Antriebsstrang des Mittelmotorwagens Bugatti EB 18-3. *(Zeichnung: Bugatti)*

Bugatti EB 18-3 Chiron.

(Foto: Bugatti)

18/3 EB 67

Von Hartmut Warkuss gezeichneter Bugatti EB 18-4 für die Tokyo Motorshow 1999, dort aber nicht in Hardware dargestellt. In nahezu gleicher Gestalt erschien er dann im neuen Jahr erneut – nunmehr als EB 16.4 Veyron mit W16-Motor. *(Foto: Bugatti)*

Ende 1999 sollte in Tokio noch der 18-4 mit Mittelmotor debütieren, den nunmehr Konzern-Designchef Hartmut Warkuss unter tatkräftiger Mitwirkung von Josef Kaban (aktuell Leiter Volkswagen Design) gezeichnet hatten. Allerdings wurde er dort nicht in Hardware dargestellt. Mit nahezu der gleichen Karosserie, aber nunmehr mit dem W16 bestückt, zeigte Bugatti auf den Salons des Jahres 2000 schließlich den 16,4 Veyron – was letztlich wohl den Schlussstrich für den 18-Ender bedeutete.

Technische Basis des W18-Motors waren also dreimal zwei 111er-Dreizylinder-FSI-Köpfe vom Lupo (Zylindermittenabstand 82 mm, Direkteinspritzung). In jeder Zylinderreihe öffneten zwei Nockenwellen vier Ventile pro Brennraum. Wobei für den Motor die verschiedensten Varianten erprobt und durchgerechnet wurden – zunächst mit einem Zylinderwinkel von mindestens 60°, um Ansaug- und Abgasanlage im V unterbringen zu können. Dann im Interesse einer gleichmäßigen Zündfolge mit einem Zylinderwinkel von 80°, was sich aber aus Packagegründen nicht darstellen ließ. Der beste Kompromiss war schließlich der Raumwinkel von exakt je 60° und das Schwenken des Aggregats um die Getriebeeingangswelle.

Weil sich je drei Pleuel einen Hubzapfen teilten, fiel die Kurbelwelle erstaunlich kurz aus. Der NW-Antrieb für den W18 erfolgte für jede der drei Zylinderbänke von je einem Zahnrad, das am Mittenabtriebs-Zahnrad der Kurbelwelle lief. Von da wurden die Doppel-NW im Zylinderkopf mit einer Kette angetrieben; zwecks Einbaubarkeit befanden sich Zahnrad und Kette in einer Kassette, ähnlich dem Schwert einer Motor-Kettensäge.

W18-Direkteinspritzer mit drei Zylinderreihen à zwei 111er FSI-Köpfen im Motoren-Kabinett des AutoMuseums (Mittelmotor im EB 18-3 Chiron). *(Foto: Klaus Gottschick/Stiftung AutoMuseum Volkswagen)*

Der W18-Motor mit Lamborghini-Getriebe in Mittelmotorposition für den EB 18-3 und EB 18-4.
(Foto: Kittler/Bugatti)

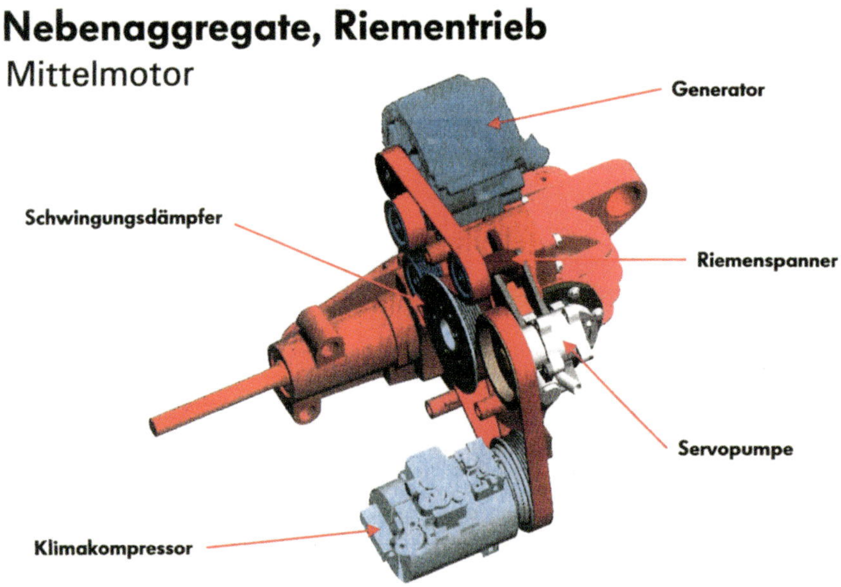

Diese Form des Nebenaggregate-Antriebs wurde nur für die Mittelmotor-Typen 18-3 und 18-4 eingesetzt. *(Grafik: Bugatti)*

»Von Skizze bis lauffähig auf Prüfstand dauerte es nur ein halbes Jahr«, erklärte Projektleiter Dietmar Lagies bei der Detailvorstellung des Frontmotors für den EB 118/EB 218 stolz.[32] Der W18 erreichte schließlich zwischen 408 kW/555 PS, mehr war angesichts der EA 111-FSI-Basis nicht machbar. Aufladung wäre zumindest bei den Front-Motoren für den EB 118/218 nicht ohne weiteres realisierbar gewesen (Packagegründe). Aber für den Mittelmotor im EB 18-3 gab es zumindest einige entsprechende Skizzen.[33]

Der W18 lief als Volkswagen-Projekt, bestätigt Dietmar Lagies – gleiches galt zunächst auch für den W16 (erst mit der Umstellung aufs Stichmaß von 73 mm wurde der W16 zum Bugatti-Serienprojekt). Bis Weihnachten 2000 hieß es intern immer, der 6,3-L-W18 habe »gesiegt«, wurde dem Autor von früheren Mitarbeitern versichert. Enttäuscht sollen die Mitarbeiter später vernommen haben, dass nunmehr mit dem W16 weitergemacht werden solle. Für Insider war dies indes keine Überraschung, wartete doch der 16-Zylinder mit einer weniger komplizierten Bauweise auf – und bot zudem mit 8,0 L einen auch psychologisch überlegenen Hubraumvorteil, der mehr Potenzial für hohe und höchste Triebwerksleistung bot. Explizit meinte dies die Möglichkeit der Aufladung.

Kenndaten des Bugatti-18-Zylinders:

Motorbauart		W18 - 2x60°
Ventile pro Zylinder		4
Brennverfahren		Otto-Direkteinspritzung
Zylinderabstand	[mm]	82
Bohrung	[mm]	76,5
Hub	[mm]	75,6
Hub/Bohrung		0,99
Hubraum	[ccm]	6255
Verdichtung		11,5
Pleuellänge	[mm]	144
Hauptlagerzapfen-Ø	[mm]	65
Pleuelzapfen -Ø	[mm]	54
Leistung/Drehzahl	[kW] / [1/min]	408 / 6800
Drehmoment/Drehzahl	[Nm] / [1/min]	650 / 4000
Motorsteuerung (System)		3 Steuergeräte MED (Master-Slave)

Dietmar Lagies (Jahrgang 1957), Studium an der TU Braunschweig, 1986 bis 1992 und 1998 bis 2016 verschiedene Tätigkeiten bei Volkswagen, Projektleiter W18-Motor von 1998 bis 2000. *(Foto: Lagies)*

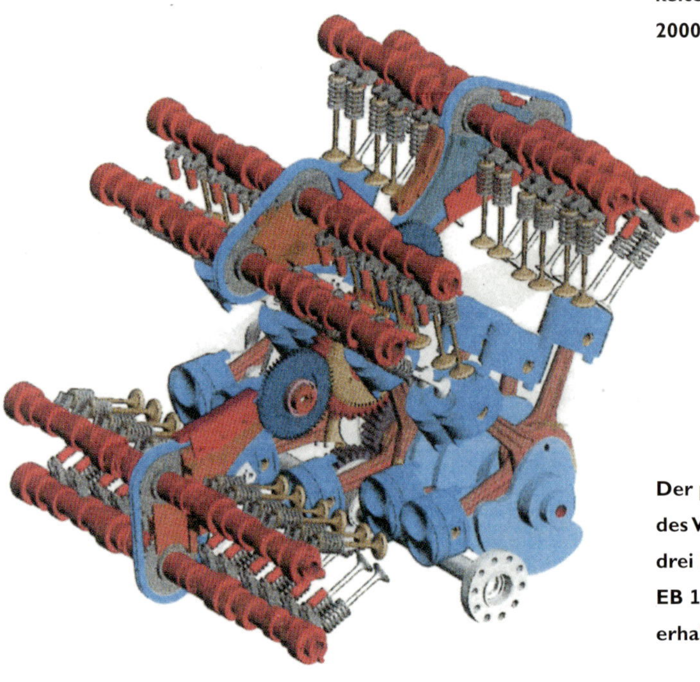

Der prinzipielle Aufbau des W18-Motors mit den drei Bänken blieb vom EB 118 bis zum EB 18-4 erhalten. *(Grafik: Bugatti)*

4.15 Letztlich realisiert – der W16

Für den W16 gab es geschichtliche Parallelen, hatte doch die historische Firma Bugatti bereits 1929 einen aus zwei Reihenachtern gebildeten 16-Zylinder hergestellt. Auch Alfa, Maserati und Cadillac bauten solche 16-Ender, und die Auto Union begeisterte in den 1930er-Jahren mit den von Ferdinand Porsche konstruierten, legendären und bärenstarken V16-Silberpfeilen.

Der dann für die Kleinserie realisierte W16-Motor für den erwähnten, von Hartmut Warkuss geformten Bugatti Veyron 16.4 entstand laut Karl-Heinz Neumann parallel zum W18.

Allradgetriebener Bentley BY 16.4 Hunaudières mit dem nur 643 mm langen und 690 mm breiten Alu-Triebwerk mit schmalen Pleueln und variabler Nockenwellenbetätigung. Es handelt sich hier um einen frühen, als Mittelmotor eingebauten W16 mit 72° Zylinderbankwinkel und nur 65 mm Stichmaß. *(Fotos: Bentley)*

Erstmals gezeigt wurde besagter W16-Motor aber im März 1999 in Genf in einem ebenfalls von Warkuss geformten Showcar namens Bentley 8.16 Hunaudières. Er war eine reine VW-Entwicklung, an dessen Realisierung binnen nur sechs Monaten die Firma Schrick beteiligt war: Sein 8.004 ccm großer W16-Vierventiler war eine Art verlängerter W12.

Vermutlich dürfte auch der große Hubraum bei der avisierten Kundschaft für mehr Beeindruckungsszenario gesorgt haben als zuvor die 18-Zylinder. Der Autor erlebte mehrere Präsentationen von W18 und W16 mit und erinnert sich, dass 8 Liter Hubraum immer wieder anerkennend zur Kenntnis genommen wurden.

Der W16 hatte ganz am Anfang noch 72° Bankwinkel und 65 mm Stichmaß, dann ging man auf 90° (blieb aber bei 65 mm). In der Serienversion wurden es 90° Bankwinkel, der Zylindermittenabstand stieg aber nun auf 73 mm. Die Leistung des Saugmotors im Hunadières gab man mit 463 kW/630 PS bei 6.000 U/min an, das Drehmoment sollte 760 Nm bei 4.000 U/min betragen.

Gleich nebenan am Bugatti-Stand wurde derweil noch die EB 218 Limousine mit W18 präsentiert – noch erwog man, ganz oben für die französische Marke den W18 zu lancieren, darunter für die britische Marke den W16 einzusetzen. Daraus wurde bekanntlich nichts (vgl. Kap. 4.14). Bentley bekam später den durchzugstarken W12 als TMPI Biturbo für den Serieneinsatz.

Die Konstrukteure des W16 kamen im Wesentlichem vom W12. Besonderen Anteil an der Entwicklung hatten Aggregatechef Gregor Gries und der Leiter der Motorenkonstruktion Andreas Kurowski. VW-Techniker und Zeitzeuge Kai Bohnstedt hatte am ersten W16 für den Bentley BY 16.4 mitgewirkt, war ansonsten an W8 und W12 beteiligt. Andreas Kurowski war dagegen einer der Techniker, die durchgehend an sämtlichen W16-Ausführungen gearbeitet hatten.

Andreas Kurowski
Jahrgang 1961, studierte Maschinenbau an der TU Braunschweig. Der heutige Leiter der Motorenkonstruktion von Bugatti kam 1988 zu Volkswagen in die Aggregate-Entwicklung. Die W16-Motorenentwicklung begleitete er von Anfang an. Von ihm stammt auch das neue Stichmaß von 73 mm.

Andreas Kurowski *(Foto: Kurowski)*

Bugatti EB 16.4 Veyron, äußerlich nahezu identisch mit dem EB 18-4. *(Foto: Bugatti)*

Mit dem Bugatti-Logo versehen, erschien der Motor (noch mit 463 kW/630 PS) erstmals im September 2000 auf dem Automobilsalon in Paris in der Sportwagenstudie Bugatti 16.4 Veyron – die sich äußerlich kaum vom Showcar EB 18-4 (geplant für Tokio 10/1999) unterschied. Das seriennahe W16-Konzept mit 1.001 PS und dem neuen Stichmaß von 73 mm wurde schließlich auf der IAA in Frankfurt im September 2001 gezeigt.

Aber bis zur Serienreife (Auslieferungsbeginn 2005) sollte es noch etwas dauern – erst im August 2003 galt der Bugatti als »serienreifer Prototyp«. Vorexemplare waren Anfang des Jahrtausends bei diversen Events gezeigt worden – in Monaco, zum Bugatti-Treffen in der Schweiz und 2003 im Rahmen des Concours d'Elegance in Pebble Beach auf der Rennstrecke von Laguna Seca. Der Autor des Kapitels hatte das Glück, alle diese Auftritte begleiten zu dürfen und die jeweils aktuellen Sachstände kennenzulernen.[34]

Prinzipielle Basis des schließlich seit 2005 in Serie gebauten W16 ist der W12. Es handelte sich beim W16 um eine doppelte VR8-Konstruktion, deren Zylindereinheiten allerdings in einem Winkel von 90° zueinanderstehen (zum Vergleich W12 und W8: 72°). Jede VR8-Zylindereinheit hat acht Brennräume, die nach dem VR-Rezept von VW abwechselnd mit 15° Schränkungswinkel zueinander angeordnet sind, das Stichmaß betrug nun beim W16-Serienmotor 73 mm. Der 8,0 L große Hubraumgigant baut recht kurz (710 mm), er unterbietet im Längenmaß sogar einen konventionellen V12.

Anders als beim W12 weisen die Hubzapfen der neunfach gelagerten, geschmiedeten Kurbelwelle keinen »Split Pin« (Versatz) auf. Mit kettengetriebenen Nockenwellen und

Nominell 1.001 PS starker W16-Motor (DIN-Gewicht 412 kg), links als frühes Messeexemplar mit Lamborghini-Getriebe, oben mit dem serienmäßigen Ricardo-Getriebe (ca. 200 kg).
(Fotos: Kittler/Bugatti)

Saugrohreinspritzung (nur im Rahmen von Prototypenmotoren auch als FSI) stand der komfortbetontere W16 allerdings technologisch etwas hinter dem drehfreudigeren W18 zurück. Auch der W16 wurde in »Fremdfahrzeugen« getestet – beispielsweise in einem Lamborghini Diablo, der über Jahre bei der IAV in Gifhorn ausgestellt war. Die früheste Ausführung des W16 war übrigens zu Versuchszwecken noch mit einem Lamborghini-Getriebe gekoppelt.

Anfangs brachte der Veyron-Motor offizielle 1.001 PS (diese unrunde Angabe war wohl ein Gag von KH Neumann, der von der Öffentlichkeit widerspruchslos geschluckt wurde). Andere Quellen vermuten, die unrunde Zahl solle an das orientalische »Märchen von tausendundeiner Nacht« erinnern ... Im Zuge der Entwicklung erstarkte der Motor 2010 bis auf 1.200 PS. Das max. Drehmoment betrug 1.250 Nm bei 2.200 bis 5.500 U/min bzw. beim leistungsgesteigerten Motor 1.500 Nm bei 3.000 bis 5.000 U/min.

W16-Versuchstriebwerk (Saugmotor) mit zunächst 72, später mit 90° Bankwinkel und in beiden Fällen mit 65 mm Stichmaß in einem Lamborghini Diablo. Später gab es weitere Lambo-Versuchsträger mit W16 Turbo (90° Bankwinkel, Stichmaß 73 mm). *(Foto: Kittler)*

W16 (vorn) mit 1.200 PS (letzte Ausbaustufe Bugatti Veyron) vor dem W18-Motor (ab 2010) im Motoren-Kabinett des AutoMuseums. *(Foto: Kittler)*

Bugatti Chiron mit mindestens 1.500 PS starkem W16.
(Fotos: Bugatti/Kittler)

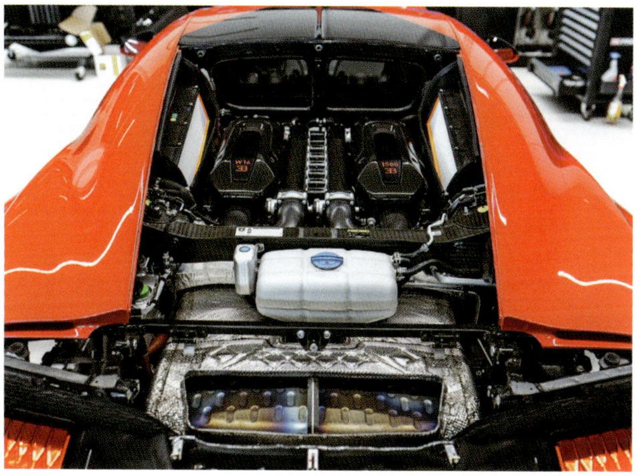

Motorenabteil und Unterboden des Chiron.
(Fotos: Bugatti)

Service für den Chiron. *(Foto: Bugatti)*

Gregor Gries *(Foto: Bugatti)*

Gregor Gries
Jahrgang 1962,
Dipl. Ing. (Gesamthochschule Kassel),
1990 zu Volkswagen,
seit 2001 Bugatti Engineering als Aggregate-Entwicklungschef, seit 2020 Entwicklungschef,
vor einem Bugatti Chiron.[38]

Kapriziöse Macken durften diese Motoren natürlich nicht aufweisen, selbst wenn sie von der noblen Kundschaft nur sehr selten gestartet werden. Eine regelrechte Garagentest-Prozedur (die absichert, dass so ein Triebwerk ungestraft auch für nur wenige Minuten in einer Garage läuft) hat es bei Bugatti offiziell nie gegeben, aber man hat dieses Thema sicher im Blick. Andererseits gibt es durchaus Kunden mit »hoher Jahresfahrleistung unter Auslastung der Volllast«, wie Gregor Gries betont.

Der Nachfolger des Veyron – der im Februar 2016 präsentierte Chiron – kommt auf 1.103 kW/1.500 PS bei 8,0 Liter Hubraum. Beispielsweise Turbolader, Ladeluftkühler und Kolben sind neu entwickelt worden. Seine insgesamt vier Turbolader (Registeraufladung) sind im Vergleich zum Veyron um zwei Drittel größer ausgeführt. Das maximale Drehmoment liegt bei 1.600 Nm zwischen 2.000 und 6.000 U/min. Das Sondermodell Super Sport 300+ kommt auf 1.177 kW/1.600 PS. Abgeleitet vom Chiron ist der Pur Sport, der bei gleicher Leistung u.a. durch kürzer abgestufte Getriebeübersetzungen und angehobener Schaltdrehzahl in puncto Agilität und Kurvengeschwindigkeit optimiert wurde.

Chiron-W16-Motor mit 1.500 PS auf der IAA 2017. *(Fotos: Kittler)*

Motoren für Bugatti Chiron (vorn) und Veyron (hinten).

Exklusivste Erprobungsflotte der Welt im Mai 2021 auf dem Nürburgring: Bugatti Centodieci, Divo, Chiron Pur Sport sowie Chiron Super Sport 300+ mit Longtail-Karosserie (Rekordhalter über 490,484 km/h). *(Foto: Bugatti)*

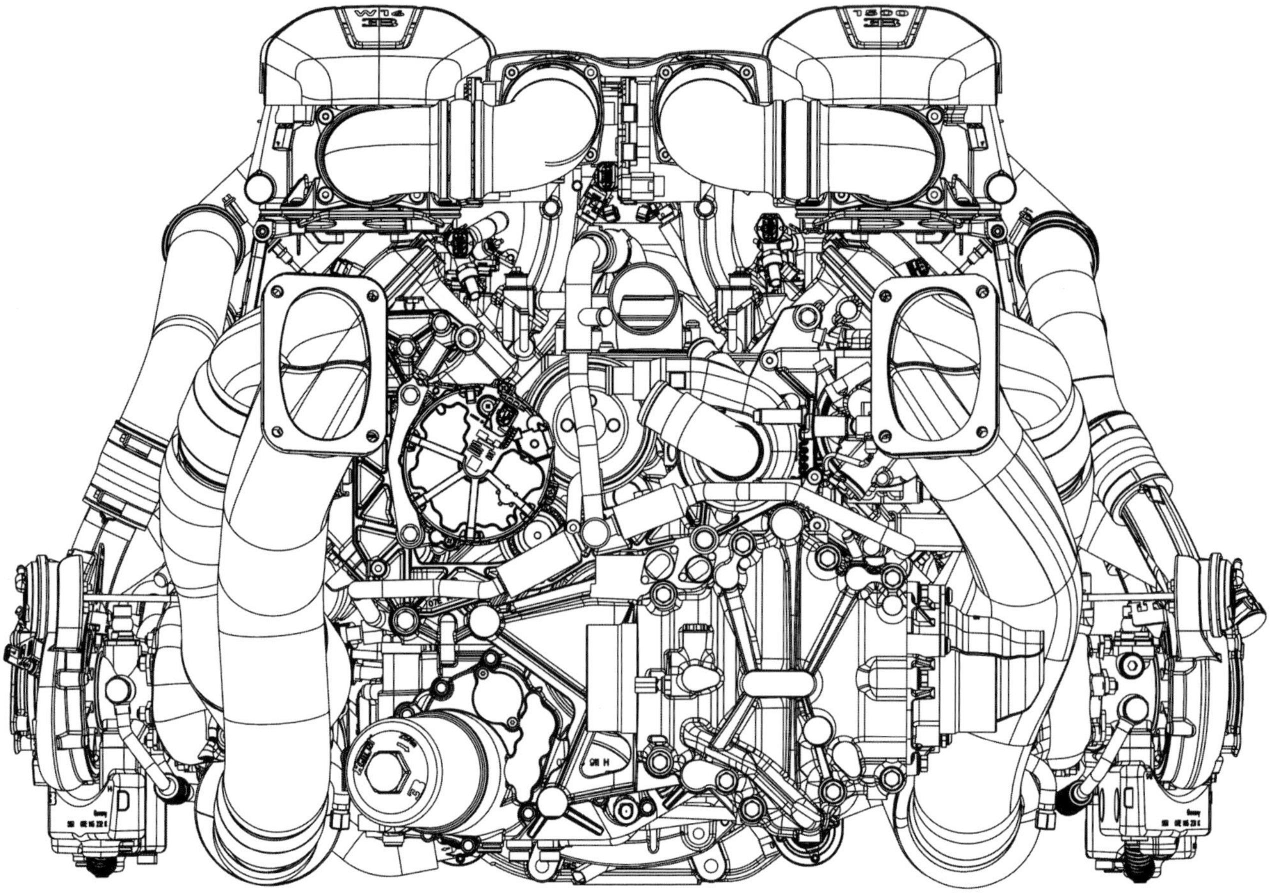

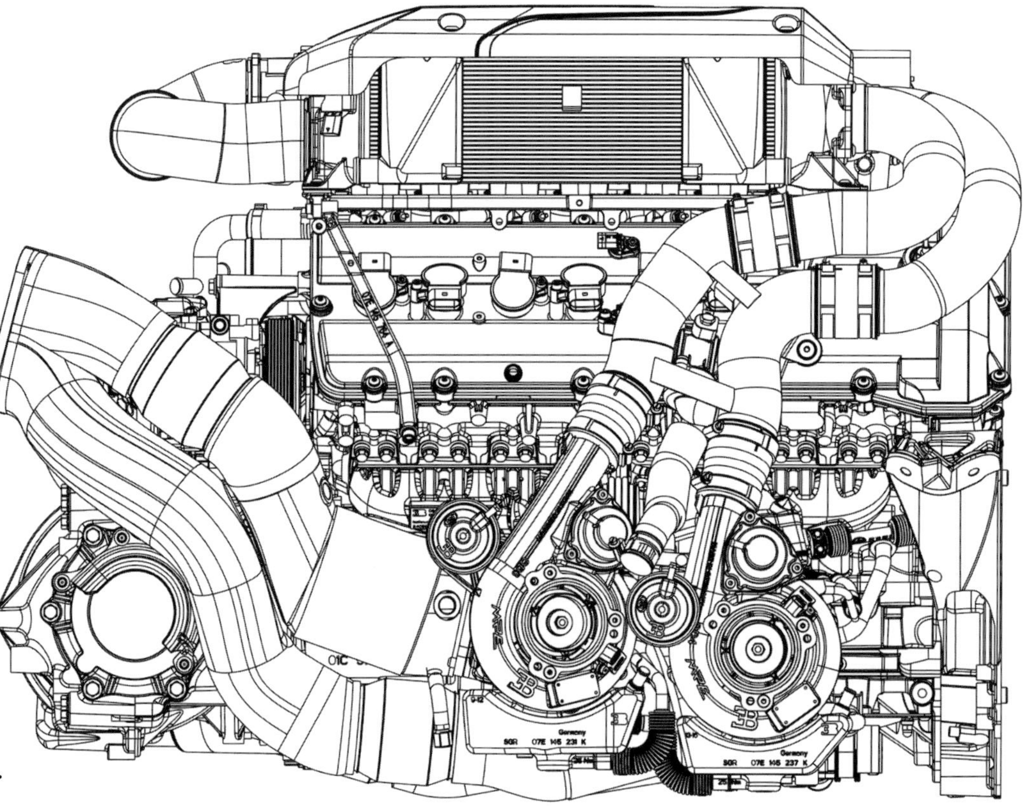

W16-Motor des Bugatti Chiron (Front- u. Seitenansicht).
(Zeichnungen: Bugatti)[35]

Aktuell findet sich der von vier Turboladern aufgeladene 8,0-Liter-W16 mit 8,0 Liter Hubraum in den Bugatti-Modellen Chiron, Pur Sport und Divo. Rund 100 dieser Kraftpakete entstehen jährlich – 2005 bis 2020 sind insgesamt 890 W16-Triebwerke ausgeliefert worden.[36]

Genau wie die VR-Motoren wurden alle W16-Triebwerke in Salzgitter hergestellt. Mittlerweile agiert das Komponentenwerk als Zulieferer für den in Großbritannien endmontierten Bentley-W12 (Zylinderkopf, Kurbelgehäuse). Anders beim W16, dessen Komponenten ausschließlich Zukaufteile sind. Nach Durchlaufen einer aufwendigen Qualitätsüberprüfung werden die Bauteile in Salzgitter komplett manuell als Motor zusammengebaut. Und anschließend über sieben bis acht Stunden einem Volllasttest (»Einfahren«) unterzogen. Zwei Mitarbeiter brauchen für einen Motor sieben Arbeitstage. Entwicklungsarbeiten am Motor werden von Bugatti selbst realisiert.

Marke und Motor sind derart faszinierend, dass ihnen auch unter neuer Federführung noch ein langes (Über-)Leben gewünscht sei. Unauslöschlich in die Motorenhistorie eingegangen ist das Thema längst.

Vorbereitung für den Einbau des W16 in Manufakturfertigung in Molsheim/ Frankreich. *(Foto: Bugatti)*

Chronist Eberhard Kittler am fahrbereiten Lego(!)-Modell eines Bugatti Chiron (Maßstab 1 : 1) in der Autostadt. *(Foto: S. Wiersch)*

Leistungsdaten der VR- und W-Serienmotoren /ohne Bentley[37]

	2.3 VR5	2.8 VR6	2.9 VR6	3.2 VR6	3.6 VR6 FSI	4.0 W8	6.0 W12 6.3 W12	8.0T W16
Hubraum (ccm)	2.324	2.792	2.861	3.189	3.597	3.999	5.998 6.299	7.993
Leistung (kW/PS bei U/min)	110/150 b. 6.000 4V ab 9/2000: 125/170 b. 6.200	128/174 b. 5.800 4V ab 5/1999: 150/204 b. 6.200	140/190 b. 5.800	165/225 b. 6.200 R32 ab 2002 177/241 b. 6.250 R32 FSI ab 05 184/250 b. 6.300	206/280 b. 6.250 R36 ab 2008 220/300 b. 6.600	202/275 b. 6.000	309/420 b. 6.000 2005–11 331/450 b. 6.050 A8 03–10 331/450 b. 6.200 A8 11–17 368/500 b. 6.200	736/1.001 b. 6.000 ab 2010 882/1.200 b. 6.400 Chiron ab16 1.103/1.500 b. 6.700 Chiron Sport 1.177/1.600 b. 7.050
Max. Drehmoment (Nm bei U/min)	205 b. 3.200 220 b. 3.200	235 b. 4.200 270 b. 3.200	245 b. 4.200	320 b. 3.200 320 b. 2.800 R32 FSI 320 b. 2.500	360 b. 2.750 367 b. 2.400	370 b. 2.750	550 b. 3.500 560 b. 2.750 580 b. 4.000 625 b. 4.750	1.250 b. 2.200 1500 b. 3.000 1.600 b. 2.000
Literleistung (kW/L)	47,3 bzw. 53,8	45,8 bzw. 53,7	48,9	51,7 bzw. 55,5 bzw. R32-5 57,7	57,3 bzw. 61,2	50,5 bzw. 55,2	51,5 A8 55,2 6.3 58,4	92,1 bzw. 110,3 bzw. 138,0 bzw. 147,3
Spez. Drehmoment (Nm/L)	88,2 bzw. 94,7	84,2 bzw. 96,7	85,6	100,3 bzw. 100,3 bzw. R32-5 100,3	100,1 102,0	92,5	91,7 bzw. 93,4 A8 96,7 6.3 99,2	156,4 bzw. 187,7 bzw. 200,2

Bugatti Centodieci (1.600 PS) – eine rare und teure Design-Hommage an den Bugatti EB 110. *(Foto: Bugatti)*

Quellen

[1] Handke, Uwe: Geschichte der Audi-Motorenentwicklung seit 1945; 2009.

[2] Patentscope-Patentanmeldung 1997

[3] Strozyk, Rudolf-Helmut in »Mission Maximum«, Volkswagen Classic, 2019

[4] Die gelbe Gefahr. Neue deutsche Superautos, mot 23/1997

[5] Interview mit Rolf Graupmann, 10.09.2020

[6] Bugatti in Le Mans, mot 16/1999

[7] Interview mit Motorsport-Werkstattleiter Ralf Arneke, 09.02.2021

[8] Volkswagen Classic: Mission Maximum, 2019

[9] Ital Design: Design for a World Record, 2001

[10] mot 6/1998

[11] Pressemappe Volkswagen W12 Coupe, Tokio 2001

[12] Völlig losgelöst. Die W-Motoren von Volkswagen, mot 8/2001

[13] Wolfsburg gibt Gas. VW W12 Coupé und D1. mot 23/2001

[14] Steiger, Wolfgang: W12-Motor-Konzept, Volkswagen Forschung, Umwelt und Verkehr, 2001

[15] Metzner, Becker, Herzog, Bohnstedt: Die neuen W-Motoren von Volkswagen mit 8 und 12 Zylindern, MTZ 62/2001

[16] Pressemappe/Prospekt VW Passat W8

[17] Lewandowski, Jürgen: Audi A8, Delius Klasing Verlag, 1999

[18] Der neue 6.0-l-Zwölfzylindermotor für den Audi A8, MTZ 62–2001

[19] VW/Audi-W12-Motoren mit Alusil-Zylinderkurbelgehäuse/Niederdruck-Kokillenguss, Imagebroschüre Kolbenschmidt-Pierburg Group, 2001

[20] Der neue W12-6.0-l-Motor für den VW Phaeton, ATZ/MTZ-Sonderausgabe 2001

[21] Metzner, Becker, Demmelbauer, Ebner, Müller, Bach: Der neue 6-l-W12-Motor im Audi A8, MTZ 4-2004

[22] Szengel, Metzner, Dehmke, Gush: Der 6.0 L W12 Biturbomotor für das Bentley Continental Coupé. Beitrag zum 12. Aachener Kolloquium Fahrzeug/Motorentechnik, Oktober 2003

[22a] Eichler; Demmelbauer-Ebner; Strobel; Kühlmeyer: Der neue W12 TSI-Motor des Volkswagen Konzerns – Perfektion in Performance und Komfort. Vortrag zum 36. Wiener Motorensymposium, 2015.

[22b] Eichler; Demmelbauer-Ebner; Strobel; Kühlmeyer: Der neue W12 TSI-Motor des Volkswagen Konzerns – Perfektion in Performance und Komfort, MTZ 77 (2016) 16

[23] auto motor und sport 9/2021

[24] Huber, Andreas: Bentley W12 – Das ist der Antrieb des edlen Briten, Auto Bild online 11.05.2020

[25] Öffentlichkeitsarbeit Werk Salzgitter, Lukas Kesterke, 2020

[26] Wikipedia

[27] Wikipedia (Überarbeitung Dr. Metzner)

[28] Die Welt soll staunen. Interview Dr. Ferdinand Piëch, mot 7/1998

[29] Die Magie der Zahl. 18-Zylinder von Volkswagen, mot 11/1998

[30] Piëch: AutoBiografie, Hoffmann und Campe, 2002

[31-] Website Bugatti.com

[32] Lagies, Dietmar: Der W18-Motor für den Bugatti, Vortrag in Graz im Johaneum, 24.05.2000

[33] Interview mit Dieter Lagies, März 2021

[34] Interview mit Bugatti-Präsident Dr. Karl-Heinz Neumann, Automobil-Revue 19.07.2001

[35] Vortrag Wolfgang Dürheimer, Wiener Motorensymposium 4/2016

[36] Bugatti – Im Rausch der Geschwindigkeit, arte-Filmdokumentation, 2016

[37] mot 8/2001: Presseinfos bis 2020

[38] Interview mit Gregor Gries, März 2021